맛·격·과학이 아우러진 한국음식문화

맛·격·과학이 아우러진 한국음식문화

윤서석·윤숙경·조후종·이효지
안명수·윤덕인·임희수

교문사

들어가는 말

《맛·격·과학이 아우러진 한국음식문화》를 출간하게 되어 기쁘고 다행입니다. 이 책의 집필진은 1988년 3월에 한국의 음식문화를 이웃인 중국과 일본의 음식문화와 비교 연구하려는 뜻으로 '한·중·일 음식문화연구회'로 이름하여 모이기 시작했습니다. 공부할 책을 정하고 각자 읽어 올 쪽수를 나누어 매달 첫 토요일에 모여 각자 공부해 온 것을 발표하면서 공동의 연구를 수행한지 어언 29년이 되었습니다. 30년의 세월을 함께 하면서 그간 연구한 바를 여러 동학에게 소개하려는 뜻으로 공동 번역서 몇 권을 출간했습니다. 1993년에 중국 후위대 가사협(賈思勰) 저 《제민요술》 중 식품조리·가공편을 연구하여 《제민요술 – 식품조리·가공편 연구》를 출간했고, 이어서 《중국음식문화사》, 《일본식생활사》, 《벼, 잡곡, 참깨 전파의 길》, 《문화면류학의 첫걸음》을 출간했습니다.

우리 스스로의 공동 저술은 이번에 출간하는 이 책이 처음입니다. 본 집필진이 각각 한 장씩 맡아 한국음식문화의 역사를 상기하면서 근 한 세기에 일어난 변화를 추적하고 동시에 지켜온 고유성을 확인하려는 뜻으로 시작했습니다. 2년 동안 공동 작업으로 한국음식사 연구에 한걸음 진전을 이루고자 했습니다만 의도한 만큼 한국 음식의 여러 범주에 배어 있는 일관성과 다양성을 찾아내지는 못한 것 같습니다. 그러나 이 책을 집필하면서 우리 음식에 내재하는 관행과 규범은 그 시대의 환경에 순응하면서도 나름대로 새로운 시대정신을 일구고 있는 분명한 문화적 가치임을 다시금 인식했습니다. 근래 한 세기 동안에 식품 재료의 다양화, 제조법의 기계화, 음식산업의 확대 등 발전과 변용 속에서도 우리 전래 음식에 내재하는 풍토 환경과 어울리는 과학성이 여전함을 새삼 확인했습니다. 집필진은 무엇보다 한국 전래 음식의 청담한 감칠맛이 우리 산수의 청명함에서 형성되었음을 알아차리고 한복이나 한옥의 청아한 아름다움과도 맥을 같이한다는 데 공감했습니다. 그것은 자연에 대한 순응뿐만 아니라 많은 선조 여성의 노고와 삶에 대한 정성, 음식을 대하는 장인의 감각이 비축된 것임을 누구도 부인할 수 없었습니다. 그리하여 우리 음식을 세계에 알리고 시대화하는 방향의 설정은 외형에 매몰되지 않고 내실을 기한 전래 음식의 본질을 인식하고 바른 지식을 근거로 해야 한다는 신조를 다시 굳혔습니다. 간소해진 절차와 기계화 제조 공법 틈에 있는 오늘이지만 한국음식을 사랑하고 아끼는 모든 분, 특히 새로운 세대의 여러분이 본래의 청아한 한국의 정신과 격을 담은 음식을 살려내고 세계에 알려주리라 기대합니다.

허영환 박사께서 귀한 그림인 〈기로세련계도〉를 주셔서 좋은 표지를 할 수 있었습니다. 이 책의 부족한 부분은 독자 여러분이 힐책으로 도와주시기 바라며, 책을 출간해주신 교문사 사장님과 양계성 전무님께 깊이 감사드리고 편집과 인쇄의 모든 일에 관계하신 여러분께 감사드립니다.

2015년 1월

집필진을 대표해서 윤서석 씀

| 차례 |

우리 삶의 정이 깃든 김치

생기 돋우는 채소음식

조리법이 다양한 고기음식

담백한 맛의 생선음식

한국인의 삶과 지혜가 깃든 떡

윤서석

떡은 한국인의 삶과 지혜가 깃들어 있고, 과학과 맛, 격조가 아우러진 한국 고유의 음식이다. 잡곡만 재배하던 원시농경시대에는 잡곡 떡을 만들었고, 벼농사가 시작되고 재배작물이 오곡으로 증가한 이후에는 쌀과 콩, 팥, 조, 수수 등 모든 곡물로 떡을 만들었다. 곡식을 갈고 대끼는 도정 용구가 갈돌에서 돌확, 절구, 방아로 발달하고 시루를 비롯하여 조리 용구가 발달하면서 떡을 만드는 법이 지지는 법, 찌는 법, 찐 것을 다시 치는 법 등으로 세분화되었다. 떡을 만드는 지혜가 늘고 솜씨가 숙달되면서 곡물가루에 견과류를 버무리고 산야의 향채도 섞어 만들었다.

사계절이 뚜렷한 우리 기후에 맞추어 들판에 새싹이 돋으면 쑥으로 쑥떡을 만들고, 나무에 새싹이 트면 느티나무 새싹으로 느티설기를 찌며, 5월 단오에는 수리취로 절편을 치고, 가을에는 국화 향이 깃든 떡을 만들어 계절을 즐기고 정서적 감각을 발휘했다. 의학과 약학이 발달하면서 떡가루에 향약재를 가미하여 약식동의의 식생활을 실행하고 흉작으로 기근이 들면 잡곡가루에 구황작물을 섞어 기근을 면하기도 하였다. 가을에 추수를 끝내면 먼저 떡을 쪄서 추수 감사의 천제를 지내던 고대의 풍속이 현재에도 농촌 마을의 동제로 이어져 온다.

가정에서는 설날 아침에 가족이 모여 흰 떡국으로 새해를 축복하였고, 8월 추석에는 오려송편을 빚어 가족과 마을의 친화를 돋우었으며, 10월에는 집안의 평화를 빌면서 고사떡을 쪄 마을에 돌렸다. 어머니는 자손을 키우면서 삼칠일에는 백설기를, 첫돌에는 오색송편을, 생일에는 붉은 수수팥떡을 만들어 무병장수를 빌었다. 혼례, 수연 잔치에는 존귀하고 화려하게 공들여 만든 떡으로 경사를 축하하고 조상님께 올리는 제사에는 가가례 규범에 맞추어 떡을 준비했다.

이같이 벼농사 국민인 우리는 떡으로 농경의례를 행하고, 명절 떡으로 가족과 마을이 화합을 기약하며, 계절의 별미 떡으로 자연을 품어 안으며 살았다. 떡은 한국인의 삶을 품은 친숙한 음식으로 '떡보'라는 말이 생길 만큼 모두 떡을 반긴다. 떡은 쌀과 오곡이 주재료이지만 견과류와 산야의 향채, 지역마다 개발한 향약재, 그리고 절기의 꽃과 잎, 꿀, 조청, 유자, 오미자, 모과, 계피 등 향취 있는 식재를 동원한다. 한국인은 지혜로운 떡으로 건강을 지키고 정서를 가다듬으며 공동체의 의미를 기리면서 살아왔다. 속담에 '떡 본 김에 제사 지낸다.'는 말이 있고, 다음과 같은 '떡타령'도 있다.

오라버니 집에 가건 개떡 먹은 숭보지 마우
이 담에 잘 살거든 찰떡 치고 메떡 처서 고대광실에 마지리다

이제 떡의 재료가 곡물을 비롯하여 헤아릴 수 없이 다양하고 풍부하며, 떡을 만드는 과정도 기계화되고 떡 산업체도 확대되어 향토성이 짙은 여러 고장의 떡이 명물로 널리 유통되면서 한국 떡 문화의 발전이 크게 기대된다. 이럴수록 떡에 담긴 과학성과 고유한 맛, 지혜로운 솜씨를 확인하고 인식해야겠다.

5천 년 한국의 떡 문화

농업과 함께 시작한 떡

떡은 한반도에서 기장과 수수 같은 잡곡만을 재배하던 원시농경기에 만들어 먹기 시작하여 오늘날까지 5천 년의 역사를 이어 내려오는 음식이다. 농경을 시작하던 원시시대에는 곡식을 갈돌이나 돌확에서 대끼고 발형토기, 항아리 모양 토기를 저장·조리·식사용으로 겸하던 때이다. 이러한 생활환경에서 거두어들인 잡곡을 갈돌이나 돌확에 갈아 껍질을 날리고 다시 갈아 가루로 했다. 이 가루를 물이나 술로 반죽하여 불에 달군 돌판에서 지지거나 모닥불 재에 묻어 익혀 먹었을 텐데, 이렇게 지진 떡, 구운 떡으로 시작한 것이 오늘날의 전병·개떡의 원형이고 한국 떡 문화의 뿌리이다.

잡곡가루에 주변 강가나 바닷가에서 채집한 조개 혹은 들판에 자생하는 나물거리를 섞었음 직하다. 발형토기에 물을 끓여 잡곡가루 반죽을 작게 빚어 삶아 익혔을 수도 있지만, 이 시기에 쓰던 토기로 미루어 보아 쉽지 않았을 것이다. 이렇게 시작한 잡곡 떡은 벼농사가 도입되어 쌀이 주곡으로 자리 잡을 때까지 주요음식이었는데, 그 기간은 3천 년 가까운 긴 세월이었다. 그래서 우리나라의 잡곡 음식 솜씨가 다른 벼농사 국가에 비해 출중하며 오늘날의 잡곡밥, 찰수수전병, 찰수수경단, 노티와 같은 좋은 솜씨로 이어져온다. 벼농사가 도입되어 퍼지면서 쌀로 떡을 만들기 시작했고 벼농사가 발달하면서 떡도 발달했는데, 긴 역정에서 그 시대 나름대로 사회문화를 수용하고 요구를 반영하면서 한국의 고유한 떡 문화를 형성하게 되었다.

갈돌

돌확

벼농사가 한반도에 도입된 것은 한국 떡 문화 발전의 원천이다. 한국의 벼농사는 중국의 벼농사가 도입된 것으로 그 시기를 상당히 이른 시기로 보는데• 기원전 1000년경 유적인 평양 근역의 남경유적BC 999년과 경기도 여주 흔암리 유적BC 1260, BC 1030, BC 970년 등에서 탄화미가 보리, 기장, 콩, 팥과 함께 발견되었고, 부여군 송국리松菊里 유적BC 715년에서는 상당한 분량375g의 탄화미가 발견되었다. 한편 극히 일부 지역이지만 청동기시대 유적에서 시루가 발견되었고 이어 철기시대, 삼국시대 유적에서도 시루가 발견되었다. 이러한 사실로 미루어 보아 그 시기에 이르면 쌀을 빻아 가루로 하여 콩, 팥 등을 섞어 떡을 만들었을 것이다.

철기시대는 철제농기구를 사용했으므로 벼농사가 더욱 발전할 수 있었고 삼국시대는 삼국이 모두 벼농사 발전에 주력하여 쌀이 주식 곡물로 자리 잡았다. 《삼국유사》 문무왕조에 "시중의 물건 값이 베 1필에 벼 30석 혹

• 임효재 편, 한국 고대도작문화의 기원, 학연문화사, p.176, 2003

시대별 시루

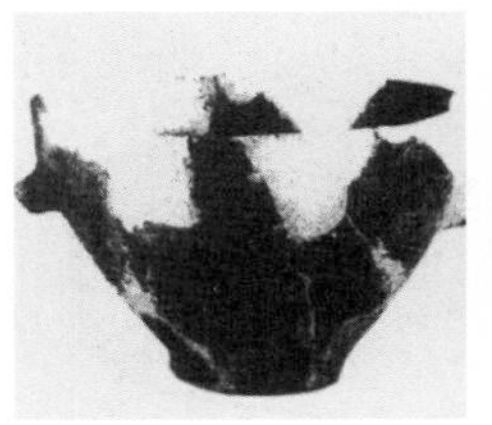
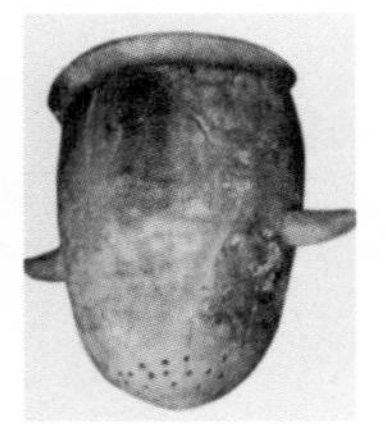
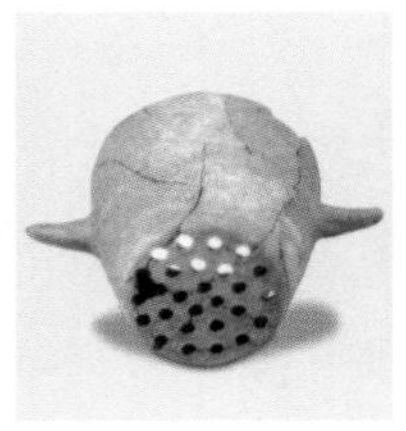
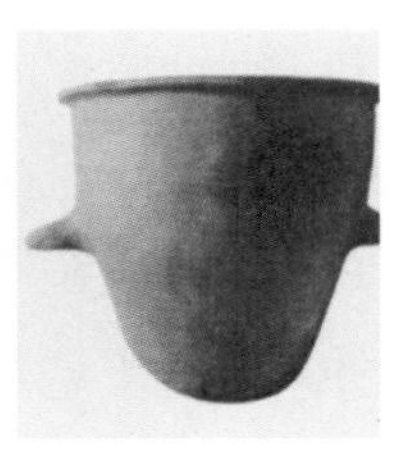

청동기시대 시루 삼국시대 시루 삼국시대 시루 삼국시대 시루

은 50석이었으니 백성들은 성대라 했다."는 기록으로 보아 신라가 삼국을 통일할 무렵에는 쌀이 주식 식량으로 증산되었다. 잡곡 농사도 함께 발달하여 북쪽에서는 기장을, 남쪽에서는 보리를 산출하고 밀·수수·콩·팥·녹두 등을 함께 재배했다. 도정 용구가 절구와 디딜방아로 발전하고 대형 맷돌도 일부에서 사용했다. 고구려 고분벽화인 안악3호분 전실 벽화에는 시루가 걸려 있는 입식 주방의 부뚜막에서 부인이 음식을 다루는 그림이 완연하고, 약수리고분 벽화에도 부뚜막에 시루가 걸려 있다. 이같이 시루가 주방의 필수 용구로 쓰였다. 이러한 생활에서 쌀을 절구나 방아에 빻아 시루떡을 찌거나 시루에서 찐 떡을 절구에 다시 쳐서 절편과 같은 친 떡을 만들고 떡가루를 반죽하여 기름에 지진 떡도 만들었다. 원시농경기 이래 잡곡으로 만드는 지진 떡이나 구워 익힌 떡도 물론 이어졌을 것이다. 이러한 과정을 거쳐 삼국시대에 지진 떡전병, 찐 떡시루떡, 친 떡인절미, 절편으로 떡 만들기의 기본법이 성립된다. 끓이는 용구가 구비되었을 때에는 떡가루 반죽을 빚어 끓는 물에 삶아 건지는 떡도 만든다.

《삼국사기》 신라본기 유리이사금에 왕을 선정할 때에 떡을 물어 잇자국이 많은 유리를 왕으로 추대했다는 이야기가 있는데, 잇자국이 확실한 떡이라면 절편이나 인절미이다. 《삼국유사》 권2 죽지랑 이야기에는 죽지랑이 설병舌餠* 한 합과 술 한 병을 들고 공사로 멀리 간 부하를 보러 갔다고 했다.

고구려시대 고분 벽화의 그림

이 이야기에 나오는 설병은 혀 '설舌' 자가 쓰여 있으므로 넓죽하게 만든 절편으로 볼 수 있다. 《삼국사기》 권48 열전 백결선생조에는 세모에 이웃집 떡방아 찧는 소리가 들리는데 살림이 빈한하여 떡방아를 찧지 못하자 부인에게 미안하여 떡방아 소리를 거문고에 담은 것이 대악이라 한다.

삼국시대에도 설에 떡을 쳤는데 오늘 같은 가래떡인지 절편인지는 알 수 없다. 《삼국유사》 제2권 가락국기에 신라 30대 법민왕이 가야국은 멸망했지만 수로왕이 나의 15대조가 되므로 그의 묘를 종묘에 합하여 제사를 지내도록 명했는데, 술·감주·떡·쌀밥·차·과로 제를 올렸다. 제사 음식은 상고적 의미를 담는다. 종묘대제에 올리는 제물 중에는 불에 익히는 화식을 알기 이전을 상고하여 잡곡과 고기는 날것대로 쓰고, 현주라 하여 맹물을 여러 가지 술과 함께 올리며, 떡은 분자·삼식·구이·이식·흑병·백병이다.

• 《삼국유사》에 죽지랑조에 나오는 '舌餠'을 음대로 해석하면 설병, 즉 설기로 생각되고 '舌'로 미루어 넓죽하게 만든 떡이라면 절편이나 인절미로 해석할 수 있다.

필자가 추정하여 만든 삼국시대의 떡

지진 떡

찐 떡

친 떡

이 떡이 삼국시대의 떡이라고 추정할 수 있어 다음에 소개한다.●

분자粉餈 : 찹쌀밥을 쳐서 길이 4치 6푼, 너비 1치 1푼의 사각형으로 만들어 콩가루를 묻힌다.

삼식糝食 : 멥쌀가루를 익혀 쇠고기, 양고기, 돼지고기를 섞어 지진다.

구이糗餌 : 멥쌀가루를 물에 반죽하여 둥글게 빚어 삶아 건져 콩가루를 무친다.

이식酏食 : 멥쌀가루를 술로 반죽하여 쪄서 그릇 뚜껑 모양으로 만든다.

흑병黑餠 : 수수가루를 물로 반죽하여 삶아 사각형으로 썰어 만든다.

백병白餠 : 멥쌀가루를 물로 반죽하여 삶아서 사각형으로 썬다.

한편 백제 사람수수보리이 일본으로 건너가 누룩으로 술 빚기, 채소 절임을 전하여 칭송을 받았는데,●● 이때 떡 솜씨도 건너가서 나라시대 사찰에서 사경寫經을 하는 스님에게 제공한 음식이 소두병팥떡, 대두병콩떡, 전병이었다. 우리 삼국시대의 떡 솜씨다.●●●

● 朝鮮王朝의 祭祀-宗廟大祭를 中心으로-, 문화재관리국, 1967

●● 倉野憲司 교주, 古事記, 이와나미문고 450, pp.145-146

●●● 關根眞隆, 奈良朝食生活の硏究, 吉川弘文館, pp.277-280, 1974

행사음식으로 자리매김한 떡

통일신라시대를 지나 고려시대에 이르면 미곡 증산과 숭불사회 덕에 떡이 행사음식, 명절음식으로 확실하게 자리 잡는다. 특히 고려는 건국 초부터 토지제도를 개선하고 개간사업과 수리시설을 확장했으며, 농구를 보급하고 농업기술을 적극적으로 지도하여 미곡을 증산할 수 있었다. 《고려사》 식화지에 보면 관원에게 지급하는 보수를 미곡으로 충당했고, 《고려도경》에는 우창, 용문창, 부용창, 대의창과 같은 대형 창고에 미곡이 대량 비축되어 있었다고 했다.[•] 더하여 태조는 고려가 불교국가임을 선포했고 건국 초부터 역대에 사찰을 많이 건립하여 사원의 세력이 컸으며 연등회, 팔관회와 같은 불교제전을 국가적인 행사로 시행했다. 나라의 평안을 비는 반승행사도 빈번했으며 왕이 솔선하여 육식을 절제하게 했다. 사원에서는 반승행사가 성행했는데, 헌종 때에 10만 명1018년 5월, 숙종 때에 3천 명1098년에 이르는 큰 규모의 것이었다. 이같이 미곡이 풍부하고 육식을 절제하고 대형의 불사가 빈번한 환경에서 곡물로 만드는 떡이 행사음식으로 많이 쓰이면서 발전하여 한국 떡 문화의 틀이 성립되었다. 고려에서는 정월 상사일에 멥쌀가루에 생쑥을 섞어 쪄서 만든 쑥설기를 제일 좋은 음식으로 삼았다.[••] 쌀가루에 말린 밤가루를 2 대 1의 비율로 섞어 꿀물이나 설탕물로 물 내리기를 해서 쪄서 익힌 '고려율고'는 명물 떡이었다. 《해동역사》권26에 기록된 만드는 법은 다음과 같다. 바로 밤설기이다.

• 서긍, 《고려도경》 권16, 식름, 아세아문화사, 1972
•• 이수광, 《지봉유설》 제19, 송사에 말하기를, 고려는 상사일에 청애병을 으뜸가는 음식으로 삼는다. 이것은 어린 쑥잎을 쌀가루에 섞어서 떡으로 찐 것이다.

밤을 그늘에서 말려 껍질을 제거하고 빻는다. 멥쌀을 물에 담갔다가 가루로 빻아 밤가루 2에 쌀가루 1의 비율로 고루 섞어서 꿀물로 추겨 시루에 찌는데 꿀이 아니고 백설탕으로 추기면 더욱 맛이 좋다.

쌀가루에 물이나 꿀물, 설탕물을 고르게 축여 다시 체에 내리면 수분이 균질하게 함축되므로 떡을 찔 때 쌀가루에 김이 고루 올라 잘 익은 맛있는 떡이 된다. 과학적인 원리가 원용된 기법으로 오늘날까지 이어지는 설기 만들기의 기본인데, 이를 '물 내리기'라 한다. 고려시대에 이미 물 내리기가 실시되고 있었던 것이다. 꿀물보다 설탕물이면 더욱 좋다 했는데 고려시대는 꿀보다 설탕이 새로운 것이었다. 중국 원대에 편찬된 《거가필용사류》[•]에도 고려율고를 만드는 법이 소개되어 있다. 고려 초기에는 중국·일본·글안·남만·아랍·자바와 같은 여러 나라와 무역을 활발하게 전개했는데, 이들 해외 상인이 유숙하고 상거래를 하기 위한 객관호텔이 10여 개나 개설되었다. 객관의 규모가 크고 아름다웠으며 푸짐한 상차림으로 손님을 접대했다.[••] 이러한 자리가 고려시대의 음식이 해외로 소개되는 현장이었을 것이며, 그중 하나가 고려율고였을 것이라고 추정한다.

한편, 팥소를 넣고 노릇노릇하게 지진 찰수수전병이 요기하기에 좋은 떡이었고, 정월 보름 명절에는 찰밥을 쪄서 이웃에 나누었으며, 유월 유두에는 떡수단을 만들었다. 동짓날에는 팥죽을 쑤었는데, 이를 고려의 문호 이색은 《목은집》에 다음과 같이 적었다.

• 《居家必用事類》, 중국 원나라 세조대에 편찬된 책으로 추정하는데 편찬자는 알 수 없으나 송대, 명대에 이어 이 책의 내용이 많이 인용되어 있고 우리나라 조선시대 《임원십육지》 중 음식 부분인 정조지에도 이 책을 인용하고 있다.

•• 서긍, 《고려도경》 권22 잡속 향음, 권26 연음 헌수, 이세아문화사, 1972

고려시대의 떡

찰밥(약밥) 　 쑥설기와 밤설기 　 찰수수부꾸미 　 상화

점서찰수수전병 : 그 뉘가 떡의 향기를 알던가. 황금빛이 면모에 넘치며 팥으로 소를 박았으니 먹기 쉬우므로 배고픔에 쾌적하여라. 다만 소화하기 어려우니 포식하면 촉상하기 쉬운데 최옹의 비위는 건강도 하다. 《목은집》 권26

대보름 찰밥 : 찹쌀에 기름과 꿀을 섞고 다시 잣, 밤, 대추를 넣어서 섞어 찐다. 동네 여러 집에 서로 보내면 새벽빛이 청량함에 갈까마귀가 혹하여 일어난다. 《목은집》 권13, 14

유두일 단자병 : 상당에서 삶은 진미로운 떡은 백설처럼 흰 살결에 달고 신맛이 섞였더라. 마구 먹으면 이에 묻을까 싶지만 잘 씹으면 청한한 맛이 몸에 적시리. 《목은집》 권18

동짓날 팥죽 : 팥죽은 맑은 새벽같이 몸을 평온하게 하고 정신을 밝게 하고 기를 돋우어 기상을 바르게 한다. 《목은집》 권10, 11

앞의 시문에 적혀 있는 찰수수전병의 모양이나 맛은 그대로 이어져 지금도 즐겨 먹고 있다. 대보름날 약밥을 쪄서 여러 집에 나누고, 유월 유두에 떡수단을 만들며, 동짓날에 팥죽을 쑤는 풍습은 오늘날에도 계속되고 있는데, 이미 1천여 년 전에 형성되었던 것임을 알 수 있다. 상고시대로부터 이어오는 떡 문화는 우리 생활환경에 어울리는 타당한 것이었다.

떡 문화가 확립된 조선시대

조선시대는 초기부터 천문학 연구와 천문측정기기 개발, 금속활자, 인쇄기술 개발, 농서 간행으로 농업기술과 농가생활 선도, 의료기관 설립과 의녀교육, 토산 약재 연구·계몽 등 과학기술 추진 환경에 있었다. 특히 의학과 약학을 적극 연구하여 《향약채취월령》1431, 《향약집성방》1433, 《동의보감》1613 등 여러 의서가 간행되어 음식이 바로 병을 예방하고 고칠 수 있는 첫 걸음이라는 개념이 생활에 깊이 반영될 수 있었으며, 향약재를 가미한 양생음식이 발달했다. 인진주·오가피주·구기주·복령주·지황주·당귀주·천문동주·상심주오디술와 같은 가양주를 비롯하여 율무가루죽·연뿌리죽·산우죽마를 가미한 흰죽·녹각죽과 같은 보양에 좋은 죽을 끓이고, 향약으로 만드는 음청류도 즐겼다. 떡도 물론 예외가 아니어서 쌀가루에 백복령·산약·연육·검인과 같은 향약을 넣어 복령조화고를 찌고, 찹쌀가루에 당귀 생잎을 가미하여 당귀단자를 만들었다.

복령조화고 : 백복령, 연육, 산약, 검인을 각각 4량, 사탕 1근을 모두 곱게 가루로 하여 멥쌀가루 2되에 섞어 시루에 안치고 대칼로 금을 그어 조각나도록 경계를 지어 찐다. 이 떡은 베보자기를 덮어 쪄야 한다. 나무 뚜껑을 덮어 찌면 익지 않는다.《규합총서》

당귀단자 : 찹쌀가루에 당귀승검초 생잎을 찧어 버무려서 절구에 찧어 삶아 건져서 꿀을 섞어 갠다. 꿀을 섞어 만든 붉은 팥소를 넣어 빚어서 잣가루를 무친다.《규합총서》

쌀가루에 밤·대추·곶감을 섞어 잡과병을 찌고 봄에는 진달래를, 가을에는 국화를 장식한 꽃전을 지졌으며, 송편에 치자·쑥·송기적송의 속껍질를 더해 자연스럽고 아름다운 색감을 냈다. 쌀가루에 겨울에는 검은콩을, 초가을에는 청대콩을 듬뿍 섞어서 찌는 콩설기일명 콩버무리, 쌀가루에 검은콩과 붉은 팥고물을 넉넉하게 얹어 찌는 시루떡, 찰밥을 쪄서 매우 치고 콩가루를 듬뿍 묻히는 인절미와 같은 떡은 소박하며 가장 보편적인 떡인데, 오늘날에는 모두 영양식으로 평가된다. 이같이 떡 솜씨가 발전하여 조선시대의 여러 문헌에 250여 종의 떡이 수록되어 있다.•

우리나라는 국토 크기에 비해 기후가 다양하여 벼농사와 함께 잡곡 재배도 발달하여 잡곡을 혼용한 음식 솜씨가 출중했다. 향토의 특산 잡곡으로 만든 떡 가운데 대표적인 명물이 평안도의 노티다. 찰기장을 가루 내어 익반죽하고 엿기름으로 삭혀 기름에 지져 익혀 조청에 재워 두면 겨울을 날 수 있는 떡이다. 추위가 심한 지역에서 열량 급원으로 매우 합리적인 음식이다. 한편 기근이 심할 때에는 쌀이나 잡곡가루에 쑥, 솔잎가루, 느릅나무 껍질 등을 섞어 떡을 만들어 기근을 면했다.

느릅나무 껍질 떡 : 느릅나무 속껍질 가루 1승에 쌀가루 1홉, 솔잎가루 1홉을 섞어 익반죽하여 기름에 지진다. 기름이 없으면 삶아 건진다.《구황촬요》

조선 중기부터 후기는 남아 존중, 장자 상속, 출가외인 등 가족제도와 유교 예절을 따른 관혼상제 규범이 엄격해지면서 주부의 음식 예절이 가문의 성쇠를 가늠하는 척도가 되었다. 오대봉사를 준수하는 조상 봉제사를 비롯하여 가족의 생일, 혼례, 수연 등 여러 잔치와 명절 등의 행사음식은 모두 주부의 책임이었으며, 중심 품목은 떡이었다. 이러한 환경에서 우리의 떡 문

• 윤서석,《한국의 음식용어》, 민음사, pp.313-346, 1991

화는 과학성과 격조를 갖추면서 할머니에게서 어머니에게로, 다시 딸과 며느리에게로 전수되면서 발달하였다.

또한 행사를 위한 떡 차림은 행사의 의미를 징표로 새기는 관행이 형성되었다. 백일에는 성스러운 의미로 백색무구의 백설기를 찌고, 첫돌에는 오색의 송편을 빚어 오행을 갖춘 성인이 되기를 염원했다. 혼례 절차 중 신랑 집에서 신부 집으로 함을 보내는 납폐행의가 있는데, 이때 신부 집에서는 함을 받는 봉치 시루를 준비한다. 봉치 시루는 붉은 팥고물을 얹은 찰시루떡을 두 켜만 찐 것인데, 이는 부부 화합을 축복하고 붉은 팥고물로 액을 없애기를 바라는 어머니의 마음이었다. 부모 수연을 축하하는 큰상고배상에는 갖은 편을 20~30cm 가량으로 높이 괴고 주악이나 꽃전 단자와 같은 예쁘고 작게 만든 떡으로 위를 장식한다. 제례에 올리는 편떡은 가가례에 따라 차렸다. 명절에는 정월 설날의 흰 떡국을 시작으로 2월 초하룻날 중화절에는 집안 일꾼들에게 크게 빚은 송편을 대접한다. 3월 삼짇날에는 두견화전, 4월 초파일에 느티설기, 5월 단오에 수리취 절편, 6월 유두에 떡수단과 7월 칠석에 밀전병, 8월 중추절에 오려송편, 9월 중구절에 국화전을 만들고, 10월 상달에는 무시루떡, 호박고지시루떡으로 가택 고사를 지내는 것이 통속적인 관행이었다. 그래서 조선시대의 주부는 이 모든 규범과 관행을 수행하면서 많은 경험으로 좋은 떡 솜씨를 익힐 수 있었으며, 가족은 어려서부터 어머니가 만드는 좋은 떡을 경험하면서 떡 솜씨와 맛을 가늠할 줄 아는 안목을 갖게 되었다. 이러한 사실도 우리나라의 좋은 떡 솜씨가 전래될 수 있었던 주요 요소이다.

이와 같이 조선 전기의 과학 발전 환경에서 한국 떡 문화의 과학성, 합리성을 성립했고 후기의 예절 존중 환경은 떡 문화 전통의 격조를 정립하게 했다. 이제 현대사회에서 문화의 변동이 빈번하지만 그래도 한국음식의 현대화, 산업화에 전통음식에 내재하는 타당성에 대한 인식이 새로운 창조의 근저가 되어야 할 것이다.

17~20세기 조리서에 나온 떡의 종류

떡의 종류 \ 책이름	음식디미방 (1598~1680)	증보산림경제 (1766)	규합총서 (1809)	시의전서 (1800년대 말)	우리음식 (1940)
찐 떡	석이병, 밤설기, 증편, 도병, 상화, 팥시루떡	풍악석이병, 율고(밤설기), 잡과고, 도병(복숭아떡), 행병(살구떡), 견병(개떡)	석이병, 증편, 상화, 백설기, 두텁떡, 기단가오, 서여향병, 남방감저, 도행병, 무떡, 석탄병, 신과병, 혼돈병	팥편, 녹두편, 꿀편, 깨찰편, 백편, 잡과편, 생강편, 증편, 감저병, 호박떡, 약식법, 팥찰편, 녹두찰편, 꿀찰편, 승검초편, 시루편, 두텁떡, 무떡, 적복령편, 상실편, 막우설기	백편, 백설기, 콩설기, 쑥버무리, 느티떡, 잡과병, 두텁떡, 고사떡, 꿀편, 꿀소편, 잡과편, 깨편, 승검초편, 녹두편, 쑥구리, 증편
빚어 찐 떡		송편, 대맥병(보리떡)	송편	송편, 쑥송편, 어름송편	송편, 개떡
친 떡 쳐서 빚은 떡	인절미, 인절미 굽는 법, 잡과편법	인절병, 잡과점병, 송기떡, 쑥단자, 석이단자	인절미, 잡과점병, 송기떡, 석이단자, 유자단자, 당귀단자	대추인절미, 쑥인절미, 깨인절미, 쑥절편, 송기절편, 개피떡, 송기개피떡, 꼽장떡, 골무편, 골무편, 귤병단자, 밤단자, 건시단자, 석이단자, 승검초단자	인절미, 흰떡, 절편, 잔절편, 골무떡, 개피떡
지진 떡	전화법(꽃전), 빈자법, 섭산삼법	두견화전, 장마화전, 국화전, 메밀전병	화전(꽃전), 빙자, 송풍병, 권전병, 토란병, 송기떡, 대추조악	화전, 당귀잎화전, 두견화전, 국화화전, 갖은웃기(주악), 흰주악, 치자주악, 대추주악, 계강과	화전(꽃전), 찰전병, 밀전병
삶아 건진 떡			원소병, 잡과편	경단	수수경단, 찹쌀경단, 율무경단, 대추경단, 청매경단, 생율경단

* 위에 소개한 떡이 그 시대 떡의 전부는 아니라고 생각한다. 필자의 뜻에 따라 좀 귀한 것, 또는 극히 보편적인 것 등이라고 보아야 할 것이다.

** 조선 초기 세종, 문종, 단종, 세조 때에 궁중 어의로 활약하던 전순의의 편찬서인 《산가요록》은 1449년에 편찬된 가장 오래된 식품서인데, 그 안에 백자병(잣박산), 갈분전병(칡가루전병), 산삼병(더덕), 송고병(송기떡), 서여병(마), 잡병 등이 있다. 보편적인 떡이라기보다 별미로운 것이다.(농촌진흥청, 2004년 해설본)

조선시대의 떡 만듦새는 여러 조리서 또는 백과전서 등에 상세하게 저술되어 있다. 17세기에 생존했던 안동 장씨 부인이 쓴 《음식디미방》1598~1681, 18세기 중기 유중임의 《증보산림경제》1766, 서유구의 《임원십육지》1798, 19세기 초 필기체로 저술한 빙허각 이씨의 《규합총서》1809 등이다. 이외에도 19세기 후기 저술로 작자 미상인 《시의전서》, 《음식법》, 《음식방문》과 같은 고조리서에 떡의 조리법이 상세하게 저술되어 있다. 《증보산림경제》와 《임원십육지》는 한문 책이지만 그 외의 책은 언문필기체로 되어 있어 여기에 기술되어 있는 떡 만드는 법을 지금도 본받고 있으며, 조선시대에 확립된 솜씨 있고 맛이 좋으며 격조 있으면서 보편성이 깊은 한국의 떡 문화를 상세하게 알 수 있다.

떡 문화의 수난과 복원

20세기 초 일제가 우리나라를 강점했던 기간에 일본이 정치, 경제, 사회 모든 면에서 실권을 독점했지만 한국인의 식생활까지 바꾸지는 못했다. 가정에서 장과 김치를 담가 밥과 반찬으로 조석 식사를 하고 제삿날, 잔칫날이면 없는 식량이라도 쪼개어 떡을 만들어 의례를 행했다. 절기마다 명절을 즐길 겨를은 없었지만 그래도 설날이면 조촐하게나마 흰 떡국으로 조상께 차례를 지내는 관행까지 그들이 막을 수는 없었다. 지금 돌이켜보면 알게 모르게 참으로 압제가 심했건만 우리의 음식 관행은 의연하고 동요가 없었다. 장류·김치·나물·떡과 같은 기본 음식이 철저하게 가정식으로 뿌리내린 견고한 전통이었으므로 섣부른 누구의 간섭으로 좌지우지할 연약한 것이 아니었다. 한 민족의 음식문화는 그 민족의 얼이고 민족의 존패를 가늠

한다는 사실이 지금 생각해도 아찔하게 가슴에 와닿는다. 다만 식량이 일본의 전쟁 군량미로 공출되어 한국인에게는 태부족이어서 우리의 떡 문화가 전 시대에 이어 더욱 발전할 수는 없었고 떡집도 희소했다.

이러한 시기에 몇 분이 우리 음식 보존을 위한 음식 총서를 간행했다. 1917년 방신영의 《조선요리제법朝鮮料理製法》이 한성도서주식회사에서 출간되었는데 이어서 증보판이 계속되었고 1939년 제9판으로 끝났다. 1927년 조자호의 《조선요리》가 광한서림에서 출간되었고 이어 1939년 증보한 《조선요리법朝鮮料理法》이 간행되었다. 1943년 이용기의 《조선무쌍신식요리제법》이 대산치수에서 출간되었고, 1940년 손정규의 《우리음식》이 삼중당에서 출간되었으며, 1940년 홍선표의 《조선요리학朝鮮料理學》이 조광사에서 출간되었다. 1948년 동명사에서 출간한 최남선의 《조선상식朝鮮常識》 풍속편에는 주요 음식 30가지에 대한 내력이 해설되어 있다. 이 시기의 음식 관련 책은 특히 일제강점 하에서 우리 음식 보존을 위한 간곡하고 절실한 소망을 담은 것이다.

이 시기에 일본 떡이 한 가지 들어왔다. 그 당시 한반도에 파견되어 거주하던 일본인이 그들의 설 음식으로 만드는 모찌●가 있었는데, 한국인 가정의 극히 일부에서 별미로 조금 만드는 예가 있었다. 또한 밤이면 큰소리로 "찹쌀떡 사려." 하면서 주택가 골목을 누비는 야식용 찹쌀떡 장수의 목소리가 하나의 명물이었다. 해방 후에는 드물어졌다가 근래에는 떡집마다 찹쌀떡이 놓여 있다. 찹쌀떡 전문업체가 대량으로 생산하여 분배한다고 한다.

1945년 해방된 후 1948년 대한민국 정부가 수립되었으나 1950년 6·25전

● 일본 설 음식의 기본은 소를 넣지 않고 둥글고 크게 만드는 찰떡으로 가가미모찌라 하는데, 별미로 단팥 소를 넣고 작게 만들기도 한다.

쟁으로 피난길에 나서야 했고 이후 20여 년 간은 한국 떡 문화의 잠재기라 할 수 있다. 이 와중에도 피난지 부산에서 만난 동그랗고 새파랗게 빛은 쑥경단 표면에 뽀얀 팥고물을 반쯤 묻힌 쑥굴리쑥굴떡가 반가웠다. 그 고장의 향토음식으로 손꼽히는 떡이었다. 1954년 환도를 하고 1960년대를 지나는 시기는 식량이 부족하여 수입 밀로 보충하던 때였다. 이때는 정부도 분식을 적극 장려했고 가정에서는 세끼 중에 한두 끼는 밀국수로 대신했다. 1960년대 초 추석 무렵에는 밀가루 송편을 권고하는 방송프로그램을 보고 송편의 본체가 허물어지는 것 같아 허전했던 기억이 있다. 밀가루 수입이 많았던 관계로 제빵·제과기술이 급격하게 성장하여 국민의 선호 성향이 빵, 케이크로 기울던 한때는 떡의 침체가 우려되었다. 이런 어려운 시기에 떡 전문점 '호원당'이 개설되어 한국의 떡 문화를 강렬하게 상기시켰다.

호원당 : 1958년에 고 조자호 선생1912~1976이 종로에 개설한 병과류 전문점이다. 가정에서만 전래되던 잔치 떡백편, 꿀편, 신검초편, 주악, 단자병, 찰부꾸미 등의 모습과 맛, 격조를 널리 알리고 상기시켜 전승케 하는 효시가 되었다. 선생은 궁중음식과 반가음식의 법도를 익히 알고 그 솜씨를 두루 간직한 분이다. '호원당'은 일찍이 미국 로스앤젤레스로 진출하여 우리 음식의 해외 진출을 선도했으며, 지금도 후손이 차질 없이 경영하고 있다.

1970년대에 들어 쌀의 산출량이 증가하여 궁핍을 면하게 되면서 곳곳에 떡집이 열리고 떡의 선호도도 복원되기 시작했다. 특히 1971년에 우리 전통음식이 중요무형문화재로 지정되고 '궁중음식 기능보유자'를 지정하게 되었는데, 이러한 제도 성립은 한국음식 문화 발전의 획기적인 동기가 되었다. 이때 '궁중음식연구원'이 개설되어 많은 수련자가 배출되었다.

궁중음식연구원 : 1970년 고 황혜성 선생이 개설하여 우리 전통음식 연구와 후배 양성을 선도했다. 1971년 1월 6일 문화부에서 조선시대 궁중음식을 중요무형문화재 제38호로 지정하면서 제1대 기능보유자로 조선시대 마지막 주방 상궁이던 한희순 씨가, 1972년 제2대 궁중음식 기능보유자로 황혜성 선생이 추대되었다. '궁중음식연구원'은 현재 장녀 한복려 선생이 제3대 기능보유자로 추대되어 전통음식 연구와 솜씨를 익힌 많은 후학을 배출하고 있다.

1988년 서울올림픽이 개최되었을 때에는 외국 손님에게 한국음식을 소개하고자 국가적으로 호텔마다 한국음식 전문점을 두게 하고 관계자들이 모여 음식의 맛과 차림새를 점검하는 평가회가 자주 있었다. 서울올림픽의 개최는 한국음식의 현대화를 위한 적극적인 동기였으며, 떡의 상품화 확대를 위한 전문성이 강조되고 여러 곳에 떡 전문 연구소가 개설되어 떡 솜씨를 수련한 전문인이 많이 배출되었다.

한국의 맛 연구소 : 고 강인희 선생에게서 전통음식 솜씨를 수련 받은 제자들이 선생의 솜씨를 전승하고자 2001년에 개설한 연구소이다. 강인희 선생은 전국의 명문 반가음식을 직접 찾아 연구하고 1986년 이천에서 '강인희 한국의 맛 연구소'를 개설하여 전국 각지에서 모인 한국음식 전문인들에게 떡을 비롯한 전통음식을 가르쳤다.

한국전통음식연구소 : 2002년 윤숙자 선생이 개설한 곳으로, '떡 박물관'을 함께 개설하여 전통 떡 솜씨와 현대화한 여러 모양의 떡을 교육하면서 널리 보급하고 있다.

궁중병과연구원 : 2007년에 제3대 궁중음식기능보유자로 추대된 정길자 선생이 개설한 연구소이다. 조선시대 궁중 병과를 전문영역으로 분리하여 연구와 교육을 거듭하고 있다.

떡 문화의 현대화, 산업화

21세기에 들어서면서 떡 만들기의 기계화, 자동화가 실현되고 떡 문화의 현대화가 현저하게 진행되고 있는데, 떡의 소비 확대가 그 동인이라 하겠다. 그동안 떡은 가족의 생일, 명절, 제례와 같은 행사음식에 필수 품목이었지만 그렇다 해도 집안에 머물던 음식이었다. 산신제 또는 풍어제와 같은 마을 공동잔치에도 반드시 차리는 주요품목이었지만 그것은 정기적으로 일정한 범위의 것이었다. 그러나 근래에는 관공서와 같은 공공기관의 여러 기념 행사에 대형 떡을 만들어 축하 세레모니를 행한다. 떡은 학회 모임, 친목 모임 등 공사를 막론한 여러 행사장의 기념음식으로도 확대되었는데, 그 추세가 빠르고 넓다. 근일에 보급된 뷔페 차림에도 떡이 한몫을 한다. 집안 잔치의 장소가 음식점, 종교시설, 호텔과 같은 공공장소로 옮겨졌고 규모도 확대되었으며, 설혹 집 안에서 잔치를 한다 해도 떡은 대부분 떡집에 주문하므로 떡집은 공급과 책임의 범위가 확대되었다.

그뿐 아니라 현대 가정은 떡이 쓰임새를 넓히고 있다. 앞에서 언급했듯이 우리나라 곡식 음식에서 떡이 밥보다 수천 년을 앞선 것이므로 고대에 밥 짓는 솥이 보급될 때까지 3천여 년의 긴 시간 동안 떡을 상용음식, 행사음식으로 양용하며 살았다. 이러한 뿌리가 살아나듯이 떡이 다시 평상시 음식, 행사음식의 양용으로 돌아서고 있다. 한 설문조사에 따르면 조사대상자의 80%가 밥 대신에 떡을 먹는다고 했는데, 이 중 62.3%가 떡을 아침식사로, 29.32%가 점심식사로, 8.25%가 저녁식사로 먹는다고 했다.● 산업사회로 발전

● 노광석 외, 《식사대용떡에 대한 주부들의이용실태 및 기호도조사》, 한국식생활문화학회지 vol. 22 no.1. 2007

▌대형 떡을 이용한 공식 행사의 축하 세레모니

▌떡 케이크

한 현재, 한국인의 평소 식사의 양식과 내용이 영양 위주, 간편성 위주로 선회하고 있다. 이러한 추세에서 떡이 밥을 대신할 수 있는 유용한 음식이 되어 떡의 수요가 확대되고 있는데, 때를 같이해서 떡 만들기가 기계화되고 자동화되어 대량생산이 가능해진 것이다. 떡집의 규모도 확대되고 수도 많아졌는데, 근년의 떡집 확대 현황을 다음 표에서 알 수 있다.

아래의 표에서 보듯이 2000년 이전에 개업한 떡 업체는 매출 규모 1천만 원 미만이 5.5%, 1억 원 이상이 5.7%로 별로 차이가 없었으나 2010년 이후에 이르면 1.4%와 12.9%로 크게 달라져 있다. 1~3천만 원 미만, 3~5천만 원 미만, 5천만 ~1억 원 미만의 떡집은 시작 연도와 비교하여 큰 차이가 없

떡류 분야 개업 연도 및 매출 규모 분포 현황

(단위 : %)

매출 규모 / 개업 연도	1천만 원 미만	1천만 원~ 3천만 원 미만	3천만 원~ 5천만 원 미만	5천만원~ 1억 원 미만	1억 원 이상	총계
2000년 이전	5.5	42.0	27.6	19.0	5.7	100.0
2005년 이전	2.8	34.6	34.3	21.8	6.7	100.0
2010년 이전	2.1	32.5	29.3	27.6	8.6	100.0
2010년 이후	1.4	32.7	26.0	26.9	12.9	100.0

자료 : 금준석, 쌀가공업체 실태조사 및 DB 구축방안 연구

떡류 분야 매출 규모 및 경영인 연령 분포 현황

(단위 : %)

매출 규모 \ 경영인 연령	20대	30대	40대	50대	60대 이상
총계	0.6	6.2	25.6	41.8	25.7
~ 1천만 원	0.7	5.0	10.6	27.8	56.0
1천만 원~2천만 원	0.5	4.1	22.2	42.3	30.9
2천만 원~5천만 원	0.5	6.1	26.0	45.6	21.8
5천만 원~1억 원	0.9	8.9	29.8	39.4	21.1
1억원~	1.3	10.4	35.2	36.2	16.9

자료 : 금준석, 쌀가공업체 실태조사 및 DB 구축방안 연구

는데, 1억 원 이상 매출 떡집의 증가 비율은 크다. 개업 역사가 오래된 떡집은 단골이 있거나 그 집의 떡이 알려져 있으므로 큰 변동 없이 경영되고 있다고 해석된다. 매출액이 적은 경영체는 별로 증가하지 아니한 것으로 해석되는 데 비해 대형업체가 증가하고 있다.

표를 보면 근래의 우리나라 떡 업체는 매출액이 크고 작고를 막론하고 경영인의 연령층이 50대가 41.8%로 가장 많고 다음이 40, 60대이다. 우리나라 떡은 오랜 역사를 이어오는 음식이므로 비교적 나이가 많은 연령층이 경영관리를 하는 떡집이 맛이 좋고 단골도 많아 꾸준한 경영을 지속하고 있다고 해석된다. 1억 원 이상 매출을 올리는 떡집은 40대 35.2%, 50대 36.2%로 몰려 있다. 옛날부터 있던 떡집이 큰 산업체로 전환 확대한 예가 있을 것이다. 2010년 이후에 개설한 떡집은 매출액 1억 원 이상의 떡집이 1천만 원 미만 떡집의 10배가 넘는다. 이러한 사실로 비추어 볼 때 최근에 대규모의 떡 전문업체가 많이 설립되었다고 해석된다.

2011년 떡류 분야에 쓰인 쌀의 총 사용량은 12.231.4kg인데, 그중 찹쌀 소비량이 2.256.4kg, 일반미가 4.427.5kg이며, 싸라기는 32.5kg이다. 매출액 1

천만 원 미만 업체 사용량이 1.380.4kg, 매출액 3천만 원에서 5천만 원 업체가 6.382.6kg, 1억 원 이상 매출업체가 100.925.8kg이다. 매출액과 쌀 사용량의 비가 1 : 6 : 100을 넘는다. 대형 떡집의 확대 추이를 알 수 있다.●

전래 떡집의 확대뿐만 아니라 근래에 기업형 떡집이 설립되어 떡의 유통체계가 확대되었다. 떡의 수요 확대와 떡 만들기의 기계화, 자동화에 맞추어 전개된 사실이다. 떡 전문 기업체 중에는 한두 가지 떡만 대량으로 주문판매하는 경영체가 있고, 가맹점을 여러 곳에 개설하여 떡의 모양과 맛을 개별화하고 상호의 명성을 높이는 곳도 있다.

전래 떡집도 솜씨를 자랑하는 자가 제조 품목은 몇 가지로 제한하고 남은 품목은 각각 전문 제조업체에서 만든 것을 받아 팔고 있다. 일종의 분업인데 기업체에서 만들어 주문 분배하는 떡이 현재로는 주로 증편과 경단, 찹쌀떡이다. 그래서 떡집에 놓여 있는 증편과 경단, 찹쌀떡은 모두 모양과 맛이 일률적이다. 떡 산업화 초기의 한 면으로 넘길 수도 있지만 앞으로는 한국 떡의 전래 기술을 근거로 해서 각각 특성화한 고품격 떡을 보란 듯이 내놓는 기업체가 많아지면 좋겠다. 각각의 상호를 걸고 떡의 품격을 경쟁한다면 한국 떡 문화가 세계를 누비는 명물로 성공할 것이다.

근년에 이르러 한국 떡 문화 발전을 위한 반가운 한 가지는 여러 고장의 명물 향토 떡이 전국으로 교류되고 있다는 사실이다. 한반도는 산맥을 중심으로 동서남북으로 기후가 다양하여 각 고장에는 그 고장의 향토성이 담겨 있는 별미 음식이 많은데 떡도 예외가 아니다. 평안도의 명물 노티를 비롯하여 강원도의 감자송편, 메밀총떡, 제주의 빙떡, 오메기떡, 돌레떡, 망개떡, 쌀고장인 전라도의 눈같이 흰 백설기와 모시풀떡과 같은 명물 떡 여러

● 금준석, 쌀가공업체 실태조사 및 DB 구축방안 연구, 1304, pp.38-51, 2002

품목이 첨단화한 정보망과 신속한 유통 경로를 통해서 널리 교류되고 있다. 향토성이 짙은 떡 문화의 교류는 한국 떡 문화의 전모를 알게 하고 음식문화의 형성과 자연풍토의 관계성을 인식하는 데 좋은 매체가 되고 있다.

근래에 떡의 주재료인 쌀의 공급 증대도 떡 발전의 좋은 배경이다. 우리나라 쌀의 자급률은 1998년 104.5%, 2000년 102.9%, 2002년 107.0%이고 2004년 96.5%로 낮아졌지만 2005년에는 다시 101.7%로 상승 추세이다.● 이러한 배경에서 떡 산업의 장려를 위하여 '떡의 날'을 정하고 2009년 세계 떡 산업박람회, 2012년 한국 전통 떡 한과 산업박람회 등을 여러 번 개최하여 떡 산업을 촉진 독려했다. 떡 만드는 재료로는 쌀의 공급이 원활했을 뿐 아니라 쌀의 품종도 여러 가지로 늘었고, 떡에 색채감을 주고 향과 맛을 가미하는 여러 재료가 현저하게 다양해졌다. 대부분의 재료를 가루로 가공하여 시판하므로 손쉽게 이용할 수 있다. 더욱이 떡 반죽을 기계로 하므로 색채감을 임의로 조절하기 쉬울 뿐 아니라 고르게 섞을 수 있고 색깔도 여러 가지로 창안할 수 있다. 다만 전래 방법대로 쑥을 찧어서 쑥떡을 반죽했을 때에 생기는 자연스러운 운치는 바랄 수 없다.

21세기 떡 문화 발전에 특기할 또 하나는 '굳지 않는 떡'의 연구 개발 성공이다. 2010년 한국농업진흥청 제조기술개발팀의 연구로 떡이 굳지 않게 하는 '쫄깃 말랑 굳지 않는 떡'의 기술 개발에 성공하여 특허를 냈으며 이 기술을 떡 제조업체에서 이용할 수 있게 했다. 이것은 한국 떡의 5천 년 역사 중 가장 요긴하고 빛나는 기술 개발이다. 우리나라 떡은 소규모이지만 일찍이 상품화한 음식이었기에 그간의 떡집 모습을 다음에 회고해 보려 한다.

● 농림업, 농업정보 통계관실, 식량정책과, 농림부, 2006

▌떡집의 어제와 오늘

고려가요 '쌍화점'에 회회인이 손목을 잡고 수작을 한다는 내용이 있다. 상화는 밀가루를 술로 반죽하여 팽화시켜 찐 음식인데, 고려시대에 중국에서 들어온 것이다. 쌍화점이 있었다면 떡을 파는 가게도 있었을 것이다. 조선시대 서울 민간에서 구전되었던 '떡타령'은 떡집에서 계절마다 색다른 떡을 팔던 모습을 다음과 같이 읊었다.●

> 떡 사오 떡 사려오 정월 보름 달떡이요 이월 한식 송병이요 삼월 삼짇 쑥떡이로다
> 떡 사오 떡 사려오 사월 파일 느티떡에 오월 단오 수리취떡 유월 유두 밀전병이라

홍석모의 《동국세시기》1849에 서울에서는 남촌에서 술을 잘 빚고 북촌에서는 좋은 떡을 만들어서 '남주북병南酒北餠'이라 했다 하며 춘분과 추분 절기에는 떡 먹기를 좋아한다고 했다. 《동국세시기》에 실려 있는 그 시절에 절기의 떡을 만들어 파는 떡집의 모습은 다음과 같다.

> 3월 절기 : 떡집에서는 청명 한식 절기에 멥쌀로 희고 작은 모양이 마치 방울 같은 떡을 만드는데 콩으로 소를 넣고 머리 쪽을 오므린다. 오색으로 물을 들여 다섯 개를 이으면 마치 염주와 같다. 또는 흑, 청, 백 삼색으로 크게 만들면 산병꼽장떡이라 하고 송기와 쑥색으로 크고 둥글게 만들어 환병

● 강인히, 《韓國食生活史》, 삼영사, p.348, 1990

이라 하는데 크게 만들면말굽 같다 해서 마제병이라 한다. 찹쌀에 대추 살을 섞어 시루떡을 만들기도 한다.

4월 절기 : 찹쌀가루를 반죽하여 한 조각씩 떼어서 술을 넣고 부풀려 방울같이 만들고 그 안에 콩과 꿀을 섞은 것을 소로 넣고 그 위에 대추 살을 떼어 발라 찐 것을 증편이라 한다. 청색과 백색 두 가지가 있는데 청색은 당귀 잎 말린 가루를 섞어 만든 것이다. 또는 조각으로 뗀 것을 부풀어 오르지 않게 하고 그대로 익혀 먹기도 한다. 또는 노란 장미꽃을 따다 마치 삼짇날 화전 부치듯이 만들어 먹는다. 떡집에서는 시절음식으로 쑥잎을 따다가 짓이겨서 멥쌀가루 속에 넣고 녹색이 나도록 반죽을 하여 떡을 만든다.

5월 절기 : 단옷날 쑥잎을 따다 짓이겨 멥쌀가루 속에 넣고 녹색이 나도록 반죽하여 떡을 만든다. 수레바퀴 모양으로 둥글게 만든다. 그러므로 스렛날술의 날이라고 한다. 떡을 파는 집에서는 시절음식으로 이것을 판다.

8월 절기 : 멥쌀로 송편을 빚고 무와 호박을 섞어 시루떡을 찐다. 찹쌀가루를 쪄서 반죽하여 떡을 만들고 삶은 팥, 누런 콩가루나 깨를 무친다. 이것을 인병인절미이라 하고 이것을 판다. 또 찹쌀가루를 쪄서 계란 같이 둥근 떡을 만들고 삶은 밤을 꿀에 개어 붙인다. 밤단자라 했다.

위에 소개한 떡 중에 좀 생소한 것이 있지만 그래도 절기마다 새록새록 계절 떡을 만들어 팔던 떡집의 모습이 친근하다. 옛날 떡집에는 부뚜막 위에 시루를 앉힌 무쇠솥이 보이고 절구와 떡 치는 안반이 있었으며 판매대는 손길이 들어 반들반들한 통나무 판이었다. 떡집에서 흔히 파는 떡은 붉은 팥고물이 두둑한 시루떡이나 찰시루떡이었는데 언제 가도 시루에서 뜨끈한 시루떡을 한 켜, 두 켜 꺼내 주었다. 봄철이면 쑥절편, 쌍개피떡, 대추찰떡을 팔고, 여름에는 대추, 석이, 실백을 얹어 둥근 틀에 찐 증편이었다. 주문 떡은 큰 목판에 보기 좋게 담아 모시조각보나 베조각보로 덮고 다시

비단보로 싸서 정성스럽게 포장했다.

오늘날 동네에 한 집 걸러 두 집으로 즐비한 빵집을 볼 때마다 옛날 떡집이 떠오른다. 동네에 있는 소규모의 떡집은 가까운 이웃이고 믿을 수 있는 단골이었다. 이른 아침에는 어김없이 김이 서리는 시루떡 시루가 준비되고 있었다. 새벽일을 나가는 동네 사람의 요기용이었다. 지금처럼 필요할 때 자가용으로 떡집에 달려갈 수도 없고 미리 사다가 냉동할 수도 없던 시절에 예고 없이 오는 손님의 점심 장국상을 차리려면 동네 떡집의 떡이 참으로 고마웠다. 지금도 떡집이 즐비한 서울 종로구 낙원동 일대를 흔히 떡 골목이라 한다. 조선왕조가 패망하면서 궁중 수라간에서 음식을 담당하던 사람들이 나와 낙원동 일대에 떡집을 차린 것이 낙원동 떡 골목의 유래라 한다. 구한말 궁내부 주임관 및 전선 사장으로 있던 안순환 씨가 1909년에 종로구 139번지 위치에 처음으로 한국음식 요리집 '명월관'을 차리고 이어 '식도원'을 차렸다. 이것이 1920년대 한국음식 전문 요정 차림의 시초이듯이 낙원동 떡 골목도 같은 동기인 듯하다. 현재의 '낙원떡집'은 1914년에 김사순 씨가 낙원동에 자리 잡고 시작한 후로 90년의 역사가 흘렀는데 지금은 창시자의 증손자가 경영하고 있다. 물론 서울뿐만 아니라 전국 곳곳에 유서 깊은 떡집이 대를 이어 솜씨를 이어가고 상호를 지키면서 명물 떡을 만들고 있다. 유서 깊은 떡집의 떡 솜씨가 한국 떡 현대화의 저변이기를 기대한다.

행상하는 떡 아주머니

봄철이면 잊지 않고 "안녕하셨어요?" 하며 철따라 제철의 떡을 담은 함지를 이고 대문을 들어서는 떡장수 아주머니는 모습도 둥글고 매끄러웠다. 마루 끝에 걸터앉으면서 함지에 덮인 베보자기를 젖히면 기름이 배어 반들반들한 함지에 쑥색과 흰색의 쌍개피떡, 송기절편, 쑥절편이 예쁜 모양으로 담겨 있었다. 이른 봄철 자연산 쑥으로 만든 절편이나 개피떡의 쑥색은 정신이 번쩍 들도록 영롱하고 신선했으며 종이처럼 얇게 밀어서 소를 놓고 공기를 품은 채로 접어 만든 개피떡은 참으로 아름다웠다. 가을에는 절편과 송편이었는데, 아주머니의 송편은 예뻤지만 집에서 빚는 송편보다 약간 크고 양편을 살짝 눌러 만들어 넙데데했다. 송편을 찔 때 터지지 않게 빚을 때에 살짝 눌러 공기가 빠지도록 했다. 떡장수 아주머니의 함지에는 여름철의 증편은 없었다. 여름철에는 떡을 들고 다니기가 마땅치 않았을 것이다. 안타깝게도 전란 이후로는 볼 수가 없다.

장터의 떡집

떡집 중에도 먹음직하고 풍성하며 손님이 가득한 곳은 장터의 떡집이다. 장이 서는 날에는 술집, 국밥집과 함께 떡집도 섰다. 새벽 장터에는 부뚜막에 걸린 큰 무쇠솥 안에 설설 끓는 선짓국이 가득했고 술독에는 막걸리가 채워져 있었으며, 주모가 앉아 있는 가까이에는 큼직한 목판에 붉은 팥고물과 검은콩을 두둑하게 올려놓고 찐 시루떡이 뜨끈한 채로 놓여 있었다. 여름에는 푸르고 시원한 열무김치를, 겨울에는 시원한 동치미를 곁들였다. 새벽 장을 보러 온 장꾼들에게 큼직한 떡 한 쪽과 선짓국에 막걸리 한 사발이면 참으로 흐뭇한 아침 요기가 되었다. 한강, 금강의 뱃길을 다니는 강경상인, 개성상인, 의주상인들의 배가 포구에 닿으면 포구 가까이의 주막은 뱃길에서 내린 손님으로 떠들썩했고 술과 떡, 술국이 기다리고 있었다. 서울에는 동대문 시장 오거리 길목에 떡집이 즐비했다. 장을 보고 난 아낙들은 떡집에서 요기도 하고 다리도 쉬었던 것이다.

고배상 괴새는 전문인 숙수

혼례의 큰상 차림, 수연 잔치 큰상 차림에는 여러 가지 음식을 높이 고였는데, 그 높이가 25cm 전후로 익숙한 솜씨가 아니면 어려운 작업이었다. 특히 한과와 떡의 괴새는 색을 맞추면서 아름답게 구성하는 전문인이 있었는데, 이를 숙수熟手라 했다. 숙수는 대체로 남성이었다.

떡 만들기의 변화

방앗간 개설

떡 만들기 기계화의 시점을 떡 방앗간 설치라고 보면 떡 만들기 기계화는 오늘날까지 100여 년의 과정을 거친 것이다. 일찍이 고을마다 대형 철제 방아를 설치한 정미소가 있었지만, 서울에 쌀도 빻고 고추도 빻는 방앗간이 생긴 것은 한 세기를 넘지 않는다. 어느 집에나 떡 만드는 용구로 절구와 맷돌, 크고 작은 키가 있었고, 어레미와 도드미, 깁체고운 체의 세 종류를 갖추고 있었다. 떡을 하려면 쌀을 키로 골라 싸라기를 나누고 물에 담갔다가 소쿠리에 건져 물기를 빼고 절구에 빻아 체에 쳐서 고운 가루를 만들었다. 이같이 힘든 과정을 방앗간에서 전기로 회전되는 철제 방아가 쌀을 빻고 체에 담아 저절로 흔들어서 고운 가루를 내 주었으니 떡 방앗간은 그 당시에 경이로운 설치였으며, 떡 만들기 기계화의 효시였다. 설날 아침에 떡국을 먹는 것은 관행이어서 세밑에는 쌀을 물에 담가 불려 새벽에 대소쿠리에 건져 물기를 뺀 것을 들고 방앗간에 갔다. 방앗간에서 빻아온 떡가루를 시루에 푹 찐 다음 안반에 놓고 곱게 쳐서 비벼 굵기를 조절하면서 가래떡으로 만들었다. 갓 뽑은 뜨끈한 가래떡을 간장에 찍어 먹으면 그 맛이 포근했다. 필요한 분량만 가래로 비비고 여분은 덩어리째 찬물을 담은 독 안에 넣어 두면 정월 보름까지도 신선하고 풀리지 않았다.

가래떡 기계화부터 떡 성형기까지

1930년대 후반에 들면서 쌀을 방앗간에 가져다 맡기면 빻고 찌고 쳐서 가래떡으로 만들어 주었다. 그만한 진전도 참으로 편리했던 것인데, 21세기에는 쌀을 빻아 쪄서 기계로 뽑고 썰어 떡국용 떡으로 만들어 봉지에 넣어 포장해서 판다. 가래떡을 집에서 썰던 시절에는 금방 만든 가래떡을 썰기 좋도록 알맞게 굳혔다가 떡국용으로 얇게 썰었는데, 그 작업은 참으로 힘들고 숙련을 요하는 것이었다. 떡집에서 고르게 썬 떡국용 떡을 보고 그 노고와 솜씨를 감탄했는데 알고 보니 기계로 썬다 했다. 이렇게 놀란 것은 21세기에 들어선 이후이다. 조선시대 명필가로 유명한 한석봉의 모친은 항상 단정한 생활로 아들 교육의 귀감이 된 분인데, 설날에 끓일 떡국 떡을 눈을 감고도 한 치의 어긋남이 없이 바르게 썰었다는 일화가 있다. 이렇게 떡국 떡은 두께도, 크기도 한결같이 썰어야 떡국을 끓였을 때 고르게 익고 맛이 매끄럽고 좋다.

썰어서 포장한 떡국 떡을 판매한 이후로 흰 떡국은 비단 설날뿐만 아니라 평소에도 손쉽게 끓이는 음식이 되었고, 단품 음식점 메뉴에 주요품목이 되었다. 떡국용 떡의 품질을 좀 더 향상시키려면 떡가루 찌는 시간을 충분히 늘리고 기계를 이용해 보다 강한 압력을 가하면 가래떡의 식감이 더 좋아질 것이다.

질시루에서 스테인리스스틸 시루로, 다시 강력 찜기로

우리나라 시루는 본래 질시루이다. 질시루는 숨을 쉬는 그릇으로 흡습력이 좋아 떡을 찔 때에 증기를 품어 군물이 떡가루로 흘러드는 일이 없다. 한반도에서 시루를 쓰기 시작한 것은 일부에 한한 것이었지만 앞에서 설명했듯이 벼농사가 적지를 골라 퍼지기 시작하던 청동기시대로 볼 수 있다. 이어서 철기시대, 삼국시대를 거쳐 삼국시대에 이르면서 시루가 주방의 필수 도구가 되었다. 이같이 고대로부터 필수 도구로 쓰이던 시루는 우리가 살림을 아파트로 옮기기 전까지는 어느 집에나 갖추고 있었다. 지방에 따라 옹기 시루도 있고 조선시대 유물로 백자 시루도 있었다. 시루의 모양은 모두 원통형으로 크기에 따라 깊이가 다르지만 중간 크기라도 30cm 가까웠다. 바닥이 좁고 윗면이 넓으며 바닥면에 큰 구멍이 여러 개 있어 김이 잘 오른다. 솥에 물을 붓고 떡시루를 솥에 안쳐 솥과 시루의 틈새를 시루번밀가루나 쌀가루 반죽으로 돌려 붙여 막고 불을 때면 물이 끓으면서 김이 올라 떡가루가 익는다. 1950년대 이전에는 가정용 연료가 장작이었는데, 떡을 찔 때에는 마른 장작을 때서 불길을 강하게 하여 뜨거운 김이 쉬지 않고 흠뻑 오르게 해야 떡이 잘 익는다. 쌀가루의 전분이 빠른 시간에 충분하게 호화되어야 떡이 잘 익는다. 그래서 떡을 찔 때에는 떡이 잘 익을 때까지 불을 지켜보아야 했다. 김이 충분히 올라 떡이 잘 익었다고 판단이 되면 불을 줄이고 뜸을 들인 후에 시루를 떼는데, 시루를 뗀 다음에도 한 김 나간 후에 떡을 쏟아야 부서지지 않는다.

1960년대 전후하여 알루미늄, 스테인리스스틸 식기가 유행하던 때에 질시루와 같은 모양과 크기로 만든 알루미늄 시루가 나왔다. 이 시기는 전란과 피난생활로 살림이 많이 없어졌던 때이므로 알루미늄, 스테인리스스틸 식기

질시루와 시루받이는 맷방석

스테인리스스틸 시루

가 요긴하게 쓰였지만 떡시루만은 타당하지 못했다.

알루미늄은 열의 전도가 빨라 시루가 먼저 뜨거워지면서 시루 가의 떡가루가 먼저 말라서 떡이 망가진다. 시루가 증기를 흡수하지 못하므로 군물이 떡으로 흘러 떡이 잘못되기 쉬웠다. 이런 한때를 지나 연료가 가스로 보편화되어 화력을 강하게 조절할 수 있게 되었을 즈음에는 떡집 시루가 소재와 모양에서 전혀 다른 것이 되었다. 소재는 열의 전도가 낮은 스테인리스스틸 제품으로 바뀌고 모양은 깊이가 15cm 정도로 얕고, 크기는 30~40cm 정도의 사각형으로 여러 층을 틈새 없이 포갤 수 있는 것으로 개선되었다. 시루의 깊이가 얕아지고 여러 층을 틈새 없이 포갤 수 있고 연료가 강력해져서 많은 양의 떡도 단시간에 잘 익힐 수 있게 되었다. 모양이 사각형이어서 떡을 몇 조각으로 나누어도 허실이 없다. 그때그때 잘못된 것을 수정하여 합리적이고 타당한 것을 고안해 내면서 발전한 지혜가 놀랍다.

떡 성형기로 떡 모양 뜨기

방앗간 설치 이후로 한 세기가 지난 오늘날은 기계가 떡가루를 빻아 줄 뿐

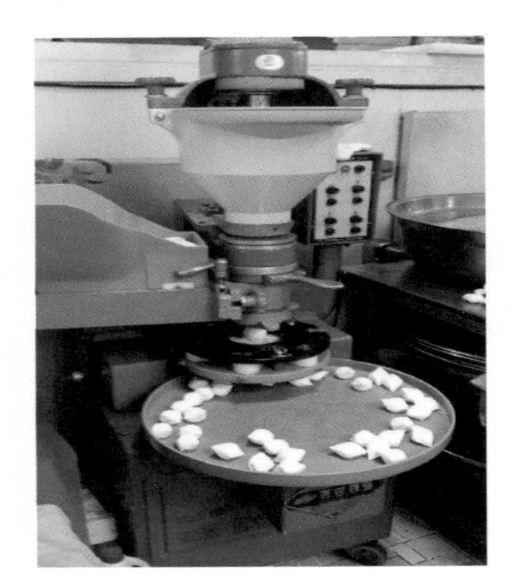

▌틀에서 빚어져 나오는 송편

아니라 반죽해서 익혀 준다. 찹쌀가루가 찜기에서 익어 기계를 지나 뽑혀 나오면 절단기에서 원하는 크기로 잘린다. 멥쌀가루를 반죽기에서 반죽하고 찜기에서 익혀 판을 지어 주는 롤러에 돌리면 얇은 판상이 된다. 이것을 동그란 성형기로 둥글게 끊어 소를 얹어 접히도록 기계를 돌리면 개피떡이 된다. 송편은 기계에서 돌린 떡 반죽을 송편 틀에 얹어 소를 담고 송편 모양으로 성형이 되어 나온 것을 찜기에서 찐다. 떡가루를 반죽기에 담을 때 쑥을 섞으면 쑥색이, 호박가루를 섞으면 노란색이 된다. 멥쌀가루로 만드는 설기는 쌀가루에 물 내리기 과정이 힘든 일이었는데 떡가루와 물의 비례만 잘 잡아주면 기계에서 고르게 섞이고 고운 체를 지나 잘 섞인 가루가 사뿐하게 내려온다. 이것을 원하는 여러 모양에 안쳐 찌면 떡이 허실도 없이 잘 만들어진다. 여러 층을 포개어 축하 글씨나 꽃 장식도 한다. 이렇게 만드는 설기는 서양식 케이크를 본뜬 것으로, 좋게 보면 음식문화의 수용 동화라 할 수 있는데, 많은 사람이 선호하여 이용한다. 예쁘고 화려하지만 고고한 품은 아니 보인다.

이같이 반죽기와 성형기구를 이용하여 만드는 떡집이 많은 반면, 전래대로 손으로 송편을 빚고 찰떡은 안반에 쳐서 고물을 묻혀서 만드는 떡집도 많다. 혹은 반죽하는 과정까지는 기계를 이용하고 성형하는 과정은 수작업으로 하는 떡집도 있다. 인절미는 찹쌀을 고두밥으로 쪄서 안반에서 매우 쳐서 만드는 전래법이 맛이 찰져서 좋지만, 인력과 시간이 많이 소요되므로 떡집에서 그대로 실행하기에는 문제가 많은 것 같다. 한편으로는 찹쌀을 가루로 하여 쪄서 기계로 뽑아 만든 노글노글한 인절미 맛에 익숙해져서 찰진 인절미는 뒷전인 것도 같다.

떡의 종류와 만드는 솜씨

떡 만드는 기본법은 지진 떡, 찐 떡, 친 떡, 삶은 떡으로 분류되지만, 맛 좋고 보기에 좋은 떡을 만들려면 떡가루 빻기부터 시작하여 여러 단계의 솜씨가 필요하다. 떡의 주재료는 쌀과 잡곡, 콩류이지만 견과류를 비롯하여 각종 종실류, 향채와 향약재, 계절의 꽃과 잎 등 여러 가지를 이용하는데, 이를 떡의 종류와 쓰임새, 절기에 맞추어 적절하게 선별하고 솜씨 좋게 이용했을 때에 비로소 좋은 떡이 된다. 같은 떡가루라도 물 내리기가 잘되면 탄력이 좋은 맛있는 설기가 되고, 같은 떡가루라도 익반죽이 잘 되어야 쫄깃하고 맛있는 송편이 된다. 같은 송편이라도 떡소에 따라 맛이 다르고, 같은 찰떡이라도 표면에 묻히는 고물 솜씨에 따라 모두 다르다. 근일에는 같은 떡이라도 모양을 조금씩 변화시켜 이름이 다른 여러 가지를 만드는데, 조선시대에 구전으로 전해오는 '떡타령', '범벅타령'을 보면 여러 가지 모양의 떡을 만들었다는 것을 알 수 있다.•

• 강인희, 《韓國食生活史》, 삼영사, p.348, 1990

계절 떡을 알게 하는 '떡타령'

정월 보름 달떡이요 2월 한식 송병송편이요 3월 삼짇 쑥떡이로다.
4월 파일 느티떡에 5월 단오 수리취떡 6월 유두에 밀전병이라
7월 칠석에 수단이요 8월 가위 오려 송편 9월 9일 국화떡이라
10월 상달 무시루떡 동짓달 동지날 새알시미

모양으로 일컫는 '떡타령'

두 귀 반쪽 송편이요 세 귀 반쪽 호만두 네 귀 반쪽 인절미로다.
먹기 좋은 꿀 설기 보기 좋은 백설기 시큼 털털 증편이로다.
키 크고 싱거운 흰떡이요 의가 좋은 개피떡 시앗 보았다 셋붙이로다.
글방 도련님 필낭筆囊떡 각집 아가씨 실패떡 세살 등둥 사례떡이로다.
서방사령書房使令의 청 절편 도감포수都監砲手 송기떡
대전별감의 새떡이로다.

손쉽게 만들던 떡 '범벅타령'

2월에는 시라기 범벅 3월에는 쑥 범벅 4월에는 느티 범벅
5월에는 수리취 범벅 6월에는 밀 범벅 7월에는 호박 범벅
8월에는 술 범벅 9월에는 귀리 범벅 10월에는 무시루 범벅
동짓달에는 팥죽 범벅 선달에는 흰떡 범벅 정월에는 달떡 범벅

▎떡 만들기 기본 작업

떡가루 빻기

떡은 가루음식이므로 좋은 떡을 만드는 첫걸음은 떡가루를 빻는 것이다. 쌀이나 수수, 기장 등을 깨끗하게 씻어 넉넉한 물에 담가 충분히7~8시간 전후 불린다. 충분하게 불려야 가루를 곱게 빻을 수 있다. 헹구어 소쿠리에 건져

물기를 거두고 약간의 소금 간을 해서 고운 가루로 빻는다. 떡가루를 빻을 때에 소금 넣는 것을 잊어버리면 참으로 낭패스러워진다.

떡고물과 떡소

떡고물은 시루떡, 편, 두텁떡과 같은 찐 떡을 시루에 안칠 때 켜 사이사이에 얹어 찌고, 인절미나 단자와 같은 친 떡, 경단과 같은 삶은 떡 표면에 묻힌다. 떡소는 송편이나 개피떡과 같은 빚어 찌는 떡의 속에 넣는다. 떡고물과 떡소는 같은 것이 여러 가지 떡에 쓰이며 같은 떡이라도 고물이나 떡소에 따라 맛과 이름이 달라진다. 근래에는 떡고물이나 떡소만 전문으로 만들어 떡집에 공급하는 업체가 있다. 산업화 유형이고 분업의 하나이지만 떡집마다 맛이 동일해질 것이고 명문 떡집 간판은 무색해질 것이다.

붉은 팥고물 붉은팥을 껍질이 약간 터질 듯하면서 물기가 남지 않도록 익혀 식기 전에 소금을 약간 뿌리면서 솔솔 부수어 부숭부숭하게 만든다. 붉은 팥고물은 찰수수경단, 팥시루떡, 무시루떡, 호박고지시루떡, 찰시루떡 등에 쓴다. 우리 풍속에 붉은팥 색깔이 귀신을 쫓는다는 속설이 있어 어린이 생일떡, 봉치떡, 고사떡 등에 쓴다.

거피 팥고물 팥 중에 붉은팥보다 알이 작고 푸른색이 도는 거피팥이 있다. 이 팥을 반으로 갈라 물에 불려 껍질을 제거하고 쪄서 뜨거울 때 소금 간을 조금 해서 체에 내려 고운 가루로 한다.

계피 볶은 팥고물 거피 팥고물 만든 것에 계피가루와 설탕을 섞어 중간 이하의 불에서 볶아 수분을 제거한다.

두 가지 녹두고물 녹두를 반으로 타서 물에 불려 비벼서 껍질을 제거하고 쪄서 뜨거울 때 약간의 소금 간을 하고 체에 내려 곱게 만든다. 여름철 떡에 고운 가루로 만든 고물을 얹으면 변질되기 때문에 녹두를 반으로 타서 찐 것을 그대로 고물로 썼다.

콩고물　흰콩 또는 푸른콩을 마른 채 깨끗하게 하여 눋지 않도록 볶아 소금 간을 약간 하여 고운 가루로 한다.

대추, 밤, 석이 삼색고물　대추는 얇게 저며 가늘게 채 썰고, 날밤은 얇게 저며 가늘게 채 썰고, 깨끗하게 손질한 석이는 가늘게 채 썰어 섞어서 고물로 쓴다.

흑임자와 깨고물　흰깨는 물에 담가 껍질을 제거하고 볶아 알맞게 빻아 쓴다. 흑임자는 깨끗하게 씻어 건져 물기를 빼고 볶아 가루로 내어 쓴다.

밤소　삶은 밤을 체에 내려 가루로 하여 소금, 꿀, 계핏가루를 섞어 쓰거나 살짝 볶아 수분을 날린다. 또는 밤가루를 그대로 쓰기도 한다.

검은콩과 청대콩 소　검은콩은 물에 담가 충분히 불려서 쓰고 청대콩은 생것으로 쓴다. 고사떡에 켜마다 한편은 붉은 팥고물, 한편은 불린 검은콩을 얹어 찐다. 떡을 찔 때 김도 잘 오르고 맛도 좋다. 청대콩은 추석 오려송편의 속으로 쓴다.

강낭콩 콩고물　근래에는 녹두가 귀하고 강낭콩이 흔해 깨끗한 색의 고물은 대개 강낭콩을 익혀서 부수어 체에 내려 만든다.

떡에 색을 낼 때

푸른색　푸른색 계열은 봄의 쑥, 초여름의 수리취, 모시풀을 쓰고, 당귀가루를 넣으면 올리브색 떡이 된다. 근래에는 파래가루와 쑥가루도 쓴다. 생쑥을 섞은 떡은 푸른색과 함께 쑥향이 그윽하다. 모시풀은 푸른색이 영롱하고 맛이 담담하며 연하여 쉽게 굳지 않는다. 근년에 모시의 명산지인 한산 지역과 서천군이 업무 계약을 맺고 농가에서 모시를 계약 재배하여 '보람찬 모시풀떡'을 개발하였으며, 향토의 명물 떡으로 널리 보급되고 있다.

자주색 전래법으로는 송기를 썼다. 송기는 적송나무에 물이 많이 올랐을 때 속껍질을 벗겨 말려 두었다가 필요할 때 물에 담가 우려 곱게 찧어 쓰거나 말려서 가루로 하여 쓴다. 송편 반죽이나 절편, 인절미에 많이 쓰였는데 송기송편, 송기절편은 운치 있는 색이었다. 근래에는 드물고 흑미, 코코아가루 또는 자주색고구마가 많이 쓰인다.

노란색 전래법은 치자로 물을 들였는데 근래에는 보통 단호박가루를 쓴다. 떡가루를 꿀물로 내리면 오련한 꿀색베이지색이 된다.

분홍색, 연보라색 분홍색은 백년초가루가 많이 쓰인다. 전래법으로는 오미자가 쓰였다. 떡가루에 적복령가루로 물 내리기를 하면 연보라색이 은은히 비치는 떡이 된다.

묵색, 검자주색 떡가루에 깨끗하게 손질을 한 석이를 곱게 다져서 반죽하면 좋은 묵색 떡이 되는데, 석이는 가루로 해서 말려 두고 쓸 수 있다. 근래에는 흑미를 섞어 검은 자주색의 떡을 만든다.

떡에 과일 향을 가미할 때

떡가루에 물 내리기를 할 때 유자청, 오미자청 등을 섞어 쓰고 떡가루를 반죽할 때 섞어서 향을 가미한다. 단자병이나 경단에는 고물을 묻히기 전에 꿀에 유자청이나 과일 향을 섞어 바른다. 제철이 지나면 과일을 얻기 어려웠던 옛날에는 복숭아나 살구로 즙을 내어 쌀가루에 진하게 섞어 말렸다가 필요할 때 섞어 썼다고 구전으로 전해오는데, 이것이 도행병이다.

떡가루에 물 내리기

설기나 켜시루떡을 만들 때에는 반드시 떡가루에 물 내리기를 한다. 특히 멥쌀가루로 떡을 만들 때에 필요하다. 물 내리기법은 떡가루에 설탕물이나 꿀물을 고르게 섞어서 떡가루에 수분을 조절하고 다시 체에 내리면 떡가루에 수분이 균질화되고 기공이 미세하게 함축된다. 이런 상태로 사뿐하게 시루에 안쳐 찌면 떡이 연하다. 수분이 지나치면 떡이 질겨진다. 설탕물로 내리면 백색이고 꿀물로 내리면 꿀색인데, 물 내리기 솜씨가 찐 떡의 품질을 좌우한다. 고려시대에 고려율고를 만들 때에 물 내리기를 했다는 기록이 있는데, 그 상세한 시기는 알 수 없다. 근일에는 기계로 물 내리기를 한다.

떡의 종류와 만드는 법

쪄서 완성하는 찐 떡

떡가루를 시루에 쪄서 완성하는 떡을 찐 떡으로 총칭하고, 찐 떡은 만드는 법에 따라 설기, 시루떡, 편, 빚어 찐 떡으로 나뉜다. 우리나라 떡 종류 중 찐 떡으로 분류되는 떡이 가장 많다.

설기

떡가루를 시루에 안칠 때 한 덩이 떡으로 익도록 안쳐 찌는 떡의 총칭이다.

백설기 흰 멥쌀가루를 곱게 빻아 물 내리기를 해서 찐 백설기는 눈같이 희고 일명 흰무리라고도 한다. 어린이의 삼칠일, 백일 떡이고, 사찰에서 부처님께 공양 올리는 떡이며, 산신제, 무속제에서 가장 높은 제석신에게 올리는 떡이다. 즉 신성을 의미하는 떡이다. 우리나라에 어린이용 우유 보급이 없었을 시절에 모유가 부족하면 백설기를 얇게 저며 말려두고 필요할 때 물에 풀어 암죽으로 끓여 먹였다.

쌀가루에 여러 가지 재료를 섞어 찌면 밤설기·잡과설기잡과병·콩설기·팥설기·쑥설기·느티설기·신감초설기·상추설기·석이설기 등이 되는데, 다음과 같이 특별하게 만든 별미로운 것이 있다.

백설고 멥쌀가루와 찹쌀가루를 반반 섞어 산약초·연육·검인가루를 섞어 찐다.

복령조화고, 적복령고 멥쌀가루에 백복령가루·연육·산약·검인을 가루로 하여 섞어 찐다. 적복령가루를 섞으면 적복령고이다.

석탄병 단감가루와 멥쌀가루를 동량으로 섞어 물 내리기를 하고 귤병 얇게 저민 것, 잣가루, 계피가루, 생강가루를 모두 섞어 찐 떡이다. 먹기가 아깝도록 맛이 좋다 하여 붙은 이름이다.

메조설기기단가오 메조가루에 대추와 붉은팥 삶은 것을 버무려 찐 떡이다.

옥수수설기 찐 옥수수가루에 강낭콩, 붉은팥 삶은 것을 버무려 찐 떡이다.

증편 멥쌀가루를 술로 반죽하여 팽화시켜 찐 떡이다. 고명으로 대추, 석이, 실백을 얹어 찐다. 여름철 떡이다.

시루떡

떡가루를 시루에 안칠 때 사이사이에 고물을 놓아 켜가 나뉘어 익도록 안쳐서 익힌 떡의 총칭이다. 엄격하게 말하면 켜시루떡인데 옛날부터 시루떡이라 통칭해온다. 설기처럼 한 덩이로 찌는 떡보다 발달한 솜씨이다. 멥쌀가루로만 찐 떡은 보통 그대로 시루떡, 찹쌀가루로만 찐 떡은 찰시루떡, 찹쌀가루에 멥쌀가루를 섞어 만든 것은 반차시루떡이다. 시루떡이나 반차시루떡은 켜를 2~2.5cm 정도로 도독하게 하고, 찰시루떡은 증기가 잘 오르도록 2cm 정도로 얇게 한다.

시루떡을 시작한 시기는 확실하지 않으나 문헌상에는 17세기 초반에 쓰인 《음식디미방》1598~1681 석이편에 "팥시루편팥고물 얹은 시루떡같이 안친다."고 기록되어 있으므로 조선 초기에는 이미 켜가 나뉘도록 안쳐 찌는 시루떡을 만들었을 것이다. 《증보산림경제》1766 권8 '시루떡법'에서 그 시대 시루떡을 찌는 법의 한 예를 알 수 있다. "백미 한 말을 켜켜로 콩과 팥을 놓고 찌는데 처음에는 소금 간을 하지 말고 시루에 김이 오르기를 기다려 흰 소금을 한 보시기 반쯤의 물에 풀어 가라앉혔다가 웃물을 따라 시루 안에 뿌려 넣으면 차지고 맛이 좋다."●

팥시루떡 멥쌀가루에 붉은 팥고물을 얹어 찐 떡이다. 때로는 켜의 한편에는 붉은 팥고물, 한편에는 불린 검은콩을 고물로 얹어 찌기도 한다. 콩을 얹으면 김이 쉬 오른다.

무시루떡 멥쌀가루에 무를 굵직하게 채 썰어 붉은 팥고물을 얹어 찐 떡이다. 가을철에 좋은 떡이다.

호박고지시루떡 멥쌀가루에 호박고지를 알맞게 썰어 떡가루에 섞어 붉은 팥고물을 얹어 찐 떡이다. 가을, 겨울의 떡이다.

고달시리떡고달시루떡 팥고물을 얹으면서 좁쌀가루와 백미가루를 켜켜로 안쳐 찐 떡이다. 제주의 향토음식이다.

조침떡좁쌀시루떡 차조가루에 붉은 팥고물을 얹어 찐 떡으로, 제주의 향토음식이다.

감저침떡절간고구마시루떡 절간고구마가루와 날고구마 썬 것을 섞어 팥고물을 깔고 찐 켜시루떡이다. 제주의 향토음식이다.

● 유중림, 《增補山林經濟》 영인본 권8, 餠麵諸品-甑餠法 凡蒸甑餠法 : 如用白米一斗隔層豆初不鹽裝入甑內蒸之待氣方上時白鹽和一椀半 水令鹹味 適而取淸去滓勻曬甑內則好而餠品有粘氣充難熟之慮也

편

켜시루떡의 한 가지로, 잔치·제사 등에 떡을 높이 고이기 좋게 떡가루를 시루에 안칠 때 켜 사이사이에 백지를 깔아 켜의 두께를 1~1.5cm 정도로 얇게 한다. 백색·꿀색·승검초색 등의 떡가루로 만들고, 밤·대추·석이채 등의 고물로 화려하게 만든다. 제례용일 때에는 조촐하게 흑임자 볶은 가루, 거피녹두 등을 고물로 쓴다.

백편, 꿀편, 당귀편 멥쌀가루를 곱게 빻아 백설탕 물, 꿀물, 승검초가루를 섞어서 물 내리기를 하여 밤, 대추, 석이를 가늘게 채 썰어 고물로 얹어 찐다.

흑임자찰편 찹쌀가루에 흑임자 고물을 얹어 찐 찰편이다.

깨찰편 찹쌀가루에 흰깨를 고물로 얹어 찐 편이다.

쇠머리편 떡을 썰어 놓았을 때 단면의 모양이 쇠머리편육과 같다 하여 쇠머리편이란 이름이 붙었다. 찹쌀가루 또는 찹쌀가루에 멥쌀가루를 1/5 가량 섞어 밤, 대추, 곶감, 검은콩 등을 버무려 쪄서 한 김 나간 후에 먹기 좋게 썬다.

빚어 찐 떡

떡가루를 반죽해서 원하는 모양으로 빚어 쪄서 익히는 떡의 총칭이다. 떡가루를 반죽할 때에는 끓는 물로 익반죽을 한다. 익반죽을 하여야 떡살이 갈라지지 않고 잘 익는다.

빚어 찌는 떡 중에 개떡이 있다. 개떡은 우리가 농사를 시작하던 시기에 곡물가루 반죽을 모닥불 재에 묻어 굽거나 불에 달군 돌판에서 지져 먹던, 우리 떡의 초보형 떡이라고 생각된다. 시루를 쓰게 되면서 쪄서 익히는 경우가 많고 특히 근래에는 모두 쪄서 익히므로 이 책에서는 찐 떡으로 구분한다. 1778년 편찬한 유중림의 《증보산림경제》에 견병犬餠이라 하여 메밀가루 반죽을 모닥불 재에 묻어 익힌 떡이 기술되어 있다.

송편 대표적인 빚어 찌는 떡으로 작게 많이 만들어 나누메기 떡으로 쓴다. 추석에는 햅쌀로 오려송편을 빚어 조상님께 천신하고, 아기 첫돌에는 오색으로 빚으며, 음력 이월 초하루 중화절 송편은 검은콩 소를 듬뿍 넣고 큼직하게 빚어 일꾼들에게 대접했다. 송편이 추석의 명절 떡으로 된 것은 17세기경이다.● 문헌에는 1450년의 《요록》에 송편이라 있고, 1809년에 쓰인 《규합총서》에는 송병, 1800년대 말의 《시의전서》에는 송편이라 기술하고 있다.

송편은 팔팔 끓는 물로 익반죽을 해서 쌀가루가 약간 익은 상태로 만들어 빚어야 터지지 않고 매끄러운 연한 떡이 된다. 속을 넣고 빚어 솔잎을 덮어 가며 시루에 안쳐 쪄서 잘 익으면 찬물에 재빨리 헹구어 물기를 거두고 표면에 참기름을 살짝 바른다. 냉수에 헹구면 표면이 수축되어 쫄깃해지고, 기름을 바르면 터지지 않는다.

송편 모양은 지역에 따라, 개개인 솜씨에 따라 제각각인데, 추운 고장에서는 사진과 같이 단단하게 오므려 터지지 않도록 했다. 《규합총서》에는 송편이 너무 작고 동글면 야하니 크기를 맞추어 버들잎 같이 빚으라 했다. 《시의전서》에서는 반죽을 얇게 파서 속을 단단히 넣으라고 이른다. “떡 먹자는 송편이오 속 먹자는 만두라.” 하듯이 송편은 살이 도독해야 먹을 것이 많다. 예전에는 송편을 예쁘게 빚어야 예쁜 딸을 낳는다고 이르면서 딸들에게 솜씨를 훈련시켰는데, 근래에는 송편 틀로 빚어 나온다. 손으로 빚은 맛과 같지 않다. 송편 표면에 오색으로 꽃모양을 빚어 얹으면 예쁜 꽃송

● 강인희, 《韓國食生活史》, 삼영사, p.348, 1990

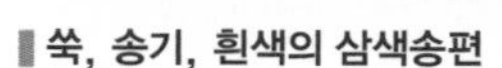
쑥, 송기, 흰색의 삼색송편

꽃송편

추운 지역의 송편 모양

편이 된다.

송편을 살로 구분하면 흰색송편, 쑥송편, 모시풀송편, 송기송편, 단호박송편, 흑미송편 등이다. 흰 쌀가루만 익반죽하여 빚으면 흰색송편, 흰쌀가루에 쑥을 섞으면 쑥송편, 모시풀을 섞으면 모시풀송편, 송기를 섞으면 송기송편, 단호박을 섞으면 단호박송편, 흑미가루로 만들면 흑미송편이다. 강원도의 명물로 감자송편이 있다. 감자녹말을 익반죽하여 팥소를 넣고 두 손끝으로 꼭 쥐어 오므려 찐다.

송편을 소로 구분하면 밤송편, 거피팥송편, 거피볶은팥송편, 거피녹두송편, 콩송편, 청대콩송편, 깨송편 등이다. 제주의 무송편은 향토음식인데, 가늘게 썬 무채를 소금에 절여 물기를 빼고 양념하여 소로 넣는다.

두텁떡 찹쌀가루를 꿀이나 설탕물 혹은 유자청을 추겨 물 내리기를 하고 거피 팥고물 또는 거피 볶은 팥고물에 밤, 대추, 잣, 호두 등을 가늘게 썰어 꿀이나 유자청을 가미하여 동글게 뭉쳐 소를 준비한다. 시루에 보를 깔고 팥고물을 도독하게 펴고 준비한 찹쌀가루를 한 숟가락씩 서로 붙지 않도록 놓고 그 위의 가운데에 소를 놓고 그 위에 찹쌀가루를 속이 보이지 않을 정도로 소복하게 얹은 후 다시 고물을 얹어 찐다. 찹쌀가루를 물을 조금 쳐서 겨우 뭉쳐질 정도로 반죽하여 쓸 수도 있다.

두텁떡은 19세기에 쓰여진 《온주법》, 《규합총서》, 《음식법》, 《정일당잡기》 등 여러 책에 나오는데 모두 "찹쌀을 맷돌에 갈아 앙금을 내어 쓰라."고 하고, 19세기 말에 쓰인 《시의전서》에는 찹쌀가루로 반죽을 하라고 되어 있다. 찹쌀가루를 당귀가루 푼물로 물 내리기를 하여 만든 두텁떡이 '혼돈병'이다.

개떡 쑥개떡은 멥쌀가루에 쑥을 데쳐 찧어 섞고 익반죽하여 둥글납작하게 빚어 쪄서 참기름을 바른다. 모시풀개떡은 떡가루에 모시풀을 섞어 같은 방법으로 만든다. 보리개떡은 햇보리를 파랗게 볶아 찧어 껍질을 날리고 갈아 간장과 참기름으로 간을 하여 반을 지어 찐다. 밀개떡은 햇밀가루에 쑥 데친 것을 섞어 넣고 반죽을 하여 절구에 찧어 반을 지어 쪄서 참기름을 바른다.

익힌 떡을 다시 매우 쳐서 만드는 친 떡

친 떡은 떡가루를 쪄서 익힌 떡을 다시 안반이나 절구에서 많이 쳐서 치밀한 한 덩이로 만든 떡의 총칭이다. 멥쌀로 만들면 절편이고, 찹쌀로 만들면 인절미이다. 근래에는 익힌 떡을 기계로 뽑는다. 친 떡 중에 작은 모양으로 빚어 만드는 단자류가 있다.

가래떡 멥쌀가루를 쪄서 익혀 친 떡으로 만들어 가래로 뽑은 떡으로, 대표적인 설날 떡국용 떡이다. 근래에는 현미가래떡, 흑미가래떡, 쑥가래떡 등 여러 가지가 있다.

절편 절편은 가래떡과 같은 방법으로 떡을 만들어 떡살로 문양을 찍어 만드는데, 흰색절편, 쑥절편, 수리취절편, 모시풀절편, 송기절편, 흑미절편,

▌여러 가지 떡살

▌절편 틀

▌쑥절편

단호박절편, 파래절편 등이 있다. 단오에는 수리취절편을 만들고 수레바퀴 모양의 떡살로 찍어 명절 떡으로 삼았다. 고치떡, 꼽장떡, 주염떡 등도 절편이다.

떡살은 절편에 문양을 찍는 도구인데, 조선시대는 각 가정에서도 떡살을 만들어 썼으므로 문양이 다양하고 자유로우며 나름대로 만든 사람의 뜻과 정성이 담겨 있고, 문양을 보면 뉘 집의 떡살인지 알 수 있었다. 둥근 모양, 긴 모양이 있고, 문양은 길한 글자, 새, 거북 같은 길한 동물무늬, 꽃무늬, 줄무늬, 기하무늬 등 다양하다. 떡살에 새긴 다양한 무늬를 보면서 한국 떡 문화의 문화성을 상고케 한다.

개피떡 개피떡은 봄철 시절음식이다. 절편과 같은 방법으로 떡을 만들어 얇게 밀어 반을 지어 지름 6cm 정도의 원형으로 떠내어 한가운데 동그랗게 만든 거피팥소를 놓고 공기를 품게 접어 붙인다. 흰색, 쑥색, 분홍색으로 만들어 두 개씩 양끝만 마주 붙이면 쌍개피떡이고, 한쪽만 따로 하면 외짝개피떡이다.

▌쌍개피떡

색떡 색떡은 장식용 떡이다. 멥쌀로 친 떡을 여러 개로 나누어 각각 필요한 색깔로 만들어 줄기와 가지, 나뭇잎, 꽃을 만들어 한 틀의 꽃

▌색떡

나무를 구성한 것이다. 큰 잔치에 고배상 양옆에 색떡을 장식했다. 황해도에서는 큰 잔치에 선물 받은 여러 개의 색떡을 축하객이 볼 수 있도록 대청마루에 죽 늘어놓았다 한다.

인절미 찰밥을 쪄서 절구나 안반에 매우 쳐서 몸이 고운 덩어리 떡으로 만든 것이다. 식기 전에 적당한 크기로 자르면서 고물을 묻힌다. 근래에는 찰밥이 아니고 찹쌀가루를 쪄서 기계로 뽑아 기계로 절단한다. 차조로 만든 인절미가 별미이다. 인절미에 묻히는 고물에 따라 콩가루 인절미, 붉은 팥고물 인절미, 거피 팥고물 인절미, 거피녹두고물 인절미, 깨인절미 등 여러 가지가 된다. 찹쌀가루에 여러 가지 재료를 섞어 만들면 쑥 인절미, 모시풀 인절미, 송기 인절미, 석이 인절미, 감 인절미 등이 된다.

단자병 찹쌀가루에 대추 살 다진 것을 섞어 쪄서 고르게 치대어 알맞게 썰어 꿀을 바르고 고물을 묻히면 대추단자, 파랗게 볶은 은행을 다져 섞으면 은행단자이고, 석이를 깨끗하게 손질하여 곱게 다져 섞으면 석이단자이다. 어느 것에나 고물은 잣 다진 것 또는 대추, 밤, 석이를 곱게 채 썬 것을 섞어 묻힌다. 밤단자는 거피 팥고물을 듬뿍 묻힌 것이다. 찹쌀가루와 율무가루를 섞어 단자병으로 만들면 율무단자이다. 찹쌀가루에 유자청을 묻혀 만들면 유자단자이고, 복숭아 살을 쪄서 찹쌀가루에 섞어 만들면 복숭아단자이다.

쑥굴레 찹쌀가루 찐 것에 데쳐 다진 쑥을 섞어 고르게 치대어 둥글게 빚어서 거피 팥고물을 푸른색이 반쯤 보이도록 도독하게 입혀 만든 떡이다.

기름에 지져 익히는 지진 떡

지진 떡은 한국 떡의 원초형인데 지금은 여러 가지로 다양해졌다.

두견화전, 국화전　두견화전은 봄에 진달래 꽃잎을 찹쌀가루에 섞어 익반죽하여 자그마하고 넙데데하게 빚어 기름에 지진 떡이다. 지지다가 표면에 진달래 꽃잎을 놓고 잠깐 익히면 곱다. 국화전은 가을에 찹쌀가루를 익반죽하여 동글납작하게 빚어 기름에 지지는데 반쯤 익었을 때 국화꽃과 잎을 예쁘게 놓고 지진다. 오월에는 장미로 화전을 지진다.

주악　찹쌀가루에 계피가루를 조금 섞어 익반죽하여 대추 다진 것을 소로 넣고 송편과 같은 모양이지만 납작하게 빚어 기름에 지져 꿀에 재운다. 찹쌀가루에 흑임자가루를 섞어 주악으로 만들면 흑임자 주악이고 찹쌀가루에 승검초가루를 섞어 만들면 승검초 주악이 된다. 옛날에는 찹쌀가루에 치자 물을 들여 익반죽하여 치자색 주악도 만들었으나 근일에는 없어졌다. 쌀가루를 익반죽하여 도토리만 한 크기로 석류 모양을 빚어 기름에 지지면 석류병이다.

전병　찰수수가루를 묽게 익반죽하여 둥글넓적하게 기름에 지지면 찰수수전병이고 찹쌀가루를 같은 방법으로 만들면 찰전병이다. 규채병은 부추전병이다. 밀가루나 메밀가루로 같은 방법으로 만들면 밀전병, 메밀전병인데, 밀전병에 애호박 등을 썰어 섞으면 여름 음식으로 좋고, 메밀전병에 김치를 썰어 섞어서 지지면 겨울 음식으로 선호한다.

노티　찰기장가루에 고운 엿기름을 섞으면서 물을 뿌려 버무려 찐 것을 다시 엿기름가루를 고르게 섞어 반죽하여 넙데데하게 빚어서 기름에 지져 조청이나 설탕에 재운 떡이다. 추운 지방인 평안도, 황해도의 명물 음식으로, 저장성과 열량 급원으로 좋은 음식이다.

우매기떡 찹쌀가루에 멥쌀가루를 조금 섞어 탁주와 설탕으로 반죽하여 모양을 빚어 기름에 지져서 꿀에 재운다. 제주의 향토음식이다.

빙떡 메밀가루를 물로 걸쭉하게 푸는데 도중에 참기름을 조금 섞어 체에 내려 고르게 한 것을 얇게 전병으로 부쳐 식으면 무채를 삶아 식혀 양념한 것을 놓고 도르르 만 떡이다. 제주의 향토음식이다.

찰부꾸미 찹쌀가루를 익반죽하여 지름 4cm 정도로 얄팍하게 빚어서 기름에 지져 대추 다진 것을 조금 넣고 반으로 접어 양면을 잠깐 지진 떡이다. 찹쌀가루를 익반죽하여 찰수수부꾸미처럼 크게 만들 수도 있다.

찰수수부꾸미 찰수수가루를 익반죽하여 지름 7~8cm 정도로 얄팍하게 빚어 기름에 지져 팥소를 놓고 반으로 접어 양면을 잠깐 지진 떡이다. 찰수수가루로 찰부꾸미처럼 작게 만들어도 좋다.

빈자병빈대떡 빈자병은 오늘날의 빈대떡으로 술안주 또는 반찬용 음식이지만 19세기 초까지는 지진 떡의 한 종류였다. 17세기의 《음식디미방》에 '빈자법'이란 이름으로 만드는 법이 있는데 다음과 같다. "녹두를 뉘없이 거피하여 갈아 번철에 기름을 부어 끓으면 조금씩 떠 놓아 거피한 팥을 꿀에 말아 소로 넣고 또 그 위에 녹두 간 것을 덮어 빛이 유자 빛 같이 되게 지져야 좋다." 19세기 초의 《규합총서》에도 '빙자餠子'라는 이름으로 다음과 같이 만든다. "녹두를 되게 갈아 즉시 기름이 몸에 잠길 만치 붓고 녹두즙을 수저로 떠놓고 그 위에 밤소, 꿀 버무린 것을 놓고 녹두즙을 위에 덮고 수저로 일정하게 눌러가며 소를 꽃전 모양 같이 만들고 위에 잣 박고 대추를 사면을 박아 지진다." 빈자병이 언제부터 찬물로 자리바꿈되었는지 확실치 않으나 1917년에 출간한 방신영 선생의 《조선요리제법》에는 찬물의 하나로 기술되어 있다. 빈대떡의 조리법도 지역에 따라 달랐다. 황해도, 평안도와 같은 추운 지방은 녹두 간 것에 김치 썬 것, 고기와 같은 양념을 섞어서 지진다. 반면 서울은 번철에 녹두 간 것을 놓고 그 위로 김치 썬 것, 돼지고기, 도라지 등을 간추려 나란히 늘어놓고 지진다. 서울이 황해도에 비하면 더운 곳이어서 양념을 섞으면 변질될 염려가 있었을 것이다. 전란 이후로 북쪽 음식과 남쪽 음식이 교류되고 냉장고, 냉동고가 일반화되면서 북쪽 방법을 많이 선호한다.

빙떡 메밀가루를 묽게 풀어 얇은 원형 모양의 지진 떡을 만들고, 무를 채 썰어 끓는 물에 살짝 삶아 건져 물기를 뺀 후 파를 송송 썰어 넣고 깨소금 기름으로 양념한 것을 메밀전병 부친 것에 놓고 말아낸다. 제주의 향토음식이다.

모양을 빚어서 삶아 익혀 건진 떡

끓인 물에 떡을 삶아 익힐 만한 쟁개비나 솥이 쓰이게 되었을 때에야 만들기 시작했을 것이다. 현재의 유물로 미루어볼 때 우리나라 도구 중에서 물을 끓이는 솥이나 쟁개비가 시루보다 보급이 뒤지므로 지진 떡이나 찐 떡보다 역사가 짧다고 본다.

찰수수경단, 찹쌀경단 보편적인 삶아 건진 떡이다. 찰수수경단은 찰수수가루를 익반죽하여 동글게 빚어 삶아 건져 팥고물을 무친다. 찹쌀경단은 찹쌀가루를 익반죽하여 동글게 빚어 끓는 물에 삶아 건져 고물을 묻힌다. 경단 고물에는 여러 가지가 쓰이는데 고물에 따라 붉은 팥고물, 거피 팥고물, 거피팥 볶은 고물, 녹두거피 고물, 콩고물, 흑임자고물, 흰깨고물, 파래고물, 삼색고물대추, 밤, 석이를 각각 가늘게 채 썰어 섞어 씀이 있다.

방울떡, 벙개떡, 등절비 제주도에는 삶아 건진 떡이 많은데 향토적 특성이 짙은 떡이다. 방울떡, 벙개떡, 등절비는 모두 메밀가루를 익반죽하여 빚어서 끓는 물에 삶아 건진 떡이다. 방울떡은 4cm 원형으로 굴려 둥글게 빚고, 병개떡은 지름 18cm, 두께 2cm 정도로 빚어 만들며, 등절비는 반죽을 두께 0.8cm 정도로 밀어 반을 지어 반달 모양으로 떠서 끓는 물에 삶아 건져 팥고물을 무친 떡이다.

골미떡 쌀가루를 익반죽하여 잘 치대어 길이 7~8cm, 폭 3cm 정도로 빚어 끓는 물에 삶아 건져 표면에 참기름을 바른다.

떡에 새겨오는 관행과 사회성

떡은 우리의 역대 생활을 함께 지내온 음식이므로 우리 삶의 관행이 깊이 내재해 있다. 근래의 농업기술과는 달리 지난 수천 년은 파종할 때가 되면 하늘을 보고 비를 빌었고 벼가 결실을 맺는 시기는 강렬한 햇빛을 감사하며 농사를 지었다. 논에 물이 고이면 이 시기를 놓칠세라 마을 사람들이 모여 이 집 논, 저 집 논의 모내기를 품앗이로 함께 끝냈다. 이렇게 농사지어 추수를 하면 그 곡물로 술을 빚고 떡을 쪄서 하늘에 추수를 감사하는 제를 지냈는데, 신에게 올리는 떡은 신성神聖을 담아 풍요를 빌고 평안을 염원하는 사람과 신을 이어 주는 매개체로 믿고 존중했다.

마을 공동으로 지내는 동제, 산신제와 같은 제천의례는 그 역사가 멀리 부여의 영고, 고구려의 동맹, 삼한의 천제로부터 이어지는 관행이다. 오늘날 세계무형문화유산으로 등재되어 있는 강릉의 오월 단오제는 고래의 오월 제의의 계승인데,• 이 행사의 절차 중 가장 성스러운 산신에게 올리는 떡은

• 이두현, 《韓國民俗學 論考》, 학연사, p.146, 1984

흰쌀을 아홉 번 씻어 건져 티 없는 백설기로 찐다. 국사당은 조선왕조를 세운 이태조가 한양을 도읍으로 정하고 서울의 수호신사로 모신 사당인데, 국사당에 올리는 제물 중에 백색의 친 떡을 말아 올린 것은 염원하는 글을 쓴 두루마리를 상징한 것이었다. 우리나라는 삼면이 바다로 둘러싸여 고래로 어업이 주요한 식량 생산수단이었는데 어촌에서는 계절따라 풍어제를 지낸다. 풍어제에서 으뜸 신인 용왕에게 올리는 떡을 용떡이라 하며 눈처럼 희게 만든 굵은 가래떡을 서리어 올려 담는다.

우리의 오랜 풍속으로 생일에는 떡으로 축하를 하는데 어린이의 삼칠일 축하에는 백설기만 찌는 것이 원칙이다. 아기의 삼칠일은 신의 가호 아래 있는 시기이므로 신성을 의미하는 백설기만으로 축하를 한다. 새해 설날 아침은 흰 떡국을 끓인다. 설날 흰 떡국에 관하여 최남선은 “설날 아침에 흰 떡국을 먹는 관행은 의당 멀리 상고시대 관행의 잔재이며 흰 떡국은 한민족의 태양숭배 문화의 표상이다.”라고 했다. 태양의 광명을 표상하는 백색은 절대 신성을 의미하고 새하얀 백설기와 가래떡은 이 같은 신성을 상징한다.

한편 액땜을 표상할 때에는 붉은 팥고물을 얹어 찌는 팥시루떡, 붉은 팥고물을 묻친 찰수수경단과 같이 붉은색의 떡으로 한다. 악귀는 붉은색을 기피한다는 속설에 근거한 것이다. 동짓날에 붉은 팥죽을 끓여 문 밖에 뿌리고 무속제에서도 존귀한 제석신에게는 백설기를 올리지만 여러 귀신에게 두루 돌아가게 하는 호구거리에서는 붉은팥시루떡을 쓴다. 아기의 첫돌부터 시작하여 아홉 살 생일까지 만들어 주는 붉은 팥고물의 찰수수경단도 면액을 의미하는데, 전국적인 풍속이다. 신랑 집에서 보내오는 봉채함을 신부 집에서 받을 때에는 먼저 신부 집에서 봉치 시루를 쪄서 준비한다. 봉치 시루는 붉은 팥고물을 얹어 찰시루떡 두 켜만을 찐다. 상 위에 봉치 시루를 놓고 붉은 합보를 덥고 함을 그 위에 받아 놓는다. 봉치 시루를 붉은 팥고물과 찰떡 두 켜만으로 하는 풍속도 액이 접근하지 못하도록 염원을 담은 표상이다.

경사를 축하하는 떡은 밝고 고운 색으로 만들고, 존귀함을 표할 때에는 높이 고여 올린다. 아기의 첫돌에는 오색으로 송편을 빚어 오행이 원활하여 오덕을 갖춘 성인이 되기를 축복한다. 혼례 절차에서 시댁에서 새색시에게 축하로 차려주는 큰상이나 자손이 부모님의 회년 축하, 팔순 축하에 올리는 큰상에는 오색의 떡을 층층으로 고여 올리고 오색으로 빚은 주악, 단자병 등으로 위를 장식한다. 선조 제사에 올리는 떡은 녹두고물, 흑임자고물과 같은 조촐한 색으로 만들어 알맞게 고인다. 제례의 규범은 가가례라 하여 집안마다 정해진 규범이 있다. 근래에 제상 차림은 고인이 생존했을 때 좋아하던 음식을 올리는 예가 많아졌다. 다만 붉은색 팥고물 떡은 피하는 것이 옳다.

명절에는 그 계절의 떡을 만들어 마을 여러 집이 서로 나누면서 솜씨를 교환하고 화합을 기린다. 설날의 흰 떡국은 신성과 광명을 의미하고 정월 보름날은 설 절기의 마감을 의미한다. 봄과 가을에 말려두었던 묵은 나물 여러 가지를 모두 모아 기름에 볶아 나물로 하면 오곡밥과 참으로 어울리고 복쌈이라 일컬었는데, 김쌈으로 먹으면 다시 없는 영양식이요, 좋은 맛이었다. 2월 초하루 날에 일꾼을 위한 큼직하게 빚은 콩 송편을 찌는 관행은 베풀 줄 아는 덕을 일컫는 의미 있는 관행이다. 두견화전을 지지고 4월 초파일등석절의 느티설기, 5월 단오절의 수리취절편, 8월 추석에는 햅쌀로 오려송편, 9월 9일중구절에는 국화전이 그 시절의 명절음식이다. 모두 계절의 변화를 떡에 새겨 정서를 순화하던 관행이다. 떡은 농사국인 우리에게 가장 보편적인 음식이고 더하여 떡 솜씨는 누구나 익히고 있었으므로 무리 없이 명절음식으로 관행할 수 있었다. 가족이 모여 혈연의 정을 깨닫고 품앗이로 맺은 농촌 마을의 결속을 다짐하는 행사로 역사의 뿌리가 깊은 의미 있는 관행이다. 지금 우리는 산업사회에서 날로 변화가 거듭되는 긴장 속에 있으므로 때로는 절기 변화에 따르는 명절 떡을 즐기는 여유로움을 가지면 좋겠다.

근간 반세기 전부터 우리 생활은 산업화 환경에서 크게 변화했다. 3대, 4대가 모여 살던 가족이 해묵은 살림을 정리하고 직장을 따라 각각 헤어져 도시로 옮겨졌다. 마을의 물방아는 관광물이 되었고 행사 때마다 떡을 찌고 빚고 치고 담던 절구·맷돌 같은 용구들은 아파트 살림을 하면서 간편한 가전기기로 바뀌었다. 이렇게 크게 변한 생활양식에 비하면 우리 떡 문화의 관행은 많이 지속되고 있다.

새해를 맞이하는 설날 아침에는 아파트 식탁에도 어김없이 고기장국에 끓인 흰 떡국이 오른다. 오늘날에도 세밑이 되면 가족 수가 적은 집은 봉지 떡국 떡을 사고, 가족이 많은 집은 떡집에 떡국 떡을 주문한다. 어린이의 삼칠일, 백일 기념일에 신성을 의미하는 백설기흰무리로 축하하는 관행도 변함이 없다. 전일에는 어머니의 솜씨로 찌던 백설기가 이제는 떡집 제조로 옮겨졌을 뿐이다. 떡집에서 만드는 백설기는 원형 모양, 하트 모양, 2층으로 포갠 것, 3층으로 포갠 것 등 다양한데 백설기의 백색이 눈이 부시도록 희고 첫돌을 축하하는 오색의 송편, 붉은 팥고물의 찰수수경단도 잊지 아니한다. 첨단과학의 21세기 어머니이지만 오랜 풍속으로 이어지는 찰수수팥떡을 놓치지 않는다. 아기의 첫돌 잔치 떡은 이제 사회인으로 살게 되려는 아기에 대한 보살핌을 당부하는 의미였는데 이제는 공개 장소에 모여 잔치를 벌인다. 의미가 더욱 확대된 것이다. 혼례를 앞둔 봉칫날함 받는 행사에 신부 집에서 준비하는 봉치 시루도 이제는 떡집에 주문하는데 요즈음의 떡집 시루는 모두 사각형 스테인리스 스틸 시루이지만 봉치 시루만은 질시루에 쪄서 정한 시간에 맞추어 보내준다. 부모님 수연 잔치에 큰상을 꾸미던 관행은 희석되었지만 큰상 차림에 고여 올리던 갖은 편과 주악, 단자병 등은 떡집에 축하용 포장선물로 주문한다. 가을에 수확을 마치고 가택의 평안을 빌어 행하던 가택고사의 시루떡 관행은 희석된 것 같다. 그러나 새로 집을 지을 때 상량 떡으로 올리는 팥시루떡 시루의 풍속은 공공기관이 더욱 성대히 거행하고 있으며, 떡집의 말로는 더욱 풍성한 시루떡을 맞추어 간다 한다.

우리 생활에서 떡은 본래 나눔의 음식이었다. 어느 집에서나 떡을 만들면 혼자 먹지 않는다. 공부하러 멀리 갔던 아들딸이 방학을 맞아 귀향할 때 어머니는 떡을 쪄서 이웃에 나누면 소식을 짐작하고 함께 반겨 주었다. 아기의 첫돌 떡을 함께 나누면 이웃, 친지는 아기의 앞날을 같이 축복하고 성장을 지켜주었다. 가을 추수를 마치고 행하는 고사떡은 이웃 간에 나누는데 한 마을의 여러 집이 고사떡을 돌리므로 늦가을 한철의 농가는 시루떡이 끊일 날이 없던 것이다. 부모님 회갑연에 높이 고여 올렸던 큰상의 음식을 헐면 반드시 함께 모였던 축하객과 나누었다. 반기살이라 하는데 집집마다 나누메기를 담는 크고 작은 목판이 구비되고 있었으며 한 집안의 큰며느리는 이 반기살이 솜씨가 익숙했다.

본래 우리 떡 문화에는 서로가 친화를 다짐하는 사회성이 깊다. 명절 떡을 마을에서 나누고 잔치 떡을 친족 간에 나누었으며 이웃에서 떡방아 소리가 들리면 으레 오늘은 우리도 떡을 먹겠구나 하며 살았다. 이렇게 지나온 떡 문화가 이제 집안 울타리를 벗어나고 마을을 벗어나 떡을 나누는 현장이 공공장소로 옮겨져 사회성의 범주가 더욱 확대되었다. 그럴수록 떡에 새겨오는 관행이 그 시대 나름대로 의미가 있던 것임을 인식하고, 떡 만드는 법의 과학성과 격조를 해석하여 우리 떡 문화에 함축되어 있는 타당성을 확실하게 해야 할 것이다. 최근에는 떡의 맛과 물성, 모양을 새롭게 하려는 성향이 현저하다. 떡에 쓰이는 재료가 다양해지고 새로운 것을 선호하는 사조에 맞추려는 타당한 변용·발전이 보인다. 우리 떡은 본래 일본의 모찌가시, 서양음식인 밀가루 케이크와 달리 간식이나 후식으로 시작한 것이 아니었다. 실은 우리 전래 밥상 차림에는 후식이 따르지 않았고 점심 차림인 장국상에는 국수장국이 간단한 음식이어서 떡이 정 코스의 한 품목이었다. 이런 관행은 우리의 고대 생활에서 떡이 상용음식이었던 연유를 상기하게 하는데, 근래의 한 설문조사에서는 아침식사나 점심식사를 떡으로 한다는 답이 제법 많았다. 이와 같이 우리 가정의 식사도 날로 간편해지고 있다. 아침식사로 흔히 먹는 토스트와 커피의 차림이 계절의 떡과 나박김치로 대치되는 가정도 많아질 것으로 본다. 이러한 때에 우리 떡 문화의 미래 발전은 떡 전문 연구인과 떡 전문업체가 맡아야 할 역할이고 과제이다. 물론 소비자의 선별 안목도 우리 떡문화 발전의 저변이다. 더욱이 근년에는 음식에 대한 관심이 크게 제고되면서 기호성이 날로 증폭되어 있다. 음식의 세계적 교류도 눈부시게 확대되고 있다. 이러한 때일수록 우리 떡문화의 형성 배경과 제조과정의 과학성을 성찰하여 타당한 판정의 지혜가 필요하다고 믿는다. 한 민족의 음식문화의 고유성의 뿌리는 그 민족 삶의 근거이다. 모쪼록 우리 음식문화, 특히 떡 문화의 새로운 창조의 저변은 우리 전통의 타당성으로 구축되어야 할 것이다.

참고문헌

강인희, 韓國食生活史, 삼영사, 1978
강인희, 한국의 떡과 과줄, 대한교과서, 1997
금준석, 쌀가공업체 실태조사 및 DB구축방안연구, 2002
김광언, 구멍맷돌의 연구, 민속학연구2호, 한국대학박물관협회, 1996
김지순 외, 제주인의 지혜와 맛 전통향토음식, 성민출판사, 2012
노광석 외, 식사대용떡에 대한 주부들의 이용실태 밑 기호도조사, 2007
농림업, 농업정보 통계관실,식량정책과. 농림부, 2006
찬자 미상, 居家必用事類, 영인본, 중문출판사, 1979
방신영, 朝鮮料理製法, 한성도서주식회사, 1917
서긍, 高麗圖經, 영인본, 아세아문화사, 1972
손정규, 우리음식, 삼중당, 1940
안명수, 한국음식의 조리과학성, 신광출판사, 2000,
유중림, 增補山林經濟 원저복사본, 1766
윤덕인, 호텔·외식조리문화개론, 신광출판사, 2004
윤서석, 우리나라 식생활문화의 역사, 신광출판사, 1999
윤서석, 增補 韓國食品史研究, 신광출판사, 1974
윤서석, 韓國飮食-역사와 조리법, 수학사, 1991
윤숙경 편역, 需雲雜方·酒饌, 신광출판사, 1998
윤숙자 역음, 증보산림경제, 지구문화사, 2005
이석호 역, 東國歲時記(外), 을유문화사, 1969
이성우, 古代 韓國食生活史研究, 향문사, 1992
찬자 미상, 이효지 외 역음, 시의전서, 신광출판사, 2004
임효재 편, 韓國 古代 稻作文化의 起源, 학연문화사, 2003
정길자 외, 궁중의 떡과 과자, 궁중음식연구원, 2008
憑虛閣李氏原著, 정양완 역주, 閨閤叢書 보진재, 1975
朝鮮王朝의 祭祀-宗廟大祭를 중심으로, 문화재관리국, 1967
조자호, 朝鮮料理法, 광한서림, 1939
조후종 외, 떡과 전통과자, 교문사, 2007
최남선, 故事通, 삼중당서점, 1944
최남선, 朝鮮常識 풍속편, 동명사, 1948
全循義 선, 한복려 역음, 山家要錄, 궁중음식연구원, 2007
한복려, 쉽게 맛있게 아름답게 만드는 떡, 궁중음식연구원, 1999
안동장씨 원저, 황혜성 편, 閨壼是議方 음식디미방, 한국인서출판사, 1980
황혜성 외 2인, 李朝宮中料理通攷, 학총사, 1957

맛과 멋에 취하는 술

윤숙경

술의 문화

술은 마시면 취하게 하는 알코올이 함유된 음료의 한 종류로 과실의 발효성당醱酵性糖이나 식물의 종실 또는 괴근의 영양원인 전분의 주정발효에 의해 얻어지는 것이다. 그런데 술이 어디서 언제 누구에 의해 어떤 연유로 어떻게 해서 만들어졌는지 정론이 아직은 없다. 그러나 많은 사람들이 떨어진 낙엽이 부엽토가 되듯 과일이나 곡물이 떨어져 구덩이에 고인 것이 자연발생적으로 술이 되었을 것이라고 생각한다. 이같이 자연발생적으로 만들어진 것을 보고 발효라는 현상을 알게 되었다는 생각 또한 많다.[1] 사실 아프리카 우간다의 야생동물 보호구역에서 술에 취한 것 같은 야생동물을 보았다는 보고가 있는데, 야생동물이 자연적으로 만들어진 술을 좋아서 의식하고 마셨던 것인지 혹은 일종의 중독현상처럼 모르고 마신 것이 취해버렸는지 이에 대한 더 많은 연구가 필요하다고 본다. 하여간 야생동물이 들판에 자연발생적으로 만들어진 술로 취했다는 이야기가 많듯이 자연발생적인 현상이 단서가 되어 발전되었을 것이라는 생각이 많으며 술에 관한 신화도 적지 않다.

구약성서의 대홍수 때 하느님은 노아의 방주에 가족과 동식물의 원종을 싣고 피난하게 했으며 이때 포도 재배법과 포도주 제조법을 가르쳤다고 한다. 그리스의 주신酒神 디오니소스는 포도의 재배법과 포도주 제조법을 각지에 전파시켰다 하여 포도주의 디오니소스 축제가 있었다. 이집트 신화에 오시리스신이 보리에서 술을 만드는 법맥주을 가르쳤다고 한다. 중국에서는 우왕시대BC 2200 의적儀狄이 우왕에게 술을 바친 이야기가 있고, 우리나라 이야기에도 단군이 백성에게 농사를 알게 했으므로 감사한 마음에서 햇곡으로 술을 빚어 산에 올라 제사를 올렸다고 한다.[1, 2] 이와 같이 술에 연관되는 신화가 시대와 장소를 달리해서 동서를 가리지 않고 산재해 있듯이 술 빚기의 발단은 우연히 발견된 술이 근거가 되었음을 긍정해야 할 것 같다. 그리고 술이 되는 현상을 알게 되어 인류사회에 술 빚기가 도처에서 발달했으며 술 빚기의 파급은 한곳에서 발달된 것이 파문처럼 여러 곳으로 이어지면서 전파되고, 또한 다발적으로 시대를 달리하면서 터득한 조주기술이 전파되었으며, 한편 도래인이 가져온 술 빚기 기술이 토착민에게 전수되고 접목되어 퍼졌을 것으로 본다.[3]

술과 의례

세계 어디에서나 수렵시대에는 신神을 모시는 의례에 희생제물을 으뜸으로 했으나 농경시대에 이르면 술이 신에게 올리는 으뜸 제물이 된다. 농경을 무사히 마치고 풍족한 결실을 거두었으므로 그 곡물로 술을 빚어서 신에게 올리는 천제를 행했는데, 이 술은 사람의 염원과 감사한 마음을 신에게 전달하는 매체였다. 제를 올리고 모두가 모여 그 술로 음복하는 것은 신과 사람의 합체 의례의 하나이다. 신에게 올리던 고대 술의 종류를 중국의 《주례

周禮》 천관 주정 항목에 보면 조주법에 따라 나누어진 다섯 가지 술[4] 범제泛齊, 예제禮齊, 앙제盎齊, 제제緹齊, 침제沈齊가 있다정현은 주석에 제(齊)는 제주이다. 조선시대 국조오례의[5]의 오례길례吉禮 제사, 가례嘉禮 관혼, 빈례賓禮 빈객, 군례軍禮 군진, 흉례 凶禮 상례에 기록된 역대 왕의 제사에 올리는 술의 종류도 동동주, 단술, 백주, 붉은 술, 청주 등 다섯 가지이다. 주례에 기록된 제주와 같은 종류이며 술 빚기법은 알 수 없으나 이 다섯 가지를 고대 술의 대표적 종류로 추정할 수 있다.

한편 《삼국지 위지동이전》에서 고구려는 추수 감사로 지내는 천제를 동맹이라 했는데 부여에서는 영고迎鼓라 하고 제를 행하고 나면 나라 안의 남녀가 모두 모여 술을 마시고 가무하며 밤을 지새웠다 한다. 이러한 관행은 한국사의 역대를 통하여 국가나 민간의 행사를 막론하고 신에게 술을 올려 제사를 행하고 나면 술 마시고 가무를 즐겼다. 신라는 음력 8월 15일을 가배嘉俳라 하여 조정에서는 배월拜月의 의식이 있었고 이날 국민은 술과 음식을 마련하여 먹고 마시고 춤을 추며 즐겼다.[6] 고려의 팔관회는 국가적인 큰 제의 행사인데 술과 함께 화려한 가무가 펼쳐졌고, 조선시대에도 국가에서 행하는 크고 작은 제사는 물론이고 동리에서 지내던 동제에도 정성을 다하여 술을 빚고 동민들이 모여 제사하고 제주를 나누어 마시고 음복함으로서 부락의 안녕을 빌고 결속을 다짐했던 것이다.

우리나라에서 관혼상제冠婚喪祭 의례를 행하는 절차의 중심에는 술이 있다. 혼례 절차에도 신랑, 신부의 합환주 의례가 혼례 성사의 중심이고, 제사 의례에서도 제관이 술을 3헌獻함으로서 비로써 제의 행의가 실증된다. 조선시대에 정치·경제의 중추 세력인 사대부는 예학에 기초한 조상 숭배 의례 행의를 준수함으로서 가족 공동체의 결속과 문중 구성원의 결집을 다졌던 것이다. 그런데 관혼상제 행사에 필요한 술을 가정에서 빚었으므로 각 가정의 가양주 솜씨가 뛰어나게 발전할 수 있었다. 일이 있으면 때맞추어 먼저 술을 빚어 준비하고 각 집안의 제주는 가문에 따라 이어오는 술을 빚어 전래되게 했다. 우리나라 제의와 술을 잇는 깊은 의미와 관계성이 전통 가양주를 발전되게 한 요인이고 배경이다.

가톨릭교에서는 포도주를 그리스도의 피로 상징했고마가복음 14 세례에도 적포도주가 사용되었다. 포도원의 관리는 성직자가 했고, 좋은 포도밭은 수도사나 교회영지敎會領地의 왕의 원조에 의해 운영되었다. 불교에서는 선사禪寺 같은 절의 산문山門에 '불허훈주입산문不許葷酒入山門'이라는 계율을 돌에 새겨 세운 것을 보면 일단은 술에 대해 부정적이었다고 볼 수 있으나, 한국에서는 곡차, 일본에서는 반야탕般若湯이라 하여 술을 음식의 한 종류로 인식하여 허락하는 경우도 있다. 중국이나 한국, 일본에서는 술을 신이 내린 음식이라 생각하여 제사에 반드시 술을 올린다. 일본 신도神道에는 신들 중에 주신이 있고 신사에도 조주造酒의 신사가 여럿 있다. 이란을 중심으로 중근동 지방의 이슬람교回教에서는 음주가 금지되어 있다. 이슬람교도는 금주라는 교의敎義를 파계한 자는 대죄를 범한 것으로 벌을 받는다. 중근동 국가의 대다수는 이슬람교가 국교이므로 국가 권력으로 음주를 단속하고 있다. 인도에 신자가 많은 힌두교에서는 옛날부터 술을 죄악으로 보았다. 오늘날 음주의 가부는 옛날처럼 농산물의 기근, 풍작 따위의 경제적 문제가 아니라 술에 대한 인식 차에서 오는 것이 대다수이다. 음주가 죄악이라고 인식하는 종교적 계율과 술을 음식의 일부 또는 신이 준 선물이라고 인식하는 음식관의 차이에 있었다고 본다.

한국의 술 문화

세시풍속과 계절의 술

한국은 사계절의 기후 변화가 현저하므로 철따라 농사일의 진행 질서가 있고, 의식주 생활풍속도 절기에 맞추어 시행해야 하는 살림 질서가 있다. 이른 봄철에는 장 담기, 봄철 나물 말리기, 여름이면 누룩 밟기, 동지에는 김장하고 메주 만들기 등이 필수 행사이다. 한편 절기에 맞추어 정월 설과 대보름을 시작으로 다달이 명절이 있었는데, 이 날에는 명절음식을 만들어 가족과 마을이 모여 즐기는데, 명절 음식으로 그 절기의 술이 빠질 수가 없으며 한국 술 문화의 한 줄기를 형성하고 있다.

먼저 설날 아침에는 '도소주屠蘇酒'를 마신다. 도소주는 산초, 백출, 도라지, 방풍, 육계 등의 약재를 넣어 빚은 술로서 이 술을 마시면 한 해의 요사한 기운을 다 쫓고 행운을 가져온다고 믿었다. 설날 아침 조상님께 올리는 차례상에는 차례주가 오르고 정월대보름날 아침에는 웃어른이 가족에게 찬술 한 잔을 마시게 하는데, 이 술을 '귀밝이술耳明酒'이라 하여 술을 못 마시는 사람에게까지 마시게 하는 풍속이다. 귀밝이술은 귀를 밝게 하여 도리를 잘 알아듣게 하는 술이다. 성스러운 신의 잔치에 참여하여 기원하고 감사하는 뜻이 있다. 2월 초하루음력를 중화절中和節이라 하여 중국 당나라 때부터 내려오던 명절의 하나로 왕이 신하에게 주찬을 내려 즐기게 하는 풍속이 있다. 우리나라는 노비일이라는 날로 하고 이 시기는 농사일을 준비하는 때이므로 농주를 빚어 앞으로 농사일을 맡아 할 일꾼들에게 푸짐하게 대접한다. 청명 한식에는 청명주, 도화주, 두견주를 빚어 넣고, 초파일에 등석주, 음력 5월 5일 단오에는 창포주, 6월 유두일음 6.15에는 막걸리, 과하주, 백중일음 7.15에는 농번기가 지났으므로 일꾼들에게 호미 씻기 술, 추석에는 햇곡으로 빚은 술新稻酒, 중양절음 9.9에는 국화주, 동지에는 액막이 술, 섣달그믐 제석일에는 제석술 등 절기에 따라 술맛을 즐기는가 하면, 쓰임새에 필요한 술을 빚었는데, 이러한 풍습은 한국 술 문화의 큰 줄기이다.[7]

혼례의 술

술은 제사를 행할 때 하늘에 올리고 신에게 드리는 으뜸가는 제물일 뿐 아니라 결혼식에서도 가장 으뜸가는 행례가 합환주이다. 신랑, 신부가 처음 대면하면 먼저 하늘에 해로를 맹세하는 교배례交拜禮를 행한다. 신부는 2배, 신랑은 1배를 하고 신랑, 신부의 술잔에 술을 따르면 모사茅沙에 술을 쏟아 제주祭酒하는데 천지에 맹세하는 절차이다. 안주를 집어 젖혀놓고 다시 신랑 1배, 신부 2배하고 술을 따르면 술은 마시고 안주는 들지 않는데 이 절차를 합근례合巹禮라 하여 하나의 표주박을 둘로 쪼갠 잔에 술을 담아 교환하여 마신다. 합근례는 신랑, 신부 두 사람이 하나가 됨을 맹세할 뿐 아니라 양가의 통합을 의미하는 것이다.[8]

지식인의 술에 대한 인식

18세기경 우리나라 고조리서의 하나인 《온주법》[9]의 서문격인 글에서 사대부의 술에 대한 인식의 한 단면을 찾아볼 수 있다. 그 한 구절에 "술은 신명神明을 움직이고 빈객을 기분 좋게 만드니 음식 중 이만한 것이 없다. 그러므로 옛사람이 고을의 정사政事를 술로서 안다고 여겼으니 양반집에서 유념하지 않을 수 있겠는가."라고 했다. 옛날부터 접빈객을 소홀하지 않게 하는 것을 미덕으로 삼아 왔으며 술은 제례에는 없어서는 안 될 식품이고, 또한 술은 즐기는 식품일 뿐만 아니라 서로의 마음을 통하게 하는 매개물로서의 식품이었던 것이다. 사대부들은 술에서 먹고 노는 식품이 아닌 차원 높은 의미를 찾고자 했다.

주연의 규범

조선시대 선비의 술잔치酒宴는 《증보문헌비고》 권29에 '초미이잔 종미칠잔初味二盞終味七盞'이라 했는데, 이것은 조선시대 사대부가 모인 주연의 한 모습으로 다음과 같다. 손님이 자리에 좌정을 하면 술잔을 돌린다. 처음 술잔이 한 순배 돌면 초미첫 번째 안주가 나오고 가명록 금강성조歌鳴鹿 金剛城調가 연주되며 술잔이 다시 돌고 음악이 오관산五冠山으로 바뀌면 두 번째 안주가 나온다. 이미삼잔二味三盞이다. 이렇게 종미칠잔終味七盞으로 끝내는데 그 사이사이에 삼현三絃이 울리고 오관산, 방등산곡이 연주되다가 끝잔이 돌고 마지막 안주가 나오면 '권농가'가 연주된다. 조선시대 선비들의 술자리 질서를 알게 한다.[10]

서원의 향음주례

향음주례 풍속은 원래 주대周代에 제후의 대부大夫가 여러 지방의 인재를 뽑아 조정에 천거할 때 고향을 떠나기에 앞서 그들에게 베푸는 전송 의례로 시작된 것이다. 우리나라에서 언제부터 시작되었는지 확실하지는 않으나 고려에서 과거제도를 정비할 때 여러 지방에서 여러 주에 있는 인재를 뽑아 중앙으로 보낼 때 향음주례를 했다. 조선시대에 와서는 국조오례의를 제정하고 정비함에 따라 일반화되었다. 향음주례는 매년 음력 10월에 행했다. 각도의 주, 부, 현에서 길일을 택하고 소재 관사官司는 덕행이 뛰어나고 나이 많고 지위가 높은 분을 주빈으로 모시고 그외 유생을 내빈으로 모셔 손님과 주인이 서로 인사하고 자리를 양보하는 예의를 지키면서 술을 권하며 연회를 한다. 술 다섯 잔으로 연회를 끝내고 모두 자리에서 일어서서 계戒를 고하고 재배를 한 다음 헤어진다.[5, 6]

향음주례는 손님을 초대하고 맞이하는 것부터 연회가 끝나 해산할 때까지 예에서 시작하고 예에서 끝난다. 단지 음식을 먹는 모임이 아니라 흐트러지기 쉬운 술자리를 차려 놓고 예의에 관한 가르침을 일깨우는 행사이다. 즉 주도가 따로 있는 것이 아니라 일상생활의 예절 안에 있음을 깨우치려는 것이다. 근래에 취중난동하는 것을 보고 주도가 땅에 떨어졌다고 술에다 죄를 돌리는데, 이것은 주도가 땅에 떨어진 것이 아니라 일상생활의 기본 예의가 땅에 떨어진 것이다. 술을 예의 바르게 마시면서 즐길 줄을 모르고, 마치 술 자체가 또는 술 마시는 것 자체가 잘못을 촉발시키는 것 같은 음주 형태가 잘못된 것이다.

주도는 외길이 아니다

술을 마시면 취한다. 취하면 이성이 혼미해지고 감성에 머물게 되는데, 이렇게 술을 마시고 취할 때에 거기에는 주도가 있어야 하고 주도에는 규율이 있는 것이다. 마치 사람이 지향하는 도와 같다. 다도, 화도華道와도 같은 것이다. 도에는 규율이 있는 법이며 주도의 규율은 바로 주법이며 주법은 주례酒禮이다. 주례는 그 사회의 기본 예절 관행에 근거를 두고 발달한 식사 예절과 밀접한 관계가 있으며 상차림 형태와도 관계가 깊다. 상차림에 독상 차림, 겸상 차림, 두레상 차림이 있듯이 술도 자기 술잔에 혼자 따라 마시는 자작自酌이 있고, 술잔을 주고 받는 수작酬酌이 있다.

수작은 옆에 있는 사람에게 술을 권하는 권주의 예법이 있는데, 술을 권하기는 하지만 강제로 마시게 하지는 않는다. 술을 권해 오면 이쪽에서도 술을 건배하든가 권주를 한다. 권주해 오면 술을 못 마시더라도 마시는 시늉이라도 하는 것이 예의다. 술좌석이 파할 무렵에는 어른이 먼저 일어선 후에 자리를 뜬다. 공자의 《논어》에 향리 사람들과 술을 마실 때에는 지팡이 짚은 노인이 나가면 그때서야 나갔다 한다.

임어당은 《생활의 발견》에서 공식석상에 마시는 술은 조용히 마실 것, 마음 놓고 마실 수 있는 술은 품위를 갖추면서도 통쾌하게 마시고, 마음이 슬픈 사람은 취하기 위해 마시고, 봄 술은 뜰 앞에서, 여름 술은 들에서, 가을 술은 조각배 위에서, 겨울 술은 집 안에서 마신다 했다.

박지원[12]의 《양반전》은 다음과 같다. 수입이 없는 가난한 시골 양반의 빚을 갚아 주겠다는 조건으로 이웃에 있는 지체 낮은 부자가 양반의 신분을 샀다. 그런데 중인인 군수가 건네준 양반 문서를 보니 양반은 겉치레뿐이며 구속받는 일이 많고 거추장스러운 것뿐만 아니라 월권이 도둑과 다름이 없어 양반 되기를 포기한다는 해학소설이다. 이 소설에서 양반은 술을 마시면 얼굴을 붉혀서는 안 되고 손으로 찌꺼기를 훑어 먹지 말고 혀로 술 사발을 핥아서도 안 된다. 남에게 굳이 술을 권하지도 말며 굳이 권해 온다면 입술만 적시는 것이 좋다. 남에게 술을 따를 때는 술잔에 술을 가득 부어야 한다는 등의 이야기가 나온다.[13]

술은 나쁜 일은 잊어버리고 즐거운 마음으로 즐기는 데에 있다. 당나라 현종대의 왕한은 양주사凉州詞에 취해 사막 모래사장에 누워 있다 해서 비웃지 말라 했다. 고래로 전장에 나가 몇 명이나 살아 돌아갔는가 하고 전장에 나와 시름 잠긴 마음을 술로서 달래라 했다.[11] 자칭 시선詩仙이라 하던 이백은 '독작'이라는 시에 "마시자니 술잔에 달이 찾아와 그림자까지 셋이 되었다."라 했고, "내가 노래하면 가던 달 걸음 멈추어 서성거리고, 내가 춤추면 내 그림자도 춤을 춘다."고 했다.[50]

주석의 예의

술잔을 돌리는 회음 예절

술잔 하나를 돌려가며 술을 마시는 음주 형태의 유풍이 유적인 경북 경주 남산 포석정鮑石亭으로 남아 있다. 이것은 술을 마시며 연회를 즐기려는 목적이 아니라 상하가 공동체 의식으로 정신적 결속을 다짐하려는 음주 형태이다. 조선시대에는 승문원承文院에서 문서를 적어 올리면 왕이 주식을 내리는 풍습이 있었다. 이 때 큰 술잔에 술을 채워 술잔을 돌려가며 마셨다고 하여 돌림잔이라고도 한다. 이 술을 마심으로서 왕과 신하는 일체감을 느끼고 결속했던 것이다. 현재도 어떤 모임에서 대폿잔에 술을 부어 돌려

마시는 일이 있다. 이것은 과거 피를 나누어 마시며 맹서를 했던 혈맹의 한 변형으로 볼 수 있다.[14]

연회의 좌석 배치

연회장에는 많은 사람이 모이므로 각자의 신분에 따라 자리를 찾아가 앉아야 한다. 정석을 중앙으로 보면 상석에는 주인, 주빈, 사회적 신분이 높은 사람이 앉으며, 신분이 낮으면 이층 구조에서는 상층에 앉지를 않는다. 장유유서長幼有序가 있어 동격인 사람들끼리는 연령이 높을수록 상석에 앉는다. 그리고 오른쪽이 상위이다.

술을 주고받을 때의 예의

서로 평교하는 사이에는 한손으로 술잔을 주고받을 수 있지만 양손으로 받는 것이 예의이다. 양손으로 주고받다 보니 자연스레 왼손을 오른손 아래에 받치고 왼손을 주병 아래에 두고 술을 따른다. 윗사람과 함께 술을 마실 때는 윗사람이 술을 마신 다음에 마시고 아랫사람은 몸을 왼쪽으로 돌려서 마신다. 윗사람에게 술을 따를 때에 술병 바닥이 오른쪽으로 향하면 안 된다.

술은 미리 양을 정해 놓고 마시는 것이 아니라 마시다 보면 기분에 따라 많이도 마시고 적게도 마신다. 《논어》에도 술은 정해 놓고 마시지는 않으나 소란을 피울 정도로는 마시지 않는다고 했다. 자기 잔으로 독작하거나 술 마시기를 강요하지 않으며, 상대의 감정을 상하게 하는 언동을 하지 않은 것은 사소한 일로 시비가 붙어 소란을 일으키는 것을 방지하려는 것이다. 그 자리에 없는 사람의 험담은 삼가야 하고 술좌석에서 일의 가부를 논하는 것은 적당치 않으며, 술과 안주의 솜씨가 좋고 나쁨을 말하지 말아야 한다.

한국 술의 전래 모습

우리의 농업은 신석기시대 중기에 잡곡 농사로 시작되었다. 이때 빚은 술은 잡곡의 술이었을 것이고 이렇게 빚은 술로 나라 안 사람들이 모여 농사의 풍작을 빌고 집안의 평안을 비는 천제를 지냈다. 벼농사가 들어와 발전하여 쌀을 주식으로 했을 때에는 쌀로 술을 빚었는데, 고대 한국 술의 제조법은 알 수 없으나 다음과 같은 기록으로 술 빚기 솜씨가 일찍부터 출중했음을 알 수 있다.

《삼국지 동이전》에 고구려 사람이 장양藏釀, 발효식품 솜씨가 좋다고 기록되어 있다. 중국 전설을 쓴 책《태평어람》권46에 중국 강소성 일대의 명주인 곡아주는 고구려 여인의 솜씨를 근거로 한 것이라 한다. 당나라 사람 이상은의 시에 "한잔 신라 술이 쉬이 깰까 두렵다."[14]라고 한 것으로 보아 우리나라는 일찍이 좋은 술을 빚었고 그 명성이 중국에까지 알려졌던 것이다. 일본《고사기》에 의하면 응신雄神천황 때 백제에서 인번仁番 수수보리須須保利란 사람이 와서 누룩을 사용해 술을 빚는 새로운 법을 가르쳤고 그가 일본의 주신이 되었다는 기록이 있으므로 삼국시대에 누룩으로 술을 빚었음이 확실하다.

《삼국사기》신문왕683이 왕비를 맞이할 때 폐백 품목에 술 등 8가지의 식품이 있었다.《삼국유사》권2에 신라 32대 효소왕692~703 때 죽지랑화랑이 한 낭도가 부산성 창직이로 간 곳을 방문하러 갈 때 설병 한 합과 술 한 병을 가지고 갔다는 기록이 있으므로 이 무렵 술이 기본적인 선물용 식품이었음을 알 수 있다.

고려시대의 술은 문헌으로 확인할 수 있다. 고려 초기 인종 원년1123에 송나라 사람 서긍이 그 시대의 송도지금의 개성에 다녀간 후에 쓴《고려도경》[32]

와준에 "고려는 찹쌀이 귀하므로 멥쌀로 술을 빚는다. 왕궁에는 좋은 술을 매일 마시는데 좌고左庫에 청주와 법주 두 종류의 술이 질항아리에 저장되어 있다."고 기술되어 있다. 《동국이상국집》에 새 술을 걸러서 맑은 술을 뜨는데 서너 병 얻기가 어렵다고 했다. 술의 원료인 곡물을 주식으로 하는 농경사회인 중국 대륙을 건너온 고려의 불교문화는 음주에 관대했다. 고려의 제례를 중시한 풍습은 제사에 없어서 안 될 술을 식품의 하나로 자리매김하도록 하였다. 고려에는 불교가 융성하였고 사원은 축적된 재원으로 주류도 양조하였으며, 사원의 양조업과 주류 판매가 문제가 되어 나라에서 금령禁令을 내리기도 하였다. 고려 후기에 청주, 탁주, 증류주의 3대 주종이 완성됨으로 고려시대를 우리나라 전래주의 정착기라고 할 수 있다.

고려의 술은 다음과 같다. 고려시대 《목은집》1328~1364과 시문 《촌가삼도》, 《고려도경》 권6,[16] 《고려가요》, 《한림별곡》, 《동국이상국집》 등에 방문주, 부의주, 녹파주, 류하주, 청주, 춘주, 천일주, 신풍주, 국화주, 두견주, 송주, 포도주, 화주, 계향어주, 오가피주, 초화주, 백자주, 창포주, 도소주, 자주, 이화주, 백주, 천금주, 탁주, 삼해주, 두강주, 예주, 죽엽주 등 50여 종의 술 이름이 소개되고 있다.[17]

조선시대에는 수백 년의 역사가 흐른 우리의 술을 근거로 하여 맛과 향이 좋고 보양에 좋은 술로 발달시켜 여러 종류의 좋은 술을 빚었다. 술의 재료에서 멥쌀술뿐 아니라 찹쌀술이 많아지고 한번 빚어 마시는 단양주는 물론이고 이양주, 삼양주, 사양주 법으로까지 확대했다. 고려 후기에 시작한 증류주가 여러 약용주, 가향주로 크게 발달했다. 조선시대 술의 발달은 양주업계의 확대 발달뿐 아니라 가양주로 발달한 점이 큰 특징이다. 조선시대 가정은 대가족제도로 유교 범절을 중시하여 관혼상제 행사 규범을 엄수했는데 행사에 차리는 음식으로 술이 으뜸이었고 각 가정의 술 빚기 솜씨는 가문의 영화를 가늠하기까지 했다. 이런 환경이 가양주 발달을 촉진시켰는데, 더하여 조선 초기부터 추진되었던 의·약학의 연구 성과를 배경으로 식품가공 원리의 합리성 진전도 큰 배경이 되어 약용주가 발달한다. 이렇게 발달한 조선시대의 술이 기록되어 있는 문헌은 다음과 같다.

조선시대 궁중 어의로 있던 전순의가 수록한 《산가요록》1449[18]은 종합 농서로서 그 중 식품 부분 180여 항목 중 주류와 누룩이 55항이며, 술 빚기에 쓰인 재료와 만든 법이 상세하게 기술되어 있다. 《사시찬요》1469~1494[19]에는 누룩 만들기를 설명했는데, 초복에서 말복 사이에 밀을 갈아서 녹두즙과 여뀌즙으로 단단히 반죽하여 잘 밟아서 연잎이나 도꼬마리 잎으로 싸서 바람이 통하는 곳에 매어 단다. 《수운잡방》1540년경[20]은 김유가 수록한 조리서로서 총 121항 중 주류가 59항이다. 《음식디미방》1670년경[21]은 안동 장계향이 수록한 한글로 된 규방 저서이다. 음식 만드는 법 106항 중 주류가 51종이다. 위에 소개한 책은 대체로 한 세기씩의 간격이 있다. 그 후대의 《주방문》은 1700년대 후기의 《온주법》[9] 57종, 1800년대 초의 《주찬》[20]에 79종의 술이 수록되어 있고, 빙허각 이씨의 《규합총서》[22]는 가정백과 종합 총서인데 술 18종이 실려 있다. 이외에도 종합 농서인 《산림경제》[23], 《증보산림경제》[24], 《임원십육지》[25]에 술의 종류와 제조법이 상세하게 수록되어 있다.

전통 술의 종류와 빚기

술은 제조법에 따라 대략 다음과 같이 분류하고 있다. 음료에서 주류와 비주류의 차이점을 알코올 농도에 따라서 분류하는데 그 기준이 나라마다 다르지만 대체로 알코올 농도가 0.5~1.0% 이상일 때 주류에 포함시킨다. 우리나라와 일본에서는 주세법에 1.0% 이상일 때 주류라 한다.[6]

우리나라 전통주에 쓰인 재료는 총 250여 종류인데 그 중 55종류가 곡물이다. 멥쌀이 주를 이루었지만 근대에 오면서 찹쌀의 사용빈도가 증가하고 밀가루의 사용빈도는 줄었다. 누룩, 멥쌀, 찹쌀, 물 이외에 102가지의 생약이 술에 쓰였다. 이것은 맛과 향을 배가시키는데 사용되었는데 우리의 선조는 술을 단지 마시고 즐기는 음료가 아니라 건강에 좋은 보양주로 생각했던 것이다. 현대인이 생각하는 웰빙생활이다.[25-1]

양조주는 발효성 당을 함유하고 있는 원료 그대로 또는 원료를 당화시킨 다음 효모로 발효시켜 만든 술을 말한다. 청주, 탁주, 포도주 등이 여기에 속한다. 한국 술의 원류는 곡주이며 잡곡 농경시대에는 잡곡으로 술을 빚고 미곡이 증산되면서 쌀로 빚은 술이 다양하게 발전하여 종류가 많다. 다만, 우리의 민속주는 곡주가 주이므로 흉년이 들 때마다 양식의 낭비를 막기 위하여 의례히 금주령을 내리곤 했다.

❙ 술 발효

발효에는 단발효單醱酵, 복발효復醱酵, 병행발효竝行醱酵와 주정발효, 젖산균 발효 등이 있다.

단발효

숙성된 과실에는 적어도 10% 내외의 발효성 당이 있는데, 이런 과일이 우리 주변에 많이 있다. 사과는 10%, 포도와 감은 13~15%, 감귤 9~10%, 파인애플 9~11%, 바나나 8%를 갖고 있다. 이 발효성 당이 다른 분해과정을 거치지 않고 효모의 효소에 의해 주정발효를 일으키면 이것을 단발효라 한다. 발효 화학방정식은 $C_6H_{12}O_6 \rightarrow 2C2H_5OH + 2CO_2$이다. 그러나 실제로는 효모의 증식과 생리작용의 소모 등으로 함량의 50% 정도가 주정으로 남게 된다. 예를 들어 10%의 당을 가진 포도로 포도주를 담그면 약 5%의 포도주를 얻을 수 있다는 이야기다.[1]

복발효와 병행발효

전분은 포도당이 축합되어 만들어진 다당체로 아밀로펙틴amylo pectin과 아밀로스amylose의 혼합물이다. 구조가 단단해서 직접 효소의 작용을 받기 어려우나 가열하여 호화되면 쉽게 아밀라아제 효소에 의해 가수분해되어 발효성 당인 포도당이 된다. 이 포도당은 다시 단발효 과정을 거쳐 주정이 만들어진다. 이것을 복발효라 하고, 같은 용기 내에서 이 두 가지 발효가 동

시에 일어나는 것을 병행발효라 한다. 당화는 주정함량 32%에서 중지된다.[26]

효모에 의한 주정발효

발효성 당은 효모 삭카로미세스Saccharomycess에 의해 주정발효된다. 이 효모의 발육 최적온도는 33~34℃이며 주정농도 20% 전후에서 활동이 정지된다. 따라서 당을 계속해서 공급한다 해도 주정농도는 올라가지 않는다.[26, 27]

젖산균발효

젖산균은 종류도 많고 모양도 여러 가지다. 당액糖液 중에 번식하여 당액을 젖산으로 변화시켜 주료酒醪 속의 조주에 유해한 잡균 번식을 억제한다. 젖산 1% 내외, 주정 10~15%에서 발육이 정지된다. 당분 45%일 때는 젖산이 생산되지 않는다.[27]

여러 가지 발효제 곡자

누룩을 사용하지 않은 조주법으로 원시적인 방법이 두 가지 있다. 발효제醱酵劑로 아밀라아제를 이용하는 법과 식물체에 기생하고 있는 조주국균을 이용하는 법이다. 구작주口嚼酒는 조나 입쌀을 씹어 침에 있는 아밀라아제를 발효제로 삼아 술을 빚는 것이다. 고대 일본은 백제 사람 인번에게서 누룩으로 술 빚는 법을 전수받기 전에는 구작주였다. 대만, 일본의 오키나와, 중국의 만주, 캄보디아 등 동남아 각지에도 구작주가 분포되어 있었다.[3]

한편 입쌀밥이나 조밥 위에 토란 잎이나 대나무 잎을 덮어 발효시키는 것도 있다. 식물에는 잎이나 열매 등에 제각각 특유의 균류가 기생하고 있다고 알려져 있다. 명아주 잎이나 열매뿐만 아니라 여러 식물에도 술을 빚을 미생물이 있다는 이야기다. 이 식물 자체를 초약이라고 한다.[3]

각종 발효제는 여러 가지 효소를 분비하여 발효제 자체와 주재료에 작용하여 대사물을 생산한다. 당화효소는 전분을 분해하여 당을 만들고 단백질 분해효소는 아미노산을 만든다. 주료酒醪 중의 효소는 이들 생산물을 이용하여 증식하고 당을 분해하여 주정을, 아미노산에서는 향기 성분을 생성하게 된다.

곡자(누룩)

술은 전분을 분해해서 술로 하는 것이므로 조주용 발효제는 전분을 배지로 해서 배양한다. 발효제인 누룩은 학자에 따라 여러 가지로 분류하고 있으나 누룩의 원재료인 곡물의 상태에 따라 산국散麴과 병국餠麴으로 나눈다.

병국 날곡식을 분쇄하여 물을 추겨 성형, 발효하여 건조시킨 것이 병국떡누룩이다. 분말 상태가 아닌 떡처럼 뭉쳐졌다고 하여 떡누룩이라고도 한다. 산국散麴인 입국粒麴이 없던 옛날에는 누룩을 곡자라 했고 병국만이 누룩인 줄 알았다. 병국은 곡분을 뭉쳐 만든 것이며 곡물에는 밀, 입쌀, 호밀, 수수 등 여러 가지가 쓰이지만 밀이 가장 많이 쓰인다. 곡자는 분쇄한 곡립의 굵기에 따라 용도가 달라진다. 밀을 분쇄해서 만든 분국粉麴에는 밀기울을 체로 쳐내 가루로 만든 백국白麴, 거의 밀기울로만 만든 부국麩麴이 있다. 분국처럼 곱게 빻은 가루에서부터 밀 한 알을 몇 조각으로 분쇄한 조국粗麴까지 있다. 거칠게 부수어 만든 것을 섬누룩 또는 조국粗麴이라 한다. 조국은 탁주나 소주에, 백국이나 고운 분국은 청주에 쓰인다. 곡자의 입자 굵기는 사용 목적에 따라 다르다. 누룩의 크기는 용적량 1되에서 2되 정도의 원반형

누룩의 분류

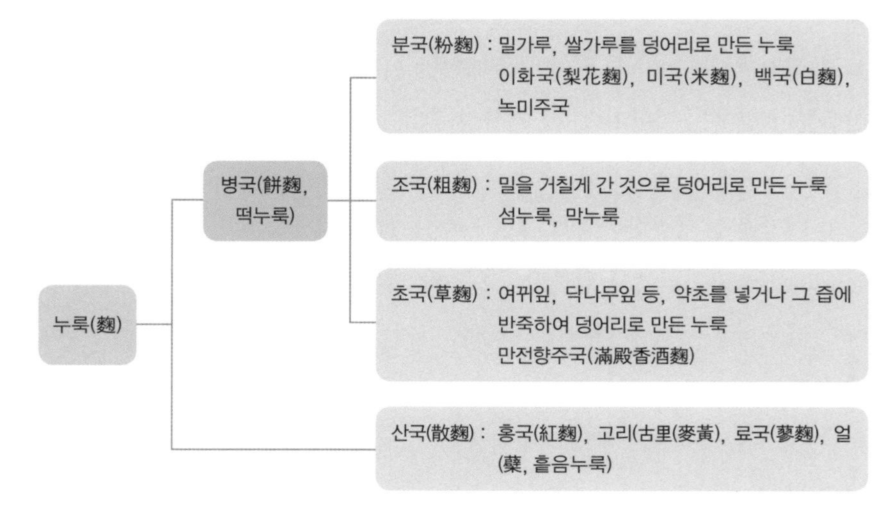

자료 : 윤숙경, 안동문화 제10집, 1989

이다. 분국은 1되 반에서 달걀 크기까지 있다.[27, 29]

초국 식물체에는 그 식물에 특유한 조주에 유용한 균류가 부착되어 있다고 알려져 있는데, 조밥이나 입쌀밥에 이들 식물의 잎을 덮어 둠으로써 술을 빚었다. 이들 식물체를 섞어 이용한 떡누룩도, 떡누룩 대신에 쓰던 식물체도 초국草麴이라 한다. 초국을 쓰는 것은 식물에 기생하는 균을 이용함으로써 술맛의 고정화와 차별화가 주요인인 것 같다.[3, 29]

산국 또는 입국 산국 또는 흩음누룩은 낱알 표면에 발효균을 배양한 것이다. 홍주紅酒를 만드는 홍국균, 소주를 만드는 흑국균, 일본 청주를 만드는 황국균이 여기에 속한다. 입국균은 호기성이므로 찐쌀에 배양하며 가끔 뒤적이며 배양한다. 병국 상태가 아닌 분국은 가루 상태의 입국에 해당되므로 분국을 입국에 분류함은 분국도 가루로 확대 해석한 것으로 소맥을 거칠게 분쇄해서 발효시킨 것이다. 중국에서는 증류주인 바이주白酒, 빼갈 제조

에 사용하고 있으며 첨주甛酒, 단술도 분국을 사용했다.[3, 27]

술 담금법 분류

양조주

청주, 약주 술을 빚어서 익으면 그 술을 마쇠하면서 물을 첨가하여 주도를 맞추어 체에 걸러 술지게미와 술로 분리하면 그 술은 탁주이다. 술이 익으면 주료에 용수를 박거나 주자酒榨, 술 짜는 틀에 올려 술과 술지게미를 분리한 술은 약주라 한다. 약주를 침전시켜 맑은 술과 앙금을 분리했을 때에 맑은 술이 청주淸酒다. 일본 청주를 수입할 당시 대표적인 청주의 상품명의 하나가 정종正宗이었으므로 정종이 일본 청주의 대명사가 되기도 했다.

약주는 빚을 때 약료품을 첨가해서 빚거나 약주에 약료를 침적시켜 약료주를 만들기도 했다. 약주라는 이름은 약료주라는 뜻과 술이 약이라는 뜻이 있다.

청주와 약주와의 관계는 중국이나 일본에서는 약재를 넣고 빚어 약효를 노린 술을 약주라고 하는 데 비해, 우리나라는 《조선실록》 태종 5년1405에 진약주進藥酒란 말이 있고 태종 7년1433에 의하면 한재 때문에 왕은 약주 이외의 술을 금했다. 이때에 약주는 약양주藥釀酒이다. 금주령이 내리면 권력자 특권 계급은 청주를 약양주인 양 사칭하고 마셨으므로 백성들은 점잖은 이가 마시는 술은 모두 약주라 불렀고, 더 나아가서 좋은 술인 청주를 약주라고 해 버린 것 같다.[30, 31]

법주 법주는 전래되어온 법대로 술쌀, 누룩, 술물, 제조 일정 등이 일정한 법칙 아래 조주된 맑은 술을 말한다. 중국에서는 《제민요술》[33] 이후 단절되었다 하나 한국에서는 경주 법주가 명맥을 이어가고 있다. 그러나 중국 법주와 현재 경주 법주는 조주법이 같지 않다.

탁주 탁주료나 약주료를 마구 걸렀다 하여 막걸리, 빛깔이 흐리다 하여 탁배기, 그 외 박주薄酒 등 이름도 다양하다. 대중의 사랑을 받고 있는 대중주이다. 청주를 뜨고 난 지게미를 물에 거른 것부터 탁주 전용으로 빚은 것까지 단계도 여러 가지다. 숙성된 주료의 주정 농도는 20% 전후이지만 판매 술은 대체로 6%로 희석하고 자가용 술은 도수의 높낮음이 취향에 따라 다르다. 탁주류는 서울 이남에서 주로 제조되어 농민과 서민의 음료이며 영양원으로 소비되어 농주라는 말이 생겨나기도 했다. 농사일을 하며 새참에 마시는 술은 쌀막걸리, 보리막걸리 등이다. 탁하지만 알코올 성분이 적은데 열량은 많아서 마시면 요기가 되고 피로가 풀린다. 노동으로 피곤할 때 마시기 좋은 술이다. 찹쌀이나 멥쌀을 물에 불려 푹 찌고 누룩가루와 담금 물로 버무려 술독에 담는다. 쌀 40, 누룩 22, 물 42의 비율로 하는데, 지방과 사람에 따라 비율이 많이 달라진다. 한랭기는 곡자를 줄이고 여름에는 곡자를 늘린다. 곡자는 주로 조국을 쓴다. 채주는 물로 희석해가며 체에 거를 때 물은 담금 물의 2~3배를 쓴다.[26]

백주, 합주 백주白酒에는 양조주인 백주와 청주나 소주로 합주合酒하거나 꿀이나 설탕을 섞어 가미한 혼성주인 재제주再製酒의 백주가 있는데, 합주라고도 한다. 증류주가 아닌 한국의 양조백주는 당도가 높고 주정도가 낮으며 유백색인 농후한 술이다. 양조주인 백주의 제조방법은 탁주와 유사하나 누룩은 분국을 다량으로 쓰고 숙성기간도 약주처럼 긴 편으로, 탁주와 약주의 중간 산물이다. 재제주의 백주는 소주나 청주로 가미해서 빚는다. 청주를 원료로 할 때에는 술밥 1, 청주 1, 분국 0.8의 비율로 하며, 부인들이 여름에 즐겨 마시는 술이다.[26, 27]

자주 자주煮酒는 청주나 약양주의 장기 저장에 따른 주질의 변화를 막기 위하여 중탕하여 저온살균하는 법의 하나이다. 성분의 증발을 막기 위하여 밀랍을 함께 끓이면 냉각시킬 때에 밀랍이 굳으면서 병의 입구를 막아 밀폐된다.

증류주

증류주는 양조주를 증류하여 만든 술로 주정도가 높고 장기간 저장하여 숙성시킨 술이다. 증류주 중 희석식 소주는 주정에 물을 탄 것인데 증류주로 인정되며, 송순주는 솔 순을 첨가하는 정도로는 혼성주가 아닌 증류주로 인정된다. 즉 솔 순에서 우러나는 물질이 미량인 까닭이다.

증류주법은 아랍문화의 하나로 12세기경 십자군에 의해 서방 유럽으로 전파되어 포도주를 증류한 '브랜디'와 맥주를 증류한 '위스키'의 시조가 되었다. 다른 한편 극동지역에서는 회교문화를 따라 몽골로 들어왔다고 한다.

명나라 이시진의 《본초강목》에 소주는 원나라에서부터 시작되었다고 한다. 우리나라 《지봉유설》 권19 식품부에서 소주는 원나라에서 온 것으로 약용으로 썼다 하고, 《고사통》에는 소주는 원나라 때 생긴 술인데 오직 약으로만 쓰이다가 후세에 와서 술로 마시게 된 것 같다고 한다. 소주가 대중화되지 못했던 것은 소량의 소주를 얻는데 다량의 원주가 필요하고 과거 증류기술 수준으로 수율도 낮아 사치성 음료였으며, 따라서 약용으로 쓸 만큼 귀중품이었던 것이다.

증류주가 우리나라에 유입된 것은 고려 충렬왕대로, 상류사회를 중심으로 급속도로 선호되어 정착하게 되었다. 《고려사》에는 사치성 물품을 금지하는 법령 중에 소주의 음주를 금한 것도 있다. 고려 후기에 들어서 전래의 탁주, 청주에 이어 증류주가 추가된 전통술의 3대 종류가 완성된 것이다.[34]

《국선생전》은 이규보1168~1211가 주품酒品을 기록한 것이므로 여기에 있는 술은 고려 초기에 음용하던 술이다. 탁주를 비롯하여 화향입주花香入酒, 과실입주 등 혼양주가 주축을 이루고 양조주가 바탕이 되었으며 증류주인 소주는 포함되지 않았다. 태국 등에서는 야자즙과 미곡米穀으로 발효시켜 증류한 '아락주'가 있었는데, 송의 전석田錫은 '태국의 섬라주는 두벌 고운 소주'라 하고 있으니 이규경[34]은 소주의 중국에의 전래는 원나라 때가 아니라 그 이전인 송나라 때인 것이라 하고 당나라 때에도 현재 소주인 검남춘劍南春과 같은 이름의 술이 있었다고 한다. 고려에 도래된 것도 국가 간의 교류를 생각할 때에 원나라 이전에 온 것이며 북방 도래설보다 남방 도래설에 무게를 둘 수 있다.[34] 한편 이시진은 포도소주의 존재를 당나라는 알고 있었다고 말하고 있다.

원대1271~1368에 만들어진 것이라고 하는 소주를 화주火酒, 아라길주阿喇吉酒 또는 노주露酒라고도 하나 만주어로 아래기araki라 하고 아라비아어로는 araq, arak라고 했다.

일본인 고구라신페이小倉進平가 1936년 한국에서 조사, 보고한 바에 의하면 전남북의 여러 지역에서 '아래기'를 소주의 뜻으로 쓰고 전남의 목포, 나주, 구레, 경상도 여러 지역 등에서 '소주지게미'의 뜻으로 쓴다. 일본에는 오란다 교역선으로부터 수입된 증류주를 'arak'이라 불렀으며 소주가 해상경로로 해서 류우큐우국에서 일본 큐슈 남단의 사츠마현재의 가고시마로 전해졌다. 가고시마의 오오구치大口 하치만진자八幡神社에서 1599년에 소주의 음주 풍속이 일반화된 것으로 보이는 유물이 발견되었다.[1] 일본의 미자와고오노수케는 타타르족tatar과 퉁구스족Tungus은 마유馬乳를 발효시켜 유주를 만들고 이것을 증류하여 'araki라 한다'고 말하고 있다.

우리나라에 소주가 대중화될 수 있었던 것은 1900년대 전국에 양조공장

▌우리나라 전래의 증류기

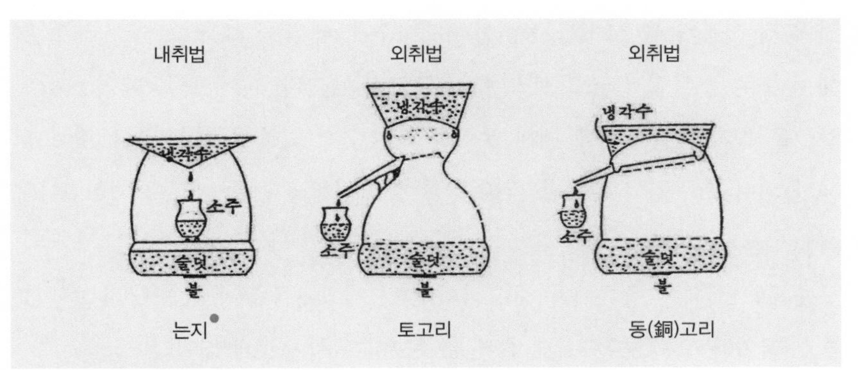

자료 : 유태종, 한국의 명주, 1979

들이 생기면서였다. 1916년 전국에 소주 제조공장이 28,404개였는데 가업 형태 또는 주막집에서 주조하는 경우가 많았다. 대량생산 체제를 갖춘 국내 최초의 소주 공장은 1919년 평양에 세워진 '조선조주'이다. 그리고 현존하는 소주회사 중 역사가 가장 오래된 것은 1924년에 문을 연 '진로'이고 그 해 10월 3일 장학엽 씨가 평남 용강군 지운면에 '진천양조상회'를 설립한 것이 진로의 효시이다. 진로는 알코올도수 35%의 증류식소주곡류를 발효시켜 만든 소주로 1970년 국내 소주 시장 1위에 오른 이후 41년간 시장을 석권하고 있다. 양조주를 증류하여 증류주로 음용하고 있는 지역은 라오스, 네팔 등지의 대륙 지역이며, 인도네시아, 필리핀 등지와 같은 도서 지방에도 야자주를 증류한 술이 있고, 보르네오에는 쌀술을 증류한 Arak이라는 증류주도 있다.

초기 소주의 가정 제조법은 곡류와 누룩으로 술을 빚어 발효시켜 만든 술을 솥에 담고 그 위에 시루를 얹는다. 시루번밀가루 반죽한 것으로 김이 새

● 함북지방의 내취식 소주고리를 '는지'라 한다.

지 않게 시루와 솥 사이를 봉하고 시루 속에 술 받을 그릇을 두고, 시루 위에 솥뚜껑을 뒤집어 덮고 그 안에 냉각수를 넣는다. 솥에 불을 때면 증발된 알코올 증기는 솥뚜껑에 미리 부어둔 냉각수에 의하여 이슬 맺은 것이 액체가 되어 솥뚜껑의 경사를 따라 그릇에 고이게 되는데 이것이 내취법이다 문배주 제조과정 사진 8 참조.

증류할 때에는 증류기를 사용한다. 조선시대에 증류법이 발달하면서 흙으로 굽거나 구리 또는 쇠로 만든 소줏고리를 사용하게 되었다그림 참조.

혼성주

다른 몇 가지 술을 혼합한 술을 혼성주라 한다. 같은 종류의 술을 혼합하는 술은 혼성주가 아닌 혼용주이다. 탁주에 소주를 섞으면 혼성주이고 증류주에 당류, 향료, 색소 등을 혼합한 것도 혼성주이다. 약주나 탁주에 물을 탄 것은 혼성주가 아니다. 포도에 설탕과 소주를 넣고 만든 술은 양조주가 아니고 혼성주이다.

조선시대 문헌에 있는 술의 종류

조선시대 문헌에 수록되어 있는 술을 양조주탁주와 약주는 단양주, 이양주, 삼양주, 사양주 등으로 나누고 기타 술은 특성대로 약용약주, 혼양주, 소주로 나누었는데, 술의 이름은 표시대별 술의 종류와 분류와 같다. 문헌의 저술 연도를 보면 연대에 따른 변화 또는 발전상을 고찰할 수 있다.

술 빚기는 크게 단양주와 중양주로 나누는데, 중양주는 덧하기를 몇 번 했느냐에 따라서 이양주, 삼양주, 사양주 등으로 나뉜다.

• 단양주는 곡류와 누룩에 물을 넣어 발효하면 걸러서 마시는 술이다.

• 단양주를 제1차배밑술로 해서 곡물 혹은 누룩과 곡물을 한번 덧넣어 빚으면 이양주제2차배이다.

• 삼양주는 이양주가 발효된 후 덧넣어 빚은 술이다.

덧술을 여러 번 하면 사양주, 오양주가 되는데, 덧술하는 횟수가 많을수록 당도가 높고 풍미가 좋은 고급 술이라 평할 수 있다. 도화주 같은 오양주가 있었지마는 중국 고대의 책 《제민요술》[32]에 소개되어 있는 9온주9번 덧술와 같은 것은 우리나라의 술 제법에는 없었다.

본표를 분석한 결과 먼저 이양주가 조선 초기의 문헌, 중기 이후의 문헌 모두 단양주의 거의 3배 정도로 많아 조선시대까지는 일반적으로 이양주가 가장 많이 쓰였음을 알 수 있다. 중양주로는 삼양주가 《산가요록》에 6종, 《수운잡방》에 14종, 《음식디미방》에 7종, 《온주법》에 4종, 《주찬》에 2종이다. 삼양주도 초기 문헌에 비하여 중기 이후 문헌에 많이 줄었다. 한편 중기 이후 문헌에는 약용주가 많아지고 있다. 사양주로는 《수운잡방》에 도화주가 6월 유두일流頭日에 만든 누룩으로 술을 빚으며 이 술은 명주로 알려져 있고 오양주 담는 것도 소개하고 있다. 《동국세시기》[8]에 사마주四馬酒는 4번의 말날午日을 이용하여 술을 거푸 담그면 봄이 지나 곧 익고 1년이 넘어도 부패하지 않는다 하고 《사마주시》에 "그대의 집 이름난 술이 1년 넘어 저장되었으니 술 빚는 법은 응당 옥계玉階의 비전秘傳하는 법을 따랐으리라"는 대목이 있다. 근래 술 연구자 중에는 7온주의 독특한 맑은 술과 12온주의 향온주를 빚는다고 한다.

《산가요록》과 《수운잡방》에서는 도토리로 술 빚는 방법이 소개되어 있는데 두 책이 거의 유사했다. 그 외에 타문헌에 상실주의 기록은 거의 없었으나, 《임원십육지》[24]에 삼산방을 인용한 상실주가 있다. 술 빚기에 쓰인 누룩은

시대별 술의 종류와 분류

분류 \ 출처			산가요록(1449년)[18]	수운잡방(1500년 초)[20]	음식디미방(1670년경)[21]
탁주 및 약주	단양주		연화주, 모미주, 이화주, 하일삼일주, 급시청주, 부의주, 향온주, 과동감백주, 감주, 점감주, 유감주	삼일주, 하일청주, 하일점주, 일일주, 보경가주, 이화주(2)	이화주(4), 점감청주, 절주, 하절삼일주(2). 일일주, 하절주, 시급주, 점감주, 부의주
	중양주	이양주	목맥주, 소곡주, 향료, 점주, 상실주, 아황주, 녹파주, 유하주, 죽엽주, 여가주, 황금주, 진상주, 유주, 절주, 사두주, 육두주, 삼일주, 칠일주, 무국주, 신박주, 하일절주, 과하백주, 손처사하일주, 하주불산법, 맥주, 사시주, 사절통용육두주, 하숭사절주, 예주, 삼미가향주	사오주. 만전향주, 칠두주. 감향주, 하일약주(2), 하일점주, 녹파주, 백화주(2), 류하주, 오두주, 감향주, 정향주, 십일주, 동양주, 동하주, 남경주, 진상주, 예주, 황금주, 경장주, 향료방, 세신주, 상실주	감향주, 죽엽주, 유하주, 향온주, 사시주, 소곡주, 백화주, 동양주, 절주, 백향주(2), 남성주, 녹파주, 칠일주, 두강주, 별주, 행화춘주, 점주, 하향주, 약산춘, 황금주, 칠일주
		삼양주	오두주, 구두주, 옥지춘, 삼해주, 벽향주, 두강주	삼해주, 벽향주(3), 두강주, 소곡주(2), 아황주, 칠두주, 오승주, 별주, 삼오주(3)	순향주법, 삼해주(4), 삼오주(2)
		사양주		도화주(오양주로도 한다.)	
약용 약주 및 가향주			자주, 송화천로주	백자주, 호도주, 지황주, 도인주, 백출주, 오정주, 송엽주, 애주, 건주, 황국화주, 포도주	챠주법(약소주), 송화주, 오가피주
혼양주					과하주
소주			목맥소주, 소주 내리는 법	진맥소주	소주(2), 밀소주, 찹쌀소주
총계			51	59	51

(계속)

쌀로 만든 이화국, 밀로 만든 소맥국섬누룩, 부국麩麯, 그리고 녹두와 찹쌀로 만든 녹미국綠米麯 등으로 모두 병국이다. 또한 방법으로 초목엽草木葉을 사용하는 초국이 있는데 《수운잡방》에서는 초국을 만들지 않고 술 빚을 때 직접 닥나무 잎을 넣고 누룩을 쓰지 않는 감향주가 있고, 《음식디미방》에 누룩을 약간 넣고 닥나무 잎을 이용한 절주가 있다.

분류			온주법(1700년 말경)[9]	주찬(1800년 초경)[20]	규합총서(1815년경)[22]
탁주 및 약주	단양주		급주, 하절삼일주, 향감주, 이화주(3), 녹미주	과하주, 일일주, 이화주, 부겸주, 부의주, 청서주, 주방, 백화춘, 왕감주, 하절이화주, 시급주	삼일주, 일일주, 녹파주,
탁주 및 약주	중양주	이양주	녹파주, 정향극렬주, 청명주, 감점주(3), 하향주, 정향주, 석향주, 구가주, 청명불면주, 황금주, 소국주, 열주, 신방주, 오호주, 감향주, 사절주, 방세주, 지주, 삼해주	소곡주(2), 황금주, 하절불산주, 사시절주, 백화주, 황감주, 하향주, 절주, 도화주(2), 도인주, 육일주, 진상주, 석탄주, 두강주, 호산춘, 연일주, 송계춘, 광릉춘, 방문주, 도화춘, 경액춘, 은화춘, 백화춘, 추포주, 백탄향, 내국향온, 백자주, 구황주, 진향주, 경감주, 하절청주, 예주, 낙산춘	소국주, 감향주, 방문주
탁주 및 약주	중양주	삼양주	삼해주(2), 서왕모옥경장주	삼해주, 또 다른 백화주	
탁주 및 약주	중양주	사양주			
약용 약주 및 가향주			지황주, 천문동주, 오가피주, 소자주, 구기자주(4), 창출주, 안명주, 백자주(3), 송엽주, 계당주, 국화주, 백화주, 연엽주(2), 포도주	송순주(2), 송엽주(2), 오향주, 오가피주, 청주, 두견주, 소자주, 천금주, 창포주, 지황주(2), 삼합주, 도소주, 구기주(2), 선경비주, 지골주, 녹용주, 우슬주, 천문동주, 신선고본주법, 무술주, 자주법	구기주, 오가피주, 화향입주방, 도화주, 연엽주, 두견주, 백화주, 송절주, 송순주
혼양주			과하주, 과하절미주,	과하주(3), 청감주	과하주, 한산춘, 오종주
소주			적선소주, 소주 많이 나는법, 사미주(약소주)	홍로주, 적선소주, 주방	
총계			57	79	18

이렇게 가양주가 다양하고 찬란하게 발달한 배경은 먼저 조선 초기부터 농서를 간행하고 농법을 지도하여 곡물 산출량이 진전되었고, 불교를 배척하고 유교를 숭상하는 종교적, 사회적 환경에서 고려시대에 성행하던 음차飮茶의 풍습이 쇠했으며, 관혼상제 의식을 존중하고 자연주의적인 숭문사상

崇文思想과 풍류를 즐기려는 풍습 등을 들 수 있다. 한편 향약鄕藥 연구가 발전하여 치병과 건강 유지를 위한 약양주藥釀酒가 발달했다. 금주령이 내려진 때도 있었지만 중국이나 일본과 같이 주세가 부가된 적은 없었다. 이런 배경에서 여러 가문을 비롯하여 여러 지방은 재료 다루기의 기법을 자유롭게 창안하고 계절별로 기후 특성을 예지롭게 활용하면서 창의적으로 독특한 풍미를 지닌 다양한 술을 발전시킬 수 있었다. 따라서 가양주는 사대부 가문의 덕목 중 하나인 손님을 후하게 대접하려면 주주객반主酒客飯이라 하여 술을 대접하는 것을 우선으로 했다. 이러한 관행으로 식량이 풍족하지 못함에도 전통 가양주가 살아남아 전래될 수 있었다.

조선시대에는 이처럼 다채롭고 특이하게 발달한 전통술이 구한말에는 정치적으로 일본 지배하에 들어감에 따라 주세가 부가되어 약주는 중양주를 못하고 단양주인 경우가 많아졌으며, 누룩은 분국을 사용하게 되었고, 탁주는 조국을 쓰고 주모酒母를 쓰지 않는 경우가 많아졌다.

현대사회의 주류 제도

구한말 한국 술의 상황

탁지부[28]는 대한제국시대 정부의 재무를 총괄하던 관아이다. 1907년 각 감독기관에서 조사 보고한 것을 발췌 수집하여 탁지부 사세국에 보고한 내용은 간략하여 알고자 하는 요점이 빠져 있는 것도 있으나 그래도 한말의 조주 상황과 판매의 현황을 계략적으로 살펴볼 수 있다.

한국에서 제조되는 술의 종류는 주로 약주, 소주, 탁주이고 이 외에 과하주, 이강주, 감홍로 등 여러 가지 재래주가 있다. 그러나 제품량은 그리 많지 않았다.

소주 제조법에는 각 지역마다 다소 그 양식을 달리하고 있지만 소주의 품질은 평양이 제일이라 했다. 소주의 원주는 누룩을 조국으로 양조한 것이며, 원료인 곡류는 이남에서는 찹쌀 또는 멥쌀을 사용하고 이북에서는 기장을 주로 사용하며 간혹 조나 옥수수를 사용하기도 하고 수수로 원주를 빚기도 했다.[28]

탁주는 주로 황해도 이남에서 음용되며 남하할수록 수요와 제조량이 증가한다. 황해도에서는 어민의 수요가 많은 관계인지 서해안 지방에 수요가 많다. 탁주집濁酒家은 탁주 제조를 주로 하고 겸해서 약주와 소주를 제조하고 있으며 일반적으로 그 점포에서 식품을 조리하고 음식을 제공한다. 탁주집은 음식을 먹기 위해 찾아오는 사람에게 주류를 제공하는 것이며 탁주의 품질상 장기 보존이 불가능하므로 규모가 클 수 없었다. 소도시나 촌락에는 주막 같은 소규모 음식점 겸업자가 많았다고 한다.

술을 양조장에서 구매하여 소매로 판매하는 청매請賣업자도, 스스로 술을 제조해서 판매하는 자도 적지 않으며 서울 부근에서는 청매업 또는 음식점의 간판을 갖고 있는 사람은 대개 주류 제조업을 겸하고 있으며 어느 것이 본업인지 구분이 되지 않은 것이 많다.[28]

일제강점기의 한국 술

1910년에는 한일 합방조약이 조인되고 일본은 한국에 총독부를 설치했다. 1916년 조선총독부에서 조주의 공업화, 음식점과 주조업을 분리해서 공업화로의 전환, 양조장의 집약화, 신규 면허 억제, 자가용주의 제조를 점차적 폐지, 밀주 단속을 중요 내용으로 하는 주세법 시행령을 제정 공포했다. 1920년대에 들어서는 소주 제조에 곡자 대신 흑국의 사용이 점차 늘어갔다. 1925년 무렵 소주증류기는 재래의 단식증류기에서 연속식증류기로 차차 옮겨가 단식증류기는 자취를 감추게 된다. 1927년에는 흑국 소주의 등장으로 재래식 곡자 소주가 쇠퇴하여 자취를 감추게 되고 주정을 희석한 희석식 소주 제조가 발전하게 된다. 1941년 제2차 세계대전의 한 갈래인 태평양전쟁으로 확대되면서 식량난으로 조주 전반에 걸친 제약을 받게 된다.

한국 사회의 발전과 술

1945년 해방과 더불어 조주업계는 활기를 되찾았으나 정치·사회의 혼란으로 밀조주가 성행했다. 1946년에는 식량 부족을 극복하기 위한 양곡 정책으로 미곡으로 하는 조주가 금지되었고, 1949년 주세법 시행령을 제정했다. 1961년부터 미국 원조로 들어온 밀가루에 의한 탁주가 제조되었고, 1964년에 정부는 식량 사정을 감안하여 증류식 소주의 곡류 사용을 금지시켰다. 1965년부터 소주는 주정을 원료로 대체했고, 증류식 소주에서 희석식 소주 시대로 들어가게 되었다. 1970년에는 희석식 소주회사의 합동, 병합으로 시장을 정비하고 1도 1사로 통합된다. 1985년 전통 민속주 문배주, 면천두견주, 경주 법주를 중요무형문화재로 지정문화재관리국했다. 1987년부터 각 시도 민속주를 무형문화제로 지정하기 시작했고 1988년 법령에 민속주 제조허가 승인주세법 법령 1988.12.31. 개정안을 포함했다.

1991년에는 통일미에 의한 양곡 증산으로 미곡의 조주 금지가 해제되어, 쌀 막걸리가 다시 등장하게 되었다. 1992년 제주도 개발 특별법에 의해 민속주 지정을 시작했고, 1993년부터 농림부 주관으로 농민 주 지정을 시작했다. 1994년 한국 방문의 해를 맞이하여 한국음식 관광 상품화 사업 추진 및 가양주 정리 사업을 추진하여 2013년 말 29종의 가양주가 민속주로 지정되고, 전통주를 특정주류로 법령에 명시하도록 했다. 1999년 주세법 시행령 개정안1999.12.31.을 통하여 전통주 제조자 면허 기준과 주류 제조방법의 기준을 완화하고 농민 주를 법령에 명시하게 되었다. 2008년에는 주세법 시행령 개정안2008.6.25.을 발표하면서 전통주에 대한 주세를 인하하게 되었다.[38]

국가에서 지정한 무형문화재 민속주

술이 있는 나라에서는 그 나라의 자랑할 만한 민속주가 있으며 그러한 술이 있다는 것이 오래된 음주문화가 있다는 것이다. 그것은 그 나라의 문화적 긍지이기도 하다. 전통 민속주는 지역의 풍토와 물맛, 제조 시기, 만드는 사람의 솜씨와 눈썰미, 그리고 재료와 재료 선별의 정성, 청결도, 온도 관리의 방법에 따라 수천 가지의 술이 된다.[39]

풍토가 다르고 술맛에 대한 호불호가 있지만 우리나라에서도 자랑할 만한 술이 있었다. 전통의 명주라 할 술이 일제강점기와 6·25전쟁을 겪으면서 극심한 식량 부족으로 인해 긴축된 양곡정책으로 이어져 위축되었다. 그러다가 조주산업은 통일벼 생산으로 넘쳐나는 양곡이 긴축된 양곡정책에서 풀려나 잊혀져가던 우리나라 명주를 다시 찾아야겠다는 정부 당국의 뜻으로 명맥을 이어가던 재래 명주를 찾게 된 것이다. 1982년 정부는 전통민속주에 대한 중요문화재 지정을 위한 위원회를 구성하게 되었고, 한편 시, 도에서 자체 조사하여 1983년 당시 문공부에서 이것을 다시 수합하여 자체 조정한 것은 다음과 같다.

무형문화재 지정조사보고서[40]에 의하면 각 시, 도에서 자체 조사'83. 5~6, 2개월간하여 전국 민가에서 전통적으로 양조된 주류는 12개 시도에서 46종기능자 64명이 보고되었고, 이것을 문화재위원회 주류 관계학자 회의에서 조사대상 민속주를 선정하고 조사위원 추천으로 지정조사하기로 심의의결'82. 12.했다. 조사대상 민속주는 8개 시, 도에 13종을 선정하여 실무위원 12명으로'83. 10~'84. 8 시음, 평가했는데 다음과 같다.

1. 소주류 4종 : 서울 문배주, 안동 소주, 진도 홍주, 제주 소주

2. 곡주류 6종 : 경기도 동동주, 한산 소곡주, 경주 교동법주, 김천 과하주, 김제 송순주, 중원 청명주
3. 약용주류 3종 : 서울 송절주, 면천 두견주, 이리 이강주

1985년 문공부 문화재위원회 제4분과 3차 회의1985. 11. 18에서 심의 의결한 '향토 술담기' 제조기능을 1986년 11월 1일자로 중요무형문화 제86호로 지정 고시했다. 제86-1호에 문배주 기능보유자 이경찬李景餐, 1915~1993, 제86-2호에 면천 두견주 기능보유자 박승규朴昇逵, 1937~2001, 제86-3호에는 경주 교동법주 기능보유자 배영신裵永信, 1917~ 씨가 각각 인정되어 1987년 1월부터 제조 판매가 이루어졌다. 지정 사유로는 '우리 민족 고유의 우수한 전통 민속주의 제조기능이 점차 인멸되어 가고 있어 이를 지정하여 전승, 보존하고자 함'이라 되어 있다.

전통 민속주 무형무화재지정조사보고서 제163호1985. 5[40]를 발간하고 1990년 《주요무형문화재 해설》무용, 무예, 음식편[41]을 문화부 문화재관리국에서 발간했다. 그 내용 중 음식편 조사자 보고서에 조선시대 궁중음식황혜성 제38호, 1970. 12. 30지정과 향토 술 담그기에 문화재위원 예용해문배주, 제86-1호와 안동대학교 윤숙경 교수면천두견주, 제86-2호, 단국대학교문화재위원 김동욱 교수경주 교동법주 제86-3호가 실무위원에 의해 기록되었다. 이어서 1987년부터 각 시도에서 25종의 무형문화재를 지정했고 1994년 8월을 시작으로 술의 명인도 해를 거듭하면서 많이 배출하고 있다부록 p.428, 429 참조.

문화공보부 지정 중요무형문화재로 지정된 술

제86-1호 문배주[42] 수수, 기장 같은 잡곡이나 멥쌀, 찹쌀 같은 것으로 빚은 술을 증류한 것을 모두 소주라 한다. 소주용 곡자는 조곡을 사용하고

문배주 제조과정

자료 : 문배주, 국립문화재연구소, 2004

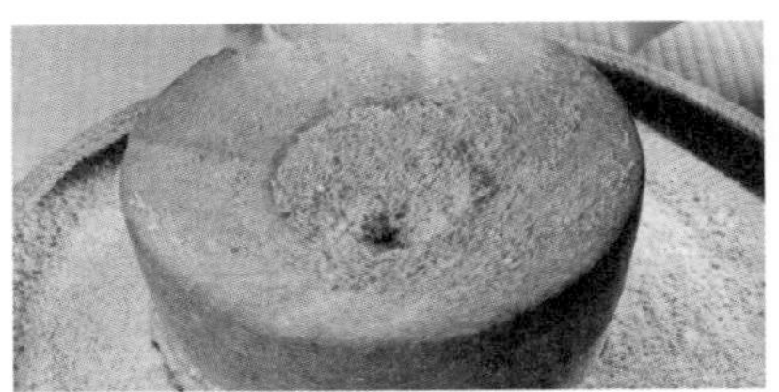

1. 누룩을 만들기 위해 통밀을 맷돌에 간다.

2. 20~30일 정도 띄우면 누룩이 완성된다.

3. 밑술 재료인 되지도 질지도 않게 쪄낸 조밥을 펴 널어 식힌다.

4. 덧술 재료인 찰수수는 12시간 불린 고두밥으로 찐다.

5. 술항아리를 거꾸로 가마솥 위에 엎고 불을 지펴 소독한다.

6. 수수밥과 밑술을 버무려 술항아리에 담는다.

7. 덧술을 가마솥에 붓는다.

8. 완성된 술을 솥에 끓여 소주를 받는다. 상단부의 냉각수를 계속 갈아준다.

담글 때도 탁주, 약주는 곱게 분쇄하지만 소주일 때는 거칠게 분쇄하며 사용량도 다른 종류의 술에 비해 많이 쓴다. 술의 주원료는 이남에서는 주로 멥쌀, 찹쌀을 사용하고 이북에서는 기장을 주로 쓰는데, 조, 옥수수, 수수 등도 사용하고 멥쌀, 찹쌀도 사용한다.[28]

누룩은 통밀을 거칠게 부수어 전 가루로 개당 2되 정도의 원반형으로 성형하여 누룩 사이에 볏짚을 끼우고 아래 위를 덮어 계절에 따라 15~30일 정도 띄운다. 밑술은 누룩 2말을 거칠게 부수어 물 3말을 부어 물누룩수국水麯을 만들고, 여기에 메좁쌀 1말 5되를 푹 쪄 식혀서 밑술을 빚어 넣는다. 5일 후에 밑술이 완성되면 찰수수 1말 5되 5홉을 밥으로 지어 1차 담그고 1일 후 다시 수수 1말 2되 5홉을 밥으로 지어 술을 빚는다. 즉 소주로서 삼양주에 해당한다. 덧술한 10여 일 후에 익으면 증류한다.

제86-2호 면천 두견주진달래꽃술[43] 통밀을 거칠게 분쇄한 가루를 개당 1되 정도의 원반형 누룩을 만든다. 짚을 깔고 덮어 2~3개월을 숙성시킨다. 개인의 취향에 따라 쑥을 누룩 사이에 끼워 숙성시키기도 한다.

주모는 누룩 2되를 가루로 내고 찹쌀 2되를 푹 쪄서 물 1되로 버무려 독에 넣는다. 두견화는 꽃술은 따 버리고 음지에서 건조시켜 두고 쓴다. 술밑의 발효가 최고조에 이르면 찹쌀지에밥 1말, 누룩가루 2되, 두견화 1되 3홉을 밑술과 함께 버무려 넣고 발효시킨다. 발효일 수는 약 80일이다. 주자酒醡, 술 짜는 틀에 올려 술을 짠다. 양조용수는 면천 마을 '안샘' 물을 쓴다. 두견주는 꽃의 향기뿐만 아니라 혈액순환 개선과 혈압강하, 피로회복, 천식, 여성의 허리냉증 등에 약효가 인정되어 근래까지 신분의 구별 없이 가장 널리 빚어 마셨던 국민의 술이었다.

제86-3호 경주 교동법주[44] 중국의 최고最古 농서인 《제민요술》에 7종류의 법주가 있다. 그 중 덧술을 해서 담는 중양법과 '갱미법주'에서 찹쌀이면 더

면천 두견주 제조 과정

자료 : 면천 두견주, 민속원, 2009

1. 진달래꽃을 서늘한 곳에서 말린다.

2. 덧술 재료인 찹쌀고두밥, 누룩, 진달래, 밑술이다.

3. 찹쌀고두밥, 누룩, 진달래꽃, 밑술과 섞는다.

4. 덧술을 섞어 넣은 술 재료이다.

욱 좋다는 말에서 재료의 유사성과 1차 덧술하는 것에도 유사성이 있는 술이다.36 송나라의 서긍徐兢이 외교사절로 고려에 왔을 때1123 견문록인 《고려도경》에도 이름이 나와 있는 술이다. 중국의 석성한石聲漢은 "일정한 배분 방식으로 조제 양조한 술을 관법주라 하며 법주는 이것의 이칭異稱이다."고 말한다. 현재 중국에는 이 방법으로 빚는 술이 없으나 한국에는 경주 법주가 있다.[32]

경주 교동법주는 경주시 교동에 있는 경주 최崔씨 집 누대에 걸쳐 빚어온 비주祕酒이다. 옛말에 부자가 3대를 가기 힘들다고 했는데 12대에 걸쳐 만석을 유지했다는 범상凡常한 가풍을 유지해온 집안이다.

누룩은 통밀을 곱게 갈아 백미로 묽게 쑨 흰죽에 체로 쳐서 섞어 반죽하여 정형한다.분국 개당 지름 34cm, 두께 1.3cm 원반형이다. 누룩 사이에 보릿짚이나 쑥을 겹겹이 싸서 20~30일간 띄운다. 일반적으로 누룩은 물로 반죽

경주 교동법주 제조과정

자료 : 경주교동법주, 국립문화재연구소, 1998

1. 식힌 죽으로 밀기울과 밀가루를 반죽한다. 반죽은 묽거나 되지 않아야 누룩이 잘 뜬다.

2. 밑술은 찹쌀 1되로 쑨 찹쌀죽에 누룩가루 2되와 양조용 용수 1되로 만든다.

3. 고두밥을 찔 때는 솥에서 김이 나기 전에 밀가루로 만든 시루번을 붙이고 여기에 시루띠를 두른다.

4. 고두밥 10되에 찹쌀 1되로 만든 밑술과 새 누룩가루 1.5되, 물 3되의 비율로 버무려 덧술한다.

5. 완성된 덧술에 용수를 박아 용수 속에 맑게 고인 법주를 음미하여 여과할 시기를 결정한다.

6. 제1차 채주, 보통 채주는 3차에 걸쳐 이루어진다.

하는 데 비해, 본누룩은 물 대신 묽게 쑨 죽에 반죽한다는 특징이 있다. 밑술 배합 비율은 찹쌀지에밥 6, 누룩 1, 담금 용수 3의 비율로 잘 치대어 담는다.

3일이 지나서 주모가 익으면 본담금을 한다. 찹쌀지에밥 8, 밑술 3, 양조 용수 6의 비율로 담는다. 10여 일이 지나면 주발효가 끝난다. 전체적인 발효 소요기간은 밑술 10일, 주발효 및 후발효 60일, 채주 후 후숙 3일, 통합 100일이다. 채주는 본담금 후 약 60일에 용수를 박아 채주한다. 교동법주는 누룩에서 특이한 술이 만들어진다고 보인다.

문화공보부 지정 무형문화재 술 이외에 각 시도에서 시도무형문화재로 지정한 술은 대체로 그 지역의 대표적인 술이며, 다음과 같은 것이 있다.

충청남도의 한산 소곡주 소곡주를 빚는 섬누룩조국은 통밀을 거칠게 분쇄하여 체로 쳐서 5분의 1 정도 고운 가루를 빼고 개당 한 되 정도의 크기로 성형하여 건조 발효시킨다. 완성된 누룩은 거칠게 빻아 며칠간 밤이슬을 맞혀 색과 냄새를 없애고 쓴다. 주모로는 섬누룩 2되를 물 14되에 담가 체에 걸러 수국으로 만들고 멥쌀 2되를 가루 내어 무리떡으로 쪄서 잘게 부수어 먼저 땅에 묻어둔 물누룩 독에 버무려 섞어 담는다.

본술을 담글 때는 찹쌀 1되를 푹 쪄서 누룩가루 1홉, 콩 2홉, 맥아 3홉, 효모 1큰술을 묻어둔 술독에 담근다100여 일 정도. 술이 숙성되면 용수를 박아 청주를 뜬다. 청주를 뜨고 난 술지게미에 물을 부어 체에 걸러 마시면 이화주梨花酒 같다고 한다. 이 술은 《산림경제촬요》[45]와 《수운잡방》[20]의 소곡주법과도 같다.

경상북도의 김천 과하주 통밀을 거칠게 갈아 2할 정도 밀가루를 채쳐 내고 개당 1되 정도 원반형으로 성형하여 겹겹이 쑥, 황국, 볏짚을 끼워 띄운다. 크기는 지름 35cm, 두께 1~1.5cm이다. 과하천 샘물 7, 누룩 3의 비율로 섞어 수국水麴을 만든다. 이 누룩 물로 지에밥을 버무려 떡을 칠 때 쓴다. 지에밥 9, 수국 1 정도 소요되게 쓴다. 찹쌀을 푹 쪄서 수국을 적서 가며 떡을 친다. 떡이 되면 독에 넣고 난 다음 90일 후 채주한다. 객수는 일체 넣지 않는다. 고이는 술을 뜨면 감미가 높은 술이다. 누룩 만들기부터 술 담금 물은 모두 김천 과하천 물을 사용한다. 청주를 뜨고 난 다음 소주를 부어 우린 것을 후주라 하며 혼성주, 과하주이다.

《주조독본》[26]에 있는 과하주, 《주찬》[20]에 실린 과하주와 같은데, 이 책에 기록된 빚기법은 다음과 같다. 누룩은 밀기울을 제거한 밀가루만으로 만든 분국인 백국이다. 곡자 1말소용된 가루로에 찹쌀 6되의 비율로 담근다. 찹쌀을 푹 쪄서 안반에 놓고 누룩가루를 섞어 함께 물을 쳐가며 떡을 친다. 떡이 되면 독에 담는다. 객수를 넣지 않는다. 감미가 높고 주정이 낮은 술이다. 채주는 독에 고인 술을 뜬다.

충청남도 아산의 연엽주 찹쌀과 멥쌀로 고두밥을 짓고 잘게 부순 누룩과 솔잎, 감초, 물을 섞어 술밑을 만들고 술독에 연잎을 깔고 술밑을 넣고 켜켜이 담는다. 15일 정도면 익는다. '攷事新書 蓮葉酒'[23]와 같다.

전라북도 김제의 송순주 송순주松荀酒는 한국에서 만들어진 혼성주의 하나로, 만드는 방법은 곳에 따라 차이가 다소 있다 하나 어린 솔 순으로 부향附香하는 것은 차이가 없다. 솔 순은 5~6월에 길이 10~15cm 정도 되는 것을 채집하여 시루에 2~3분 쪄서 그늘에 말려 둔다. 사용할 때는 5시간 정도 물에 담가두었다가 쓴다. 밑술은 멥쌀 10*l*를 가루 내어 무리떡으로 쪄 식혀서 잘게 부수고 곡자가루 5*l*와 물 30*l*에 빚어 두면 15일이면 밑술이 익는다. 찹쌀 40*l*를 지에밥으로 찌고 곡자가루 5*l*, 쪄서 말린 솔 순 3kg으로 버무려 담근다. 2주일이면 익는다. 익으면 용수를 박고 30도 소주 70*l*를 붓는다. 밀봉하여 2개월 숙성시켜 떠서 쓴다. 뜨고 난 찌꺼기에 30도

소주 30l를 다시 부어 쓴다. 《산림경제촬요》[45]에 기록된 송순주법도 크게 다르지 않다.

경상북도의 안동소주 통밀을 분쇄하여 채쳐 거친 가루를 만들어 지름 29cm, 두께 12.5cm의 원반형으로 성형해서 서로 닿지 않도록 하여 건조 발효시킨다. 멥쌀 3.4kg, 누룩가루 1.2kg, 물 8kg으로 술을 담근다. 술이 숙성하는 기간은 13일이고 술이 숙성되면 증류한다. 단양주를 증류한 증류주다.

전라남도 진도의 홍주 조선조에서 지초芝草, 주치주와 박문주가 최고 진상품으로 꼽혔다.

조국 쌀보리쌀 10kg을 분쇄하여 물로 축여 원반형으로 빚는다. 성형하여 벽에 걸어 건조 발효시킨다.

배양 쌀보리쌀 1.75kg을 물에 불려 푹 쪄서 네모난 나무통60×38×75cm에 파쇄한 종국을 섞어 넣어 손으로 눌러서 돗자리를 덮어 따뜻한 방20℃에 띄운다.

주모 배양된 누룩을 독에 넣고 물 22.8kg을 섞어 부어 주모가 완성되기약 6일를 기다린다.

본담금 쌀보리쌀 8.15kg을 물에 불려 찌고 담금 물 22.8kg과 함께 밑술에 담근다. 12일이면 익는다.

증류 병부리를 천으로 덮은 승로병承露甁을 소줏고리 밑에 두고 주료를 증류한다. 병부리를 덮은 천 위에 지초를 둔다. 흘러내리는 소주에 지초의 붉은 빛이 녹아 흐른다. 《증보산림경제》[23]에 '內局 紅露方'이라 기술되어 있다.

이같이 진도 홍주는 다른 술 담그기와는 다른 몇 가지 특색이 있다. 보리쌀을 쪄서 종국을 만들고 이 종국을 찐 보리쌀밥에 배양시켜 다시 주모를 만들고 본 술을 빚는다. 이러한 술 빚는 법이 과거에는 별로 없었다. 우리나라는 산국을 별로 쓰지 않았다. 주모에 수국을 사용한다. 수국에서는 효모의 증식 배양이 유리하나 누룩곰팡이의 증식 배양에는 유리하지 않다고 한다. 수국을 쓰는 것은 맥아주 조주 방식의 발효제 사용법의 유법遺法이며 중국에서 유래된 것으로 보고 있다.[3]

포도주 이외에 가을이면 포도나 야생포도인 머루로 가양주인 포도주를 담근다.

중국에는 포도주가 두 가지 있었다. 포도즙과 누룩과 찹쌀밥으로 빚는 중국 재래식 포도주가 있고, 포도즙을 자연 발효시키는 서역식西域式 포도주가 있었다. 중국 재래식 포도주는 1500년대에 저술한 우리나라의 《수운잡방》에도 기록되어 있다. 중국식 포도주는 삼국시대 위魏, 220~265의 문제文帝 때도 만들었다고 한다. 서역식 포도주는 청淸의 장영張英이 저술한 《연감류함》 당서唐書에 말하기를 당이 고창국高昌國을 정벌하고 포도 종자와 포도주 양조법을 가지고 왔다고 했다. 명明의 이시진1518~1593은 《본초강목》의 포도주 항목에 포도주에는 두 가지 양식이 있으며 양조한 것은 맛이 좋다고 했다. 소주법으로 만든 것이 있는데 독하며 옛날부터 서역에서 만들었고 당나라가 고창국을 격파할 때에 처음 그 법을 알았다고 적고 있다. 이시진은 서역서 포도주와 포도소주의 존재를 알고 있었다는 것이다.[4]

근래 시판되고 있는 전통주

근래 시판하는 전통주는 외래 술에 대응하여 만들어진 개념으로 1980년대 이후에 부각되기 시작하여 전국 각지에서 전통주라는 이름으로 불리기 시작했다. 전통주 산업은 최근 웰빙에 대한 관심과 함께 더욱 각광을 받는 새로운 산업으로 기대되고 있다.

근래에 시판하는 전통주는 농림부 추천을 통해 국세청의 면허를 받아 제조 판매하는 것이다. 농림부가 1993년부터 135종의 전통주를 추천하여 현재 57개 업체에서 생산하고 있다. 전통주 육성 초기인 90년대에는 과일주 밖에 없었으나 현재는 일반 증류주, 증류식 소주, 약주, 리큐르 등 모든 주종으로 확대되었다. 한편 예로부터 가내에서 빚었던 가양주가 여러 가지 용어로 부르고 있는 것은 주세법에 명시된 전통주의 정의와도 밀접한 관련을 맺는다. 위에서 언급했듯이 전통주를 지정하는 기관은 농림부, 문화재청, 자치단체, 제주도 지자체 등이 있다. 기관에 따라 가양주를 전통주로 지정하는 목적이 다르다는 것을 의미한다.

주세법 시행령 제9조2항에 전통주는 '특정주류'로 분류, 정의되고 전통주는 주세법에 의하여 4가지로 정의한다.[47] 전통주의 정의 외에 관광 진흥을 위하여 1991년 6월 30일 이전에 추천한 주류 중 건설교통부장관이 추천하

전통주의 정의

구분		지정기관	개념 및 근거법령	생산 주체
전통주	민속주	문화재청 (지자체)	전통문화의 전수·보전에 필요하다고 인정하여 [문화재보호법]에 의하여 문화재청장 또는 시도지사가 추천하여 주류심의위원회의 심의를 거친 주류(이강주, 죽력고 등)	무형문화재 기능보유자
		농림부	[농림수산물 가공 산업 육성법]에 의하여 농림부장관이 지정한 주류부문의 전통식품 명인 중에서 농림부장관이 국세청에게 추천하여 주류심의회의 심의를 거친 주류(청송불로주 등)	전통식품 명인
		제주도 지자체	[제주도개발특별법] 제23조에 근거하여, 제주도지사가 국세청장과 협의하여 제조허가를 하는 주류(제주 오메기술 등)	제주도의 가양주 제조자
	농민주	농림부	농림업인, 생산자단체가 스스로 생산하는 농산물을 주원료로 제조하는 주류(선운산복분자주, 진도홍주 등)	농림업인

여 주류심의회 심의를 거친 주류도 있다. 전통주 중에서도 민속주에 해당한다. 전통민속주라 함은 전통문화의 전수, 보전을 위하여 도지사가 국세청장과 협의하여 정한 주류를 말한다표 전통주의 정의 참조.

외래주

외국과의 통신사 왕래를 통하여 또는 아랍 상인들과의 교역 등으로 외국 술 실물이 유입된 경우가 많은데, 이와 같은 경로로 알게 된 외국 술 몇 가지를 살펴본다.

조선시대 이전 유입된 술 신라 고분에서 출토되는 서역 출토품에서 추정되는 아랍과의 교역이 고려로 이어져 아랍상인의 왕래가 빈번했다는 것을 알 수 있다. 고려사에 의하면 헌종 16년1025, 정조 6년1040 등에 아랍 상인들이 토산물을 갖다 바쳤다는 기록이 있다. 여기에 주류의 기록은 없으나 술을 가져왔으리라는 개연성은 있다. 충혜왕 5년1344에는 '고려에 귀화한 아랍인들에 포布를 내리고 이익을 얻게 했다.'는 구절이 있는 것과 같이 아랍상인들은 조선이 개국할 때1392까지 왕래가 잦았다. 고려시대에 유입된 외래주는 다음과 같이 모두 9종이다.

행인자법주杏仁煮法酒 문종 32년1078 송나라 황제가 보낸 선물 중에 용봉차龍鳳茶와 행인자법주가 있었는데, 중국의 특급 법주를 만들 때에 행인 살구씨 껍데기 속의 알맹이를 넣어 빚은 듯하다.

양주羊酒 숙종 2년1107 윤관이 여진족을 정복했을 때 하사품으로 내린 술인데 유주문화권이었던 그 지방 유목 민족의 술이다.

계향어주桂香御酒 예종 12년1117 이자겸이 송나라에 진공사進貢使로 다녀오면서 가져왔다는 기록이 있는데 계피향이 들어가는 황실의 특용주인 듯하다.

화주花酒 숙종 3년1103에 화주라는 이름이 나오는데 과실주의 일종인 듯하다.

마유주馬乳酒 고종 18년1231 몽고의 침입 당시 유입된 몽고인의 술이다.

포도주葡萄酒 충렬왕 12년1302 원나라 황제로부터 포도주가 우리나라에 보내졌다는 기록이 있다.

상존주上尊酒 충선왕1309 때 유입된 술로서 중국 황실의 주도가 높은 청주이다.

백주白酒 : 중국의 백주가 충렬왕 때 유입되었다는 기록이 있는데 이 백주는 증류주가 아니고 양조주로서 주로 높은 도수의 약양주인 듯하다.

중산주中山酒 고려 중엽에 유입된 술인데 중양법으로 빚어진 술로서 그 당시 중국의 대표적인 청주류의 하나이다.[35]

조선시대에 유입된 술[33] 조선시대 초기에는 중국의 청, 일본을 제외한 다른 국가 간에 교류는 없었고 민간 교역도 알 수가 없다. 다만 중국을 왕래한 사신이나 일본을 오고 간 통신사 사절단의 여행기 또는 견문록에 수록된 주품에 관한 정보와 마셔본 술에 관한 기록들에서 그 나라의 명품술을 알아 볼 수 있는데 실물이 국내로 유입되었는지는 명확하지 않다. 그 중 황주黃酒는 중국을 왕래했던 여러 사절의 여행기에 계속 등장하는데 실물이 국내에 들어왔는지는 알 수 없다. 그러나 중기 이후부터 외래주가 유입되어 있고 후기에 들면 일본을 위시하여 러시아, 독일 등 서구 여러 나라와 국교가 맺어지고 상인들의 진출로 외국의 술이 수입된다. 포도주, 앵주櫻酒, 브랜디, 위스키, 진, 리큐르, 맥주, 일본 청주 등 현재의 종류와 별로 차이가 없다.

1895년에는 우리나라에 일본, 중국, 독일, 미국, 영국, 프랑스 등의 외국상관外國商館이 설치되었다. 외국상관 총 252개소 중 일본이 210개소인천 26, 부산 132, 원산 52개소이고, 중국이 총 42개소인천 16, 부산 14. 원산 12개소이며, 독일과 미국이 인천에 각각 2개소, 영국과 프랑스가 인천에 각각 1개소를 설치했다.[33] 따라서 고종 13년 이래 우리나라는 일본산 맥주의 상륙을 계기로 서구 맥주문화와 간접적인 접촉이 시작되었다. 이후 고종 20년부터는 맥주문화의 발상권인 서구 지역의 정통 맥주문화와 직접적인 교섭이 시작되었다.

한국의 주류 과세제도

우리나라의 주세제도는 대한민국 정부가 수립되면서 1949년 10월 21일 법률 제60호로 주세법이 제정된 이래로 모든 주류를 대상으로 종량세로 과세했다.최종 개정된 현행주세법은 일부개정 2008년 2월 29일 법률 제8852호 그러나 1967년 11월 29일 법률 개정에 맞추어 주세의 과세체계를 완전히 새롭게 개편하여 종가세출고 가격에 세율을 곱하여 세액을 산출로 전환했다. 다만 탁주, 약주 및 주정의 경우는 1971년까지 종량제 체계를 유지하다가 1972년부터 주정을 제외하고 탁주 및 약주까지 종가세 체계로 전환했다.

2000년의 세계무역기구WTO의 경고를 이행하기 위하여 소주, 위스키, 브랜디, 일반 증류주, 리큐르 등 증류 주류의 세율을 일률적으로 72%로 단일화했다.

1949년 10월에 제정한 주세법, 즉 특정인이 주류제조 및 판매를 할 수 있도록 허가해주는 '면허제도'를 변함없이 현재까지 시행하고 있다가 1966년 3월 국세청이 발족되자 그 동안의 면허실태를 파악하여 재정비했다.

한편 주류에는 주세 이외에도 교육세 및 방위세가 부가 과세되었다.

현행제도에서 주세법상 과세 대상은 알코올 성분 1도 이상의 음료로 정의된 주류가 된다. 우리나라 현행 주세법에 주정에 대해서 종량제 체계로 운

현행 우리나라의 주세율 체계

주종		규격	현행세율
주정		95도 이상 (곡물 주정은 85~90도)	57,000원/KL(95도) (알콜분 95도 초과하는 매 1도마다 600원씩 가산)
발효주	탁주		5%
	약주		30%
	청주		30%
	맥주		72%
	과실주		30% (소규모 승인제조* 15%)
증류주	증류식 소주		72%
	희석식 소주		72%
	위스키		72%
	브랜디		72%
	일반 증류주		72%
	리큐르	불휘발분 2도 이상	72%
기타 주류	발효방법에 의한 재성주류로서 발효주가 아닌 것		72%
발효에 의하여 속성한 주류로서 탁주, 약주, 청주, 맥주, 과실주 이외의 것			30%

* 대통령이 정하는 소규모 농업인, 임업인 또는 생산자 단체가 제조하는 과실주 중 대통령

자료 : 조세개요, 재경부, 2006

영하고 있고, 나머지 주종에 대해서는 종가세 체계로 과세하고 있다.[46]

전통 술 시장의 미래

▌최근의 한국 주류시장 현황

최근의 주류시장 동향은 전통주의 소비가 다시금 증가하고 여성층의 음주가 늘어나는 추세이며, 알코올도수가 낮은 와인이나 소주, 맥주 등의 소비가 꾸준히 늘고 있다. 세계 각국은 나라마다 풍토에 따라 고유의 술, 즉 전통주가 전해내려 온다. 영국의 스카치위스키, 독일의 맥주, 프랑스의 와인과 브랜디, 러시아의 보드카, 중국의 마오타이주, 멕시코의 데킬라 등이다. 농업국가인 우리나라는 곡류를 원료로 한 전통주가 계승되어 애주가들의 호응을 받아왔다.

최근에는 전통주 시장이 커지고 있다. 부드럽고 도수가 낮은 술을 선호하는 건강 지향 음주 패턴이 증가했고 이러한 변화와 함께 과거에는 중, 장년층을 주 소비층으로 하던 전통주 시장이 맛과 향을 선호하는 젊은 층 취향에 맞추면서 다양한 소비층을 겨냥하는 데 성공하고 있다.

전통주의 시장규모

음식점을 찾은 손님이 매취순, 백세주 등을 선호하면서 음식점이 하나의 주류시장으로 성공적으로 안착하였고, 명절 선물용에 지나지 않았던 전통주의 판매가 급증했다. 남북정상회담 과정에서 문배주, 제주 허벅주 등 전통주가 화제로 떠오르고, 아시아-유럽정상회의ASEM 당시 공식 만찬 건배주로 고창 선운산 복분자주와 금산 인삼주가 사용되어 전통주 시장이 더욱 활기를 띄고 있다. 전통주를 복원하고 전통주의 전승과 발전을 위하여 수십 년 심혈을 기울여 연구한 '국순당'이 이제 바야흐로 전통주 대중화에 성공하고 신뢰성 있는 전통주 업체로 확립되었다. 알코올 도수 13도인 백세주로 전통 약주시장을 휩쓴 기업체이다. '국순당' 제조 술은 알코올 도수가 낮고 약재를 첨가하여 건강에 좋은 고급화한 술이라는 이미지가 소비자에게 강하게 받아들여졌기 때문이다.

그리고 최근에 두산이 '군주'를, 진로가 '천국'을 출시해 3파전 양상을 보이고 있다. 또한 매실주 판매 경쟁에서 보해의 '매취순'과 두산의 '설중매'가 치열한 판촉전을 펴고 있다. '매취순'은 2001년 한국능률협회 컨설팅에 의해 매실주 브랜드파워 1위로 선정되고 '설중매'는 금가루를 넣은 '설중매 골드'를 출시하여 매실주 시장도 불붙고 있다. 따라서 5조 원의 주류시장 속에서 민속주, 약주 등 전통주 시장 규모는 비록 3000억 원 정도에 머물고 있지만 최근 지속되고 있는 낮은 주도 열풍 속에서 약재를 첨가하여 건강을 함께 고려한 전통주 시장은 계속적으로 약진할 것으로 전망된다.[47] 경주법주에서도 초특산 '순미주'純米酒로 2011~2012년 몽드 셀렉션 2년 연속 금상 수상으로 경쟁을 벌이고 있다.

우리나라가 11년째 17년산 이상 고급 위스키슈퍼 프리미엄급를 전 세계에서 가장 많이 마신 것으로 고급 위스키 판매국제주류시장연구소에서 조사되었다.

여러 사람이 '폭탄주'를 만들어 한 번에 마시는 '원샷' 문화가 만연하다 보니 고급 위스키가 대량으로 소비되고 있다. 최고급 위스키 세계 최대 소비국은 불길한 전조로 보인다.조선일보, 1912.11.14.

전통민속주의 관리 현황

명품은 그 물건의 우월성과 희귀성에 있다 한다. 보석처럼 반영구적인 물건은 물건 그 자체가 명품이고, 음식이나 무용과 같이 곧 소멸되어 버리는 것은 그 만드는 과정이나 춤추는 사람 자체가 명품의 가치를 지녔다고 볼 수 있다.

한국 고유의 전통 민속주는 일제강점기와 6·25전쟁을 거치는 동안 식량 부족에서 오는 양곡정책으로 쌀을 원료로 하는 술 제조가 억제되던 시기가 있었으나 1988년의 서울 올림픽 행사를 계기로 잊혔던 전통 민속주의 제조가 일부 해제되었으며, 1995년부터는 개인의 자가용 술 제조가 허용되고 술 제조에 관한 양곡 사용이 전면 해제되었다. 2007년에는 전통술산업 육성 지원센터가 설립되어 전통 민속주의 계승 발전을 뒷받침하게 되었다. 이 센터에서 전통술의 세제 지원과 품평회 같은 전략적 지원, 품질인증 도입, 전통술 제조기술의 개발 및 연구지원 등을 담당했다.

한편 2008년 농산물 가공 산업 육성법 6조에 의거 농림수산식품부장관은 국산농산물을 주원료로 하여 제조 가공되고 예로부터 전승되어 오는 우리 고유의 맛과 향, 색깔을 내는 식품이하 전통식품이라 함의 개발과 전승 발전을 위하여 필요하다고 인정할 경우에는 품목을 지정하여 이를 지원 육성한다고 했다. 전통식품의 계승 발전과 가공기능인의 명예를 위하여 1994년부터 '전통식품 명인'을 지정하고 보호 육성한다는 뜻에 따라 전통 주류 기능자 중에서 농림수산식품부장관이 선별하여 전통식품 명인을 지정하였는데, 2013년 현재 술 명인 19명이 활동 중이다. 이 중 명인이 제조한 주류로 금산 인삼주, 전주 이강주, 옥로주, 구기자주, 계명주, 김천 과하주, 한산 소곡주, 안동 소주 등 19종이 지방문형문화재로 지정되어 있다.

중국에서는 구이저우성貴州省의 마오타이주茅台酒가 중국을 대표할 만한 술이다. 2006년에 마오타이주는 국가문화유산으로 지정되었고 제조방법은 세계문화유산으로 등재할 준비를 하고 있다. 마오타이주는 1915년 파나마 세계만국박람회에서 세계적인 명주로 인정된 중국의 국주國酒이며 바이주白酒의 한 종류이다. 숙성 저장은 옹기그릇에 담아서 하며 제품이 나올 때까지 5년이 소요된다고 한다. 쓰촨성四川省의 우량예五糧液도 중국 명주의 하나다. 당唐나라의 종비주重碧酒에서 연원을 찾는 바이주白酒의 한 종류이며 명明나라 때의 술 저장고와 제조기술은 세계문화유산으로 신청 중이다.

프랑스에서는 프랑스 와인산업 국립원산지호칭연구소INAO; Institut National des Appellation d'origine Controlee에서 포도주의 원산지 호칭제도AOC ; Appellation d'Origine Contro'lee를 관장하고 있으며, 이 제도는 1935년에 공포되어 차별화하고 있다.

일본의 국주國酒이며 순쌀 술인 일본주日本酒는 프랑스의 AOC와 유사한 SOCSake Origin Control에 의해서 규정을 충족할 경우 인정증認定證을 술병에 부착시켜 차별화함으로써 소비자에게 품질을 보장하고 있다.[25-2]

한국 민속주의 활성화

나라마다 술의 명주화를 위하여 끊임없이 연구, 개발하고 있으며 AOC와 같은 제도에 의해 국가기관에서 차별화함으로써 소비자의 신뢰를 얻고 있다.

우리나라의 전통민속주는 생산 출고량이 주류 총생산량의 0.32%2005년도에 지나지 않으며 생산 규모도 영세하다. 우리나라에도 프랑스의 국립원산지호칭연구소와 같은 전통술 산업지원센터가 있으니 이를 적극 운영하여 술의 차별화에 의한 소비자의 신뢰 구축을 위하여 끊임없는 연구개발과 정책지원 경영에의 조언과 홍보의 활성화로 매출을 증대시켜야 한다고 지적하고 있다. 이동필[25-3]은 한국의 술 연구기관과 교육기관, 그리고 양조학회가 9곳 정도가 있고 전통주 교육기관으로 막걸리학교허시명의 전통막걸리 복분자 막걸리, 배상면 주류연구소, 박녹담 사단법인 한국전통주연구소 등 여러 곳에서 주질을 높이려고 주력하고 있다고 했다.[49] 가격이 높고 주질이 낮다 함은 장기간의 숙성 등 주질의 연구개발로 극복될 수 있는 문제이며, 포장은 보존용保存用과 상용常用으로 구분하여 상용은 각종 주류를 규격을 단일화하고 통일시켜 원가를 절감시키고 농협 같은 전국적인 조직을 이용한 판매망을 구축하여 언제 어디서나 구매할 수 있게 하면 편리할 것이다.

참고문헌

1 小泉武夫; 酒 の 話, 講談社, 1983
2 劉太鍾 ; 韓國의 銘酒, 中央新書, 1979
3 吉田集而; 東方 アジアの 酒 の 起源, ドメス, 1993
4 中文大辭典(=), 中華學術院印行, 1985
5 국조오례의(國朝五禮儀), 민창문화사, 1994
6 동아세계대백과, 동아출판사, 1983
7 이석호 역, 동국세시기(외), 을유문화사, 1977
8 윤숙경, 경상도의 식생활문화, 신광출판사, 1999
9 작자 미상, 온주법(1970년대 후반), 안동시 김시우 소장, 안동시, 2012
10 윤서석, 한국의 풍속, 잔치, 이화여자대학교 출판부, 2008
11 당시선(唐詩選), 을유문화사, 1974
12 이외수 외, 에세이 술, 보성출판사, 1989
13 한국문예사전, 이문당, 1991
14 이효지, 한국의 전통민속주, 한양대학교 출판원, 1996
15 최남선, 朝鮮常識 풍속편 p.146, 동명사, 1948
16 徐兢, 高麗圖經, 아세아문화사, 1123
17 윤서석, 식생활문화의 역사, 신광출판사, 1999
18 전순의, 산가요록, 농촌진흥청 역, 2004
19 산림경제, 사시찬요초, 이성우, 한국고식문헌집성 고조리서(1), 수학사, 1992
20 김유 저, 윤숙경 역, 수운잡방(1540년경), 주찬(1800년 초경), 신광출판사, 1998
21 장계향, 한복려 외 역, 음식디미방(1670년경), 궁중음식연구원, 1999
22 빙허각 이씨 원저, 정양완 역, 규합총서 보진재, 1975
23 유중림 저, 이성우 역, 증보산림경제, 攷事新書, 한국식문헌집성 고조리서(2) 수학사, 1992
24 서유구 저, 이성우 역, 임원십육지, 한국식문헌집성 고조리서(2) 수학사, 1992
25 우리의 술, 과거, 현재, 미래, 춘계연합학술대회, 한국식품조리과학회, 한국식생활문화학회, 2008
25-1 이유선 외 2인, 한국 전통식품에 대한 통계분석 연구-전통주를 중심으로, 한국과학기술정보연구원, 한국식품연구원
25-2 고경희, 한국 술의 飮食文化
25-3 이동필, 우리 술의 문화상품화 전략, 농촌경제연구원
26 佐田吉衛, 造酒讀本 朝鮮造酒協會, 1938
27 林秉鍾, 새로운 造酒技術, 고시원, 1971
28 度支部司稅局 朝鮮酒製造法, 1930
29 田中靜一, 中國食物事典 柒田書店, 1991

30 윤서석, 한국식품사연구, 신광출판사, 1993
31 이성우, 고려 이전의 한국식생활연구, 향문사, 1978
32 田中外 編譯; 가사협 齊民要術 ; 雄人閣, 平成9年
33 장지현, 한국외래주유입사연구, 수학사, 1987
34 이규경, 이성우 역, 오주연문장전산고, 고한국식문헌집성 고조리서(3), 1992
35 배경화, 안동소주의 전래과정에 관한 문헌적 고찰, 안동대학교 석사학위논문, 1999
36 가사협, 윤서석 외 옮김, 제민요술, 식품조리가공편연구, 민음사, 1993
37 이성우, 한국고문헌 속의 주류 색인, 한국식문화학회지 1-1, 1986
38 박린영, 정통주 복원의 사회문화적 의미, 전북대 석사논문, 2008
39 중요무형문화재, 제86-다호 경주교동법주 국립문화재연구, 1998
40 무형문화재지정조사보고서 제163호 傳統民俗酒, 1985. 5
41 重要無形文化財解說 (舞踊, 武藝, 飮食篇) 文化部 文化財管理局, 1990
42 국립문화재연구소, 문배주(중요무형문화재 제86-가호), 2004
43 국립문화재연구소, 면천두견주(중요무형문화재86-나호), 민속원, 2009
44 중요무형문화재, 경주교동법주(제86-다호), 국립문화재연구, 1998
45 이성우, 산림경제촬요, 한국고식문헌집성 고조리서(4), 1992
46 최봉우, 주류시장의 변화에 따른 주류규제법규의 개선방안, 청주대석사학위논문, 2009
47 서영희, 전통주에 대한 특허동향, 조사분석 2팀, 2011
48 김민옥, 2010년 국내주류시장 동향, 주류산업, 2011년 신년호
49 정동효, "식품산업 발전사", 제23차–우리나라 傳統酒와 酒類産業의 發展史 한국식생활문화학회 농심도연관, 2014
50 이원섭, 당시, 현암신서, 현암사, 1983

매끼 만나는 밥

| 안명수 |

밥심으로 살아온 우리

우리 삶의 원동력은 밥심에 있다고 할 만큼 밥은 우리네 생활에서 생존을 뜻하는 주식 이상의 의미를 갖는다. 그런데 근일에는 밥의 의미를 소홀히 하고 밥을 적게 먹어야 좋다는 생각을 하는 사람이 많아지는 것 같아 안타깝다. 밥은 유구한 세월 동안 1위를 차지하는 우리의 주식이었고 다음이 국수이다. 우리는 전통적으로 하루 세끼, 적어도 아침, 저녁 두 끼는 밥을 먹었는데 최근에는 빵이나 떡, 고구마 등으로 밥을 대신하기도 한다. 일반적으로 밥이라 하면 쌀로 지은 밥만을 지칭하지 않고 넓은 의미의 주식을 가리키면서 여러 의미를 내포하고 있다.

겉으로는 옷을 잘 입고 멋있어 보이는 사람이 예의 없이 야박한 행동을 하는 것을 보면 흔히들 "밥술깨나 먹으면서 그렇게밖에 행동하지 못 하나?"라고 핀잔을 하는데, 이때 밥은 바로 그 사람의 사는 형편을 나타내는 것이다. 또 길에서 동네 어른을 만나면 "진지 드셨습니까?"라는 말로 인사를 하거나 아랫사람에게 "밥 먹었니?", "저녁은?" 하는 식으로 밥 먹은 것을 체크하면서 그 사람이 편안한지를 알아보기도 한다.

빙허각 이씨가 쓴 《규합총서》에 보면 "설부設郛에 이르기를 위관의 집에서 늘 밥을 땅에 버려 그것이 다 변하여 소라가 되더니 한 해가 못 가서 화를 만나고, 석승의 집에서 밥을 버려 하룻밤 사이에 소라 되더니 멸족할 조짐이 되었다." 한다. 이 내용은 바로 밥의 소중함을 일깨우고, 물건을 아껴쓰고 그 값어치를 알아야 한다는 훈계인데, 이러한 때에도 밥으로 예시하고 있다.

또한 아픈 사람이 '죽 먹다 밥을 먹게 되었다.'고 하면 건강이 호전되고 있음을 나타내며, '오늘은 제대로 밥값을 했다.'라고 하면 자기의 할 일을 충분히 했다고 하는 표현이며, '저 사람은 어려운 일도 밥 먹듯 잘 한다.'라고 하면 남이 하기 어려운 일을 쉽게 해내는 능력이 있음을 의미하기도 한다.

현진건의 《빈처》[2]에 밥에 관련된 내용이 있어 소개한다. '아내는 나의 잠깬 것을 보더니, "인제 그만 일어나 진지를 잡수세요." 하고 부리나케 일어나 아랫목에 파묻어 둔 밥그릇을 꺼내어 미리 차려둔 상에 앉아서'라고 하는 글이 있다. 아내가 남편을 위하는 무한한 사랑을 밥을 통해 하고 있는 것이다. 이처럼 일상생활에서 밥에 담겨지는 표현들은 단순하게 주식으로서 의미뿐만 아니라 사회적 지위, 경제적 상황, 능력, 건강상태를 지나 사랑에 이르기까지 다양한 모습을 나타내는 의미를 함축하고 있는 것이다.

100년 동안 밥의 변화

100년 전부터 밥을 중심으로 한 우리 주식의 지나온 경로를 되돌아보려 한다. 100년 전이라고 하면 1910년대, 그때는 구한말로 1907년 일본에 의해 고종 황제는 강제 퇴위 당하고 순종이 등극하게 된 후이다. 순종은 만 3년간 재위했으나 폐위되고 그 후 16년 동안 창덕궁에서 머물다가 53세에 생애를 마감하게 된다. 1910년 일본의 강압으로 한일합방 조약이 체결되면서 농권, 상권, 어획권이 일본인에게 독점당하여 우리나라의 정치, 경제 사정은 최악의 상태이었으며 국민생활은 도탄에 빠져들고 국민의 주식인 밥을 지을 미곡은 일본에 수탈되어 한국인의 생활은 궁핍할 수밖에 없었으나 밥을 주식으로 하는 식생활 관행 그 본체는 변경되는 일이 없었다. 다만 쌀이 부족하여 흔히 잡곡밥을 짓고 혹은 나물밥을 지으면서도 우리는 밥에 반찬을 차린 밥상을 우리의 변함없는 일상식으로 했으며 이러한 양식이 2000년 가까운 역사를 지녀오고 있다. 그러나 이 양식의 차림새에 대한 구체적인 규범을 문헌에서 확인할 수 있는 것은 저술 년대를 1800년 말경으로 추정하는 《시의전서》[3]가 처음이다. 이에 의하면 한국인의 일상양식은 전래 관행대로 밥과 죽을 주식으로 하는 3, 5, 7첩 반상이 기본이었음이 확실하다.

1922년에 발간된 조선식료품 공업발달지[4]에 의하면 일본인들이 경영하는 도정업, 제분업, 과자제조업, 제면업 등이 시작되었으나 그것은 대부분 한국에 주둔하는 일본인을 위한 것이었다. 다만 그들의 제면업 시작이 동기가 되어 우리나라에서 말린 밀국수를 만들어 판매하게 되었다. 그 이전에는 밀국수는 대부분 가정에서 칼국수로 만든 것이었고 메밀국수는 전문 국수집에 주문하는 일이 많았다. 1939년 독일에 의해 발발된 제2차 세계대전 중 1941년 일본은 미국 하와이 진주만을 습격하면서 군수물자 공급과 식량공급을 위하여 우리의 양곡을 더욱 심하게 수탈하여 우리의 식생활은 극도로 궁핍하게 되어, 하루에 필요한 최소량의 열량을 탄수화물에 겨우 공급받는 실정이었다. 1946년 광복 후부터 1960년대까지는 국력의 초기 성장기로 일컬어진다. 이때는 극도로 악화된 식량난 환경에서 해방을 맞이했으니 기쁨은 잠깐이었고, 곧이은 6·25전쟁으로 양곡을 비롯한 생활물자는 여전히 궁핍하였다. 이 시대의 주식 재료는 쌀, 보리, 조, 밀, 귀리, 기장, 수수, 옥수수, 메밀, 녹두, 팥, 콩, 완두, 동부 등으로 오늘날에 이용되는 것과 거의 같으나, 쌀은 주식으로 할 만큼 충분한 양이 생산되지 않았으므로, 대부분은 보리, 조 등의 잡곡밥에 의존했다. 또한 죽도 많이 이용되었는데, 조와 보리, 그리고 쌀가루 약간을 넣고 끓인 잡탕죽, 보릿가루에 각종 나물을 섞어 끓인 보리죽, 콩죽 등이 있었고, 그 외에 녹두죽, 팥죽으로 끼니를 때웠다.[5] 겨울 동안에는 그해에 생산된 쌀과 기타 잡곡이 바닥나 그 이듬해 보리가 수확될 때까지 식량난은 극심했으며 그때를 '보릿고개'라고 했다. 따라서 현명한 조상들은 나물에 콩가루를 묻혀 찌거나 죽처럼 국을 끓여 먹으면서 영양을 보충했다.

그러나 1960년대 5·16군사정변 이후 경제가 다소 성장하면서 식생활도 약간의 활기를 찾게 된다. 그러나 쌀의 자급률이 워낙 부족한 상태이므로 정부에서는 동남아 쌀을 수입해서 먹도록 하거나 밀가루 분식을 장려했다. 1962년 6월에 저자의 대학재학 시절 쌀이 부족하여 여름방학을 한 달 앞당기게 된 때가 있었다. 저자가 강의할 때 학생들에게 이러한 내용을 말하니까 학생들이 "그러면 라면을 먹으면 되지 않아요?"라고 반문했다. 그러나 라면은 70년대 초에 와서 만들어지기 시작한 것이다. 또 하나 기억나는 것은 그 당시 수입된 동남아 쌀인 인디카형의 안남미는 우리의 입맛에 맞지 않는데다가 도정이 덜된 칠분도미여서 사람들은 정미소에 가서 대껴서 백미로 만들어 먹곤 했다. 그런데 오늘날은 어떤가? 전혀 도정하지 않은 현미를 웰빙 식품이라고 하여 백미보다 더 비싼 값을 치르고 먹고 있는 실정이어서 격세지감을 느끼게 한다.

1960년대 후반부터 1970년 후반까지를 중기 성장기로 보는데 이때에는 GNP가 약 800달러로 1960년대의 100달러이던 것의 8배 가량 늘면서 식품 소비량도 증가되어 60년대의 궁핍했던 식생활에서 완전 탈피하는 국면을 맞이하게 되어 보릿고개라는 단어가 사라지게 된다. 이 시대에는 정부가 밀가루 음식을 적극 권장했다. 엄연하게 밀 또는 밀가루 단백질에 함유된 필수 아미노산의 함량이 쌀에 비해 훨씬 낮음에도 불구하고 밀가루가 쌀보다 영양가가 더 높다고 억지로 강조하기도 했다. 이러한 역설은 밀가루로 빵을 만들 때에 달걀, 우유, 버터, 설탕 등의 부재료가 들어가고 국수나 수제비도 다른 재료와 함께 조리하므로 밀가루의 부족한 점이 보충된다는 것이었다.

2015년 벽두에는 1980년대 이후 급진적인 산업화로 국민소득이 2만 달러를 넘어 4만 달러가 되는 시대를 열 것이라는 대통령의 담화가 있었다. 식생활의 경향은 두류, 육류, 난류, 유즙류, 어패류 등의 섭취가 크게 증가한데 비하여 곡류 섭취량은 두드러지게 감소하는 현상을 보이고 있다. 1992년에 저자가 주식의 종류별 섭취비율을 조사한 결과 아침과 저녁에는 밥류75

~80%를 가장 많이 먹고 있으나, 점심에는 58% 정도에 불과하고 국수류나 빵 등약 30%을 주식으로 먹는 것으로 조사되었다.[6] 해방 당시1946~1948 1인당 1일 곡물 공급량은 335g이었는데 그중 쌀이 248g으로 74%를 차지했다. 그러던 것이 1962년에 69%, 1974년에 65%, 1995년에 66%, 2003년에 60%, 2010년에 59%로 감소하지만 쌀이 엄연히 주식인 것은 변함이 없다.[7] 그러나 상당수의 젊은 세대, 맞벌이 가정, 그리고 독신자들이 집에서 밥을 하지 않고 백화점이나 대형 슈퍼마켓 등에서 사서 먹는 경우도 많아지고 있다.

국수는 또 하나의 주식의 자리를 차지하고 있는 것으로 우리나라에서는 밀국수와 메밀국수로 대별된다. 우리나라에서 밀 재배는 삼국이 정립되는 초기 경부터 이루어졌던 것으로 보고 있으며, 삼국시대 백제 군창지에서 밀이 출토되고 있어 국수 모양의 음식이 고려시대 이전부터 있었던 것으로 추측되나 확언하기는 어렵다.[6]

《고려도경》 제22권 잡속 '향음鄕飮'에 "고려에서는 밀이 부족하여 중국에서 사들여 오므로 면의 값이 매우 비싸다. 그러므로 성찬이 아니면 쓰지 않는다."라고 되어 있는데, 이 중에 면은 밀가루로 만든 것으로 해석되며[8] 그때에 밀을 중국에서 수입했던 것임을 알 수 있게 하는 것이다.[5] 따라서 밀가루가 귀하므로 국수와 유밀과 등은 생일이나 혼례 등의 큰 잔치에만 쓰였으며, 조선시대에도 국수는 잔치에서나 여름철의 별미 음식, 그리고 제사상에 올리는 음식이었다. 이같이 우리나라 국수음식은 혼례식의 잔치에 쓰이는 별미음식이었으므로 "너 언제 결혼하니?"라는 말 대신 "너 언제 국수 먹여 줄래?"라고 하는 표현이 생긴 것이 아닌가 생각한다. 또한 국수가 수명을 국수발처럼 길게 해준다고 생각하여 생일날에 먹었으며, 아기의 첫 돌상에도 올려준다. 밀국수가 일반 대중화된 것은 1950년대 이후에 미국으로부터 구호식품의 형태로 밀가루와 밀이 다량 수입되면서부터라고 보고 있다.

한편 메밀국수는 고래로 우리의 국수로서 밀국수보다 먼저 만들어져 더 많이 이용되고 있었으며, 그 외에도 봄철의 시절음식으로 녹두 전분에 진달래를 섞어 만드는 책면과 같은 별미 국수도 있었고, 메밀국수 냉면은 모두가 즐기는 한국의 명물 국수요리다.

오늘날에는 국수류가 점심에 20.3%, 저녁에 7.3%로 밥 다음의 주식으로 높은 비율로 사용되고 있으며[6], 최근에는 베트남 쌀국수를 즐겨 먹는 사람, 특히 젊은 층이 늘고 있다. 또한 빵류도 아침에 7%, 점심에 9.6%나 주식으로 사용되고 있어[6] 수입에 의존하고 있는 밀 소비량이 계속 증가하고 있다.

주식 곡류의 실제 모습

《동의보감》[9] 탕액편의 '약의 세계'에 이르기를 하늘과 땅 사이에서 사람의 생명을 유지하게 하는 것은 곡식이라고 했다. 그에 의하면 곡식은 흙의 덕을 받았기 때문에 치우치는 성질이 없이 고르므로 맛이 심심하면서 달다. 또한 성질이 평하고 고르면서 보하는 것이 세고 배설이 잘되므로 사람에게 대단히 좋다고 한다.

곡류는 동서양을 막론하고 인류에게 중요한 식량자원일 뿐 아니라 가축의 사료로도 매우 중요한 에너지 공급식품이다. 곡류에는 고량미, 귀리, 기장, 메밀, 보리, 수수, 쌀, 찹쌀, 흑미, 옥수수, 율무, 조, 차수수, 차조, 찰옥수수, 호밀 등이 있다.

우리나라에서는 예로부터 쌀, 기장, 피, 보리, 콩을 오곡으로 지칭하여 왔다. 그중에서 피는 곡류로 거의 사용되지 않으며 기장은 귀하여 특별식 또는 건강식품으로 이용되었다. 한편, 밀은 쌀 다음으로 많이 이용되나 우리

우리나라 쌀, 보리, 밀의 연도별 생산량[10, 11]

(단위 : 톤)

	논벼	밭벼	겉보리	쌀보리	맥주보리	밀
1992	5,328,242	2,584	57,000	132,000	125,000	164
1994	5,058,042	1,722	35,000	75,000	122,000	582
1995	4,693,939	1,017	43,000	99,000	140,000	2,312
1997	5,447,550	2,011	24,000	70,000	91,000	1,838
2005	4,735,162	33,206	26,319	95,994	74,494	7,678
2008	4,825,028	18,400	22,142	82,013	65,898	10,359
2010	4,281,729	13,684	12,444	42,584	26,188	39,116

자료 : 1992~1997 겉보리, 쌀보리, 맥주보리 : 농림부 농림업 주요 통계, 2006
1992~1997 농림부 농림통계연보, 농림수산식품통계연보, 2011

나라에서는 산출량이 수요량을 충족시키지 못하여 전적으로 외국에서 수입하고 있는 실정이어서, 생산지의 조건과 관세에 따라 가격 변동이 심하며 이에 따라 우리의 기본 생활비 물가가 많은 영향을 받는다.

우리나라의 쌀, 보리, 밀의 연도별 생산량의 추이는 표[10]에서 보는 것과 같다. 쌀은 논벼가 주를 이루며, 2008년과 2009년에 생산량이 약간 증가하나 2010년에는 급감하여 2005년에 비해 크게 저하되었으며, 보리의 생산량도 쌀과 유사하게 2010년도에 급감하는 것을 볼 수 있다. 그러나 밀은 쌀에 비하여 생산량은 낮은 편이긴 하지만 계속 증가하는 추세이며 2010년에는 가장 많은 생산량을 보이는 것이 눈에 띈다. 이와 같은 밀의 생산량의 증가 현상은 소규모이긴 하지만 '우리 밀'이라는 상품명이 붙은 빵과 밀가루가 늘고 있는 것에서 볼 수 있다.

쌀

쌀은 밀, 옥수수와 더불어 세계 3대 곡물로, 아시아 이외에 아프리카의 마다카스카르, 기니아, 시에라레온, 중남미의 파나마, 가이아나, 수리남 등지에서 재배되어 식용되고 있다. 인류가 농업을 시작한 것은 빠르게는 약 1만 년 전이라는 설이 있는데, 사실 몇 년 전 미얀마에서 1만여 년 전에 쌀을 재배한 흔적을 발견했다고 하니 인류가 농업을 시작한 것은 벼농사로부터 비롯되었다고 해도 되지 않을까 생각한다. 《역사와 함께 한 한국식생활문화》[8]를 바탕으로 벼 재배 기원의 역사를 정리해 본다.

우리나라에서 벼는 야생종이 발견되지 않아 외부, 특히 중국에서 도입된 것으로 보고 있다. 중국에서 한반도로 벼가 전입된 경로는 두 가지로 설명되고 있다. 하나는 중국 화북지방의 벼농사가 요동반도를 거쳐 전입되었다는 북로경로설이고, 또 하나는 양자강 유역 이남을 중심으로 재배되고 있던 벼가 황해를 건너 한반도로 유입되었다고 하는 학설인데, 지금으로서는 북로경로설이 더 유력하다. 중국 남부를 중심으로 출토된 벼 껍질 자국은 인디카형으로 밝혀진 데 비하여 북부 앙소 유적에서 발견된 것은 자포니카형으로 판명되어 우리나라 벼농사와 관계가 있는 중요한 근거로 고찰되고 있기 때문이다.

우리나라 벼농사의 역사는 여러 곳에서 발굴되고 있는 탄화미에 의해 밝혀지고 있다. 평양시 삼성구역 남경유적 36호 주거지BC 999, 11호 주거지BC 1000년 초, 경기도 여주군 흔암리 12호 주거지에서는 BC 1260, 1030, 970, 670년 등 여러 층에서 탄화미가 출토되고 있어 평양 근교와 경기도에서 BC 10세기를 전후하여 벼농사가 활발하게 이루어졌음을 추정할 수 있다. 한편 1992년 일산 지역 토탄층 1지역에서 출토된 볍씨에 대하여 방사성 동위원소로 탄소연대를 측정한 결과 BC 4330~2770년으로 나타나 이것이 확인된다면 우리나라의 벼농사 재배 기원 연대는 4000년 전으로 거슬러 올라가게 된다.

출토된 벼들은 자포니카형이었으며, 우리나라에서 벼농사는 기원전 2000

년경 북쪽에서는 평양 근교에서, 중부에서는 경기도 근교에서 거의 비슷한 시기에 전파되어 서, 남해안을 거쳐 내륙지역까지 성행하게 되었을 것이다. 한편, 최근에 발견된 경기도 강화군 우도와 경기도 광주군 궁 뜰에서 발견된 신석기 시대 후기의 민무늬토기에 박힌 벼의 흔적은 인디카형인 것으로 밝혀져 계속적인 연구와 논의가 필요하다.

벼는 열대에서부터 온대, 특히 몬순지대의 기후에 적합한 농작물이다. 몬순기후의 특성을 갖추고 있는 북위 50도까지의 아시아 지역에서 벼 재배가 가능하며 우리나라도 이상과 같은 위도상에 놓여 있으므로 전역에 걸쳐 벼 재배가 이루어진다. 남북의 심한 기후 차이와 환경에 의해 재배지역에 따라서 벼의 품종이 다양하다.

우리나라 벼의 품종은 생육 최저 온도가 10~13℃이고, 최적 온도는 30~32℃이며 무상기일無霜期日이 약 120~160일로 짧은 극조생종極早生種은 함경도에서, 약 155~175일인 조생종은 함남북, 평남북 및 황해도 서부에서, 약 175~190일인 중생종은 황해도 남부, 경기, 강원, 충북, 충남의 중북부에서, 180~200일 가량인 만생종晩生種은 충남의 남부, 전북 남부를 제외한 전남 일대, 경북의 중남부, 남부를 제외한 경남 일대에서, 200~250일 가량인 극만생종은 가장 남쪽의 남해안과 제주도에서 재배된다.[12] 최근 발표[13]에 의하면 지구의 기후 변화로 우리나라도 평균기온이 5.3℃가 상승하게 되어 농산물 생산에 많은 변화가 있을 것으로 예측된다. 이에 따라 일부 농업 전문가들은 쌀도 자포니카형만을 재배할 수가 없어 이미 인디카종과 교배잡종으로 생산되고 있는 통일벼보다 더욱 적극적으로 인디카종과의 교배잡종을 생산해야 할 것으로 전망하고 있다.

벼는 논에서 재배되는 논벼水稻와 밭에서 재배되는 밭벼陸稻가 있으며, 밭벼는 논벼에 비하여 끈기가 적다. 우리나라에서 재배되는 우량 논벼의 품종으로는 농백, 진홍, 통일, 아끼바레, 유신, 수원 251호, 밀양 21호 등이 있고, 밭벼로는 농림수 1호가 있다. 쌀의 생산지에서는 여러 가지 브랜드명을 붙이고 있으며 매년 농수산부에서는 품질 콘테스트를 열어 우수한 품질의 브랜드를 밝혀 이들 브랜드의 부가가치를 높여주고 있으며 소비자들은 시중에서 브랜드명을 보고 선택하여 사고 있다.

전 세계에 재배되고 있는 벼의 품종은 아프리카 일부에서 생산되는 Oryzae glaberrima Steud와 아시아권의 Oryzae sativa L.로 대별된다. Oryzae sativa L.은 다시 둥근형의 단립종인 자포니카형Japonica type, 긴 타원형인 인디카형India type, 중간형인 자바니카형Javanica type으로 나뉜다. 자포니카형일본형은 일본과 우리나라에서 주로 먹고 있는 데 비하여, 인디카형인도형은 남방계열에서 주로 먹고 있으며, 자바니카형자바형은 인도네시아에서 상용하고 있는 쌀이다. 일반적으로 자바니카형은 인도형과 유사하므로 쌀의 품종을 일본형과 인도형의 두 가지로 대별하는 경우가 많다.

자포니카형은 원형으로 길이가 짧고 단단하여 분쇄되기 어려우며, 이 쌀로 지은 밥은 점성이 높고 우리나라, 일본, 중국 양자강 하류 유역과 대만,

쌀의 품종별 외형의 차이[14]

자포니카형

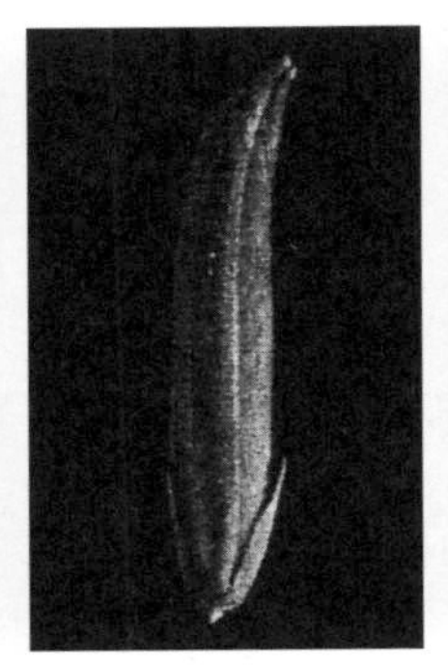
인디카형

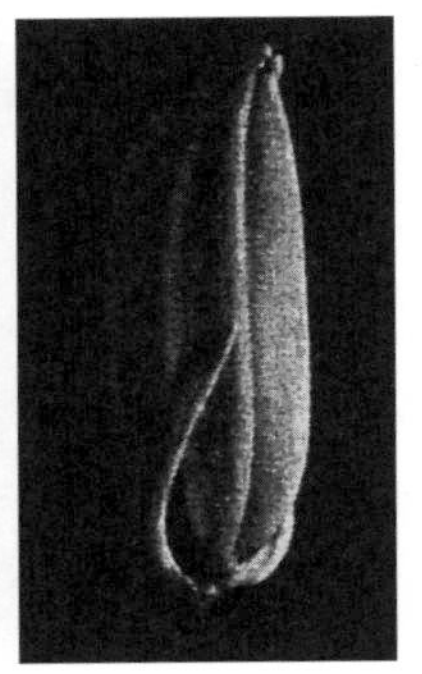
자바니카형

연도별 쌀의 자급률과 소비량[15]

연도	1990	1995	1998	2000	2002	2005	2010	2013
자급률(%)	108.3	91.4	104.5	102.9	107.0	101.7	104.6	89.1
소비량(kg)*	119.6	106.5	99.2	96.9	93.6	80.3	72.8	67.2

* 1인 연간 소비량
자료 : 농림축산식품주요통계, 농림축산식품부(2014)

그리고 미국의 일부 지역에서 재배되고 있다. 인디카형은 쌀알이 가늘고 길며 분쇄가 용이하고 밥은 점성이 거의 없는 특징이 있으며 인도, 미얀마, 캄보디아, 베트남, 타이, 필리핀, 중국 남부에서 재배되고 있다. 근래 식량자급책의 일환으로 육종 개량을 거듭하여 인도형과 일본형의 교배종인 유신, 밀양 등의 품종을 개발하여 생산하고 있으나 자포니카와 거의 유사한 품질이어서 잡종인 것을 인식하지 못하고 있다.

백미는 현미의 과피와 종피 8~9%를 완전히 도정하여 제거하고 91~92% 배유만 남긴 것을 말하며, 이때 과피와 종피의 70%를 도정하여 제거한 것이 칠분도미다.

우리나라의 연간 쌀 소비량은 1996년까지는 1인당 105kg 정도이나 그 후 점차 감소되어 2005년에는 80kg, 2012년에는 69.8kg[15]이 되는 추이를 보인다. 이러한 현상은 국민들의 주식 소비 형태에 많은 변화를 보여줌과 동시에 식생활 전반에 걸쳐 크게 변화가 일어나고 있음을 보여주는 것이다. 또한 우루과이 라운드의 타결로 외국 농산물이 자유롭게 수입되어 국내산 쌀보다 월등히 싼값이 쌀 가공식품 라인에 다량 적용되어 우리 농민들의 고충이 큰 실정이다. 꾸준한 연구와 노력으로 수입쌀보다 품질이 우수하고 맛있으며 위생적인 고부가의 쌀을 생산하고 있으므로 국민들의 각별한 관심과 이용으로 농민들의 사기를 북돋아 주는 것이 필요하다. 그러나 고품질

하루에 쌀을 먹는 횟수[16]

(단위 : %)

횟수	전체	성별		지역별			연령별		
		남	여	대도시	중소도시	읍면지역	20~29	30~39	50~64
3회	72.79	77.36	68.98	64.16	74.99	86.69	40.03	67.05	85.52
2회	25.34	21.59	29.45	33.08	23.75	9.64	51.52	31.74	15.31
1회	1.78	0.99	2.43	2.61	1.17	0.68	8.15	1.21	0.98

자료 : 2005년 계절별 영양조사 1, 보건복지부(2006)

쌀을 생산하는 데 드는 비용이 만만치 않아 가격대가 높아져 실제로 사 먹는 소비자의 입장에서는 경제적으로 힘이 드는 면도 없지 않다. 한편 쌀의 자급률(표 참조)은 다른 곡류에 비해 월등히 높은 편으로 거의 자급자족이 가능하다.

농민은 열심히 농사지어 쌀의 자급률이 90% 이상에 이르고 있는데 국민들은 과연 하루 세끼 중에 몇 번이나 쌀을 먹고 있을까? 조사한 결과[16]는 위의 표와 같다. 하루에 세 번 쌀을 먹는 사람은 전체적으로 72.9%이며 남자가 77.3%로 여자보다 더 많았다. 지역별로는 대도시에서 횟수가 낮은 반면, 읍면 지역에서는 하루 세끼 모두 밥을 먹는 비율이 90%로 큰 차이를 보인다. 또한 흥미 있는 결과는 20대에서는 40% 정도만이, 50대 이상에서는 83% 정도가 먹고 있다는 점이다.

2006년 이후의 쌀 섭취량의 변화를 곡류의 1일 섭취량으로 조사한 데이터에 근거하여 추정해 본다. 표[17]에서 보는 것과 같이 남자가 여자에 비해 약 20% 더 많은 양의 곡류를 섭취하고 있으며 연도별 섭취량의 변화는 1998년도에 남녀 평균 337g 정도였으나 2005년에는 314g, 2012년에는 299g 정도로 감소되는 경향으로 쌀도 이와 같을 것으로 본다.

한편 도자기 업체인 젠한국[18]에서 발표한 밥공기 크기의 변화에 의하면 사진에서 보는 것과 같이 1940년대에는 용량이 약 680mL이던 것이 1980년

곡류의 1일 섭취량[17]

(단위 : g)

연도	1998	2001	2005	2008	2010	2012
남	372.3	316.7	342.2	323.2	347.2	333.6
여	302.9	264.6	286.3	261.8	280.5	265.7
평균	337.2	289.4	314.4	292.0	313.4	299.1

자료 : 2012 국민건강통계, 국민영양조사 제5기 3차년도(2012), 보건복지부(2014)

대에는 약 390mL, 2005년에는 약 290mL으로 계속 감소하다가 2013년에는 약 190mL로 되었다. 밥의 섭취량이 70년 사이에 1/3로 급감했으니 쌀 소비량의 감소 정도를 짐작할 수 있다.

우리가 주로 사용하는 쌀의 형태는 백미지만 최근에는 현미나 흑미 사용량도 상당히 늘고 있다. 쌀의 종류별 대표적인 일반성분의 함량은 표[19](134쪽 참조)에서 보는 것과 같다. 멥쌀의 경우, 현미가 백미보다 지질은 약 6배, 조섬유는 약 10배, 비타민 B_1은 약 3배 정도 더 많은 양이 함유되어 있다. 쌀의 단백질 함량은 7% 정도이며 그중의 약 80%가 글루텔린계glutelins 단백질인 오리제닌oryzenin이며 그 외에 알부민계albumins, 글루불린계globulins, 프롤라민계prolamins 단백질로 구성되어 있다. 쌀 단백질을 구성하고 있는 필수 아미노산 중, 함량이 가장 낮은 제1제한 아미노산은 라이신lysine으로 아미노산가가 61현미 64 정도인 부분적 불완전 단백질이나 메타이오닌methionine

연대별 밥공기 크기의 변화[18]

*용량은 그릇에 물을 가득 채웠을 때 기준
자료 : 젠한국

의 함량은 높은 편이다. 따라서 라이신의 함량이 높고 메타이오닌의 함량이 낮은 콩과 같은 식품을 혼식하면 부족한 필수 아미노산이 상호 보충되므로, 이것이 혼식을 장려하는 이유이다. 이렇게 본다면 우리 조상들의 혼합 곡식을 상용한 지혜에 새삼 놀라지 않을 수 없다.

쌀 중에 함유된 지질은 주로 배아와 겨층에 분포되어 있으므로 도정 시에 거의 제거된다. 백미에 약 0.4~0.6%, 현미에 2.7% 정도 함유되어 있으며, 주로 전분의 내부 구조 내에 존재하고 있어서 추출이 곤란하다. 쌀겨에서 추출한 미강유에는 올레산oleic acid 38%, 리놀레산linoleic acid 37%, 리놀렌산linolenic acid이 2%로 불포화지방산의 함량이 많아서 쉽게 산화되어 산패취를 내므로 쌀의 묵은내의 원인이 되기도 한다. 따라서 저온에서 쌀을 보관하지 않으면 밥맛이 떨어지는 것도 이에 의하는 것이다.

쌀에 함유된 당질은 대부분이 전분이며 자포니카형 멥쌀의 전분에는 멧성을 나타내는 아밀로스amylose가 약 20%, 찰성을 나타내는 아밀로펙틴이 80% 정도의 비율로 함유되어 있으나 인디카형 멥쌀에는 아밀로스의 함량이 24~25% 함유되어 있어 밥의 끈기가 적다. 따라서 자포니카 쌀을 상식

쌀의 종류별 일반 성분의 종류와 함량[19]

종류	수분 (%)	에너지 (Kcal)	단백질 (g)	지질 (g)	당질 (g)	조섬유 (g)	비타민B_1 (mg)
백미(일본형)	15.50	348.0	6.6	0.4	76.8	0.30	0.100
백미(통일벼)	10.30	373.0	8.3	0.6	79.8	0.50	0.220
현미(일본형)	11.20	354.0	6.4	3.7	75.0	3.40	0.340
백미 찹쌀	9.60	374.0	7.4	0.4	81.2	0.70	0.140
현미 찹쌀	12.90	360.0	7.3	2.8	74.0	0.80	0.330
흑미 멥쌀	12.40	359.0	8.2	2.1	76.0	1.30	0.300
흑미 찹쌀	12.10	360.0	7.4	2.1	77.1	1.30	0.300

자료 : 한국인 영양권장량, 한국영양학회(2000)

하는 우리나라와 일본에서는 차진 밥과 떡을 상용하는 데 비하여 인디카 쌀을 상식하는 중국과 동남아 일대에서는 끈기가 없는 밥과 쌀국수를 상용하고 있는 것이다. 즉 아밀로스의 함량이 높은 쌀은 떡보다 국수 만들기에 적합한 성질을 가지고 있기 때문이다.

한편 쌀에는 여러 가지 특수 성분과 생리활성물질이 함유되어 있다. 쌀겨 중에 존재하는 피트산phytic acid은 비타민 C와 지질의 산패를 억제하는 항산화 능력이 있는 것이 밝혀졌으나, 칼슘과 결합하여 소장에서 칼슘의 흡수를 방해하므로 칼슘의 흡수를 높여야만 하는 골다공증 등의 경우에는 겨층이 완전히 제거되지 않은 현미나 7분도미를 장복하는 것은 바람직하지 않다. 또한 미강유 중에 존재하는 것으로 알려진 감마-오리자놀γ-oryzanol은 식품 지질에 대하여 항산화 작용이 있으며 인체에 대하여 자립 신경실조증 등에 대한 약리효과가 있음이 밝혀진 바 있다.

또한 《동의보감》[9]에서는 각종 창瘡에 쌀을 곱게 씹어 바르면 좋으며, 습관성 유산의 치료 또는 방지를 위하여 황기와 함께 죽을 쑤어 복용하면 효과가 있고, 또 소아가 젖을 토할 때, 잦은 코피, 토혈에는 쌀뜨물이 유효하다고 적고 있다.

《약의 세계》[9]의 〈곡부〉에 의하면 "멥쌀粳米은 성질이 평平하고 맛이 달면서 쓰고 독이 없다. 갱장에는 굳는다는 뜻이 있는데 이는 찹쌀보다 더 잘 굳기 때문이다. 밥이나 죽을 만들어 먹는데 약간만 설익어도 비장에 좋지 못하다. 늦벼 쌀이 더 좋다. 멥쌀은 위기胃氣를 고르게 하고 살찌게 하며 속을 데우고 이질을 멎게 한다. 찹쌀糯米은 성질이 차고 맛이 달면서 쓰고 독이 없다. 찹쌀은 중초를 보하고 기를 생기게 하며 곽란을 멎게 한다. 한편으로는 열을 많이 생기게 하며 대변을 굳어지게 하고 오랫동안 먹으면 몸이 약해진다."라고 쓰여 있다. 이와 같이 쌀은 예로부터 단순한 주식 곡류로서 만이 아니라 약리적으로도 이용되었으며, 현대에도 쌀 속의 미량 생리기능 물질들이 밝혀지고 있어 쌀을 상용하지 않는 서양에서도 쌀에 대한 관심이 높아지고 있다.

밀

인류가 주식으로 이용하고 있는 것에 따라 주식문화는 잡곡 문화권, 쌀 문화권, 맥류 문화권, 근채 문화권으로 분류되며, 이시게 나오미치石毛直道는 세계의 주식문화를 다음과 같이 제시하고 있다.[20] 잡곡 문화권은 기장, 조, 수수와 같은 알곡이 작은 곡물을 주된 주식 곡물로 하고 있는 지역이다. 또한 아프리카의 열대 강우림 지대와 사바나 기후지대, 중국의 북부가 세계 3대 잡곡 지대이다. 맥류 문화권은 밀과 보리, 귀리 등을, 근채 문화권에서는 얌, 타로 등의 근채류와 바나나 등을 주식으로 하는 지역을 말한다.

맥류의 농경은 서남아시아에서는 약 1만 년 전 신석기 시대에 양, 산양, 소 등의 초식동물들을 가축화한 시기에 시작되었다. 맥류는 반 건조 지대의 작물로 겨울에 비가 오는 지역의 주 작물이다. BC 7000년경에 서남아시아 지중해 기후구 일대에서 재배가 시작되어 이들 지역을 비롯하여 중국 북부에 걸친 지역의 주작물이 되었다. 몽고와 중국의 서북 일대 보리 문화권을 제외한 광대한 일대가 밀문화권을 이루고 있으며, 오늘날에는 북아메리카나 오스트레일리아에서도 풍부한 양이 생산, 공급되고 있어 밀가루 음식이 전 세계를 제패하고 있다고 하여도 과언이 아닐 것이다.

밀은 벼과에 속하는 일년생 또는 월년생越年生 식물이며, 세계에 재배되는 품종에는 빵밀, 마카로니 밀 등 10여 종이 있다. 우리 밀농사의 시기는 확실하지 않으나 중국에서 도입되어 정착되었으며, 3세기경에 일본으로 전수되었다. 우리나라 밀의 사용 흔적은 백제 멸망 시7세기에 화를 입은 충남 부여의 군창유적에서 출토된 곡물[21] 중에서 볼 수 있으며 이미 부족국가시대의 주·부식이 분리된 때에 주식으로 이용되었을[22] 것으로 추측하고 있다.

밀의 종류는 일립계, 이립계 및 보통계가 있으며 그중 식용은 이립계와 보통계 밀이다. 이립계인 듀럼밀durum wheat은 마카로니나 스파게티에 사용되며, 보통계는 빵 밀이라고 하며 전 세계에 널리 재배되고 있는 일반적인 밀을 말한다. 밀은 파종 시기에 따라 동소맥과 춘소맥, 껍질의 색에 따라 백소맥과 적소맥으로 분류되며 우리나라에서는 대부분 춘소맥이 재배되고 있다. 밀은 배유가 가루로 되기 쉬운 분상 질이어서 대부분 밀가루 상태로 이용된다.

밀에는 전분 약 75%, 단백질 약 12%, 그리고 지질이 3% 정도 함유되어 있다. 밀 단백질에는 글루텔린계 글루테닌과 프롤라민계 글리아딘이 대부분이며, 이들 두 단백질은 밀가루 반죽 시에 결합하여 글루텐부질을 형성한다. 글루텐은 점탄성을 주는 단백질로 제빵과 제면에 매우 중요한 역할을 한다. 밀단백질에는 라이신과 트레오닌이 부족하며, 아미노산가가 약 47에 불과한 부분적 불완전단백질이다. 한편 글루탐산을 약 35~40%로 다량 함유하고 있어서 화학조미료인 모노소디움글루타메이트MSG 제조 원료로 사용되었다.최근 MSG 제조는 포도당발효법을 이용하므로 이와는 별개이다.

밀에도 여러 가지 약리 효과가 있다. 《동의보감》에서는 파상풍의 치료에 밀과 소금을 볶아 사용한다고 했으며, 게의 식중독과 황달에 밀싹을 이용하며, 식은땀이 날 때는 물 위에 뜨는 밀을 볶아서 사용하고, 유방의 종기나 뭉친 것을 풀 때는 밀 볶은 가루를 식초로 죽을 쑤어 환부에 바른다고 하고 있다. 한편 카프너Carpner[23]는 밀겨wheat bran가 변통 효과가 있으며 정맥노장증靜脈怒張症, 다발성게실증, 치질 등을 예방하고, 대장암의 발생률을 낮추는 효과가 있다고 한다.

밀가루란 밀을 빻아 분상질인 배유부분을 가루로 만들고 체에 쳐서 가루를 분리해 낸 것이다. 제분 과정에서는 빻은 후 체로 칠 때 걸러지는 부분을 다시 분쇄하고 체에 치는 과정이 여러 번 반복되며 이때 각 과정에서 얻어지는 밀가루는 입자의 크기나 성분함량이 다르다. 즉 처음 과정에서 얻어지는 밀가루에는 전분이 많은 반면 나중에 얻어지는 것은 단백질 특히 글루텐 함량이 많다. 각 공정에서 얻은 밀가루를 각 용도에 맞게 적합한 비율로 배합하여 글루텐 함량이 가장 많은 것을 강력분11.5~15.0%, 그다음을 중력분7.5~10.5%, 가장 적은 것을 박력분6.5~9.5%이라고 한다. 강력분과 중력분은 빵, 국수, 만두피를 만드는 데 이용하며, 박력분은 튀김옷, 케이크, 쿠키 등을 만드는 데 사용한다.

제분공정의 마지막 단계에 영양성분을 첨가하는 강화과정과 표백과정이 포함된다. FDA에서 밀가루나 빵에 비타민 B_1, B_2, 나이아신과 칼슘은 필수적으로, 철분과 비타민 D는 선택적으로 강화하도록 권장하고 있다. 또한 글루텐 분자를 산화하면 점탄성이 좋아지므로 산화제를 사용한다. 이때 밀가루 색을 나타내는 카로티노이드가 산화 표백되어 흰색이 되므로 산화처리된 밀가루를 화이트플라워white flour라고 하는 것이다.

기타 곡류

보리大麥는 벼과에 속하는 일년생 또는 월년생의 식물로서 우리나라에서는 쌀 다음으로 이용되는 주식 곡류이다. 보리는 청동기시대의 갑골문자에 보리가 맥麥으로 나타나며 청동기시대의 유적인 여주 흔암리, 부여 송국리 등의 유적지에서 쌀, 조와 더불어 겉보리 등의 탄화된 곡류가 토기에 담긴 채 발굴되었다.[4] 따라서 삼국시대에 이미 중요 곡물로 백제, 신라에서 재배했던 것으로 유적에서 볼 수 있으며, 특히 신라에서는 4~5세기경까지 보리가 주작물이어서 보리밥이 주식[21]이었을 것으로 추측되고 있다.

보리는 이삭에 붙은 씨알의 줄조, 條 수에 따라 이조대맥, 육조대맥으로 구별되며, 도정하여도 껍질이 잘 벗겨지지 않는 겉보리와 껍질이 잘 분리되는 쌀보리가 있다. 보리의 원산지로서 육조대맥은 양자강 상류지대, 이조대맥은 근동지방이며 이 중에서 이조대맥은 맥주의 원료가 되는 것이다.

중국 문헌에 의하면 신라 사람들이 늘 보리를 먹고 살았으며, 신라의 왕들은 보리농사에 각별히 힘을 썼다고 한다. 《일본서기》에는 보리 1000섬石을 백제에 보냈다는 기록이 있어 그 당시 주식 곡류로 많이 이용되었을 것으로 해석된다.[22]

중국에서는 은나라의 상형문자에 맥麥이 나타나 BC 1000년 전후에 보리가 재배되었을 것이며 밀보다 800~1000년 앞섰을 것으로 본다. 또한 인도에는 고대의 아리안 족에 의해 보리가 도입되었으며, 특징적인 것은 인도나 이집트에서는 보리를 분식의 형태로 이용하고 있다는 점이다. 따라서 밀문화권에서는 보리를 분식형으로, 쌀 문화권에서는 입식의 형태로 사용하는 특징을 보인다.[21]

보리 중 주식으로 사용되는 육조종에는 겉보리와 쌀보리가 있으며, 고열증기로 연하게 한 다음 가압하여 누른 납작보리와 도정하여 홈을 제거하도록 파쇄한 할맥 등이 있다. 보리를 발아시킨 엿기름에는 당화력이 높은 베타 아밀레이스가 다량 함유되어 있어 고추장, 물엿, 식혜 등의 제조에 이용된다. 이조종 보리가 맥주의 원료가 될 때 자체의 1/3 정도 싹이 난 엿기름 상태로 이용된다.

보리에는 전분이 68~77%로 가장 많으며, 아미노산 중에는 라이신 함량이 가장 낮아 아미노산가가 58 정도로 쌀보다는 낮으나 밀가루보다는 높다. 특히 보리에는 섬유소와 비타민 B_1의 함량이 높으며 최근에 항암효과와

암 예방효과가 있다고 알려진 베타 글루칸의 함량도 높은 것이 특징이다.

한편 혈당을 낮추는 효과가 높으므로 당뇨병환자에게 좋으며, 콜레스테롤 저하 능력도 있어[23] 건강식품의 대열에 들어간다. 또한 한방에서는 보리가 오장을 튼튼하게 하고 설사를 멎게 하며, 엿기름 중의 효소들은 소화력을 도와주며, 얼굴에 부스럼이 많은 아이에게 보리를 볶아서 감초와 달여 먹이면 좋고[9], 황달병에도 보리쌀을 찧어 즙을 만들어 먹이면 좋다[9]고 하고 있어 예부터 식품으로서 만이 아니라 질병 치유나 건강을 위하여 이용한 내력이 보인다. 지금도 보리를 건강식품으로 각별하게 먹고 있으며 보리떡, 보리빵을 주식으로 사용하기도 한다.

옥수수는 화본과에 속하는 일년생 식물로서 남미 북부가 원산지이며 쌀, 밀과 더불어 세계 3대 곡물로 일컫는다. 1493년 콜럼버스에 의해 남미에서 스페인으로 도입된 것을 시점으로 전 세계에서 재배하게 되었다. 실제로 옥수수는 5000년 이상[24]의 긴 재배 역사를 가지며 우리나라에는 숙종1674~1720 때 문헌인 《역어유해》에 옥촉이란 이름으로 옥수수가 처음 등장하고 있어 그 시대에 전래된 것으로 보며 또 1700년대의 《성호사설》에서 옥수수의 형태를 정확하게 제시하고 있다.[5]

우리나라에서 생산되는 옥수수의 양은 다른 잡곡에 비해 많은 편이긴 하지만 92년 이후부터 감소되어[25] 지금은 대부분 수입에 의존하고 있다. 현재의 문제로서는 세계에서 생산되는 옥수수의 상당량이 유전자변이 식품GMO이라는 점이며, 사람의 식용으로서도 중요하지만 가축들의 사료로도 중요하다. 옥수수의 재배품종으로는 마치종, 경립종, 폭열종, 감미종, 연립종, 나종, 연갑종, 유부종 등 8가지가 있으며, 찰종과 메종이 있다. 샐러드나 콘샐러드 등을 먹을 때 연하고 달콤한 옥수수는 마치 조리 가공을 그렇게 한 것으로 생각하기 쉬우나 그것은 바로 감미종sweet corn으로 만든 것인 것처럼 각 품종의 특성에 따라 서 적절히 이용된다.

옥수수는 전분이 주된 성분이며 옥수수에서 제조한 전분을 콘스타치라고 하는 것임은 이미 잘 알고 있는 바이다. 그러나 단백질은 9% 정도에 불과한데 필수 아미노산의 함량이 가장 낮아 대표적인 불완전 단백질 제인zein이 주종을 이룬다. 따라서 어린아이에게 삶은 옥수수 또는 팝콘 등을 간식으로 줄 때는 우유 또는 유제품이나 달걀을 같이 먹도록 하는 것이 바람직하다. 옥수수를 주식으로 하는 빈곤한 지역에서는 동물성 단백질에 다량 함유되어 있는 필수아미노산인 트립토판의 섭취가 부족하다. 트립토판은 체내에서 나이아신을 생성해 주는데, 이것의 부족으로 나이아신의 결핍증인 펠라그라pellagra에 걸리며, 이 증상은 좌우 대칭으로 화상 입은 것 같은 피부병으로 설명되나, 4D's로 단계별로 설명되기도 한다. 즉 우울depress, 설사diarrhea, 치매dementhia, 그리고 결국은 사망death에 이른다고 하는 것이다. 펠라그라란 거친 피부라는 이탈리아 말로 1786년에 쓴 괴테의 이탈리아 기행문에 보면, "이탈리아 여자들은 피부가 햇볕에 탄 것처럼 거칠고 검으며 슬픈 표정을 하고 있으며 아이들의 발육이 부진하고 남자의 외모도 좋지 않다. 이것은 토르코 담배를 피우고 야생 옥수수를 주식으로 하는 데서 오는 것 같다."고 하면서 펠라그라 증상을 잘 표현하고 있다.[26]

한편 옥수수는 다른 곡류에 비해 유지의 함량이 높은 것이 특징으로 배아에서 추출하여 옥수수유 또는 옥수수 배아유로 시판된다. 조성 지방산 중에는 필수 지방산인 리놀레산이 60%나 함유되어 있어 혈중 콜레스테롤을 저하시키는 효과가 있다. 그 외에 멕시코에서는 이질치료에, 미국에서는 이뇨효과를, 우리나라에서도 예부터 옥수수수염이 이뇨효과에 좋다고 하면서 민간요법에 이용하고 있다. 그러나 최근 보고에 의하면 옥수수유가 면역성을 낮추고 감염과 암 퇴치력을 감소시킨다고도 하니 집중적으로 과량 사용하는 것은 자제하는 것이 바람직하다.

조는 화본과에 속하는 일년생 식물로 원산지는 아프카니스탄설[24]이 유력하나 그 외에 동아시아와 아프리카라는 설도 있다. 우리나라에서는 BC3000년대 전반기의 유적인 황해도 봉산군 지탑리 주거지에서 출토되고 있어 이 땅에서의 사용 역사는 상당히 장구한 것이라 하겠다. 우리나라에서 생산량도 다른 곡류와 같이 1994년 이후부터 계속 감소되는 현상을 나타내고 있다.[25] 조에는 메조와 차조가 있으며, 껍질에 윤기가 있고 색은 유백색, 황색, 담황색, 회청색, 암청색 등을 띠고 있다. 전분의 함량이 70% 이상이며 전분의 질이 좋아 예부터 암죽이나 미음에 많이 이용되었다. 최근 쌀 단백질로 인한 아토피에 조가 효과가 있었다는 연구가 있어 주목받고 있다.

수수는 화본과에 속하는 일년생 식물로 원산지는 열대 아프리카이며 BC3세기에 이집트에서 재배되어 기원전에 중앙아시아, 인도로 전파되었고, 중국에서는 4세기 경에 재배되었으며[27] 현재의 주산지는 인도, 중국, 미국 등지이다. 우리나라에는 신석기 중기 경에 조, 기장, 피와 더불어 수수의 농사가 이루어져[19] 재배 역사가 아주 오랜 곡물 중의 하나이다. 우리나라에서 수수 생산량은 94년 이후 계속 증가하는 경향을 보인다.[25] 수수에도 전분이 70% 이상 함유되어 있으며, 약간의 떫은맛은 0.1% 정도 함유된 타닌 때문이며, 《동의보감》에는 수수가 위장통과 위장쇠약에 효험이 있다고 씌어 있다.

메밀은 곡류 중에서 유일하게 화본과가 아닌 여귀과에 속하는 일년생 식물로 원산지는 중앙아시아바이칼 호 부근인 것으로 알려져 있으며 주된 생산지는 러시아와 폴란드이고 그 외 캐나다, 일본, 프랑스, 미국 등지에서도 생산되고 있다. 우리나라에서 메밀은 고려시대[4]부터 재배되었다고 보며, 일본에서는 조선을 경유하여 도래되어 나라시대 이전부터 재배되었다고[20] 하고 있어, 우리나라에서도 고려시대 이전부터 이미 재배되었을 것으로 본다. 현재 메밀의 생산량도 다른 잡곡과 같은 경향으로 1996년 이후부터 감소 추세를 보이고 있다.[25]

메밀은 흑갈색의 볼록한 삼각형 모양을 하고 있으며 밀과 같이 배유가 분상질이어서 가루형태로 이용되고 있다. 메밀에는 당질이 다른 곡류에 비해 낮은 편이나 단백질 함량은 높은 편이다. 비타민 B군 함량이 상당히 높으며 비타민 P로 알려진 루틴rutin이 15mg% 정도 함유되어 있어서 혈관의 저항력을 높여주어 고혈압에 효과적인 것으로 알려져 있다. 메밀가루에는 글루텐의 함량이 낮아 제면하기 위해서는 밀가루를 섞어 주어야 한다. 단백질을 구성하는 필수 아미노산 중 다른 곡류에서는 낮은 함량을 보이는 라이신과 트립토판이 많아 단백가가 80 정도로 상당히 높다. 따라서 밀가루, 옥수수가루, 쌀가루, 라이맥 가루 등에 혼합하면 단백질 보충효과를 얻을 수 있다. 루틴은 고혈압, 동맥경화증, 폐출혈, 궤양성 질환, 동상, 치질, 감기 치료에 효과[28]가 있다.

밥과 주식의 종류

밥 이야기

밥은 주식의 주된 자리를 지키고 있어 식사를 대변하기도 하며 때에 따라서는 식사 전체를 의미하기도 한다. '밥이 다 되었다.'고 하면 실제로 밥이 다 지어졌다는 의미가 있겠으나 밥상 차림이 완성되었다는 의미도 있으며, 또 '밥 먹자.'라고 하면 식사 준비가 다되어 식사하자라는 뜻이 된다.

밥은 곡류에 물을 붓고 가열하여 끓인 다음 뜸 들여 곡류 알갱이의 모양이 파괴되지 않고 충분히 호화되어 고슬고슬하면서 연한 상태로 맛있게 만들어진 것이다. 이와 같은 밥 짓는 법이 개발되지 못했던 최초에는 곡류는 주로 죽 상태로 조리되었을 것이나 시루가 출현됨에 따라 찌는 방법이 터득되고 찐 밥이긴 하지만 입식의 밥 상태가 만들어 졌을 것으로 보고 있다.

밥을 지을 때 지금과 같이 쌀을 끓여 뜸 들이는 방법은 뚜껑이 꼭 맞는 솥이 발굴된 삼국시대 후기 경부터라고 본다. 고구려 고분벽화에서 보여주듯이 이미 그 시대에 곡물을 시루에 쪄서[29] 먹었던 것을 알 수 있다. 밥을 짓는 방법은 우리나라에서 볼 수 있는 끓여 뜸 들이는 법과 찌는 법이 있으며 중국이나 동남아 지역에서 볼 수 있는 것과 같이 삶아 건지거나 끓여 낸 후 찌는 법이 있다.

밥맛은 쌀의 품종과 성숙도, 물의 pH, 연료 및 솥의 종류 등에 따라 결정된다. 즉 쌀은 포도당이 전분으로 완전 합성되지 않고 유리 포도당이 존재하는 햅쌀로 지은 밥이 맛이 뛰어나며, 물의 pH는 약 알칼리성인 때 호화도와 점성이 높아 맛이 좋다. 단 약알칼리 수로 밥을 지으면 쌀의 플라보노이드 색소가 황색으로 변한다. 약수 밥이라고 하는 것 중에 밥의 색깔이 노랗게 변한 것은 외관상으로는 맛이 떨어질 것 같으나 실제로 먹어보면 더 맛있다고 느끼는 것은 그 때문이다. 연료와 솥의 종류로는 가마솥에서 장작불로 지은 밥이 아주 좋은 맛을 보이는데 그것은 장작불이 일단 빨리 끓는 온도에 도달하게 만든 다음 불을 줄여도 여열이 남아 98℃에서 20분간 충분히 뜸을 들일 수 있다. 한편 가마솥의 재료인 철은 열전도도가 낮아 천천히 고온에 도달하는 반면 식어지는 속도도 늦어 뜸 들이는 동안 솥 내부의 온도 변화가 크지 않기 때문이다. 이때 밥알과 밥알 사이에 형성된 모세관에 아래의 뜨거운 김이 올라와 모든 밥알이 충분히 호화된다.

《규합총서》에 의하면 "밥과 죽은 돌솥이 으뜸이오. 오지탕관이 그다음이다."라고 적혀 있어 이미 오지탕관이나 돌솥이 무쇠솥과 함께 사용되었다는 것을 알 수 있다. 요즈음에 사용되는 전기밥솥은 밥맛을 좋게 하는 조건을 갖추도록 만들어져 있어 모든 가정에서 비슷하게 맛이 좋은 밥을 먹을 수 있게 되어 있다. 가끔 가스 불에서 밥을 지을 때에 돌솥이나 오지 솥, 무쇠솥으로 한다면 가마솥의 밥과 매우 유사하게 만들 수도 있다. 뜸 들이는 방법은 철의 생산과 철제 용구의 제작 기술이 발달된 삼국시대 후기에 무쇠솥이 등장하면서 일반화되었을 것이다. 뜸 들이는 과정이 개발되기 전에는 시루를 상용하면서 찌는 밥의 형태이었으나 뚜껑이 있는 솥이 개발된 후부터 밥을 뜸 들일 수 있게 되었을 것이다. 《임원십육지》에 의하면 청淸대의 장영張英이라는 학자가 "조선 사람은 밥을 잘 짓는다. 밥알이 고슬고슬하고 윤이 있으며 부드럽다."고 칭송한 바 있어 뜸 들이는 과정은 우리 민족이 창안해 낸 기술임에 틀림없다.[21]

삼국시대에 사용했던 철 솥의 모양은 기둥과 같은 다리가 세 개인 정鼎의 모양을 하고 있으나 후기에 말발굽 다리의 모양으로 변했고 그 후에는 아궁이와 부뚜막이 형성되어 정의 다리가 없어지고 가마솥의 모양으로 바뀌게 되었다. 불을 때는 아궁이와 부뚜막의 기막힌 조합으로 연료의 여열을 충분히 이용할 수 있고 효율적으로 뜸을 들일 수 있으며 그 외에도 굽고, 찌고, 보온하는 다양한 조리 과정을 발달시키게 된다. 부뚜막은 부엌 내부에

밥 짓는 용구의 변천

신라의 한대 부뚜막[19]

고구려의 한대 부뚜막[19]

부뚜막과 가마솥

최근 한대 부엌

설치되어 있으면서 조리할 때 사용됨은 물론 겨울에는 난방의 수단이 되기도 했으나 부엌 외부한대에 설치된 경우도 많다. 한대 부뚜막은 고구려, 신라 시대에도 있었으며 모양은 사진에서 보는 것과 같다.[21] 지금도 마당이 있는 집에서는 한대에 부뚜막을 설치해 두고 있는 곳도 있다.

밥의 종류

밥의 기본적인 주재료는 흰 쌀이며 여기에 찹쌀, 여러 가지 잡곡, 콩, 견과류, 채소, 어패류, 수조육류 및 서류 등을 넣기도 하며 들어간 재료에 따라 흰쌀밥, 콩밥, 팥밥, 찰밥, 오곡밥, 보리밥, 밤밥, 은행밥, 감자밥, 콩나물밥, 무밥, 곤드레밥, 해물밥, 굴밥 등이 있다.

누구나 매일 한 끼 이상 반드시 밥을 먹기 때문에 이에 대한 영양과 건강에 미치는 영향에 대한 관심이 크다. 쌀밥도 도정이 덜 된 오분도미나 칠분도미 등으로 만들기도 하고, 아예 도정하지 않은 현미로 만든 현미밥도 있다. 특히 현미밥은 요즈음 어느 집에서나 거의 일주일에 두세 번 이상 먹고 있을 정도로 이용도가 높으며 각종 잡곡밥도 건강식으로 많이 이용하고 있다. 실은 우리나라 사람들의 잡곡 먹는 숨은 실력은 예로부터 건강을 잘 지킬 수 있었던 비법 중의 하나라고 자랑해도 괜찮을 것이다. 실제로 잡곡에는 쌀에 부족한 각종 영양성분과 섬유소가 많아 건강에 도움을 줄 수 있다. 예를 들면 콩은 알칼리성 식품으로 우수한 품질의 단백질과 지질, 비타민 B 복합체, 반섬유소 등의 함량이 높고 특히 껍질째 먹기 때문에 흡수 속도가 늦어 혈당량을 낮추는 효과가 있다. 팥에는 전분의 함량이 높은 반면 비타민 B_1이 많아 백미에 부족한 비타민 B_1을 보충해 주며, 보리 또한 섬유소와 비타민 B_1이 많아 같은 효과를 준다. 비타민 B_1은 당질 대사를 완성하는데 필요한 효소의 조효소 성분이므로 만일 부족하게 되면 불완전한 당질

대사로 젖산이 생성되고 체내 축적량이 많아지면 피로해지고 다리가 붓는 증상 등이 나타나며 더욱 심하면 각기병에 걸리게 된다.

한편 찹쌀 또는 멥쌀에 팥, 밤, 대추 등을 넣고 혼돈반을 지은 다음 여기에 참기름과 꿀, 간장 등을 섞어 버무린 후 다시 쪄내는 약밥약반, 藥飯은 설날, 정월 보름날이나 경사 날, 그리고 큰 행사가 있는 날의 특별 음식이다. 또한 잣, 콩, 강낭콩, 밤, 은행, 인삼 등을 넣어 밥을 지어 양념장에 비벼 먹는 영양 돌솥밥도 있다.

2012년 가을에 도선사 주지 스님의 초대로 밥을 먹게 되었는데 현대화된 각종 절음식이 맛이 좋았던 것은 밥맛이 일미였던 기억이 난다. 쌀에 찹쌀과 잣, 대추, 밤, 은행을 넣고 지은 밥인데 영양 돌솥밥이나 약밥과 유사하지만 반찬과 잘 어울리게 지은 밥이었다.

2011년 10월 강남문화재단에서 주관하고 한국의 맛 연구회 회원들이 각종의 밥을 지어 전시했다. 이때에 출품된 밥의 종류는 무려 104종에 이른다. 아름다운 사진과 더불어 조리법이 상세하게 기술되어 있는 책 《한 알의 볍씨가 싹을 틔운 정성 飯·밥·Bap展》[30]을 참고하면 좋다.

한편 일상적인 주식으로서의 밥이 아니라 의례나 절기 등의 행사음식에서 특별하고도 중요한 의미를 갖는 밥도 있다.

삼신상과 첫 국밥 한국의 전통의례 중, 산모가 아기를 출산하면 가장 먼저 삼신상三神床이라고 하여 흰쌀밥 세 그릇과 고기를 넣지 않은 소 미역국 세 그릇을 정갈한 상에 차려서 산모가 있는 방 윗목에 놓아두고 순산을 감사하고 안녕을 염원한다. 지금은 그러한 것을 행하는 사람은 많지 않다. 산모에게는 산후 첫 번째 음식으로 고기를 넣지 않은 소 미역국과 흰쌀밥을 제공한다. 아기의 백일 날에는 산모에게 흰밥, 미역국을 제공하며, 신성을 의미하는 백설기와 액신을 물리친다는 붉은팥을 묻힌 차수수경단을 100집에 나누어 주는 의례가 있다. 첫돌이 되면 돌상에 흰밥, 미역국, 푸른색 나물, 백설기, 붉은팥을 묻힌 차수수경단으로 상차림을 하고 돌잡이를 한다. 이때의 흰밥은 신성함을 의미하는 것이다.

대보름의 오곡밥, 약식과 복쌈 오곡밥은 찹쌀, 차수수, 팥, 차조, 콩 등 다섯 가지의 곡식으로 지은 밥이다. 정월대보름에 만들어 먹으며, 새해에도 풍년이 들기를 바라는 의미가 있고, 묵은 나물과 쌈을 싸서 먹는 풍습이 있었다. 특히 오곡밥을 많은 집과 서로 나누어 먹으면서 새해의 행운을 빌었다고 한다.

약식은 약밥 또는 약반이라고도 하며 신라 때부터 내려오는 풍속음식이다. 《도문대작》에 의하면 약반은 "중국인이 좋아하여 이것을 만들고는 고려반이라 한다."는 내용이 있다. 《열양세시기》에서 "우리 사신들이 연경에 갔을 때 정월대보름이 되면 숙수로 하여금 약식을 만들게 했다. 연경의 귀인들이 그 맛을 보고 반색하여 매우 좋아한다."는 내용으로 미루어 약식은 중국에까지 이름이 높았음을 알 수 있다. 보름날 아침 식사의 첫 숟갈은 쌈을 싸서 먹는데 이를 복쌈·복과라 하며 참취나물, 배춧잎, 김 등을 이용했다. 복쌈은 풍년이 들어 벼가 집안에 많이 들어오기를 기원하는 속신에서 비롯되었다고 한다.[31]

사잣밥 사람이 운명하게 되면 망인을 데리러 온 사자使者에게 죽은 이의 영혼을 곱게 명부冥府에 인도해 달라는 의미에서 주는 음식인 사잣밥이 있다. 사잣밥에는 찬이 없고 밥 세 그릇에 짚신 세 켤레, 동전 세 닢을 작은 상이나 채반에 담아 문 밖 또는 담 옆에 놓아두었다가 발인 시에 치웠다. 오늘날에는 이 풍속이 거의 지켜지지 않고 있으나 가끔은 일부 상가喪家에서 행해지는 것을 볼 수도 있다.

제사상의 메 제사상은 그 집안의 풍속에 따라 다르다. 조선시대에는 제사상에 올리는 음식을 남자들이 만들었으나 지금은 여자들이 만들고 일부는 남자들이 만드는 경우도 있다. 여러 제수를 진설하는 순서는 실과, 조과, 식혜, 포, 침채, 청장, 숙채 등을 올리고 제주병, 모사그릇, 퇴주그릇을 향상 옆에 놓고 향로에 불을 피운 다음 진찬으로 탕, 어육, 저냐, 밥메라고 함, 국 등을 올린다. 이때 올리는 메는 밥을 꼭꼭 눌러 수북이 담고 밥그릇 뚜껑 안을 물에 적셔 밥을 눌러가면서 위로 둥글게 솟아오른 모양으로 만든다. 요즈음에 와서는 진행 방법이 다소 변하여 모든 제수 음식을 한 상에 다 차린 뒤 메를 올리는 경우가 대부분이다.

한편 밥을 주재료로 한 여러 가지 요리가 만들어지고 있다. 밥 그 자체는 거의 무미하기 때문에 각종의 반찬이 발달되었다고 본다. 몇 년 전 잘 알고 있는 미국인이 우리나라를 방문하여 식사 대접을 해야 하는 때가 있었다. 우리의 전통 음식을 소개하고자 한정식을 주문했는데 흰밥이 나오니까 상위에 있는 간장을 넣고 비비고 있었다. 왜 그러느냐고 물으니 그때만 해도 한국음식이 세계에 잘 알려져 있지 않아 그런지 흰밥이라서 소스에 비빈다고 하는 것이었다. 그러나 최근 미국 LA의 한국음식점에서 많은 외국인들이 흰밥을 젓가락으로 떠서 먹는 것을 보면서 우리의 음식문화가 글로벌화 되었음을 체감할 수 있었다.

매일 같은 유형으로 밥 중심의 찬을 차리는 반상에서부터 밥을 일품요리 화하여 새로운 형태로 탄생시킨 여러 가지 요리들이 있다. 그 예로는 비빔밥, 볶음밥, 쌈밥, 카레라이스, 오므라이스, 하이라이스, 김밥, 국밥, 생선초밥, 유부초밥 등이 있다. 이들의 만들어진 역사는 다 다르며, 외국 음식이 유입되어 만들어지기도 하고 또는 창의적으로 새롭게 일품요리로 탄생된 것도 있다.

비빔밥 이미 지은 밥을 비비기 좋은 큰 그릇에 담고 삼삼하게 무치거나 볶은 각종 나물, 고기 볶은 것 또는 육회, 다시마튀각, 또는 새싹 등을 올려놓고 양념장 또는 고추장과 참기름을 넣고 비벼 먹는 밥이다. 비빔밥은 현재 세계 각 곳에서 대표적인 한국형 웰빙 식품으로 각광받고 있다. 몇 년 전 일본의 한 식품경제학자가 우리의 비빔밥이 일본에서도 인기가 높은데 품질에 비해 값이 너무 싼 것이 문제라고 한 말이 생각난다. 비빔밥의 내용을 좀 더 고급화하고 특화하여 부가가치를 높이는 점도 중요하다. 한편 국제선 항공 기내식으로 제공되는 비빔밥은 세계인들의 호기심을 높이면서 호평을 받고 있다. 이들 비빔밥은 지방에 따라 맛과 모양이 조금씩 다르며 상품화된 종류도 다양하다. 예를 들면 전주비빔밥, 진주비빔밥, 해주비빔밥, 통영비빔밥, 안동 헛제사밥 등이 있으며 비행기 내에서 나오는 기내식 비빔밥과 모 기업에서 개발한 현대화된 비빔밥은 야외에서나 사무실 또는 집에 가져가서 먹을 수 있는 도시락형 비빔밥이다. 또한 학원가에서 시간에 쫓기는 학생들이 빨리 먹을 수 있도록 컵에다 밥을 담고 반찬을 올려놓은 컵 밥형 비빔밥도 있다.

전주비빔밥은 육수를 넣고 밥을 지으며 밥이 다 지어지면 참기름과 소금으로 살살 버무린 다음 큰 그릇에 담는다. 콩나물, 애호박, 표고버섯, 당근, 고사리, 도라지 등을 볶거나 무치며, 쇠고기는 양념하여 볶거나 육회로 한다. 이들을 밥 위에 보기 좋게 올리며 콩나물국을 함께 놓는다. 특히 전주비빔밥에는 반드시 콩나물을 사용하고 그 외에 애호박과 황포묵이 들어가는 것이 특징이다.

진주비빔밥은 콩나물, 숙주, 쑥갓, 무, 고사리로 제사나물 식으로 무치거나 볶고 쇠고기는 육회로 만들어 밥 위에 꽃처럼 아름답게 올리며花飯이라고도 함 여기에 돌김을 구워 무쳐 올린다. 진주비빔밥의 특징은 새우살이나 조갯살을 참기름으로 볶다가 물을 붓고 두부를 썰어 넣어 끓인 보탕국 국물 2~3숟가락을 넣어주며 엿 고추장으로 비비도록 하고 선짓국을 곁들여 구수한 맛이 비빔밥의 맛을 더욱 북돋워 준다.

해주비빔밥은 삼겹살과 닭고기를 넣되 돼지고기는 얇게 저미고 양념한 후 밀가루를 묻혀 전을 부치고 닭고기는 삶아 가늘게 찢고 뼈는 계속 끓여 육수를 만든다. 나물로는 숙주, 미나리, 콩나물, 고사리, 도라지, 표고버섯을 사용하며 간장에 갖은 양념을 넣은 양념장과 닭고기 국물을 함께 내는 것이 특징이다.

통영비빔밥은 지역적 특성을 살려 조갯살, 새우살, 홍합살을 다져 마늘과 쌀뜨물과 멸치장으로 끓여 만든 국물로 나물을 만드는 것이 특징이다. 즉 무, 박, 도라지는 조갯살 물, 호박은 새우살 물, 미역과 톳나물, 시금치, 가지는 홍합 물을 넣고 삶아 양념하여 만든다. 이때 톳나물과 고사리는 두부를 으깨어 넣고 무쳐 모든 재료를 그릇에 보기 좋게 담고 밥은 따로 담아내는 것이 특징이다.

안동 헛제사밥은 안동비빔밥이라고도 하는 것으로 안동댐 부근에 가면 헛제사밥집들이 있다. 이것의 특징은 쇠고기와 상어 고기를 3~4×6~7cm 정도의 크기로 썰어 소금 간을 하여 꼬지에 꿰어 찌고 두부도 같은 크기의 모양으로 썰어 지져낸다. 고사리, 산채, 콩나물, 시금치 등으로 나물을 만들어 밥 위에 얹어 내며 양념장으로 비벼 먹는다. 이때 무, 다시마를 넣고 탕을 끓여 같이 내놓는다.

2013년 10월 서울 광화문 광장에서 열렸던 제1회 한식의 날 기념행사에서 많은 관람인들이 맛볼 수 있도록 대형 비빔밥을 선보여 국내·외국인들에게 크게 환호를 받은 경우도 있었다.

쌈밥, 나물밥 예부터 우리 민족은 채소의 넓은 잎을 삶거나 찌거나 생

▌여러 가지 비빔밥

전주비빔밥

진주 육회비빔밥

안동 헛제사밥

대형 비빔밥

것 그대로 쌈을 싸 먹는 것을 즐겼다. 《성호사설》 제5권에 "고려 사람은 채소 잎으로 쌈 싸기를 잘한다."고 쓰여 있다. 쌈 쌀 때에는 고추장이나 된장으로 싸기도 하지만 쌈장을 만들어 먹기도 한다. 각종 잎을 섞어 사용하기도 하나 주로 상추와 쑥갓으로 쌈을 싸 부드럽고 향기로운 맛을 즐긴다.

상추는 삼국시대에 이미 이용되었다는 것이 이수광의 《지봉유설》에 나와 있으며 값이 비싸서 천금채라고 하기도 했다. 고려의 특산물이었으나 값이 비싸 다른 넓은 잎으로도 쌈을 싸서 즐겼던 것으로 보인다. 상추를 먹으면 잠이 잘 오는 것은 쌈으로 싸서 속에 고기나 생선 등을 넣고 마냥 먹게 되어 과식하는 탓도 있겠으나 최근에 알려진 바에 의하면 짜증과 스트레스를 저하시키고 정신을 편안하게 하는 락투세린lactuserine과 락투신lactusine이 함유되어 있기 때문이다.

쑥갓은 국화 향과 유사한 독특하고 신선한 향이 있어 식욕을 돋우고 긴장감을 주지만 특수한 향 때문에 혹자는 좋아하지 않는 경우도 있다. 쑥갓은 학명이 동호茼蒿이어서 동호채 또는 애국채艾菊菜라고도 한다. 요즈음은 고기구이집이나 쌈밥집을 가면 상추, 쑥갓 이외에 배추, 양배추 삶은 것, 머위와 근대 삶은 것, 신선초, 청경채, 실파, 치커리 등등 많은 것들이 쌈 재료로 상 위에 오르며 여러 가지 잎으로 함께 싸 먹을 때가 많다. 한편 쌈밥을 국제선 항공 기내식으로 적절하게 만들어 제공하고 있으며 좋은 평판도 받고 있다. 쌈밥 못지않게 우리의 사랑을 받고 있는 나물밥도 있다. 여러 가지 채소를 넣고 밥을 지은 후 양념장으로 비벼 먹는 것으로 콩나물밥, 곤드레밥, 시래기밥, 무밥 등이 있다. 콩나물밥은 가정에서도 손쉽게 만들어 먹는데 돼지고기를 넣고 지어 맛과 영양가를 좀 더 높이는 효과가 있는 밥이다. 최근에 곤드레밥이나 시래기밥집은 웰빙 효과를 높이는 음식점으로 관심을 받고 있다. 얼마 전 식구들과 한 시래기 밥집을 간 적이 있는데 시래기밥뿐만 아니라 시래기를 넣고 만든 갈비찜, 고등어조림, 시래기 된장국이 나와 시래기 일색의 음식을 맛깔스럽게 먹은 때가 있었다.

국밥 원래 우리 민족은 국을 대단히 좋아하는 민족이다. 어느 집에서든지 국이나 찌개가 있어야 밥상이 다 차려진 것같이 생각한다. 옛날 대가족제에서 식구는 많고 바쁜 날에는 국밥으로 식사를 해야 하는 경우가 많았을 것이며, 교통수단이 발달하지 못한 때에 원거리 여행길에서 피곤한 몸을 달래면서 국물에 말은 밥을 찾게 되었을 것이고, 또 일시에 많은 손님을 맞이하는 주막에서도 국밥으로 상을 차려 주는 것이 가장 손쉬운 상차림이었을 것이다. 예부터 지금까지 사용되어 오고 있는 국밥탕반으로 콩나물국밥,

따로 국밥, 우거지해장국밥, 순대국밥, 장국밥, 선짓국밥, 돼지국밥 등이 있고 지역의 특성에 따라 특징적인 국밥도 있다.

콩나물 국밥은 콩나물과 모시조개로 끓이며 홍고추와 파를 곁들이고 새우젓으로 간하여 먹으면 시원한 맛이 더욱 좋다. 몇 년 전 전주에서 왱이 콩나물 국밥집을 간 적이 있었다. 가서 보니 콩나물을 기르는 대단히 큰 방이 있고 김치를 넣고 먹는 것이 독특했는데 그것은 6·25전쟁 때 피난 가던 길에 식구들에게 먹이고자 고안한 데에서 유래되었다고 설명해 주었다. 이 맛을 결정짓는 데는 잘 기른 콩나물, 새우젓, 맛있게 익은 김치라고 했다. 모든 재료를 싸 주어서 집에 가지고 와서 끓여 보니 그 맛이 나지 않았다. 아마도 그 이외의 비법이 또 있는 게 아닌가 생각했다.

사골 뼈와 쇠고기, 무로 끓인 국물에서 쇠고기와 익힌 선지, 무, 대파 등을 고추기름, 육수, 국 간장으로 간한 다음 끓여 밥과 국을 따로 담아내는 따로 국밥, 잡뼈, 곱창, 우거지로 만든 국을 밥 위에 부어 먹는 우거지 해장국밥, 사골국물에 순대, 허파를 넣고 끓인 순댓국에 밥을 곁들이는 순댓국밥, 선지, 우거지, 콩나물 등으로 만든 선짓국밥 등이 있다. 한편 경상도 지역의 돼지국밥이 유명한데 이것은 6·25전쟁 시 피난 온 이북사람들에 의해 만들어진 것으로 지금도 부산이나 대구 등지의 시장에서 이것을 사 먹을 수 있다. 미국에 이민 간 친척 남동생이 이 돼지국밥이 생각이 나서 나왔다고 하면서 부산으로 돼지국밥을 먹으러 떠나는 것을 보았다.

떡국 우리의 최대 명절이라고 하면 새해가 시작되는 설날이다. 천지 만물이 새로이 시작되며 다가오는 새해에는 무병장수하고 풍년이 깃들기를 기원하는 의미에서 흰 가래떡을 둥근 모양으로 썰어 꿩고기나 쇠고기로 만든 국물에 넣고 끓인 떡국을 설음식으로 먹는다. 떡국을 먹어야 나이를 한 살 더 먹는다고 하여 나이가 몇인가를 물을 때 "떡국 몇 그릇 먹었냐?"고 하기도 한다. 지금은 먹고 싶을 때 언제든지 먹을 수 있는 상용음식이 되었으므로 그런 말은 잘 쓰지 않는다.

떡국에 대한 정의를 보면 멥쌀을 가루 내어 찐 떡을 안반에 놓고 떡메로 친 후 손으로 길게 늘여 만든 흰 가래떡을 썰어서 맑은 장국에 넣고 끓인 음식으로 정조차례正朝茶禮 시에 먹는 시절음식으로 되어 있다. 지금은 기계로 썰고 있으며 비닐 포장 주머니에 담아 팔기도 하고 인스턴트화된 것도 있다. 《동국세시기》에 원래 쇠고기나 꿩고기를 사용하나 꿩이 귀하면 대신 닭을 사용하는 경우가 있어 '꿩 대신 닭'이라는 속담이 이것에서 유래되었다고 하니 재미있다. 흰떡의 흰색은 순수하고 진실하며 태양을 상징하고 새로운 일이 시작되는 것을 의미한다. 둥글게 써는 모양은 부자를 꿈꾸는 뜻에서 재물의 상징인 동전의 모양을 본뜬 것이라 하며 길게 늘여 가래떡을 만드는 것은 장수를 의미한다고 하니 귀한 음식에 가지가지 좋은 뜻을 다 부여하고 있는 순박한 국민성을 엿볼 수 있는 것 같다.

개성의 특별 떡국인 누에고치 모양으로 만든 조랭이 떡국이 있다. 멥쌀가루를 쪄서 곱게 친 흰떡을 참기름을 바르면서 나무칼로 누에고치 모양의 조랭이 떡을 만든다. 양지, 사골, 양 등을 고아 국물을 만들고 조랭이 떡을 찬물에 헹구어 낸 다음 장국에 넣어 끓인다.[31] 누에고치 모양도 재물과 풍년을 기원하는 뜻을 가지고 있다고 한다. 또한 부산에서 먹어본 것으로 찹쌀가루를 반죽하여 번철에서 빈대떡 모양으로 부쳐내어 식은 후 골패쪽 모양으로 썰어 떡국에 같이 넣고 끓인 것이 맛이 좋았다. 안동의 떡국은 고기 국물에 끓이지 않고 맹물로 끓이고 다진 쇠고기를 국물이 넉넉하게 되도록 볶아 다른 고명과 함께 넣어 국물의 간을 맞추는데, 맛이 담백하고 깔끔하다. 이때 쇠고기 대신 꿩고기 볶은 것을 고명으로 사용하기도 한다.

김밥, 유부초밥, 생선초밥 김밥, 유부초밥과 생선초밥은 일본에서 들어

온 밥 요리라고 할 수 있다. 우리나라에서 김밥은 일본식 김밥이 소개되기 전에는 김쌈으로 먹었을 것으로 생각한다. 가족 나들이, 소풍 가는 날, 운동회 날에는 김밥은 빠지지 않는 단골 메뉴이다. 어머니가 김밥 쌀 때 옆에 앉아 꼬투리나 터진 것을 어느 맛있는 요리보다 더 맛있게 먹었던 기억이 난다. 일식집에 가서 김초밥을 먹으면 새콤달콤한 맛이 좋으나 소풍이나 운동회 날에는 이 형태의 김밥을 잘 만들지 않는다. 왜냐하면 밥의 전분은 산이 들어가면 빨리 노화되어 밥이 굳어져 맛이 없어지기 때문이다. 우리나라식 김밥은 속에 고기, 여러 가지 채소, 어묵, 달걀 등을 약한 간으로 조미, 조리하여 넣고 꼭꼭 말고 때에 따라서는 표면에 소금 간을 한 참기름을 바르기도 한다. 그러면 참기름 향으로 맛이 고소하면서 김밥의 수분이 유지되어 시간이 오래 가도 굳지 않고 그 맛이 그대로 유지된다.

또한 다른 유형의 김밥으로 유명한 충무 김밥이 있다. 이것은 김밥 속에 아무것도 넣지 않고 손가락 크기만 하게 밥만 넣고 김에 싼 김밥을 액젓을 듬뿍 넣고 담은 무김치와 삶은 꼴뚜기를 맵게 무친 것 두 가지 반찬과 같이 먹는 것이다. 고기 잡으러 배 타고 나가는 남편, 아들에게 먹기 좋게 만들어 준 데서 기원한다고 하며 일반 김밥과는 다른 특별한 맛을 낸다. 충무김밥의 맛은 쌀, 김, 무김치와 꼴뚜기 무침이 잘 어울릴 때 가장 좋은 맛을 낸다.

유부초밥 역시 일본 유래의 음식인데 지금은 우리나라에서도 손쉽게 잘 만들며 김밥과 더불어 소풍이나 운동회 등 야외음식으로 즐겨 먹는다. 유부초밥은 유부를 약하게 간하여 졸이고 그 속에 들어갈 밥은 우엉, 당근 등을 잘게 다져 볶은 것과 검은 깨 등을 넣고 비벼 유부 속에 꼭꼭 싸 넣은 것으로 우리의 옛날 주먹밥과 유사한 것으로 생각할 수 있다.

생선초밥은 일본의 전형적인 밥 음식이지만 오늘날 우리나라 사람들뿐만 아니라 세계인들이 상당히 즐겨 먹고 있는 대표적인 일본 밥 음식이다. 10여 년 전에 일본의 생선초밥을 연구하는 젊은 학자가 와서 강연하는 것을 들을 기회가 있었는데 그때 흥미로운 이야기를 들은 기억이 난다. 그것은 한국의 생선 식해가 일본의 생선초밥의 근본이었다고 하는데 확인되지는 않았으나 그럴 듯한 데가 있다고 생각했었다. 1993년 일본 아키다 시장에서 도루묵 식해를 팔고 있는 것을 보면서 그럴 수도 있을 것으로 생각했다.

볶음밥, 오므라이스 요즈음 결혼을 앞 둔 젊은 여성들에게 가장 자신있게 만들 수 있는 요리를 대라고 하면 망설임 없이 김치볶음밥이라고 하는 것을 종종 보면서 웃음을 짓는다. 아마 이것은 남자, 어린아이 할 것 없이 잘할 수 있는 손쉬운 음식이기 때문이다. 볶음밥의 기본 조리법은 프라이팬 위에 기름을 두르고 쇠고기, 햄, 새우 등과 김치와 각종 채소들을 잘게 썰어 볶다가 밥을 넣고 소금 간을 하면서 볶은 것이다. 여기에 새우가 들어가면 새우 볶음밥, 쇠고기가 들어가면 쇠고기 볶음밥, 김치를 넣으면 김치볶음밥이 된다.

우리나라에서 먹는 자포니카형 쌀밥은 끈기가 많아 볶기에 적합하지 않으며 중국이나 동남아일대에서 먹는 인디카형 쌀밥이 볶기에 적합하다. 또한 중국은 음식을 만드는 데 기름을 많이 사용하므로 볶음밥은 중국에서 유래된 것으로 생각한다. 기름으로 볶기 때문에 고소한 향이 많이 나며 밥이 쫄깃쫄깃해져 씹는 맛이 더욱 좋아지고 영양성이 높은 각종 재료를 함께 넣어 조리하여 편식을 하는 아동들도 골고루 먹을 수 있도록 한 음식이기도 하다.

이러한 볶음밥을 달걀을 풀어 프라이한 것으로 싸고 토마토케첩을 뿌려 오므라이스로 만들면 아이들이 매우 좋아한다. 물론 밥을 지을 때에 각종 재료와 쌀, 그리고 토마토케첩을 넣고 볶다가 밥을 지어 만들고 달걀 프라이한 것으로 싸서 만드는 정식 방법도 있다.

카레라이스, 하이라이스 카레라이스와 하이라이스는 서양음식으로 일본을 통해서 유입되었다고 할 수 있다. 물론 카레음식은 인도가 본산지이지만 일본에서는 일본화되고 우리나라에서는 우리나라의 입맛에 맞도록 변화되었다. 특히 카레는 매운맛이 있고 우리 음식에서는 경험할 수 없는 독특한 맛을 내므로 카레라이스만이 아니라 각종 요리에 카레가루를 이용하는 등 특별식을 만드는 데 이용되고 있다. 카레의 황색은 생황의 황색색소 커쿠민curcumin에 의하며 이 성분은 아주 좋은 항산화성을 지닌 천연 항산화제로서 항암, 항노화 효과를 주는 것으로 알려져 요즈음 크게 관심을 받고 있다.

하이라이스는 쇠고기, 양파 등을 넣고 만든 데미글라소스를 밥에 얹어 먹는 양식 메뉴로 해쉬라고도 한다. 레시피는 카레라이스와 거의 유사하나 단지 소스가 다르다. 하이라이스 역시 일본화된 음식으로 카레라이스의 독특한 카레 향이 있다면 하이라이스는 부드러운 맛을 내는 특징을 가지고 있다. 시장이나 슈퍼에서 인스턴트화된 하이라이스 소스를 이용해서 간편하게 만들 수 있으며 혹자는 카레보다 자극적이지 않고 부드러운 맛을 내는 하이라이스를 더 좋아한다.

한편 집을 떠나서 간편히 식사할 수 있는 도시락 형태의 밥들도 있다. 옛날 교통수단이 빈약하여 원행하게 되는 경우 시간을 절약하고 간편하게 먹을 수 있는 주먹밥이 있다. 이것은 소금 등으로 약간의 간을 하여 뭉쳐 별도의 반찬 없이도 먹을 수 있게 만든 것이다. 《삼국유사》에서 출가하는 진정법사 효선에게 그 어머니가 "행로에서 밥을 지어 먹으면서 가자면 더딜 터이니 하나는 지금 먹고 나머지 여섯 개는 싸 가지고 가라."로 한 대목에서 주먹밥을 싸 준 것임을 알 수 있다.

산업사회에서 여성들의 사회참여가 많아지고 결혼 후에도 직장생활이 그대로 유지되면서 가정의 식생활 양식도 당연히 많은 변화가 일어 났다. 최근에는 맞벌이 가정뿐 아니라 모든 가정에서 식생활 담당은 주부만이 아니라 남편도 조력하는 형태로 바뀌어 가고 있다. 4, 50년 전만 해도 남자는 부엌에 얼씬도 못하게 하는 풍조였는데 지금은 아들 가진 엄마는 아들이 어릴 때부터 부엌일 돕는 것을 오히려 가르치는 경우도 많다.

그렇다 보니 남자나 여자나 모두 집안 살림에 몰두할 시간이 부족하므로 외식하는 경우가 많아지고, 집에서 밥을 먹는다고 하더라도 시간에 쫓겨 해놓은 밥을 사서 먹는 경우가 늘고 있다. 쇼핑센터나 백화점의 슈퍼마켓에서 파는 여러 가지의 밥과 반찬을 사거나 가공된 밥을 사서 집에서 전자레인지에 넣어 덮여 먹는 경우가 많다. 특히 여행을 가거나 식사할 시간이 없는 경우 빨리 먹을 수 있기 때문에, 또는 실용적인 면에서 밥 가공품을 선택한다.

며칠 전 TV에서 직장인들의 점심으로 음식점보다 도시락을 선호하여 그것을 사려고 하는 남녀 직장인들이 장사진을 이루고 있는 모습을 보았다. 그들이 하는 이야기로는 이것을 사서 먹으면 식사 시간이 단축되고 나머지 점심시간을 이용하여 취미생활 또는 운동을 할 수 있어서 좋다고 하며 더구나 값이 저렴하여 좋다고 말했다. 즉, 아침이나 저녁은 집에서 하든지, 또는 다 된 밥을 사든지, 가공 밥을 먹든지 하겠지만 점심만큼은 싸가지 않는 한 사 먹어야 하니까 도시락은 일상의 식생활에 큰 역할을 맡고 있는 것이다.

또한 학원가에서 컵 밥이라는 것을 만들어 팔고 있는데 밤잠을 설치고 새벽부터 학원에서 공부하는 입시생, 취업준비생, 각종 고시 준비생들이 짧은 시간에 식사를 해결하는 방법으로 자주 이용하는 밥이다. 컵 밥은 이른 아침에만 살 수 있으며 기본으로 김치볶음밥을 담고 그 위에 달걀 프라이 한 것과 양파와 참치 다진 것을 올리고 다시 김치볶음밥을 놓아 충분한 한 끼 식사량이 된다.

죽 이야기

쌀로 만든 최초의 조리 형태는 가루 또는 낟알 상태에 충분한 물을 붓고 끓이거나 찐 상태였을 것으로 본다. 우리나라를 비롯하여 대부분의 농경 지역에서 곡물에 조개류나 짐승고기 또는 산채 등을 넣고 끓여 주식으로 사용했으며 조선시대에는 이른 아침에 죽을 먹었고 이것을 조반이라고 했다.[32]

《성호사설》 권5에 "요즈음 사람은 아침에 일찍 일어나면 흰죽을 먹는데 이것을 조반早飯이라 한다." 조반은 새벽 일찍 잠에서 깬 노인에게 소화가 잘 되고 보양이 되는 죽을 지어 허기를 가볍게 면하게 한 것이다. 이때에 사용된 죽들로는 흰죽, 잣죽, 흑임자죽, 초미죽대추죽, 연뿌리녹말죽우분죽, 가시연밥녹말죽검인죽, 육선죽, 락죽우유죽일 것으로 말하고 있다.[8]

우리나라에서는 죽에 얽힌 여러 풍속들이 있다. 예를 들면 동지에 팥죽을 쑤어 팥죽 물을 문짝에 뿌려 액을 막는다고 하는 것이나, 홍역과 같은 열병인 경우에는 열 내리는 효과가 있는 녹두죽을 먹게 하는 등이다. 쌀이 귀할 때에는 각종 초근이나 겨 등을 넣고 죽 모양으로 끓여 양을 늘려 식사대용으로 먹었거나, 눈 녹인 물에 매화꽃을 넣고 살짝 데쳐내어 흰죽에 섞어 매화의 향을 음미하게 하는 풍류 죽도 있다.

재료에 따른 죽의 종류[32, 33]

재료	죽류	미음	응이	암죽
곡물	흰죽, 콩죽, 팥죽, 녹두죽, 흑임자죽 등	쌀미음, 메조미음, 차조미음	율무응이, 수수응이	쌀암죽, 떡암죽
곡물+채소	아욱죽, 콩나물죽, 애호박죽, 근대죽, 호박죽, 무죽 등		연근응이	
곡물+수조어육류	닭죽, 장국죽, 홍합죽, 전복죽, 옥돔죽, 낙지죽, 생굴죽, 어죽 등	삼합미음 (해삼, 홍합, 쇠고기)		
곡물+견과류	잣죽, 행인죽, 밤죽, 낙화생죽, 호두죽, 상자죽 등	송(속)미음		밤암죽
곡물+약이성재료	갈분죽, 강분죽, 송피죽, 복령죽, 문동죽, 연자죽, 산약죽, 송엽죽 등		오미자응이, 갈분응이	
곡물+기타재료	대추죽, 인삼죽, 우유죽, 방풍죽, 모과죽 등			식혜암죽

이와 같이 우리나라에서는 죽 요리가 크게 발달했으며 주재료는 멥쌀이지만 여기에 대추, 인삼, 황률, 잣, 깨 등의 약이성 식품을 넣고 끓이는 것이 특징이며 그 외에 채소, 육류, 어패류, 견과류, 종실류 등을 넣고 끓여 보양식으로 하기도 한다. 죽과 유사한 형태로서 응이, 암죽, 미음 등이 있으며 이들의 종류[32, 33]는 표에서 보는 것과 같다.

죽의 주재료는 쌀이며 쌀 부피의 5~6배의 물을 붓고 끓이는 것으로 쌀알을 그대로 쑤는 죽을 옹근죽, 쌀알을 굵게 갈아서 쑤는 죽을 원미죽, 쌀알을 완전히 곱게 갈아서 쑨 것을 무리죽 또는 비단죽이라 한다. 암죽은 곡식을 말려 가루로 만들어 끓인 것이며 쌀가루를 백설기로 만들어 말렸다가 끓인 떡암죽, 쌀을 쪄서 말려 가루내어 끓인 쌀암죽, 밤을 넣은 밤암죽이 있다. 미음은 건더기를 없게 한 것으로 쌀, 차조, 메조 등의 분량에 약 10배 정도의 물을 붓고 푹 물러 퍼질 때까지 끓인 후 체에 밭친다. 응이는 죽보다 더 묽은 상태인 것으로 율무, 녹두, 수수, 칡, 연근 등의 전분을 물에 풀어 끓이는 것이다.

가끔 집에서 만들어 먹는 대표적인 죽의 예를 들어 본다. 호두와 대추를 넣고 끓인 호두죽, 볶은 깨 또는 흑임자를 가루 내어 체에 밭치고 쌀을 갈아서 같이 섞어 끓인 깨죽과 흑임자죽, 냄비에 참기름을 두르고 쌀과 다진 파, 마늘을 넣고 볶다가 콩나물 삶은 물과 물을 섞어 붓고 끓인다. 쌀알이 어느 정도 익으면 삶은 콩나물을 넣고 끓이며 거의 다 되었을 때 굴을 넣어 끓인 콩나물 굴죽, 또 부기를 빼주고 소화 흡수가 좋고 소변 배설에 효과가 있으며 특히 산모나 위장이 약한 사람, 회복기 환자에 좋은 호박죽, 쌀, 잣, 은행, 시금치 간 것을 모두 냄비에 붓고 끓인 은행죽, 바다의 인삼이라고 하는 전복을 얇게 썰고 다진 파, 마늘을 넣고 참기름에 볶고 찹쌀 불린 것을 같이 넣고 볶다가 물을 붓고 끓이는 전복죽 등 많다.

최근에 와서 죽의 영양적인 기능성이 부각되고 있다. 동네마다 거의 죽집이 있어 각종의 죽을 쉽게 살 수가 있으며 뷔페 음식점을 가보면 스프와 나란히 호박죽이나 잣죽 등이 필수적으로 등장하고 있으며, 고급 한식 레스토랑에 가면 애피타이저 형식으로 흑임자죽이나 잣죽, 콩죽, 전복죽 등이 먼저 나오는 경우도 많이 볼 수 있다. 또한 이른 아침의 조찬회에서 아침 식사를 죽으로 이용하는 경우도 많다. 이처럼 죽의 이용이 일반화되어 가고 있는 것도 현시대 특징 중의 하나라고 할 수 있다. 집안에 환자가 있거나 식구 중에 죽을 원하는 사람이 있는 경우, 또한 심리적으로 피로하거나 스트레스가 있어 입맛이 없을 때 인근에 있는 죽집에 가서 손쉽게 사거나 인스턴트화되어 있는 죽을 먹을 수 있다.

면과 만두 이야기

면이란 무엇인가 하는 것에 대한 정확한 정의는 없지만 이시게는 "곡물, 콩류 등의 가루를 주원료로 해서 길고 가늘게 가공한 식품으로 원칙적으로 삶거나 끓여서 주식, 혹은 준 주식 정도 요리의 주재료로서 먹을 수 있는 것."이라 하였다.[34] 국수는 밀가루, 메밀가루 등의 반죽을 가늘고 길게 뽑아 만든 것을 총칭하는 우리말의 면이다.

우리의 주식으로 곡류를 입상으로 이용하는 밥과 죽 이외에 면을 빼놓을 수가 없다. 하루 세끼 식사 중에서 아침과 저녁은 밥을 주식으로 하는 반상 형태인데 비하여 점심은 면을 주체로 하므로 면상이 있었을 정도이며, 지금도 하루 한 끼는 국수를 주식으로 하는 사람이 많다. 또한 손님을 대접할 때나 행사식 또는 연회식에서 특별음식으로 이용되는 경우도 많다. 즉, 국수의 길이가 길어서 길吉한 것을 상징한다고 생각하여 돌상이나 잔칫상, 생일상 등에 올렸으며, 또한 돌아가신 분의 추모를 오래도록 한다는 의미에서 제수로도 사용하여 왔다.

우리나라에서 전통적으로 국수라 하면 메밀국수를 지칭한다. 그러나 메밀가루에는 점탄성을 나타내는 글루텐의 함량이 낮아 국수를 형성하는 능력이 떨어지므로 당면이나 색면索麵 또는 메밀국수 반죽 시에 보조 재료로 녹두녹말이나 감자녹말을 첨가하여 만들었다. 메밀에는 혈압을 강하시키는 루틴rutin이 함유되어 있어서 예부터 고혈압 환자들에게 추천되어 온 식품이다. 밀을 이용한 역사가 짧은 이유는 밀의 도입이 늦고, 우리의 기후 풍토가 밀농사에 적합하지 않기 때문이라고 할 수 있다. 그러나 1920년 이후 중국 화교들에 의해 도입된 중국 국수, 일본의 우동, 소바, 또 해방 이후 스파게티, 1970년대의 라면 등이 등장하면서 오늘날의 밀국수가 일상 식생활에서 중추적 역할을 하게 되었다.

이시게에 의하면 국수의 고향은 중국이며, 중국의 황하黃河와 회하淮河 유역을 연결하는 화북평야가 한대漢代 이후의 밀의 주산지로 여러 가지 제면법이 이 지역에서 발달했다.[34] 3세기경부터 중국에서는 밀가루 반죽을 손으로 밀어서 긴 면 모양을 만들었을 것으로 보며 이에서 비롯하여 540년에 저술된 《제민요술》에 수인水引[35]이 기술되어 있다. 우리도 메밀가루로 반죽하여 수제비를 만들거나 국수 비슷한 모양을 만들었을 것으로 본다.

고려말 이색1328~1396의 《목은집》 권 17에 "점심에 백면메밀국수을 끓인 탕이 향기롭고 매끄러워 약해져 냉한 장을 감아 주노나."라고 쓴 시문에서 장국에 끓인 칼국수 형태로 먹은 것임을 짐작하게 한다.[8] 또한 《고려도경》 권 32에 "사신이 고려국 안으로 들어오면 군산도 삼주전주, 광주, 청주로 해석에서 모두 사람을 보내 식사를 제공한다. (중략) 음식은 10여 종인데, 국수가 먼저이고 해산물은 진기하다…."고 기술되어 있어 손님접대에 국수를 사용했음을 알 수 있다.[8]

조선시대 이후에 등장하는 전통국수 요리는 《음식디미방》, 《증보산림경제》, 《규합총서》, 《음식법》1854, 《시의전서》등에서 총 60여 종[36]이 나타난다. 그중에서 특이한 것을 몇 가지씩 예를 들면 다음과 같다. 《음식디미방》에는 면메밀국수, 시면녹말국수, 난면밀가루, 달걀 등이 있고, 《증보산림경제》에는 목맥면메밀, 거피한 녹두, 갈분면갈분, 녹두분말, 창면녹말가루, 오미자 또는 두을죽국, 산서면산서 등이 있다. 또 《규합총서》에는 화면녹말가루, 진달래꽃, 오미자국, 왜면倭麪, 오미자국이나 깨국, 《음식법》과 《시의전서》에는 메밀국수, 난면, 냉면, 약면, 온면, 밀국수, 콩국국수, 장국냉면, 비

조선시대 국수틀

▌《임원십육지》에 소개된 국수[38]

교맥면방

탁장면방

홍사면방

빔국수, 낭화밀가루반죽을 모나게 썬 것 등이 있다. 《음식법》과 《시의전서》에 나오는 면들은 오늘날 거의 다 사용하고 있는 것들이며 냉면이 보이는 것이 특징적이다.

국수는 면발을 제조하는 방법에 따라 수인면hand-elongated noodle, 세절면cut noodle, 압출면extruded noodle으로 대별된다.[37] 수인면은 손으로 늘이거나 쳐서 만드는 중국국수가 이에 속하며, 세절면은 반죽을 밀대로 밀어 만든 면대를 칼로 써는 칼국수, 우동, 소바 등이 이에 속한다. 압출면은 곡물가루를 묽게 반죽하여 밑바닥에 작은 구멍을 낸 그릇에서 끓는 물속으로 눌러 내려 실 모양으로 면발이 형성되게 하는 것으로 냉면, 당면 등이 이에 속한다.

서유구의 《임원십육지》에 소개되어 있는[38] 국수로는 교맥면방蕎麥麵方, 탁장면방托掌麵方과 홍사면방紅絲麵方이 있다. 교맥면방은 메밀가루와 녹두가루를 섞어 반죽한 것을 얇게 밀어 썬 후 장국에 넣어 끓인 것으로 이때 국수는 메밀가루와 녹두가루 섞은 것에 물로 묽게 반죽하여 풀처럼 끓인 후 국수틀에 눌러 삭면索麵의 형태로 하거나 또는 메밀가루를 물로 반죽하여 나무판위에서 밀어 칼로 가늘게 썰어 가는 국수형태로 만들었을 것으로 본다. 탁장면방은 얇은 밀가루 반죽을 술잔의 입 크기로 떼내어 삶아 내고 찬 육수에 우유를 섞어 부은 후 늙은 오이, 삶은 닭, 파, 마늘을 웃기로 얹은 국수로서 국수의 모양이 넓적한 특징을 가지고 있다. 그리고 홍사면방은 밀가루와 녹두가루를 섞어 새우즙으로 반죽하여 밀어서 썬 후 장국에 삶은 국수로 새우를 천초와 소금을 넣고 끓인 후 면포로 걸러 반죽할 때 넣었다고 하니 대단한 고급 요리였을 것으로 보인다.

잔치국수 우리나라에서는 밀가루 음식이 상용화되기 어려웠으며 특별한 때의 음식이거나 밀 수확기에 맞는 여름 별미로 자리 잡게 되었다. 고려시대 이후[8]에 잔치국수로서 잔칫날 평소에 늘 먹는 밥보다 별식으로 만들어 동시에 많은 사람들이 먹을 수 있도록 한 것이다. 지금도 결혼식 날 하객들에게 대접하는 음식이 양식의 형식이든 한식이든 간에 가늘게 뽑은 국수로 만든 잔치국수를 소량이지만 대접하고 있다.

잔칫상에는 술, 떡, 고기찜, 생선전, 냉채, 한과, 생과, 화채 등과 같은 여러 음식이 차려지고 국수장국은 끝 무렵에 조금 가볍게 말아 내놓는 것이 원칙이었다고 한다. 옛날에는 메밀국수 또는 녹말국수가 원칙이었으나 20세기 초 이후에 가늘게 뽑은 기계국수를 주로 이용하였다.

이와 같이 잔치에는 국수가 반드시 등장하므로 일상적인 말에 과년한 아들이나 딸이 있는 집, 또는 짝이 있는 남녀에게 "국수 언제 먹여 줄래?"라고 하면서 빨리 결혼할 것을 독려하는 인사말을 하곤 한다. 아이러니하게 노처녀, 노총각들은 그 말이 가장 듣기 싫은 말이라고 하니 그 말도 때를 봐서 해야 할 것 같다.

비빔국수 국수 단품으로는 영양가가 낮은 편인데 여기에 여러 가지 채소와 쇠고기 볶은 것, 달걀지단 등을 넣고 비벼 먹을 수 있게 한 비빔국수는 19세기 말에 저술된 《시의전서》에 처음 등장하고 있다. 오늘날에도 비빔국수, 비빔냉면, 막국수 등으로 그 형태가 유지되고 있다.

안동국수 안동국수는 밀가루에 날콩가루를 섞어 반죽하여 맛이 좋아지며 영양적으로도 밀가루에 부족한 콩가루 중의 필수 아미노산이 보충되어 단백질 품질을 상승시키는 효과가 있다. 지금도 곳곳에 안동국시집 또는 국시집이라는 음식점에서 판매되고 있다. 안동지방에는 국수뿐만 아니라 채소요리나 나물국에도 날콩가루를 넣어 조리하여 폭넓은 날콩가루의 활용 면모를 보여준다.

흰떡국수 《음식법》에 멥쌀로 흰떡처럼 만들어 얇게 밀어 면반을 지어 가늘게 썰어 끓는 물에 데친 후 건진 국수 형태로 만든 것이다.[8] 이것은 우리의 쌀은 자포니카형으로 아밀로펙틴의 함량이 높아 동남아의 쌀국수와 같은 형태로 만들 수가 없다. 그런데 그러한 성질을 극복하여 국수의 형태로 만들었다고 하는데 큰 의미를 둘 수 있다.

콩국수 여름의 별미 국수 중에 콩국수를 빼 놓을 수가 없다. 안동국수에서는 면 반죽을 할 때에 날콩가루를 넣는 것이지만 콩국수는 콩국이 국수 국물이 되는 것이다. 여름철 보양식으로도 손색이 없을 만큼 영양가가 풍부하며 민간에 내려오는 말 중에 "여름철에 콩국수 100그릇을 먹으면 한 해의 건강에 아무런 문제가 없다."라는 말이 있을 정도이다.

냉면 냉면은 《음식법》에 처음 수록되어 있으며 우리나라에서 생산되는 메밀가루나 감자, 고구마 전분을 주원료로 하여 만든 우리나라 특유의 전통 면이다. 냉면은 압출면의 대표적인 면으로서 냉면의 본 고장은 평양, 평안도, 함경도, 황해도 북부지방이다. 6·25전쟁 후 피난민들에 의해 남한 각 지역에 소개가 되고 지금은 냉면을 만들지 않는 지역은 거의 없을 정도가 되었다.

평양냉면은 메밀가루로 만들어 면발이 부드럽고 메밀의 향기가 은은히 나며 냉면의 맛을 결정짓는 요소는 면발과 시원한 국물에 있다고 할 수 있다. 냉면 국물은 동치미 국물이 주가 되고 여기에 쇠고기, 돼지고기, 닭고

칼국수(안동국시)

진주밀면

쌀국수

기, 꿩고기로 끓인 육수를 잘 섞어서 만들어 낸다. 특히 동치미 국물에 얼음이 생길 정도로 추운 겨울에 별미로 먹었다고 하는 평양 출신 사람들의 자랑은 많이 듣던 이야기이다.

한편, 함흥냉면은 듣기만 해도 질기고 쫄깃쫄깃한 면발이 연상된다. 평양냉면과는 달리 감자나 고구마 전분으로 만든 국수로 홍어회 무침이나 가자미회 무침을 얹고 맵게 비벼서 먹는 회냉면, 홍어회나 가자미회 무침 대신에 쇠고기를 넣고 맵게 비벼먹는 비빔냉면이 있으며, 특징은 매운맛을 중화시키도록 면 삶은 물을 뜨겁게 하여 주는 것이 특징이다. 지금도 함흥냉면의 매운맛을 즐기려 오장동에 가는 사람들이 많다. 황해도 냉면은 해주와 사리원이 본고장인데 평안도보다 면발이 굵으며 돼지고기 육수를 많이 사용하는 물냉면으로 설탕을 넣어 단맛을 내는 것이 특징이라고 한다. 부산의 밀면도 또한 유명하다. 이것은 한국 전쟁 때 함경도에서 온 피난민들에 의해서 만들어진 회냉면이 부산 특유의 면과 만나면서 퓨전 형식으로 탄생된 것이 '밀면'이다. 다시 말해서 함흥냉면이 부산에서 새로운 국수 문화를 탄생시킨 것이다. 이에 비하여 진주냉면은 진주 지역에서 독자적으로 탄생한 것이라고 할 수 있다. 진주 냉면은 메밀가루에 고구마전분을 섞어서 만들고 육수로는 해물 육수를 사용하며 꾸미로 쇠고기전을 올리는 것이 특징이다. 다른 지역에서 만들지 않는 방법으로 조리하므로 최근 들어 식도락가들이 즐겨 찾는다고 한다.

만두 또한 함경도, 평안도, 황해도 등의 이북지방에서는 만둣국 또는 떡만둣국을 먹는다. 만두 모양은 이북지방에서는 어른 주먹 크기만 하게 큼직하지만 남쪽으로 내려가면 그 크기가 작아진다. 만두는 기원전 200년경에 제갈공명이 진군할 때 바다의 심한 풍랑을 진정시키려고 수신水神에게 양고기와 돼지고기 등을 밀가루로 뭉쳐 49개의 사람머리 모양으로 만들어 바쳐 풍랑을 진정시켰다는 데서 기원한다.[8] 우리나라는 고려 시대에 이미 만두가 일상화된 식품이었다는 것을 《목은집》 12권에 나타난 "이랑二郞, 둘째 아들의 집에서 만두를 만들었다."고 쓴 내용에서 짐작할 수 있다.[8]

만두는 고운 밀가루를 따뜻한 물로 반죽하고 젖은 보자기로 덮어 두었다가 끈기가 생기면 반죽을 얇고 둥글게 밀어 만두피를 만든다. 고기와 채소는 잘게 다지고 두부는 베주머니에서 꼭 짠 후 같이 잘 섞어 양념하여 만두소를 만든다. 만두피에 만두소를 넣고 모양을 빚어 쇠고기 육수에 끓여 만둣국을 만든다. 허균의 《도문대작》에 의주 사람이 만두를 잘 만든다고 했다. 의주는 신의주를 말하는 것으로 만두가 중국 음식이었는데 신의주로 들어와 일찍부터 신의주 사람들이 만두를 잘 빚을 수가 있었던 것으로 보인다.

만두는 만두피의 재료에 따라 밀만두, 메밀만두, 어만두, 숭채만두가 있으며, 만두의 모양은 둥근형, 네모형편수, 삼각형인 것이 있다. 특히 삼각형 모양인 것을 변씨만두라고 한다. 그것은 삼각형을 변씨가 처음 만들었다고 하는데서 유래한다.[39] 또 만두소의 재료에 따라 고기만두, 꿩만두, 김치만두 등이 있고 조리법에 따라 만둣국, 찐만두, 군만두, 만두전골 등이 있다.

요즈음엔 가정에서 만두를 만들기보다는 각종 전문 음식점에서 만들어 팔기도 하고 시장이나 슈퍼마켓에서 여러 가지 모양으로 만들어 포장 판매하고 있어 필요한 때에 손쉽게 사서 먹을 수 있게 되어 있다.

인스턴트 국수 국수를 좋아하는 사람들의 수가 많아지면서 손쉽게 먹을 수 있도록 가공한 라면과 냉면 등 인스턴트 면류의 인기가 매우 높다. 집집마다 상비되어 있음은 물론 직장인들이나 수험생들처럼 밤늦은 시간까지 일하고 공부해야 할 때 아마도 가장 많이 먹고 있는 간식 겸 야식 음식이 아닌가 생각된다.

라면은 1973년에 개발된 것으로 경제적으로 어려웠던 시기에 국민들의 식생활에 크게 기여한 식품이다. 라면은 국수를 기다란 모양으로 하면 잘 부스러지므로 꼬불꼬불하게 하여 증숙시킨 다음 노화를 방지하기 위하여 기름에 튀겨 수분을 5% 이하로 제거해 주어 노화되지 않도록 한 것이다. 따라서 스프에 넣고 끓이면 물이 들어가 다시 부드럽고 쫄깃한 호화상태의 면발이 되살아나게 된다. 이것이 더욱 발달되어 끓는 물만 부어도 면발이 되살아나게 되었다. 일부는 생면 그대로 인스턴트화되어 있기도 하다. 그러나 라면의 영양성에 대하여 많은 논란이 대두되고 있으나 이것을 대체할 수 있는 것이 없어 그 인기는 그대로 유지되고 있으며 심지어 우리나라의 라면은 국제적으로도 맛이 좋은 것으로 그 명성이 자자하다.

그 외에도 여름철에 거의 한시적으로 많이 애용되는 냉면도 인스턴트화되어 있는데 육수에 대한 논란으로 소비자들의 걱정이 많다. 따라서 가공식품 제조업자들의 위생에 대한 주의가 한층 강화되어야 함은 물론, 국가적 차원에서 위생적으로 안전한 식품을 생산해야 한다는 계속적인 의식화가 필수적으로 이루어져야 한다고 생각한다.

쌀국수 태국, 인도네시아, 베트남, 홍콩 등지에서 쌀국수는 매우 중요한 주식이다. 우리나라나 일본에 사용하는 자포니카형 쌀은 아밀로스 함량이 적고 아밀로펙틴의 함량이 높아 밥이나 떡의 요리에 적합한 반면 동남아 일대에서 재배되는 쌀은 인디카형으로 아밀로스 함량이 높아 쌀국수 제조에 적합하다. 자포니카형의 쌀로 국수를 만든다면 압출 형으로는 가능하지만 면끼리 서로 붙어서 국수의 모양을 유지하기 어렵다. 만일 만든다면 글루텐을 가하든가 밀가루를 섞는 등 별도의 처리가 필요하다. 그러나 아밀로스 함량이 많은 인디카형 쌀은 찰진 성질이 낮으므로 서로 엉겨 붙지 않아 면발이 형성된 후에도 그 모양이 유지될 수 있는 것이다. 한동안 우리의 쌀로 쌀국수를 만들지 못한다고 식품학자나 요리가들을 핀잔하는 경우가 있었는데 이것은 쌀의 식품학적 특성을 모르고 하는 무식한 소치인 것이다.

방콕에서 한 쌀국수 공장을 견학할 수가 있었다. 원리는 쌀을 물에 충분히 담가 불린 후 맷돌로 갈아주면 마치 녹두를 갈았을 때와 같은 뽀얗고 걸죽한 미장이 만들어진다. 이것을 큰 가마솥에 물을 넣고 위는 얇은 천을 팽팽하게 덮고 물을 끓이면서 미장을 얇게 펴 주면 스팀에 의해 순간적으로 익게 된다. 이것을 천에서 떼어내어 판상의 면대를 옷감을 개키듯이 몇 번 접어준 다음 약간 굳으면 칼로 썰어 준다. 국수의 종류가 7가지가 있다고 하여 깜짝 놀라 본즉, 써는 모양을 매우 가는 것에서부터 굵은 것, 3~4cm 정도로 아주 넓적한 것, 또는 네모형, 세모형인 것을 말하고 있었다. 이들이 처음에는 붙어 있는 것처럼 보이나 마르면 떨어져서 각각의 국수 모양을 보이는 것이 신기했다. 쌀국수 공장에서 이러한 과정이 연속식으로 이루어지는데 면대를 접어놓은 것이 마치 옷감을 필로 접어놓은 것처럼 두꺼웠으며 이것을 큰 칼로 머리카락처럼 얇게 썰어 놓으니 한 가닥 한 가닥 서로 떨어져 투명한 쌀국수가 되었다.

쌀국수는 우리의 떡국에서 맛볼 수 있는 것처럼 시원하고 담백한 맛을 느낄 수 있으며 돼지고기, 닭고기 등과 실란트로고수풀 향채를 넣은 양념장으로 간하여 먹는 것이 특징이다. 현재 우리나라에도 베트남 쌀국수 집이 많이 있으며 특히 젊은이들에게 인기가 많다. 이와 유사한 것으로 베트남 쌈이 있는데 이것은 각종 채소와 과일, 쇠고기나 돼지고기, 햄 등을 넣고 쌀로 만든 둥글고 넓적한 쌈에 싸서 먹는 것인데, 그 쌈 역시 인디카형 쌀로만 가능하다.

밥의 미래관

수천 년 간 우리의 주식으로 자리 잡아온 밥의 역사는 변하지 않는 진리라고 할 수 있다. 밥이 우리의 미래 식생활에도 주식의 자리를 굳건히 지킬 것임을 확신하며 또한 우리가 밥의 미래를 지켜 주어야만 다변화되고 있는 식생활에서도 전통성을 이어갈 수 있을 것으로 본다. 그것은 생활 전반에서 변화를 강요하고 있는 IT 시대라 하여도 음식을 만들고 먹는 행위는 수동식일 수밖에 없기 때문이다. 그래서 요즈음 TV 프로그램 중에 유난히 음식에 관한 것이 많으며 인기도 높다. 아마도 내 손으로 직접 만들고 먹고 맛을 음미함으로써 기계적인 문화에서 벗어나 사람이 주축이 되는 것을 실감하면서 인간다움을 맛보기 때문이 아닌가 생각한다.

최근 지구의 기후 변화는 두드러지게 심각하게 나타나고 있다. 이러한 자연의 변화는 우리가 선택하거나 거역할 수 없으므로 이에 편승하여 살아가야만 한다. 우리나라의 기후도 점점 아열대성 기후를 나타내면서 과일의 재배 지역이 점차 북상하고 있으며, 남쪽에서 어획되던 바닷물고기의 종류도 북상하는 것도 있다. 이에 따라 우리가 접할 수 있는 식품 재료의 종류가 많이 달라지고 있다. 곡류 중에서도 특히 쌀은 이러한 기후 변동으로 자포니카형보다는 인디카형의 재배가 더 적합하게 될 수도 있으므로 이들의 교배잡종이나 자포니카나 인디카의 변이종을 개발하는 것이 시급하다. 따라서 품질이 달라진 쌀로 밥 짓는 법이나 조리기구 등에 변화가 오긴 하겠지만, 근본적으로 쌀을 중심으로 하는 주식에는 변동이 없을 것으로 생각된다.

곡류 중에서 쌀은 유일하게 거의 자급자족되고 있는 데 반하여, 개인별 쌀 소비량은 계속 감소하고 이에 의해 쌀 수요량도 매년 급감하고 있어 국가는 쌀을 보전하는데 많은 비용을 부담하고, 농민의 생활은 더욱 어려워지고 있는 실정이다. 게다가 2015년에는 20년간 미루어 온 국내 쌀시장이 개방된다고 하니 농업정책에 큰 변화가 필요하다. 이러한 시점에서 쌀 가공품의 활용도를 높이는 것은 필요불가결한 방편이다. 한 일간지에서 "남아도는 쌀, 보조금 1400억 먹는 하마"라고 한 표제[40]를 보아도 알 수 있듯이 쌀의 소비를 촉진하는 것은 매우 시급한 문제이다. 이 신문은 2013년 농림축산식품부에서 발표한 쌀 가공품 제조에 사용된 쌀의 양을 근거로 떡 43.3%, 가공밥 21.4%, 주류 10%, 음료 5.6%, 전분류 3.2%, 면류 12.5%, 장류 2.4%, 과자류 1.8%, 기타 9.8%인 것으로 집계하고 있다. 이들 중에서 떡류에 소비되는 양이 가장 많고 그 다음이 가공 밥이다. 가공 밥의 양이 많은 것은 아마도 1인 가구의 증가와 현대인에게서 나타나는 주방문화의 변화 등에 기인하는 것으로 보인다.

현재 쌀 가공품 제조로 쌀 소비가 증가하고 있긴 하지만 아직도 정부는 남아도는 쌀의 보전료를 계속 증액하고 부담해야 하는 실정이다. 따라서 계속적인 쌀 가공 기술의 연구, 개발과 제품의 다양화, 외국인의 기호를 고려한 세계화된 쌀 가공품을 개발하여 수출을 확대하는 길을 모색하는 것이 앞으로의 과제이다.

참고문헌

1 빙허각 이씨, 정양완 역주, 규합총서, 보진재, 2003
2 현진건, 빈처, 개벽 7호, 1921
3 작자 미상, 이효지 외 11인 공역, 시의전서, 신광출판사, 2004
4 선만실업조사회, 조선식품공업발달지, 1922
5 강인희, 한국식생활사, 삼영사, 1997
6 안명수, 밥, 죽의 문화, 한국식생활문화학회지, 7(2), 1992
7 이철호 외 4인 공저, 선진국의 조건 식량자급, 도서출판 식안연, 2014
8 윤서석, 역사와 함께 한 한국식생활문화, 신광출판사, 2009
9 허준, 김봉제, 박인규 감수, 동의보감 입문, 국일미디어, 1997
10 농림부, 농림업 주요통계(1992~1997 겉보리, 쌀보리, 맥주보리), 2006
11 농림수산식품부, 농림수산통계연보, 2011
12 김연옥, 한국의 기후와 문화, 이화여자대학교 출판부, 1985
13 한화진, 기후변화와 식생활 변화, (한국환경정책평가연구원), 2014 동아시아식생활학회, 한국식생활문화학회, 한국식품조리과학회, 춘계연합학술대회 주제강연, 2014. 5.
14 佐藤洋一郎, 世界の米 とその料理, 米と魚, ドメス出版, 2008
15 농림부, 농림업주요통계, 농업정보통계관실, 식량정책과, 2006
16 2005년 계절별 영양조사1, 보건복지부, 2006
17 보건복지부, 2012 국민건강통계, 국민영양조사 제5기 3차년도, 2014
18 조선일보, 젠한국, 연대별 밥공기 크기 비교, 2012. 12. 26.
19 한국인 영양권장량, 한국영양학회, 2000
20 石毛直道 외 3인, 世界の 食事文化, 平凡社, 1984
21 윤서석, 한국식생활문화, 신광출판사, 1999
22 이성우, 동아시아속의 고대 한국 식생활사 연구, 향문사, 1994
23 Jean. Carpner, The Food Pharmacy, Bantam books, 1988
24 島田淳子, 下村道子, 植物性食品(1), 朝倉書店, 1994
25 농림부, 농림통계연보, 1998
26 안명수, 식품영양학, 수학사, 1997
27 平宏和 외 5인 공저, 要說食品學各論, 建帛社, 1996
28 유태종, 식품보감, 문운당, 1989
29 이성우, 조선시대 조리서의 분석적 연구, 한국정신문화연구원, 1982
30 강남문화재단, 飯·밥·Bap展, 2011
31 조후종, 우리음식이야기, 한림출판사, 2001
32 방신영, 우리나라 음식 만드는 법, 장충도서, 1965
33 안명수, 한국음식의 조리과학성, 신광출판사, 2000

34 石毛直道著, 문화면류학의 첫걸음, 윤서석 외 8인 공역, 신광출판사, 2000
35 賈思勰, 齊民要術, 윤서석 외 8인 공역, 민음사, 1993
36 윤서석, 한국의 국수문화의 역사, 한국식문화학회지, 6(1), 1991
37 이철호, 전통면류의 제법과 품질특성, 한국식문화학회지, 6(1), 1991
38 서유구, 이효지 외 3인 공역, 임원십육지, 교문사, 2007
39 작자 미상, 찬자 이효지 외 9인(우리음식지킴이회), 음식방문, 교문사, 2014
40 조선일보, 남아도는 쌀, 보조금 1400억 먹는 하마, 2014. 12. 17.

우리 삶의 정이 깃든 김치

이효지

김치라는 용어는 한자어 딤칰와 디히이다. 딤칰가 구개음화에 의하여 짐치가 되고 부정회기 현상에 의하여 김치가 된 것이다. 한문으로는 침저沈菹, 침지沈漬라 한다. 우리 문헌에 나오는 채소 염장 발효식품의 용어는 《삼국사기》 신라 신문왕 683년 폐백 품목 기록에 '혜醯'가 나오고, 《고려사》 종묘 제례 품목에 '저菹'가 나온다. 고려 말경에 채소 저장 창고를 침장고라 했는데, 김치를 저장했던 장소로 추정하고 있다. 조선시대 음식 관련 문헌에 나오는 김치 용어는 한자 책에는 저菹 또는 침채로, 한글 책에는 침채, 지, 김치, 섞박지로 쓰여 있다. 즉 김치라는 용어는 혜, 저, 지, 침채를 거쳐 김치로 통용되고 있으며, '지'라는 용어도 함께 쓰인다.

김치는 옛날부터 산나물, 들나물, 밭나물 중에서 염장이 가능한 채소를 모두 소금, 소금과 술, 소금과 술지게미 등에 절여 저장 발효식품으로 가공했던 것이다. 신라, 고려를 거치면서 채소 재배가 발달하고, 조선시대 초기에 고추가 도입되어 김치에 쓰이기 시작하면서 오늘날과 같이 맛 좋고, 영양 높은 가공식품으로 발달했다. 계절의 변화가 현저한 우리나라는 채소 산출이 철마다 달라 김치 종류가 다양하다. 특히 엄동 3~4개월은 신선한 채소가 없어 채소 결핍으로 초래되는 건강 부전을 면하려는 절대성에서 탐구한 것이 김장 김치이다. 추위가 닥치는 입동 전에 겨울 동안 먹을 김치를 준비하는 김장이 주요한 연례 행사로 전통을 이어오고 있다.

우리 풍습에 격이 높은 마님을 추기는 말로 '36가지 김치를 담글 줄 아는 며느리'라는 말이 있다. 이같이 역사의 얼이 깊이 새겨진 민가의 김장 행사가 김치 공장으로 넘어가면서 그 맛과 멋이 점차 단순해지고 있다. 김치는 한국인의 상징이며 가장 한국적인 것을 표현하는 대명사로 사용될 만큼 우리 식생활에서 차지하는 비중이 대단하다. 우리는 김치를 반양식이라고 일컬어 오듯이 우리 밥상 차림의 최소 단위는 열량 급원인 밥과 기타 영양 급원인 김치이다. 한국인은 김치만 있으면 설혹 다른 반찬이 없어도 밥을 먹지만 진수성찬을 차려도 김치가 빠져서는 아니 된다. 이러한 위치를 지닌 음식은 드물다. 고기 맛이 좋다고 하지만 고기를 김치처럼 상용하면 반드시 얼마 안 가서 물린다. 김치는 밥과 함께 먹어도, 떡과 함께 먹어도, 국수와 함께 먹어도 언제나 그 맛은 입에 감겨 정이 붙는다. 아마도 세계에서 제일 가는 음식으로 평가해도 손색이 없을 것이다.

김치는 밥과 잘 어울리는 음식이다. 모락모락 김이 나는 흰쌀밥에 잘 익은 배추김치 한 조각을 올려놓고 후후 불어 입안에 넣으면 그 씹히는 아삭아삭한 느낌과 쌀밥에서 나오는 구수한 단맛이 입안을 가득 채운다. 구운 삼겹살을 상추에 올려놓고 약간 신맛이 나는 김치를 포개어 입안에 가득 넣으면 그 감칠맛이 고기 맛을 더욱 좋게 한다. 국수에 김치 한 조각을 얹어도 그 맛은 일품이다. 심지어 찐 고구마를 먹을 때도 배추김치 이파리를 얹어 먹으면서 동치미 국물로 마른 목을 축이면 입안은 환상적이다. 이렇듯 김치는 한국인이 탄수화물 음식을 먹을 때 언제나 함께 먹는 반찬이다. 김치의 맛은 하늘이 내려준 재료에 손맛과 정성을 담은 출중한 음식이다. 채소가 5번 죽어서 김치로 재탄생한다고 한다. 흙에서 뿌리가 뽑힐 때 죽고, 칼로 다듬을 때 죽고, 소금물에 절일 때 죽고, 매운 고춧가루에 버무려져 죽고, 완성된 김치가 항아리에 들어가 땅에 묻혀 죽는다. 이같이 배추가 5번 죽는 자기희생을 거쳐서 인간에게 맛있는 김치로 탄생되는 것이다. 김치는 상쾌하고 개운한 맛이 난다. 발효할 때 나오는 유기산과 이산화탄소 덕택이다.

김치는 맛이 좋을 뿐 아니라 영양성분이 많고, 여러 면으로 질병 예방 효과도 큰 음식이다. 비타민 C를 비롯하여 비타민 B_1, B_2, 나이아신은 담글 당시보다 맛있게 숙성했을 때 증가하고, 김치에 양념으로 섞어 넣는 젓갈과 어패류는 칼슘 공급원이고, 단백질 급원도 되는데 발효과정 중에 단백질이 소화 흡수되기 쉬운 상태로 분해된다. Na, K과 같은 무기질의 급원이기도 하다. 김치는 당과 지방 함량이 낮은 저열량 음식이며, 높은 식이섬유소는 소화기 계통 질병 예방, 변비 예방, 장질환 예방에 좋고 비만, 당뇨병, 고혈압 등의 대사성 질환 회복에 중요한 기능을 한다. 혈당 조절, 혈중지질 조절로 동맥경화증을 예방하고, 각종 효소와 비타민 무기질에 의한 체중 조절, 빈혈 예방, 항노화, 항암효과의 기능이 있다.

김치는 유산균 발효식품으로 21세기의 건강식품으로 대두되고 있는 한국의 대표적인 전통음식이다. 2004년도에 이미 수출 1억 달러를 달성했고, 2008년 미국 건강전문지 《헬스Health》에서는 세계 5대 건강식품으로 올리브기름스페인, 낫또일본, 요구르트그리스, 렌틸콩인도, 김치한국를 선정했다. 21세기에 신종 전염병인 급성호흡기증후군Severe Acuete Respiratory Syndrome, SARS이 발생했다. WHO는 사스가 강력한 전염성을 가지고 있는 신종 전염병으로 예방약이나 치료약이 없을 뿐만 아니라, 다른 전염병과는 달리 발병 초기에 진단이 쉽지 않고, 항공기를 통해서 전 세계적으로 급속히 퍼지므로, 국가 간의 전파를 최대한 차단하고자 중국 광동 지역과 홍콩, 베이징, 산시성, 캐나다의 토론토에 대한 여행 제한을 권고했다. 이것은 WHO 역사상 유래를 찾기 힘든 강력한 조치였다. 그런데 중국에 거주하는 한국인은 거의 사스에 걸리지 않았다. 그 이유는 김치를 먹기 때문이라고 하여 중국인 사이에서 김치 먹기가 확산되었다. 김치가 새로운 전염병에 효과가 있다는 말이 중국에서 나돌기 시작해 2005년 3월 영국의 방송사 BBC와 같은 해 11월 미국의 방송사 ABC에 대대적으로 소개되면서 김치는 건강식품으로 조명을 받게 되었다. 이와 같이 김치는 한국을 대표하는 수출식품이며, 한식 세계화의 기반을 이루는 대표식품이다.

2013년에는 한국의 김치와 김장문화가 유네스코 인류무형문화유산으로 등재되었다.

김치의 변천

삼국시대

《삼국사기》 신라본기 신문왕조에 신문왕681~691 3년 왕이 김흠운의 작은 딸을 맞아 부인으로 삼기로 하고 납채를 보냈는데 "폐백 15수레, 쌀, 술, 기름, 꿀, 장, 시콩 발효식품으로 된장의 초보, 혜생선, 채소의 발효식품, 젓갈, 김치, 포 135수레"라 했다. 여기에 나오는 '혜'가 고대형 김치이다.

《삼국지 위지 동이전》동옥저 전에 "고구려가 동옥저에서 지방 토산물인 어물과 소금, 해중식물海中食物을 수탈해 갔다."고 하고, 고구려조에서 "하호下戶가 멀리서부터 쌀, 어물, 소금을 운반하여 공급한다."고 한 기록에서 소금이 있었음은 확실하다. 또, '고구려는 스스로 장양을 잘한다.' 했는데, 장양은 술 빚기, 장 담기, 채소 염장, 발효식품을 말한다.

한국 고대문화가 일본 고대문화의 원류가 되었음은 이미 잘 아는 사실이다. 기원전 2~3세기경에 한반도에서 일본 땅으로 이주한 한 세력권이 그곳에서 벼농사를 시작하여 일본 야요이彌生문화 전개에 관계하고, 이어서 나라奈良시대에 이르기까지 한반도로부터 한문과 불교를 비롯하여 건축, 조선

기술 등을 전수했다. 593~628년까지 재위했던 스이코 천황推古天皇에게 한반도에서 간 인번仁番, 일명 수수보리須須保利이 처음으로 누룩으로 빚은 술을 대접했다는 사실이 일본의 고대문헌 《고사기》에 수록되어 있다. 또한 나라시대 음식으로 '수수보리지'•라는 채소 절임이 있었다. 이것은 누룩으로 술빚기법을 처음으로 알린 인번이 고국에서 먹던 음식을 일본 고대인에게 알린 것이다. 수수보리지는 무를 쌀이나 콩과 섞어 소금에 절인 채소 발효식품이며 이외에도 나라시대에 큰 사찰에서 사경을 한 스님에게 드리는 공양에 소금에 절인 것, 장에 절인 것, 소금과 술지게미에 절인 것, 소금과 식초에 절인 것, 소금과 꿀에 절인 것 등의 채소 절임이 있었으며, 이같은 일본 고대의 채소 발효식품은 그대로 한국 고대의 채소발효법이라고 윤서석 교수는 말한다.

삼국시대의 김치

다시 말해서 삼국시대에는 그 시대에 재배하던 가지, 박, 순무 등과 자연산 죽순 등으로 소금 절임, 소금과 식초 절임, 장 절임, 소금과 술지게미 절임과 같은 채소 절임을 만들었다. 그런데 다양한 채소가 산출되면서 국물째 먹을 수 있는 침채류가 시작되었고, 김치도 국물이 있는 '침채형'과 국물이 적은 '지형'으로 분화·발달했으며, 그 중 '지'의 일부는 조선시대에 와서 장아찌로 자리 잡았다.

• 수수보리지(須須保利漬)는 《연희식》에 기록되어 있는 담금법에는 무 6석(石)에 소금 6승(升), 쌀 5승 또는 소금 6승, 대두 1두(斗) 5승을 쓰고 있다.

고려시대

고려시대는 불교를 숭상하여 육식을 절제하고 채식을 선호했다. 재배하는 채소의 수가 매우 많아져 채소를 조리, 가공하는 방법도 다양해지고, 그에 따라 김치 담그는 방법도 여러 가지로 발전했다. 저채류菹菜類의 '저'가 무엇인지 확실하지는 않으나 채소 발효식품이다. '저'라는 글자의 첫 등장은 《고려사》에서다. 《고려사》 제60권, 《예지》 제14권 예2 새벽 관제 제사를 올릴 때의 진설표에 구저, 청저, 근저, 순저 등 4종이 나온다.

제1열 : 구저韮菹 = 부추저, 청저菁菹 = 순무저, 근저芹菹 = 미나리저, 육장, 사슴고기조림, 토끼고기조림
제2열 : 순저筍菹 = 죽순저, 식혜, 횟간 = 간회, 돼지머리, 미음, 고기죽

고려 중엽 이규보1168~1241의 시문집 《동국이상국집》 '가포육영'에는 오이, 가지, 순무, 파, 아욱, 박 등 6가지 채소에 대하여 읊고 있다. 이어서 순무를 장에 담그면 여름 3개월 동안 먹기에 매우 마땅하고, 소금에 절이면 겨울을 능히 견딜 수 있으며, 뿌리는 땅 밑에 휘감겨서 약간 통통한데 서리가 내릴 때 순무는 배와 비슷하여 칼로 자르면 가장 좋다고 했다. 장지현 교수는 이 시문에 있는 '지'는 짠지 절임식이 아닌 소금물에 절여 담근 동치미와 같은 무김치로서 월동용 김치임에 틀림없고, 이것 외에 상용김치가 식용되었다고 짐작했다. 이달충이 지은 《제정집》에 '산촌잡영'이라는 시를 보면 "울콩에 돌피 섞어 밥은 거칠고 / 여뀌에 마름 넣어 소금에 절이네."라는 글이 있다. 여기에 나오는 여뀌에 마름 넣어 소금에 절인 음식은 지형 김치담금법을 말한다. 즉 순무, 마름, 여뀌 등으로 김치를 담갔다. 파를 소금에 절인 것을 술

안주로 쓴다니 이것이 바로 저채류의 하나로서 오늘날의 파김치라고 볼 수 있다.

이규보의 시를 통해서 고려시대에 순무를 주재료로 장 절임법과 소금 절임법이 있었음을 알 수 있으나, 그것이 지형인지 침채형인지는 명확하지 않다. 장에 넣은 것은 지형의 김치이고, 청염에 절인 것은 신라, 고려를 거치는 동안에 새롭게 개발된 동치미류로 해석할 수 있다. 특히 '청염'이라고 말한 구절에서 깨끗하게 만든 소금물을 생각할 수 있고 그렇다면 국물째로 먹을 수 있는 동치미류로 연결할 수 있다고 윤서석 교수는 말한다.

《세종실록》 권128 오례五禮에 기재된 〈사직정배찬실도社稷正配饌實圖〉에 놓인 '저류'가 앞에서 소개한 《고려사》 예지에 있는 것과 같다. 고려시대부터 조선시대까지 죽순저, 미나리저, 순무저, 부추저 등이 기본적인 김치였다고 본다. 그런데 《구급벽온방》에서 "순무의 김칫국물을 많이 먹으라." 했다. 그렇다면 앞에서 소개한 '저' 등은 침채형 김치이다. 침채형 김치는 우리가 고유하게 개발한 채소 발효식품이며, 《세종실록찬실도설》에서 특별히 해설을 붙이지 않은 것은 보편적인 것이었음을 의미한다. 더욱이 제물에 내재하는 상고성을 생각할 때 역사가 있는 전통식품으로 생각할 수 있다. 상고시대의 채소 절임 '혜'류에 '침저沈菹類'류가 보태어져 두 체계의 김치류가 이루어진 것이다. 혜醯는 술잔 갑자인데 언제부터인지 초혜로 김치, 젓갈을 가리키게 되었다. 김치의 이러한 분화 발달은 청담한 맛의 채소 재배 발달과 우리 풍토의 청명성에 상응된 특성이라고 윤서석 교수는 말한다. 이러한 김치류가 발달하게 된 배경은 채소의 발달과 더불어 숭불사조로 육식을 절제하던 사회 환경도 한몫을 했는데, 한국 풍토에 어울리는 기호 성향의 형성이기도 하다. 고려의 침채류에는 귤피, 생강, 천초 등이 향신료로 쓰였으며, 특히 산갓과 같은 향채로는 소금을 넣지 않은 채로 나박김치를 담갔으니, 즉 무염저이다.

조선시대 전기

초기에는 단순한 장아찌 같은 절임형과 싱건지형에서 차차 소박이형, 섞박지형, 식혜형으로 발전했다. 주재료는 오이, 가지, 배추, 무, 동아, 갓, 생강, 부추, 마늘 등을 사용했는데, 절임형 김치는 양념이 단순했으며, 차츰 주재료와 부재료의 구별이 뚜렷해지고, 양념을 많이 사용하게 되었다.

《산가요록》에는 저와 침채가 구분되어 있다. 저는 즙저, 하일즙저, 하일장저, 하일가즙저, 과저오이지, 가지저가지지 등이다. 침채는 청침채, 동침, 나박침채, 토읍침채토란대침채, 동과침채, 동과랄채, 침백채, 무염침채법, 선용침채급히 쓰는 침채, 생총침채 등이다. 《간이벽온방》에 '순무나박김치의 국물을 어른 아이 모두 대소간에 마시라.'고 했으므로 국물이 넉넉한 나박김치로 해석할 수 있다. 《수운잡방》에 나오는 청교침채법순무김치, 침백채머위김치, 토란경침조토란줄기김치, 침나복무김치, 총침채파김치, 토읍침채 등은 물을 부어 국물이 있게 만든 김치라고 윤숙경 교수는 말한다. 김치에 쓰인 재료는 무, 오이, 가지가 가장 보편적이고, 다음 동아가 비교적 널리 쓰였으며 파가 주재료 중의 하나였다. 본책이 영남 지역의 것이므로 전국적인 사실로 볼 수는 없으나 배추는 보이지 않으며, 머위 줄기, 토란 줄기 등이 쓰이고 있는데, 이것은 향토성으로 보인다. 오이 절인 것에 꿩고기를 섞어 요리한 것이 김치의 하나로 취급되고, 술안주로 좋다고 했다. 재료의 한계는 있으나 제법은 성숙된 것으로 보인다. 섞박지형은 아직 미발전단계로 생각되며 섞박지나 장아찌에 전분 죽을 섞은 사례는 없다. 《도문대작》에는 산개저와 죽순혜가 있다. 산개저는 시원한 맛을 갖는 산갓김치이고, 죽순혜는 잘 삭은 죽순장아찌로 지형 김치류이다. 《사시찬요초》에는 침과저, 침가즙저, 침과즙저, 침총저 등이 기록되어 있다. 침과저는 절였다 먹는 짠지류이고, 침가즙저汁菹가 처음

나온다. 총저는 소금간을 조금한 파김치라고 추정된다. 《음식디미방》에 동아 담그는 법, 마늘 담그는 법, 산갓침채, 생치침채, 생치짠지, 생치지히, 나박김치 등이 있다.

산갓침채, 오이지, 나박김치 등은 삼국시대에서 고려시대로 오는 동안에 채소 절임장아찌류에다 동치미, 나박김치와 같은 국물김치류가 개발되었음을 알 수 있다. 마늘 담그는 법은 가을에 캐낸 마늘에 천초를 섞고, 소금으로 간을 맞춘다. 산갓침채는 산갓을 찬물에 씻어 더운 물에 담아 따뜻한 곳에서 중탕하여 익히는 담금법으로 소금의 사용이 보이지 않으며, 온도에 주의한 것으로 보아 산갓 자체의 성분과 온도 조절로 김치의 숙성이 이루어진다고 보인다. 생치김치 담금법은 이미 만들어 두었던 오이지와 꿩고기를 썰어 나박김치 담그듯이 소금을 알맞게 넣어 담그는 것이다. '나박김치 담그듯이'라는 표현으로 미루어 나박김치는 일상용의 김치 형태라 추정된다. 《색경》에 수록된 김치는 규저, 만청저, 나복저, 가지저, 가지즙저이다. 규저는 9월에 아욱을 소금으로 간하여 담그는 아욱김치이며, 만청저는 담금법이 수록되지 않은 것으로 미루어 보편적인 무김치라 해석된다.

조선 전기에는 김치의 주재료와 양념의 구분이 있었다. 주재료로는 무, 오이가 보편적이고, 그 밖에 죽순, 산갓, 가지, 파, 마늘, 아욱, 동아 외에 토란줄기, 머위, 으름, 꿩도 쓰였다. 양념으로는 산초, 마늘, 백두옹, 천초, 생강 등이 쓰였다. 담그는 방법은 나박김치 동치미형, 신건지 짠지형, 섞박지 소박이형, 장아찌형 등으로 분류할 수 있다. 그 중 장아찌형이 가장 많고, 다음이 신건지 짠지형이다. 장아찌 짠지류와 함께 국물이 홍건한 나박김치류, 꿩고기와 같은 육류를 함께 넣은 김치, 소금을 사용하지 않고 숙성시키는 김치류 등이 새롭게 개발되었음을 보여준다. 그 개발의 원인은 고려시대의 숭불사조와 함께 성행했던 음다풍습의 쇠퇴와 함께 국물 위주의 김치인 나박김치, 동치미가 성행했다고 본다. 또한 사대부집의 별미김치로 보이는 꿩고기를 사용한 김치, 소금을 사용하지 않은 갓김치는 새로운 김치 담금법의 시도이다. 그러나 젓갈 혼용의 사실은 없다.

조선시대 후기

조선시대 후기, 특히 18세기 이후에 김치가 급격하게 변동되고 발달했다. 임진왜란은 조선 사회의 문화 변동에 큰 요인이었다.

고추가 유입되었지만 널리 이용되기 이전의 것을 조선 전기 김치로, 고추를 양념으로 널리 이용한 시기의 것을 조선 후기 김치로 구분한다.

《증보산림경제》에 소개된 김치류에 고추를 양념으로 이용했고, 《규합총서》에 이미 김치에 젓갈을 사용한 기록이 나오지만 《임원십육지》의 젓국지가 더 구체적이다. 김치에 젓국이 쓰이게 된 것은 18세기에 들어서이다. 김치에 고추와 젓국을 쓰게 된 것은 김치 담금법에 크나큰 변화이며, 19세기 후기에 이르러서 시작된 것임을 알 수 있다.

《산림경제》에 저채류 8가지, 50년 후인 1776년에 이것을 증보한 《증보산림경제》에 저채류 34가지, 이것을 바탕으로 하여 《임원십육지》에는 저채류 62가지가 수록되어 있다. 《규합총서》에는 저채류 11가지, 《시의전서》에는 15가지를 소개하고 있다.

증보산림경제

《증보산림경제》에는 숭침저, 황과담저오이소박이, 동과저, 동과산동아섞박지, 동침이, 침나복함저총각김치, 나복초가 처음으로 기록되어 있고, 고추가 쓰이기 시작했다고 되어 있다. 김치 주재료는 무, 배추 갓, 가지, 오이, 죽순, 동과와 같은 채소류이다. 담금법은 담저소금에만 절인 동치미, 짠지, 오이지, 나박김치류, 함저주재료에 부재료를 많이 섞어서 월동용으로 담근 것, 숙저오이나 무를 익혀서 담근 것, 초법소금과 엿기름, 또는 소금, 쌀, 엿기름에 절인 것, 조염소금과 술 또는 술지게미에 절인 것, 산법마늘 다진 것과 소금에 절인 것 등이 있다. 《증보산림경제》에 수록된 김치는 무와 오이가 가장 많이 쓰였는데 배추김치인 숭침저가 처음으로 등장한다. 만드는 법으로 보아 월동용 김장김치의 일종이며, 저염식의 싱건지형 배추김치와 어물육류魚物肉類를 곁들여 담그는 일종의 어육담저류이다.

오이로 담근 김치 황과담저는 《증보산림경제》에서 처음으로 기록된 오이소박이 형태다. 늙은 오이의 배 부분에 세 군데 칼집을 내고, 그 사이에다 고춧가루와 마늘 조각을 소로 넣어서 맑은 소금물에 담근다. 이 오이소박이의 특징으로는 고춧가루를 처음으로 넣은 최초의 김치라는 점이다. 또한 끓는 물에 식염을 타고 뜨거운 김이 가시기 전에 침채하는 속성김치의 제법이다. 황과함저하절용 오이지는 날오이 한 켜에다 생강, 마늘, 고추, 부추, 파 등 양념을 잘게 잘라 합친 것을 각각 한 켜씩 켜켜로 담은 오이지다. 이 '하절용 오이지'는 이전의 '오이지'가 오이 단용인 데 비해 양념이 강화된 함저류에 속하는 '양념오이지'라 할 수 있고, 또한 마늘, 부추, 파 등이 단용김치의 주재료로 쓰이다가 양념으로 전환되어 이용되는 변화를 보여주고 있어 현재와 같은 양념김치의 틀이 《증보산림경제》에 시작되었음을 알 수 있게 한다.

용인담과저는 늙은 오이로 담근 오이지이다. 나복동침저동치미는 처음으로 소개되는 '무김치'의 일종으로 담저류에 속하는 겨울을 대비한 김장김치이다. 담염수에 보통 칼자루만한 무를 익혀낸 것으로 미리 마련했던 오이, 가지, 송이 등 짠지를 퇴염하여 같이 넣고, 향신료로 생강, 파, 청각, 씨 뺀 천초 등을 함께 넣어 숙성시켜 내는 청량음료에 해당하는 특별한 김치이다. 황과숙저는 늙은 오이로 익혀 만든 김치이다.

무로 담근 김치 침나복함저는 김장용 김치의 시초로 보인다. 지금의 '총각김치'의 원형이라 해석되는 함저류에 속하는 김치이다. 총각김치는 무뿌리를 주원료로 마늘즙에 침채하고 청각, 황과, 남과, 동과, 가지, 고추, 고추잎, 천초, 가을 겨자, 부추 등의 부재료를 넣고 담그는 김치로, 침채원이 마늘즙인 점이 특별하다. 이밖에 나복황아저무청김치, 만청저순무김치, 나복저무김치, 나복동침저겨울용 무동치미 등이 있다.

갓김치인 개저, 산개저는 소금을 사용하지 않는 무염저류이다. 현재에는 '갓동치미'의 형태로 이어져 오고 있다. 근함저섞박지는 미나리, 배추, 무 등이 혼합된 섞박지형이라고 생각된다. 그 밖에 《제민요술》에도 나와 있는 향포저어린부들김치 등이 수록되어 있다.

마늘, 파, 부추 등은 각기 총저, 마늘 담그는 법, 구저 등과 같이 주재료로 쓰였던 것인데 《증보산림경제》의 함저에서는 양념으로 쓰였다. 주재료와 양념이 구분되기 시작한 것이다. 고추가 쓰이기 시작했지만 조금씩 쓸 뿐이었다. 색깔을 곱게 하는데 맨드라미를 섞어 넣는다는 내용에서 아직 김치에 고추가 많이 쓰이지 않았음을 알 수 있다. 동과산동아섞박지은 《증보산림경제》에 처음 수록되는 김치로 동과 속을 파내고 마늘, 청각, 생강, 남초 등의 향신료와 조기젓국을 채워 익혀낸 별미김치로 '젓국지'임은 분명하다.

나복초 또한 《증보산림경제》에 처음 기록된 김치류이지만 김장김치의 일종으로 보편화되고 있음을 알 수 있으며, 무, 가지, 오이를 소금에 절여 독에 넣고 배, 유자, 파의 흰부분, 생강, 남초를 넣고,소금을 넣어 익혀낸다. 《증보산림경제》에 의하면 나박김치, 동치미형 김치와 소박이, 섞박지형의 김치 수가 증가되었고, 동치미, 섞박지 중 특히 겨울용 김치에는 여름철에 소금에 절여두었던 오이, 가지, 호박 등을 섞어 쓰고, 양념도 다양해졌다.

규합총서

《규합총서》에서는 소박이, 섞박지형 김치에 각종 양념과 젓갈류가 쓰였다. 침채류의 주재료로는 무, 가지, 오이가 주종을 이루고, 동아, 미나리, 배추, 갓 등이 재료로 쓰였다. 전복과 대구 등의 생선이 주재료로 쓰이기도 했다. 양념은 파, 마늘, 생강, 천초, 석류, 청각, 유자, 배 등이 쓰이며, 특히 고추와 젓갈이 쓰이기 시작한다. 젓갈은 《규합총서》에서 처음으로 나오며 조기젓, 준치젓, 소어젓, 생굴젓이 쓰이고 있다.

섞박지는 많은 재료로 정성껏 담근다. 가을에 좋은 무, 배추, 갓을 소금에 절여 4~5일만에 씻어 광주리에 건져 물을 빼고 조기젓, 준치젓, 밴댕이젓을 준비하고 오이, 가지, 짠지를 퇴염하여 고추 등을 양념하여 독에 차곡차곡 넣는다고 하여 이는 《증보산림경제》의 '섞박지'보다 재료의 다양함과 담금법의 발달을 보여주는 김치이다. 또한 소금을 침채원으로 하지 않고 젓갈을 침채원으로 하는 '젓국지'의 시작이라고 볼 수 있다. 이때 여름에 소금에 절였던 오이동전을 넣고 푸른색이 보유되게 한 것, 잿물 받은 재에 묻어 두었던 가지 등도 물에 우려서 부재료로 섞어 넣고 낙지, 생복, 소라 등도 부재료로 섞어 담근다. 김치에 젓갈을 섞어 담고 국물에 생젓국을 넣기 시작했다. 그러나 아직도 고춧가루를 많이 넣고 버무린다거나 배추에 속을 켜켜로 넣는 통김치 담기 등은 등장하지 않는다.

시의전서

숭침저통배추김치는 좋은 통배추를 절여서 실고추, 흰 파, 마늘, 생강, 생률, 배는 모두 채치고, 조기젓을 저며 넣고, 청각, 미나리, 소라, 낙지 등을 섞어 넣은 다음에 간을 맞춘다. 무와 외지는 4절로 썰어 켜켜 넣었다가 3일 후에 조기젓국을 달여 물에 타서 국물을 부우면 좋다고 했다. 숭침저인 통배추 김치의 첫 기록이다.

김치 담금법은 김치의 종류가 다양화해지면서 소금에만 절인 동치미, 짠지, 나박김치 등은 **담저류** 김치의 주재료에 부재료를 많이 섞어 월동용으로 담그는 오이김치, 총각김치, 섞박지 등은 **함저류**, 생치김치와 같이 꿩고기 등을 넣은 **육저류**, 침채원을 밀기울, 메주, 식염 등으로 하여 가지, 오이를 국물

문헌에 기록된 조선시대 김치

시대	책이름	발행연도	김치 종류
전기	산가요록	1449년	저 : 즙저, 하일즙저, 하일장저, 하일가즙저, 과저(오이지), 가자저(가지지) 침채 : 청침채(무김치), 동침, 나박침채, 토란대침채, 동과침채, 동과랄채, 침백채, 무염침채법, 선용침채(급히 쓰는 침채), 생총침채
	수운잡방	1481~1540년	청교침채법, 침백채, 오이저, 또다른 오이저, 수과저, 노과저, 치저, 침나복, 총침채, 토읍침채
	간이벽온방	1524년	순무나박김치
	음식지미방	1598~1680년	동아 담그는 법,마늘 담그는 법, 산갓침채, 생치침채, 생치짠지, 생치지히, 나박김치
	도문대작	1611년	죽순혜, 산개저
	사시찬요초	1655년	침과저, 침가즙저, 침과즙저, 침총저
	색경	1676년	규저(아욱저), 가자저(가지저), 만청저, 나복저, 침즙저가자(가지즙저)
후기	증보산림경제	1766년	하월작가저, 침동월과저, 황과함저, 황과담저, 용인담과저, 황과숙저, 숭침저, 동과저, 나복동침저, 침나복함저, 강수저, 나복황아저, 만청저, 산개저, 개저, 근함저, 향포저, 장가, 장황과, 장자총, 동과산1, 2, 숭개, 황과산, 황과개채, 가산, 개말가, 조가, 조황과, 조강, 조산, 초강, 초산, 엄구채, 엄화, 죽순초, 포순초, 연근초, 나복초, 동침이, 나복저
	규합총서	1809년	섞박지, 동과섞박지, 어육김치, 동치미, 동지, 동가김치, 용인오이지, 산갓김치, 장짠지1, 2, 전복김치
	시의전서	1800년대말	어육침채, 동침이, 섞박지, 동아섞박지, 산갓침채, 배추통김치, 장김치, 외김치, 가지김치, 박김치, 열젓국지, 젓무, 제사김치, 굴김치법, 외지 담그는 법, 숭침저
	동국세시기	1849년	동침, 잡저, 장저

없게 절인 **함저류**장아찌류, 소금을 넣지 않고 소재에 있는 매운맛을 살린 산갓김치와 같은 **무염저류**, 배추에 어육魚肉을 함께 넣고 담그는 **어육저류**, 마늘을 침채원으로 담근 총각김치와 같은 **산법**, 젓갈을 사용한 섞박지, 젓국지인 **해저류**, 무, 배추를 장醬을 침채원으로 한 김치 형태인 **장저류**로 구분된다.

김치 담금법의 변천

조선 전기에는 주재료와 양념의 구분이 있었다. 김치의 주재료는 무, 오이, 가지가 보편적이었고, 그밖에 죽순, 동아, 토란 줄기, 머위, 으름, 꿩, 산갓, 파, 마늘, 아욱 등으로 김치를 담고, 양념으로는 생강, 천초, 마늘, 산초, 백두옹을 사용하였다. 고추가 양념으로 자리 잡기 이전부터 국물이 있는 김치류에 홍색을 물들이는 홍색착색법을 알고 있었다. 홍색으로 물들일 때 계관화鷄冠花, 즉 맨드라미의 꽃과 잎을 사용했는데 색소를 김칫국물에 고정시켜 김칫국물을 붉게 하고, 젖산발효를 함으로써 산성용액에서 홍색으로 고정시키는 원리를 이미 알고 있었다. 그 밖에 붉은 안토시안계 고명으로 대추를 사용했다. 배추는 사용하지 않았고, 젓갈 혼용의 사실도 없다.

조선 후기는 채소류 위주의 김치와 함께 어육김치법이 또 하나의 특징이다. 어육김치법은 젓국지나 생선식해에서 유래된 것으로 본다. 김치에 젓갈의 사용과 함께 어육류가 재료로써 첨가되기 시작하여 《시의전서》, 《동국세시기》 등에 젓갈과 낙지, 전복 등의 어패류를 사용한 기록이 있다. 《조선무쌍신식요리제법》의 김치 담금법에는 닭고기, 돼지고기, 쇠고기를 사용했고, 《규합총서》에는 어육을 넣은 섞박지가 있었으며, 한말에는 어육이 주가 되고 채소가 부재료가 되는 어육 위주의 닭깍두기, 굴깍두기, 전복김치, 꿩김치 등이 있었다. 한말 이후 채소류의 품질 향상과 더불어 별미김치가 선호되면서 열무김치, 봄김치, 풋김치 등에 밀가루 죽, 찹쌀가루 죽 등 곡물로 죽을 쑤어 넣은 김치법이 개발되어 오늘날까지 이어지고 있다. 또한 풍미 강화를 목적으로 대추, 밤, 배, 잣, 호도, 유자, 석류 등이 곁들여지는 별미김치가 개발되고 한편으로는 미학적 개념을 살려 표고, 석이, 실고추, 실대추 등을 넣기도 했다.

《증보산림경제》에는 오이를 소금에 절일 때 녹슨 동전이나 녹슨 놋수저를 닦은 수세미를 넣어두어 오이의 색을 파랗게 고정시킨다고 했다. 이는 녹색의 클로로필 색이 녹갈색의 페오피틴pheophytin으로 되는 것에 구리염을 첨가함으로써 수소를 구리로 치환하여 cu-크로로필cu-chlorophyll의 밝고 짙은 녹색을 갖게 하는 과학적인 방법을 이미 알고 있었음을 엿볼 수 있다.

김치 원리의 변화

전통적으로는 무, 배추 등 채소를 날것으로 담그는 생채침채법生菜沈菜法이 중심이다. 그러나 노인식을 위해 채소를 끓는 물에 데쳐서 담그는 숙깍두기, 숙배추김치, 숙가지김치 등의 숙채침채법熟菜沈菜法도 겸하고 있다. 한편, 침채법은 일침생채침채법一沈生菜沈菜法이었으나, 조선조 말기인 18세기 말부터 19세기 초에 이를 때까지 생채소를 소금에 절였다 건져 물기를 빼고 다시 담그는 이차침채법二次沈菜法으로 전환되어 오늘까지 이어오고 있다. 현대에는 생산지에서 소금에 절여 씻어서 절인 배추를 공급하므로 일이 많이 축소되었다. 참고로 2013년 11월 김장철에 절인 배추 가격은 회사마다 조금씩 차이가 있었으나 10kg에 25,900~49,000원이었다. 절임배추 10kg이면 1/2쪽씩 9쪽이고, 배추 4~5통이다.

김치 절임 재료의 변화

상고시대부터 소금을 절이는 재료로 삼는 침채법으로 지염漬鹽, 염지鹽漬, 염채鹽菜라는 용어로 《동국이상국집》, 《산촌잡영》, 《목은집》에 기록되고, 고려시대까지 지염식이었으나, 조선조 초기부터 말기에 걸쳐서 젓국 또는 젓갈이 소금과 대체되거나 또는 소금과 병용되어 오늘까지 이어져오고 있다. 김치 절임법이 특이한 것은 일단 소금에 절여서 물에 씻은 후 다시 젓갈로 절이는 이중 절임법이라는 점이다. 이렇게 함으로서 염분을 줄일 수 있을 뿐 아니라 젓갈에 풍부하게 들어있는 아미노산과 핵산 성분으로 김치맛이 좋아지고 발효도 더욱 잘 된다. 채소를 소금에 절임으로서 소금이 나쁜 균을 잡아주고 퍼석퍼석한 채소의 재질을 부드럽게 해주고 삼투압작용으로 채소의 세포벽이 열려 안에 있는 효소와 영양분이 나오고 부재료와 양념은 채소에 더 잘 흡수되도록 해 발효작용이 더 잘 일어난다. 소금으로 채소의 세포벽이 파괴되지 않으면 유산균은 아예 생겨날 수도 없다. 한편 조선조 말기에 간장을 절임 재료로 한 장김치가 개발되어 소금, 젓국젓갈, 간장의 3가지가 절임 재료로 되었다.

20세기

1894년 갑오경장 이후부터 1945년 해방될 때까지 일제에 의한 치욕을 겪으면서 근대화를 경험했다. 어려운 환경 속에서도 한국어와 일본어로 요리책을 집필하여 후학들에게 남기신 분들께 감사드린다.

《조선요리제법》에는 결구형배추를 이용해 만든 숭엽내저菘葉內菹형 통김치제법이 처음 소개되었다. 통김치는 기본양념을 배춧잎 사이에 넣고 소금물을 붓는 방식으로 양념삽입법과 김칫국물의 내용도 다르다. 1800년대에 사용되던 젓갈이나 젓국을 통김치에 사용하지 않고, 섞박지와 젓국지에만 사용했다. 섞박지와 젓국지는 같은 양념과 제법이지만 삼삼한 것이 섞박지이고, 젓국지는 통김치와 같은 것이라 했다. 간략한 양념으로 소를 만들어 통배춧잎에 넣은 김치를 소김치라 하고, 이 소김치에 젓국이나 생선젓갈을 넣으면 젓국지라 하고, 항아리에 담을 때 소김치와 함께 해산물, 젓갈 등이 들어간 섞박지를 켜켜로 담으면 통김치라 했다. 20세기 전반 김치는 소김치와 통김치로 나누어졌다.

《조선무쌍신식요리제법》에는 통김치가 김치제법 중 1순위로 소개되어 있다. 통김치제법의 특징은 배추소에 무채를 넣지 않는다는 점이다. 무채와 숙주를 많이 넣으면 상품이 못 된다고 했다. 또 고추 외에 씨 뺀 천초와 고수를 넣으면 맛이 훨씬 좋다고 했다. 다른 김치에는 늦게 캔 송이, 연어 알, 맨드라미, 죽순, 오이지를 첨가한 것도 매우 특이하며, 전복, 소라, 낙지, 굴, 대합, 북어, 조기, 굴 말린 가루 등의 해산물과 조기젓, 준치젓, 도미젓, 방어젓 등의 젓갈을 사용한 것도 독특하다.

아직 보쌈김치는 소개되지 않았으나 비슷한 형태의 쌈김치가 소개되어 있다. 즉 양념을 넣은 통배추를 썰어 배춧잎에 각각 싸서 먹을 때 싼 것을 헤쳐 먹으라고 했다. 《조선요리학》에는 배추 고르기, 김치의 유래, 각 지방 김치의 특징을 설명했다. 배추김치가 대표적인 김치로 자리 잡은 이유는 배추의 맛과 통김치의 오색영롱한 색 때문이라고 했다.

20세기의 김치

책이름	발행연도	김치 종류
반찬등속	1910년대	무김치, 깍독이, 고추김치, 오이김치(오이소박이), 고추잎김치, 겄데기(깍두기), 오이김치, 짠지, 배추짠지(배추김치)
부인필지	1915년	동치미1, 2, 명월생치채, 동과김치, 동지, 용인외지법, 장짠지, 김장후 동지저, 전복침채
간편조선요리제법	1934년	나박침채, 동침이, 동침이별법, 배추김치, 섞박지, 외김치, 외지, 용인외지, 외소김치, 외찬국, 장김치, 짠지, 장짠지, 젓국지, 전복김치, 닭김치, 깍두기, 고추잎장아찌, 마늘선, 무장아찌
사계의 조선요리	1935년	아지노모도를 판매하는 영목상점에서 판매촉진을 도모하기 위해서 김치는 너무 복잡하고 비용이 많이 들어 경제, 맛, 영양, 편의성을 들면서 김칫국물에 간을 맞출 때 아지노모도를 사용하라고 권하고 있다. 아지노모도 사용이 처음 기록
조선요리법	1939년	•김장김치 : 보쌈김치, 배추김치, 짠무김치, 동치미, 배추짠지, 배추통깍두기 •햇김치와 술안주김치 : 굴김치, 굴젓무(깍두기), 조개젓무(깍두기), 오이깍두기, 관전자(꿩김치), 겨자김치1, 2, 닭김치, 장김치, 나박김치, 열무김치, 오이김치, 생선김치
조선요리(손정규)	1940년	•통김치, 섞박지, 비늘김치, 보김치, 장김치, 나박김치, 박김치, 동치미, 그날동치미, 햇김치, 오이소박이, 가지김치, 오이지, 짠무김치, 무싱거운지, 김치, 양배추김치, 깍두기 •김치 레시피가 배추 100통, 무 한 동이, 밤 한 톨, 미나리 한 단 등으로 재래식 계량단위와 g 및 L 단위를 동시에 사용한 것이 처음이다. 또 일본어판에는 아지노모도, 한국어판에는 미정(味精)으로 표기했다.
조선요리제법	1942년	•보통 때 김치 : 배추김치, 봄김치1, 2, 장김치1, 2, 열무김치, 오이김치, 오이소김치, 오이지, 나박김치, 오이깍두기, 닭깍두기, 숙깍두기, 굴깍두기, 갓김치, 나물김치, 굴김치, 전복김치, 곤쟁이젓김치, 햇무동치미, 생치과전지(꿩김치), 영계과전지(영계김치) •김장김치 : 통김치, 섞박지1, 2, 공과섞박지, 젓국지, 쌈김치, 동치미1, 2, 3, 4, 동치미별법, 깍두기, 지렴김치, 채김치, 채깍두기, 짠지
조선무쌍신식 요리제법	1943년	통김치(사저), 동치미(동저, 동침), 무김치(나복함저), 얼갈이김치(초김치), 질엄김치(지레김치), 젓국지(해저), 열무김치(세청저), 섞박지, 풋김치(청저), 나박김치(나복침채, 나복담저), 장김치(장저), 갓김치(개저), 굴김치(석화저), 동아김치(동과저), 닭김치(계저), 박김치(포저), 산겨자김치(산개저), 산갓김치, 파김치(총저), 돌나물김치, 오이소김치(오이소박이, 오이김치(과저), 오이지(과함지), 짠지(나복함저), 오이짠지, 깍두기(무젓, 젓무, 홍저), 굴깍두기, 오이깍두기, 햇깍두기, 채깍두기, 숙깍두기
우리음식(손정규)	1949년	김칫국물 마련, 김장 준비, 통김치, 섞박지, 비늘김치, 보김치, 장김치, 나박김치, 박김치, 동치미, 채김치, 풋김치, 오이소박이, 가지김치, 오이지, 짠무김치, 무싱건지, 김치, 양배추김치, 무깍두기, 굴깍두기, 오이깍두기, 멸치젓깍두기, 곤쟁이젓깍두기, 젓무, 알무깍두기, 무청깍두기, 소금깍두기

왜 김치는 사고팔게 되었나?

우리나라는 농업국이었으므로 농사를 지어 먹을거리를 조달했다. 밭에서 나는 채소를 거둬들여 계절에 따라 김치를 담가 반찬으로 삼았다. 그러나 차차 산업화로 발전하면서 외국여행을 하게 되고, 외국에 이주하여 생활하는 경우도 생기게 되었다. 그렇게 되니 매일 먹던 김치 생각이 간절할 수밖에 없었다. 그리하여 그 곳의 현지인들이 생계를 이어가기 위해 김치 솜씨를 발휘하여 필요로 하는 사람들에게 판매를 하게 되고 현지인들에게도 자연히 김치 맛이 전파되었다. 한편 핵가족화되고 여성의 사회참여가 시작되면서 김치 담글 줄 모르는 주부, 시간에 쫓기어 김치 담글 시간이 없는 주부가 늘어나면서 김치를 사 먹게 되었다.

여러 가지 김치

사절단에게 판 김치

《연행일기》 제2권 임진년1712, 숙종 38 12월 15일의 기록에는 숙종 때 사행단 일원이었던 김창업이 사행도중에 한 노파를 만났다. 이 노파는 병자호란 때 포로로 잡혀간 유민의 후손인데 손녀와 둘이서 살면서 우리나라 식으로 김치와 장을 만들어 팔면서 살고 있었다고 한다. 이 여인은 사행 때면 꼭 나타난다고 한다. 이상공李相公, 이세백李世白과 송판서松判書의 《일기》에 저녁밥에 동치미가 나왔는데 우리나라의 것과 맛이 꼭 같았는데 이 노파한테 산 것이라 했다. 조선의 김치와 장을 만들어 팔며 생계를 이어가고 있는 노파가 사절단의 이동경로를 파악하고 있다가 오랜 여정으로 고국의 맛을 그리워하는 사절단에게 음식을 파는 수완을 발휘했던 것이다.

《연원직지》 제2권 출강록出疆錄 1832년 12월 8일에는 동치미冬沈菹의 맛이 우리나라의 것과 같다 하는데 이는 정축년1637, 인조 15에 포로로 잡혀 온 우리나라 사람의 유법遺法이라 했다. 이처럼 재외 거주 한국인들이 타국에서 김치를 먹으려면 맛있는 김치를 만들 수 있는 노하우를 터득하고 있는 이주민들에 의해 상업화가 앞섰던 것이라고 생각된다.

조선인 유민들의 김치 상업화

조선시대 병자호란으로 인해 중국 땅에 조선인 유민이 영원위寧遠衛●나 풍윤현豊潤縣●●에 정착했고, 그들만의 김치문화를 형성하고, 김치를 상업화하여 판매했다. 한편 카자흐스탄의 고려인, 사할린과 연해주 등지에 이주한 동포들, 청나라에 간 이주민들 역시 원치 않는 이국생활을 하면서 자신들의

● 요동에서 북경으로 가는 서쪽 지점으로, 요동에 가깝다.
●● 요동과 북경의 중간 지점

고유 식습관을 버리지 못하고 김치문화를 지키며 생활하고 있었다.

서로 다른 역사적 문화적 배경을 지녔고 심지어 말도 잘 안 통하는 사할린 한인들을 하나로 이어주는 것은 다름 아닌 김치였다. 일본국립민족학박물관 아사쿠라 도시오朝倉敏夫 교수가 러시아 사할린 지방의 한인사회음식문화를 연구한 '사할린 김치에 대한 고찰'에서 김치가 이 지역 한인들의 정체성을 대변하고 나아가 이들을 한민족으로 융합하게 만드는 구심점 역할을 한다고 했다. 사할린 지방 전체 한인 동포는 약 3만 명으로 그 구성이 매우 다양하다. 일제강점기에 끌려와 이 땅에 뿌리내린 '화태치'가 약 60%로 가장 많고, 옛 소련 스탈린 시절 중앙아시아로 강제이주 당했다가 돌아온 '큰땅뱅이'와 북한에서 벌목장이나 광산에 일하러왔다 눌러앉은 '북선치'가 나머지를 이룬다. 여기에 일부 남한과 북한 국적 거주자와 중국 조선족까지 일부 뒤섞여 있다. 이들은 생김새가 비슷한 것 외에는 공통점이 별로 없다. 러시아와 중앙아세아, 중국과 한반도에서 몇 대를 거치면서 각기 다른 생활방식을 형성한 탓이다. 하지만 음식문화만큼은 같은 핏줄임을 여실히 보여준다. 식탁에 김치를 빼놓지 않고 함께 김장을 담그며 나물을 즐기는 전통은 틀로 찍어낸 듯 닮았다. 사할린 김치는 많은 변화를 가져왔다. 일제 패망 직후 이 지역 김치는 러시아식 샐러드에 가까웠다. 양배추를 주재료로 양념을 약하게 해서 맛이 밍밍했다. 경상도 출신이 많아 김장에 생선을 넣는 풍습은 이어졌으나 현지에서 조달하기 쉬운 연어를 많이 썼다. 그 후 1960년대 이후에는 북한사람이 대거 유입되어 북한식 백김치를 많이 담갔다. 소련이 무너진 뒤에는 한국의 영향이 커서 고춧가루도 듬뿍 넣고, 소도 제대로 넣는 김치로 변했다. 요즈음은 사할린 한인 가정에서 50% 이상이 김치냉장고를 사용하는 것도 한국에서 전파된 것이다. 한국산 고춧가루나 양념은 최상품으로 치지만 비싸서 중국산을 많이 쓴다. 놀라운 것은 한국식 김치가 사할린 시장에서 현지 러시아인들에게 가장 잘 팔리는 음식으로 대접받는다. 과거에는 마늘 냄새가 난다며 인종비하의 대상이었던 김치가 지금은 러시아인들의 선호식품으로 바뀌었다. 한국의 경제력이 급상승하고 한류문화가 확산되면서 김치나 나물이 수준 높은 고급요리로 인기를 끌고 있다고 한다. 이런 문화적 변화는 사할린 동포들에게 자긍심으로 이어졌다고 한다.•

김치 산업화 촉매, 하와이 이민자

우리나라 첫 공식 이민자는 1902년 12월 인천에서 출발하여 1903년 1월 하와이에 도착한 121명이다.•• 이후 일제에 의한 일본, 사할린, 만주 등지로 강제이주, 유학, 망명 등 여러 사유로 재외동포들의 숫자는 늘어났다. 이 중에서도 하와이에 정착한 동포들이 척박한 조건에서 김치문화를 포기하지 못하고 생겨난 것이 하와이 김치공장이다. 하와이의 환경에 맞추어 생성된 공장들은 김치를 많이 소비하는 한인교회를 대상으로 혹은 명절, 잔치와 같은 대목에 적극적인 판매활동을 벌였다.

1949년 12월 9일 국민보 호놀룰루 석간보에는 한인이 하와이에 정착한 이후로 한인만 먹던 김치를 하와이 각국 사람이 보편으로 먹을 뿐더러 하와이에 김치회사가 56처소요, 미주 대륙괌, 사이판까지도 김치를 수출하는데 매주 괌, 사이판에 3,000파운드, 호놀룰루 시장에 2,150~3,750파운드를 공급했다. 이때까지 한국에서는 김치를 외국에 수출하지 못하던 때이다. 하와이에 정착한 한국인 이민자들은 김치를 타민족에게 전파하고 수출까지 가

• 동아일보, 2013. 9. 25.
•• 한국이민사박물관 자료 참조

능케 하는 기술과 경영능력을 확보했던 것이다. 하와이 김치공장들의 활발한 마케팅으로 김치가 한국인 외에도 현지 거주민들의 식문화에 안착하면서 1960년대 말까지도 김치공장을 유지했다.* 하와이의 김치산업화와 수출 노하우는 김치 없이 살 수 없었던 타향살이 하는 한국인에게 제공되면서 한국김치의 산업화를 촉발시키게 되었다.

베트남전쟁과 김치통조림

조선일보에 실린 문갑식 선임기자의 글이다. 파월장병들의 소원은 한 가지였다. 김치만 먹을 수 있다면 징그러운 밀림도, 적의 야습이 주는 공포도, 이역에서의 외로움도, 금세 떨쳐낼 것 같았다. 그곳에 자식을 보낸 부모들이 이 소식에 가슴을 쳤다. 정부가 부랴부랴 '대한식품'을 만들고 마침내 김치통조림이 생산되었다. 양 사장이 그 김치통조림을 들고 월남으로 달려갔다. 모두가 입맛을 다시는 가운데 뚜껑이 열렸으나 배추와 무는 간곳이 없고, 핏물만 흥건했다. 이것이 웬일인가? 당시 한국은 제대로 된 통조림을 만들 기술이 없었다. 대충 흉내낸 깡통이 녹물을 토해내 엉터리김치로 둔갑한 것이다. 병사들 앞에 채명신 장군이 나섰다. '이 김치는 조국이 우릴 위해 만든 겁니다. 맛있는 김치를 먹을 방법이 있기는 있어요. 일본 기술을 사오면 됩니다. 대신 여러분이 목숨 걸고 번 달러가 부모형제 대신 일본으로 갈 겁니다.' 그 말에 병사들이 울었고, 장군도 따라 울었다. 잠시 후 장병들이 핏물을 마시기 시작했다. 그 당시 파월장병의 일당은 1달러를 약간 넘었다고 한다. 어처구니없는 소식이 전해졌지만 없던 기술이 하루아침에 생길 리 없

* 김성훈, 〈미주 하와이에 있어서의 김치생산과 그 시장활동에 관한 경제적 분석〉 참조

었다. 마침내 대통령까지 김치전선에 투입되었다. 정일권 국무총리가 박정희 대통령의 편지를 들고 존슨 대통령을 방문했다. 마침내 미국이 우리 주장에 적극 동의해 김치문제가 해결되었다. 〈조선일보〉 제28180호

1960년대 월남 파병된 국군 장병들이 미군이 제공하는 전투식량만으로만 견딜 수 없어 비싼 가격으로 구매해 먹었던 김치가 바로 하와이산이었다. 〈조선일보〉 1965. 7. 9.

파병 한국 군인들의 식사 고충을 해결하기 위해 미국 측은 C-ration에 김치를 포함시키기로 결정했는데 군수물자로 조달되는 김치통조림의 수요량이 많아지자 한국 정부는 이 김치통조림의 공급을 국내산으로 교체하고자 노력했다. 〈매일경제〉 1965. 5. 11. 부랴부랴 김치통조림 개발에 착수했고 이는 바로 국내 김치통조림 제조 기술력 확보 및 김치공장 산업화에 도화선 역할을 하게 된 것이다. 이같이 이민자들과 재외 거주 한국인의 김치 정체성이 국내 김치의 산업화에 일조한 셈이다.

월남에 파병된 국군들에게 제공되는 C-ration을 만들 때의 일화이다. 서울대 현기순 교수, 중앙대 윤서석 교수가 김치통조림을 만드는 책임을 맡고 실험을 했다. 만든 김치통조림을 시식하면서 방부제가 너무 많아 입이 굳어져서 혼났다는 이야기를 그 당시 조교로 김치통조림 제조를 도왔던 성신여대 안명수 교수와 한양대 장유경 교수의 이야기를 듣고 얼마나 어려움이 많았는가를 알 수 있었다.

시판 김치

김치를 집에서 담가 식탁에 올리는 가정이 아직 많이 있으나, 시판되는 김치를 구입해서 먹는 가정도 많다. 현재 김치시장에는 여러 회사의 김치가 출시되어 판매되고 있는데 몇 가지 예를 들면 한성식품, 진미식품, 풀무원식

품, 두산식품, 워커힐 수팩스SUPEX 명품김치 등이 있다. 배추김치, 열무물김치, 오이소박이, 갓김치, 깍두기, 나박김치, 백김치, 파김치, 열무김치, 총각김치 등을 판매한다. 그러나 김치가격이 비싸므로 일부 식당에서나 단체급식소에서는 값이 싼 중국산 김치를 선호하기도 한다.

해외 김치시장 현황

중국산 김치 수입증가에 의한 국내 김치시장이 혼란야기에 있다. 최근 수입개방 확대와 외식산업의 발달로 중국산 김치의 수입이 급증함에 따라 국내 김치산업은 물론 김치의 원료 및 부재료 농산물의 생산, 공급 및 가격에도 큰 영향을 미치고 있다. 중국산 김치의 유통과정에서 국내산 김치로 둔갑하여 유통질서 혼란과 안정성 부분에서 큰 문제를 야기하고 있다. 중국산 김치가격은 국내산 김치의 약 1/4로 가격경쟁을 극복하기 위해서는 차별화, 명품화 등 다양한 상품화를 통한 품질경쟁력 제고가 필수적이며, 이를 위한 기술개발이 필요하다. 중국의 김치 생산업체는 주로 한국으로 수출하고 있다. 한국이 김치 소비량이 많고 한국산 김치 가격이 중국산에 비해 비싸 한국의 김치 대량소비처에서 중국산을 많이 이용하고 있기 때문이다.

2009년 김치 수출액은 8,938만 6,000달러약 1045억 8162만 원, 수입액은 6,633만 5,000달러로 무역수지가 2,305만 1,000달러 흑자로 계산되었다. 물량으로는 수출량이 2만 8,505톤, 수입량은 14만 8,124톤으로 수입이 월등히 많았지만 김치에 대한 음식점 원산지 표시제 시행이 실시되면서 큰 효과를 보아 흑자를 보았다.

중국, 대만, 홍콩에 수출되는 국산김치의 명칭을 신치辛奇 : 약간 맵고 신선하다는 뜻로 정하고, 한국농수산식품유통공사를 통해 각국에 상표권을 출원했다. 〈동아일보〉 2013. 11. 9.

전통식품 인증 및 등록 현황

정부에서는 국산농산물을 주원료로 해 제조 가공되는 우수전통식품에 대해 품질을 보증하고 생산자에게는 고품질의 제품생산을 유도하며, 소비자에게는 질 좋은 우리식품을 공급하기 위해 전통식품인증제도를 1990년부터 운영하고 있다. 품질인증을 받은 업체는 제품의 포장, 용기, 송장 등에 전통식품인증표시인 물레방아 마크를 표시할 수 있다. 인증된 김치는 경기도 40, 강원도 20, 충북 20, 충남 12, 전북 4, 전남 14, 경북 6, 경남 15개 등이다.

한편 전통우리음식진흥회에서는 '신토불이 김치가 세계인의 입맛을 사로잡다, 신토불이 음식을 먹어야 건강을 지킬 수 있다, 김치는 세계인의 입맛을 사로잡을 수 있는 신성장동력이다'고 하며 김치제조사 자격증, 김치지도강사 등의 자격증 시대를 만들어가고 있다. 한편 농림축산식품부는 제29호 명인으로 배추김치명인에 김순자, 제38호 포기김치명인으로 유정임, 제58호 섞박지 명인으로 이하연을 선정했다.

김치지수

농림축산식품부는 김장 비용의 변동을 알아보기 쉽게 수치화한 '김치지수'를 도입했다. 지수에 포함된 김장 재료는 배추 20포기, 무 10개, 고춧가루 1.86kg, 깐마늘 1.2kg, 대파 2kg, 쪽파 2.4kg, 생강 120g, 미나리 2kg, 갓 2.6kg, 굴 2kg, 멸치액젓 1.2kg, 새우젓 1kg, 굵은소금 8kg 등이다. 김장 재료의 평균 소매가격을 기준수치인 100으로 한 것이다. 김치지수가 100 이상이면 예년보다 김장비용이 높다는 것을 뜻하고 100 이하면, 그 반대를 의미한다. 배추파동이 있었던 2010년에는 152.6이었고, 2013년에는 91.3이었다. 〈동아일보〉 2013. 11. 9.

국내 김치 연구 및 기술개발 동향

고도의 산업화시대로 접어든 지금 농경문화전통에서 탄생한 김장세태는 많이 변했다. 김장을 실내에서 하는 가정이 많아져서 추운 날씨를 걱정할 필요도 없고 신용카드 사용률이 늘어나고 봉급날도 제각각이어서 굳이 봉급날이었던 25일에 일시에 북새통을 필 필요도 없어졌다. 김장에 동원될 인력이 가족구성원이 되면서 주말에 집중되는 경향이다. 김치를 사서 먹는 가정조차 김장철에 한꺼번에 구입해 김치냉장고에 보관해두고 먹는다. 우리의 김치는 시대의 변화로 새로운 재료를 이용한 퓨전식 김치로 변화하고, 담그는 방법도 변화되어가고 있다. 또 여성의 사회활동 참여와 아파트 생활 등 주거환경의 변화로 김장을 하더라도 배추를 사다 절이는 가정은 줄어들고, 절인배추를 사다 속만 준비하여 김장을 하는 가정이 늘고, 또는 친정이나 시댁에 모여 함께 담가서 완성된 김치를 나누어 가는 추세이다. 또는 가정에서 김치를 담그기보다는 김치산업에 의존하는 가정도 많게 되었다. 1980년대에 김치냉장고가 보급되어 저장문제가 해결되고, 1990년대에 절임배추의 이용이 가능해졌다. 생산시설의 기계화 및 자동화는 1980년대 이후 활발하게 이루어져 무, 배추의 자동세척기 및 절단기, 양념혼합기, 자동포장기, 이물질검출기 등을 효과적으로 하고 있다. 최근에는 일부 회사에서 풍미개선이나 저장성 향상을 위한 균주를 개발하여 발효숙성에 이용하고, 나트륨 저감화를 위한 저염김치의 개발, 레토르트 파우치 포장1970년대, 건조김치, 냉동김치 연구도 진행되고 있다.

김치 연구 및 개발흐름은 1988년 올림픽을 거쳐 1990년대 초에는 첨가물맛 위주, 1990년대 후반부터는 김치의 기능성 규명건강 위주, 그리고 2000년대부터는 미생물 분리, 이용개발에 집중하고 있다. 1987년 종가집 김치에 의해 진공포장김치가 소개되었으며, 이후 김치의 상품화가 본격적으로 진행되어 상품김치시장이 형성되었고 이후 김장독효과를 지닌 진공포장으로 상품성을 높이고, 가스흡수제로 밀폐포장기술이 개발되었다. 지금까지의 김치연구는 발효숙성조건의 최적화, 산패방지 등 품질저하 방지방법 개발, 저장유통방법개발을 위하여 단편적으로 이루어졌으며 현장기술보다 김치의 성분분석 등 단편적이고, 기초적인 연구에 치중하여 김치의 산업화를 위한 연구결과는 미흡한 실정이다.

쌀의 소비가 현저하게 줄어들면서 김치의 소비량도 함께 줄어들고 있지만 가정에서 담그던 김치보다 공장에서 담그는 김치의 비율은 꾸준히 늘어나고 있다. 상품김치 시장은 핵가족화에 따른 외식문화의 확대와 학교급식의 확대 등으로 매년 성장세를 이어오고 있다. 김치시장 규모는 현재 약 2조 6천억 원으로 자가생산 김치와 시판김치 비율은 57 : 43으로 보고 있다. 〈식품저널〉 2010년 11월호

국내 시판김치는 크게 제조업체 김치, 유통업체 즉석김치, 수입김치 등으로 구분된다. 외식의 증가와 가구별 식구 수 감소로 가정용 상품김치 시장이 정체되고 있으며, 학교급식이 많은 비중을 차지했던 업소용 상품김치 시장 역시 가격 경쟁력이 높은 중국산 김치가 유입되고 급식 직영화 추세에 맞춰 학교에서 자체적으로 김치를 담그는 비중이 늘어나면서 어려움을 겪고 있다. 국내 김치시장에는 약 600개 이상의 김치 생산제조업체가 있는데 대기업을 제외하고는 70% 이상이 연간 5억 원 미만의 소규모업체이다. 최근 식생활의 서구화와 밥 이외의 대체식이 증가함에 따라 1인당 김치소비량이 지속적인 감소세를 보이고 있고, 출산율 저하 등으로 취식인구수가 감소함에 따라 국내 김치산업은 성장정체 국면을 보이고 있다.

다양한 김치 상품화를 위한 방향

한국의 대표 발효식품인 김치의 세계화를 더욱 촉진시키기 위해서는 차별화, 명품화 등 다양한 상품화를 추진해야 하며 현장적용이 가능한 분야별 핵심기술을 개발하기 위한 종합적인 연구계획을 수립하여 국가적 차원의 장기적인 투자가 필요하다. 김치가 세계적인 식품이 되기 위해서는 품질 균일화 제조기술및 다양한 상품화를 뒷받침하기 위한 원료, 종균, 제조공정 선진화 등 김치산업 전반에 대한 핵심기반기술의 개발이 필요하다.

현재 상품김치의 양이 매년 증가하고 있고 수출물량도 늘어나고 있는 추세로 고품질 김치의 대량생산을 위해서 과학적인 제조공정의 중요성이 높아지고 있다. 김치산업은 제조원가 중 노무비율이 19.2%로 식품산업의 평균치 7%보다 매우 높아서 아직도 가내공업 수준으로 김치제조공정 개선을 위한 연구개발이 시급하다. 김치는 그 원료수급 및 제조과정에서의 위생관리가 매우 중요하며 특히 김치의 주재료인 무, 배추 중의 중금속, 잔류농약, 기생충 등 유해인자의 관리가 매우 중요하다. 김치의 안전관리강화를 위해 식품의약품안전처에서는 김치류의 중금속 및 잔류농약, 기생충란 규격이 신설되었으며, HACCP을 의무적용시킴으로써 영세중소 기업체가 대부분을 차지하는 김치산업에 위축을 주고 있는 실정이다. 따라서 영세중소기업체에서 활용 가능한 김치의 위생성 및 안정성확보를 위한 위해요소 제어 기술의 개발이 필요하다.

또 독신층과 노인, 맞벌이 부부 등의 증가로 소용량 제품에 대한 구매요구가 높아지고 있다. 현재는 종류에 따라 80, 100, 130, 200, 300, 500g을 파우치 또는 컵용기 포장으로 판매하고 있는데, 이들 제품에 부가가치세가 부과되고 있어 면세의 필요성이 제기되고 있다. 기능성을 강화한 다양한 제품, 즉 캡사이신을 강화한 고춧가루를 사용한 여성용 김치인 다이어트김치,

어린이용 김치로 칼슘김치, 기내용 김치로 냄새 없는 김치, 경기도식, 전라도식, 경상도식 김치의 향토김치 등 소비자 기호 및 계층에 따른 김치제품 개발이 필요하다. 또 식중독 예방 김치, 치매 예방 김치, 항암효과 및 면역활성 강화 김치, 당뇨병 개선을 위한 실크김치 등 건강기능성 김치 개발도 필요하다고 세계김치연구소 박완수 박사는 말한다.

한식 국가대표 김치

우리 정부가 1995년부터 제안해 온 김치의 규격화를 2001년 국제규격위원회Codex가 승인하면서 김치 세계화의 길이 본격적으로 열렸다. 현재 세계에서 통용되는 'Kimchi'라는 규격명이 확정된 것도 이때다. 그 이후 김치는 빠르게 세계에 알려졌다. 무엇보다 세계화 수준을 가늠하는 척도인 수출액이 급상승했다.

2005년 농림부는 산하기관으로 한국김치협회를 설립하고 회장에는 김치 명인인 김순자가 맡았다. 협회는 2010년 농림수산식품부와 공동으로 '상하이식품박람회SIAL China 2010'에서 김치 전시회를 여는 등 김치의 국제적 홍보에 주력하고 있다. 상하이식품박람회에서는 브로콜리김치, 콜라비김치, 아스파라거스김치, 초콜릿김치 등의 아이디어 상품을 선보였다. 한성식품은 외국인과 여행객을 위해 신성장박람회에서 김치 특유의 냄새를 완벽하게 없앤 동결건조김치를 선보여 참석자들의 눈길을 끌었다. 한편 김치 관련 특허 13개를 보유한 풍미식품 유정임 대표는 외국인을 대상으로 한 김치 체험 관광코스 등을 개발하여 세계화에 앞장서고 있다.

또 핵심기반기술개발을 통해 김치를 명품화하기 위해 한국식품연구원부설기관으로 세계김치연구소가 개소되고 박완수 박사가 소장으로 일하고 있다. 향토발효음식연구소 안은주 원장은 발효음식개발에서 절제와 차별의 중용을 강조한다. 충청도의 호박깍두기김치처럼 김치를 담가서 다시 불에서 익혀 먹는 김치가 외국인에게 추천할 만하다고 한다. 한국전통음식연구소에서는 한 스타일 문화체험 중 하나로 일본, 중국, 미국 등 세계 각국 관광객에게 불고기, 냉면, 김치 등을 가르치고 있다.

외국인으로는 하토야마 일본 총리 부인 미유키 여사가 한류의 열성팬이다. 한국을 방문했을 때 대통령 부인 김윤옥 여사와 고무장갑도 끼지 않은 맨손으로 김치 담그기 체험 프로그램에 참여했다. 김 여사가 절인 배추에 양념을 싸서 입에 넣어주자 "밥도 주세요."라고 우리말로 말했다고 전한다.

다양한 김치 홍보

지구촌 '김치 로드'를 달리는 김치버스 20대 남자 조리사 3명이 400여 일간 지구촌 5만 2천 킬로미터를 달려 세계인에게 김치의 참맛을 보일 모바일 홈숙식시설을 갖춘 캠핑카을 준비했다. 이들은 출발에 앞서 5일간 김치버스가 전시될 축제장에서 김치햄버거 등 퓨전 김치요리를 선보였다. 김치는 요리와 동시에 김치찌개, 김치전, 김치볶음밥 등의 재료가 되기도 한다. 2011년 첫 여행에서는 27개국 130개 도시를, 2012년 두 번째 여행에서는 한국, 일본 전역을 돌았다. 월드컵 열기로 후끈 달아올랐던 올 5월부터는 남미 6개국을 100일간 돌며 김치버스 시즌 3를 선보였다. 김치버스 여행은 지금도 현재진행형이다.

김치를 주제로 한 영화 〈백의민족〉, 〈아침의 나라〉, 〈어머니의 손맛〉이라는 김치를 주제로 하는 영화가 나왔다. 관객의 오감은 물론 손맛의 원초적 향수까지 자극했다. 2시간의 러닝타임 내내 스크린을 가득 채우는 김치는 100여 종이나 되었다.

NYT의 김치 광고 미국 〈뉴욕타임스〉에 '김치? 이번 주말에 당신 식탁에 건강에 좋은 김치를 더해 보세요'라는 김치광고가 실렸다. 이 광고는 성신여대 서경덕 교수가 기획한 것이다. 미국 내 일본식 덮밥 전문 체인점에서 김치를 기무치로 판매하고 중국 슈퍼마켓에서도 포기김치를 팔고 있어 김치를 중국이나 일본의 음식으로 착각하는 사람들이 있어서 김치 종주국이 대한민국이라는 사실을 전 세계에 알리고 싶어서였다고 한다. 〈동아일보〉 2013. 11. 6.

김치 관련 기관

풀무원 김치박물관 (주)풀무원은 1986년 중구 필동에 풀무원 김치박물관을 설립하고, 1988년에 강남구 삼성동의 한국종합무역센터 단지 내로 이전했다가 2000년에는 제3차 ASEM 컨벤션 센터로 확장 이전했다.

2015년 4월 21일 서울 인사동에서 뮤지엄 김치간으로 다시 태어났다. 2015년 3월 글로벌 채널 CNN이 엄선한 세계 11대 식품박물관에 한국에서는 유일하게 올린 자랑스러운 박물관이다.

부산대학교 김치연구소 1994년 10월 1일 김치연구소를 발족시키고 초대 소장에 전영수 교수가 취임했다.

세계김치연구소 세계김치연구소는 2008년 10월 14일 건립되었는데, 미생물 발효연구, 신공정기술 연구, 대사기능성 연구, 문화융합 연구, 산업기술 연구, 중소기업지원, 분석지원, 미래전략 연구 등을 하고 있다. 한편 세계김치연구소소장 박완수 박사는 2013년 11월 5일 국립민속박물관 강당에서 '김.치.학. 김치, 김장문화의 인문학적 이해'라는 주제로 김치에 대한 최초의 인문학 심포지엄을 열었고, 2014년 11월 26일 국립중앙도서관 국제회의실에서 제2회 김치학 심포지엄을 열었다. 서울특별시와 공동으로 '김치, 그 한계를 넘어' 심포지엄을 2014년 11월 6일에 서울시청 신청사 8층에서 열었다.

김장하는 모습
왼쪽부터 윤서석 교수, 이효지 교수, 안명수 교수, 서혜경 교수

오사카국립민족학박물관 내 한국실　일본 오사카에 위치한 국립민족학박물관 내 한국실에는 한국의 김장하는 모습과 내용이 전시되어 있다. 국립민족학박물관 관장이셨던 이시게나오미치石毛直道 선생이 중앙대 윤서석 교수에게 부탁해서 윤 교수의 지도하에 안명수 교수, 서혜경 교수, 이효지 교수가 1983년 한국민속촌에서 김장하는 과정을 촬영하여 일본국립민족학박물관 내 한국실에 전시한 것이다.

인류무형문화유산, 김치와 김장문화

▎고문헌의 김장

《태종실록》에 침장고沈藏庫란 말이 나온다. 이것으로 김치 담기를 김장이라 하는 유래도 알 수 있다. 김장은 김치의 장기저장을 위한 행사로서 진장陳藏, 침장沈藏이라고도 하며, 저장기간이 엄동 3개월이 필수기간이지만 길게 잡으면 늦은 가을에서 이른 봄에 햇채소가 나오는 시기까지 4~5개월이 된다. 김장의 행사는 각 가정, 사찰, 군대, 기숙사 등 급식을 하는 각 집단의 단위로 행해져 왔으며, 김치의 산업화가 시작된 오늘날에도 각 가정과 급식 단위별로 계속되고 있다. 김장 행사의 상한시기는 김치를 담기 시작했을 때부터라고 생각되지만 그 시기는 확실하지 않다.

속리산 법주사에 묻혀 있는 돌항아리石甕가 신라 33대 성덕왕 19년720에 설치되어 김치독으로 사용되어 온 것이라 한다. 또 조선 초에 궁중에서 채소공급을 관장하던 직사職司인 침장고가 있는데 고庫라는 것은 궁중에서 필요한 물건을 담당하는 기관으로 고려에도 있었다.

현재의 김장 모습이 언제부터 시작했는지를 알 수 있는 문헌은 《농가월령가》, 《동국세시기》, 《경도잡지》이다.

《농가월령가》 9월령에는 '배추국 무나물에 고춧잎 장아찌'라 했고, 10월령에는 '시월은 맹동孟冬이라 입동소설 절기로다. 나뭇잎 떨어지고, 고니 소리 높이 난다. 듣거라 아이들아 농공을 필하도다. 남은 일 생각하여 집안일 마저 하세. 무 배추 캐어 들여 김장을 하오리다. 앞 냇물에 정히 씻어 함담을 맞게 하소. 고추, 마늘, 생강, 파에 젓국지, 장아찌라 독 곁에 중두리요, 바탕이 항아리라. 양지에 가가假家 짓고, 짚에 싸 깊이 묻고 박, 무, 알밤도 얼지 않게 간수하소.'라 했다. 김장은 음력 10월 입동쯤에 한다. 김장김치를 보관하는 방법으로 양지에 김치광을 짓고, 중두리나 항아리를 짚으로 싸서 땅에 묻었음을 알 수 있다.

《경도잡지》 주식조酒食條에 무, 배추, 마늘, 고추, 소라, 전복, 조기를 젓국에 버무려 김치를 담근 섞박지를 당시의 서울사람들이 먹고 있었음을 알 수 있다. 《동국세시기》 10월조에 김치 담기를 침저라 했고, 이것이 이제 널리 보급되어 장 담기와 더불어 민가생활의 2대 중요행사가 되었음을 알 수 있다. 또 10월조에서는 무김치, 배추김치, 동치미, 섞박지, 장아찌, 김치 등이 겨울철에 많이 쓰이고 있었음을 알 수 있다. 10월 월내조에는 서울 풍속에 무, 배추, 마늘, 고추, 소금으로 김장을 하여 독에 담근다. 여름의 장 담기와 겨울의 김장 담기는 가정의 1년의 중요한 계획이다. 11월 월내조에는 수정과와 함께 동치미를 겨울철의 시절음식이라 했다. 무 뿌리가 비교적 작은 것으로 김치를 담근 것을 동침이라 한다고 적었다. '새우로 젓을 담가 곁이 삭은 뒤 무, 배추, 마늘, 생강, 고추, 청각, 전복, 소라, 굴, 조개, 조기, 소금으로 막김치를 버무려 독에 넣어 오래 두었다가 겨울이 지나 꺼내어 먹으면 몹시 매운 것이 먹을 만하다. 무, 배추, 미나리, 생강, 고추로 장김치를 담갔다가 먹기도 한다.'고 했다.

《동국세시기》의 김장김치 종류는 여러 가지이다. 무와 배추를 주재료로 한 김치류, 동치미, 막김치, 장김치가 나온다. 이는 최근의 김장김치로 서울 지방에서 배추김치, 총각김치, 깍두기, 동치미를 담그는 것과 비슷하다.

궁중의 김치

《조선왕조실록》에 저는 76건이 나오는데 대부분 제향에 올리는 김치이다. 세종 원년1419 12월의 산릉山陵의 개토제開土祭와 참토제斬土祭에 처음 등장한다. 두豆에 부추김치韭菹, 미나리김치芹菹, 죽순김치筍菹, 무김치菁菹는 반드시 들어간다. 세종 6년1424, 세조 12년1466에 저가 나오고, 성종 8년1477, 10년1479에는 저가 20가지였다. 영조 42년1756, 정조 14년1790, 정조 18년1794, 선조 38년1605에 침저沈菹라는 말이 있다. 영조 4년1728 10월에는 궁에서 침저를 1천 6백 바리를 담근다고 했다. 호조가 혼궁의 묘소에 3년 동안 과자침채瓜子沈菜를 660일간 매일 13개씩 모두 8580개 차린다고 했다. 영조 원년1724에는 침채, 헌종 3년1837에는 엄채, 세종 6년1424, 세조 3년1457에는 과저瓜菹, 영조 9년1733에는 청저靑菹, 성종 12년1481에는 장과아醬瓜兒가 나온다.

《진찬의궤》 1848, 1868, 1873, 1887, 1892년과 《진연의궤》 1902년에 침채가 있다. 《진연의궤》 1901년에는 장침채醬沈菜가 있다. 즉 궁중연회에 침채, 장침채를 올렸음을 알 수 있다. 《원행을묘정리의궤》에는 침채와 담침채가 올려졌다. 침채로는 교침채, 청과침채, 수근침채, 청근침채, 백채침채이고, 담침채로는 백채침채, 청근침채, 산개침채, 치저꿩침채, 석화잡저, 해저, 수근침채, 만청침채 등이었다.

궁중에는 김치를 담그는 침장고라는 기관이 있었다. 침장고의 역할은 채소를 재배하거나 공납을 받아서 궁중제사와 각 전에 공급하고 김장을 담가 갈무리하는 기관이다. 세조 1년1466년에 침장고를 사포서司圃署로 바꾸었다. 궁중에서는 김장 시기에는 방아다리 백채 밭에 국가용, 즉 '궁내부소용'이라는 목패木牌를 세워서 다른 사람은 손도 못 대게 했다. 궁중에서는 김장 때에 한 달 동안 모든 일을 제쳐놓고 분주히 지냈다. 홍선표,《조선요리학》

김장은 1천 통씩 했다. 배추, 무는 마장동, 왕십리, 연건동의 궁중용 채마전에서 진상했다. 김치의 종류는 섞박지, 동치미, 송송이깍두기, 보김치, 젓국지배추통김치 등이었다. 수라상에 올리는 김치는 깨끗한 속대만으로 만든 섞박지나 보김치를 올린다. 이파리가 노랗고 무가 반듯하게 썰어진 것을 골라 놓았다. 워낙 많은 양이므로 다듬는데 하루, 절이는데 하루, 완전히 끝내려면 10일이 걸렸다고 한다. 김장때는 주방상궁만 할 수 없어서 침방상궁, 숫방상궁들까지 동원되었다. 김장 항아리는 낙선재 동쪽 광에 묻어 두었다고 한다. 김명길 상궁의 증언

창덕궁 내 150개의 김장독

창덕궁 내의 김장은 어떠한가? 이왕직 전선실에는 벌써 여기저기서 배추의 견본을 들여다 놓고 고르기 시작한다. 배추는 훈련원 땅이 국유지로 들어간 후부터는 대개 방아다리것을 사용하게 되었고, 무는 대부분 소내것을 쓰게 되었다. 원래 궁내에서는 입동 3~4일을 전후하여 김장을 시작하므로 입동의 조화에 따라 김장의 비용과 분량이 일정치 않다. 해마다 총비용이 평균 2400~2500원 가량인데 배추 약 1만 통, 무 약 2천 500관 중에서 덕수궁 애기씨와 광화당 마님, 그외에 족친 3분께 배추 약 500통, 무 약 200관

가량을 하사하고, 그 나머지로 궁내의 김장을 하게 된다. 궁내의 김장은 지럼김치로 섞박지 7항아리, 보쌈김치 2항아리, 장김치 2항아리, 깍두기 4항아리, 동치미 5항아리 등을 하고, 김장김치로 통김치 48항아리, 섞박지 42항아리, 동치미 18항아리, 무김치 22항아리, 깍두기 15항아리, 무깍두기 2항아리, 보쌈김치 2항아리, 원앙김치 1항아리, 짠김치 4항아리, 만두김치 2항아리 등 모두 156항아리를 하게 된다.

조선시대 훈련원의 배추는 이왕직과 각 대가에서 웃돈을 주고 사던 최상품이었으나 점차 수확이 좋지 못해 방아다리배추가 궁에 납품되기 시작했다. 훈련원 배추는 100통에 8~9원이고, 동량의 무는 2~3원으로, 일반 배추는 100통에 6원, 호배추는 4원이었으니 배추김치를 먹는 것 자체가 서민, 하층민에게는 쉽지 않은 일이었을 것이다.

궁내의 김치는 어느 것을 물론하고 그 맛이 전국의 으뜸이 될 것은 다시 말할 것도 없거니와, 그 중 더욱이 장김치는 세계에 크게 자랑할 독특한 요리이다. 그것은 요리사의 솜씨는 말할 것도 없고, 그보다 더 장김치에 첫째 원료가 되는 간장 맛이 기막히게 훌륭한 까닭이다. 궁내의 간장은 점메주 한 독에 간장 한 동이나 될락말락하게 떠서, 그것을 10~15년씩을 묵히는 것이니 그 맛이 조청같이 단 것은 사실이다. 궁내의 장김치는 극히 좋은 배추를 마련하고, 문무한 속대만 남기고 봉산참배같이 씩씩한 무를 갈라서, 길이, 넓이를 똑같이 맞추어 썰어 10여 년 묵은 진간장에 하루 동안 절여둔다. 무와 배추에 간장물이 흠썩 든 후에 고추, 파, 마늘, 생강, 배, 밤, 표고, 석이 등을 머리칼같이 가늘게 채를 치고,

장김치

미나리와 갓도 역시 7푼 가량쯤 기장을 맞추어 썬 후에 청각은 뜯어넣고, 유자는 무쪽처럼 납작납작하게 썰어서, 실백과 설탕을 섞어, 갖은 고명을 간장에 절였던 무, 배추와 함께 버무려 너무 달지도 짜지도 않게 국물을 만들어 붓는 것이다. 고명의 분량은 일정한 규정이 없으나 다년간 궁내에서 숙수 노릇을 하는 이상궁의 독특한 눈어림이 오히려 더욱 신기한 진미를 조화케 하며, 김치 익힐 때에도 덥지도 차지도 않게 온도를 맞추어서, 간수하는 터이다. 전하께서는 이 장김치를 지렴으로 담가 잡수시고, 통김치와 섞박지를 햇김치가 나기까지 오래 잡수셨다고 한다. 〈조선일보〉 1924. 11. 7.

김장

김장 김치 맛은 그 집 주부의 음식솜씨를 재는 바로미터이다. 그래서 김장은 주부만이 맛보는 고되고도 즐거운 작업이다. 겨울철 식탁의 총아, 김장을 맛있게 담그는 비결은 배추, 무 등 재료의 선택과 배추를 소금에 절이는 솜씨, 양념의 배합에 달려 있고 또 저장방법도 무시할 수 없다.

매년 겨울 초입이 되면 한반도의 집집마다 김장을 했다. 이 김장은 큰 행사이면서 동시에 큰 걱정거리이기도 했다. 재료를 확보하는데 돈이 만만치 않게 들었기 때문이다. 주부들은 이 걱정을 해결하기 위해 배추나 무 말고도 여러 가지 재료로 김치를 담갔다. 김장을 한 이후 날이 갈수록 익다가 마침내 시어버리는 김치, 하지만 한반도에서 살았던 사람들은 적어도 천년이 넘는 시간동안 김장을 사라지게하지 않았다. 오늘날 비록 그 양은 30년 전과 비교가 되지도 않지만 식구들의 오래된 입맛에 맞춘 김장김치가 '가가'가 아닌 '김치냉장고'에서 익고 있다. 김치와 김장은 한국어와 함께 한국인에게 가장 친근한 문화유산일 것이다. 문화재청은 자연친화적 재료로 발효건강음식을 만드는 김장자체에 초점을 맞추고 김장의 완성품인 김치가 한국 문화에서 지니는 위상도 강조하여 김장문화에 가족과 이웃이 모여 품앗이하던 전통이 살아 있다고 했다.

가정에서 김장하는 모습

사내가 부엌만 기웃거려도 흉이라던 조선시대에도 김장은 남정네마저 팔을 걷고 나서는 성 역할, 완화제 역할을 했다. 나눔과 배려의 정신은 겨울이면 불우이웃을 위해 김장을 담그는 문화로 이어지고 있다. 김장은 '나눔의 미덕'을 실현하고 대대손손 '맛을 전수'하는 의미가 있다. 소금에 절인 배추에 고춧가루와 양념을 버무려 이른바 '속'을 넣어 한입 베어 물면 산해진미가 따로 없다. 이런 배추쌈을 이웃간에 돌려먹는 것은 고루 정을 나누는 미덕이다. 집안 고유의 손맛을 며느리. 딸에게 또 그들의 자손인 손녀, 손자며느리에게 물려주는 것 또한 우리 민족의 소중한 정서다.

원료 조달과 김장시기 변동

일제강점기부터 많은 인구가 모여들기 시작한 대도시는 2~3주 사이 집중되는 김장철을 대비해 비상체계의 가동이 필요해졌다. 특히 물량 확보와 유통 수급문제, 가격, 쓰레기 처리, 세척수 확보 등이 중요한 현안이었다. 김장은 짧은 시간 내에 집약적인 물자와 비용, 노동력이 집중적으로 투하된다는 특징을 가지고 있다. 특히 도시화, 상업화, 산업화가 동시에 진행되면서 공급가와 수요자가 분리되었고, 그에 따라 거래가 형성되는 장소로써 시장의 수요도 일시에 증가하게 되었다. 정부 차원의 월동대책은 주요도시의 시당국은 겨울 연료, 김장, 전기, 소금 등의 수급 및 쓰레기 처리 대책을 수립하는 것이 주요업무였다.

1950년대까지 김장시기에 대한 고민이 주로 날씨였다. 추위가 오기 전에 해야 채소를 저렴하게 구입할 수 있고 독을 땅에 묻기도 수월했다. 옥외에서 해야 하므로 화창하면서도 매섭지 않은 날을 택해야 했다. 한편 너무 이르게 하면 김장김치가 쉽게 시어지기 때문에 일기 변화가 중요한 문제였다. 1960년대는 도시인구에서 월급쟁이들의 비율이 늘어나면서 봉급날인 25일이 원료 구입일이 되면서 상인들이 김장시세를 최고가격으로 매겼다. 그리하여 김장 보너스를 주게도 되었다. 이때부터 김장철이 되면 거리에서 고무장갑을 팔기 시작했다.

김장 준비와 담그기

김장은 입동을 사이에 두고 산간에서는 1주일 전에, 서울은 1주일 후에 한다. 이때 기온은 섭씨 5℃ 안팎의 온도가 2주일쯤 계속될 때이다. 중부지방은 11월 중순부터 하순이 적당하고, 남부지방은 이보다 더 늦은 12월 초순까지도 한다.

배추 절이기

김치를 맛있게 담그려면 무엇보다도 배추, 무를 잘 선택해야 했다.

배추는 재래종과 개량종이 있다. 개량종으로는 포도련종, 올림픽, 가락 신

1호가 좋다. 겉으로 만져보아 딱딱하게 속이 차서 무거운 것이 좋고, 살이 두꺼우면 싱겁고 국물만 많이 생기므로 살이 얇고 빛이 흰 것이 좋다. 몸체는 짧고, 잎이 노르스름하면서 꼬불꼬불한 것이 좋다. 빛이 아주 흰 것이 아니고 연한 녹색이고 줄기가 우둘거리지 않고 곱게 매끈한 것이 좋으며, 세후에 먹을 것은 쪼개지 않아도 되는 작은 것이 좋다.

절이는 과정에서 제일 중요한 것은 소금의 질과 소금의 농도이다. 소금은 천일염으로 간수를 뺀 토판염이 좋고, 소금에 열을 가한 죽염이 좋으나 값이 비싸다. 채소를 소금에 절이는 과정을 '채소의 숨을 죽인다'고 말한다. 배추가 지나치게 절여지면 소금이 많이 침투되어 너무 짜고 수분이 많이 빠져 나가서 배추조직이 질겨지게 된다. 또 젖산 발효가 일어나지 않을 수도 있다. 덜 절이게 되면 물이 너무 많고 김치가 쉽게 시어지며 싱겁고 맛이 없다. 소금의 양, 절임 온도, 절임 시간, 눌림 조건 등에 따라 다르다. 호염 1, 물 6의 비율로 소금을 풀면 10%의 소금물이 된다. 10% 소금물에 배추를 담그어 10시간 정도를 절이면 최종염도 3%가 된다. 맑은 물에 3~4번 헹구어서 소쿠리에 담아 3시간 물기를 뺀다.

조선배추는 통으로, 개량종은 반으로 또는 4등분으로 쪼갠다. 골고루 절여지도록 절반쯤 절여진 다음 아래위 위치를 한번 뒤집어 놓는다. 무거운 것으로 눌러서 배추가 물 위로 뜨지 않게 한다.

양념 배합

세전김치는 파, 생강의 분량을 많이 넣고, 젓갈은 달여서 맑은 국물을 넣는다. 젓갈 외에 밤, 대추, 동태, 굴, 낙지 등을 넣으면 감칠맛이 난다. 세후김치는 파, 생강의 분량을 줄이고, 젓갈을 사용하지 않고, 소금으로만 간을 하고 고춧가루의 양을 늘린다.

김치소

무채는 보통 채칼로 썰지만 손으로 채써는 것이 지저분하지도 않고 물이 많이 나오지도 않아 좋다. 미리 채를 썰어 놓으면 무가 써지고, 맛이 없으니 배추를 씻어서 물기를 빼는 동안 한편에서 준비한다. 무채는 먼저 고춧가루를 넣어 색을 곱게 낸 다음 다른 양념을 넣는다. 파가 많으면 맛이 시원하고, 생강이 많으면 쓰고, 마늘이 많으면 노린내가 난다. 청각을 넣으면 맛이 시원하다. 그밖에 동태, 낙지, 생새우, 조기젓이나 황석어젓의 살 등을 이용한다. 육류를 배추 속 버무리는 데 같이 넣거나 배추 갈피 사이에 몇 개씩 끼우기도 한다.

독에 넣을 때 속이 빠져 나오지 않도록 배추잎으로 싸고 배추를 젖혀서 차곡차곡 담근다. 무가 많으면 국물이 시원하고, 무 자체도 간이 배어 맛이 있으니 많이 넣는다. 무는 큼직하게 썰어 배추를 돌려 담은 그 켜 사이에 넣는다. 미리 소금을 조금 넣고 버무려서 쓰는 것이 좋다. 독 위에서 10cm 정도 떨어지게 담근다.

김장 후 관리

골마지가 지지 않도록 대잎, 우거지, 무 껍데기, 절인 배추잎, 상수리잎, 땅두릅잎, 촉엽, 배 껍질, 짚, 배추 겉대, 무청 절인 것, 수수잎 등으로 김치 담은 위를 덮고, 대가치, 수수깡이, 돌 등으로 누른다. 국물 준비는 양지머리를 삶아서 식혀 기름을 걷고 간을 맞추어 붓거나 북어 삶은 물이나 멸치국물을 끓여 기름기를 밭쳐서 붓기도 하지만 대개 멸치젓 끓인 국물이나 황석어젓, 조기젓 끓인 국물을 붓는다. 오래 저장했다가 먹을 김치는 소금으로만 간을 맞춘다.

옛날의 김장김치는 장기발효숙성을 꾀하기 위하여 땅속에 독을 묻고 저온에서 젖산발효를 유도했다. 요즈음은 김치냉장고의 발달로 아주 편리해졌다.

김장 품앗이

품앗이는 노동의 교환 협동 형식을 일컫는 말이다. 품앗이는 주로 친지간이나 이웃간에 짜여지는 것이 보통이다. 전통 사회에서 이웃 간의 관계는 남성에게 있어서보다 여성에게 있어 훨씬 더 중요한 의미를 지니며 품앗이는 그러한 이웃관계를 유지케 하는 중요한 메커니즘으로서의 기능을 한다. 김장 품앗이에 참여하는 사람들의 기능은 다 된 양념을 버무리는 것이다. 김치 맛의 지역적 차이는 주로 양념의 종류와 배합과 관련된 문제이다.

김장 품앗이의 의미는 힘든 일을 함께 도와준다는 여성의 역할과 정서가 깔려 있다. 김치 품앗이에서는 일이 끝난 직후 김치가 교환되지 않는다. 다만 배추속과 절인 배추 속대를 조금씩 나누어 가지고 가서 속쌈을 맛보는 정도이다. 김장 품앗이 이후 김치 나누는 교환은 20여 일이 지난 다음 어느 정도 김치가 익었을 때 이루어진다. 김치는 익어야 제 맛을 내기 때문에 이러한 교환이 행해진다고 볼 수 있다. 김장 품앗이는 '노동력의 나눔'이나 '김치의 돌림'이란 형태로 일정한 교환이 이루어지지만, 또 다른 교환 내용은 이웃 간의 정이다. 여성의 이웃관계가 정기적인 김장을 통하여 하나의 잔치판을 이룬다.

조리기술의 전승통로로서의 김장

조리기술은 일정한 레시피를 가지고 전달된다. 음식을 만드는 일이 대부분 여성이 하는 일이었기 때문에 여기에 필요한 규칙은 구술에 의해서 전해지는 경향이 짙다. 김치 담그는 기술은 김장을 통해서 이루어진다.

김장은 조리기술이 전승되는 통로이다. 어머니와 딸, 시어머니와 며느리의 체계를 통해서 이어진다. 처음에는 '지켜봄' 정도에서, 다음에는 버무리는 일에 '참여'하면서 기술이 전승된다. 이런 과정에서 실패와 성공의 비결을 익힌다. 재료의 선택에서부터 절이는 법을 '자연스럽게' 배운다. 조리기술을 전승해주는 측의 입장에서도 잘 짜여진 기록이나 순서를 가지고 설명하지 않는다. '김장' 행위는 그래서 전통문화의 전승통로이다. 이 전승통로를 통해 우리의 맛이 이어진다.

김장은 '공동체 나눔문화'

김장은 최소 3개월, 길게는 1년 이상 먹어야 하는 많은 양의 김치를 추운 11월경에 2~3일만에 한꺼번에 담가야 하기 때문에 마을공동체가 나설 수 밖에 없다. 노동력을 제공한 이들에게는 자연스럽게 식사를 대접하고 김장김치를 나누어 주었다. 김장은 또한 가장의 경제력을 검증받는 일이었다. 1970~1990년대 직장인들은 '김장보너스'를 받았다. 요즘 기업들은 김장보너스 대신 김장체험행사나 대규모 김장 나눔 행사를 한다. 2004년부터 매년 한국야쿠르트는 야쿠르트 아줌마와 임직원, 자원봉사자들이 서울시청 광장에서 김장김치를 담아서 저소득층에게 나누어 주는 행사를 해왔다. 2013년

▌서울김장문화제

에는 6만 5천 포기를 전국 2만 5천여 가구에 10kg씩 전달했다. 한편 서울특별시 주최로 2014년 11월 14일부터 16일까지 '서울김장문화제'가 열렸다. 9천 명이 10만 포기(260t)의 김치를 담가 10kg씩 포장해 583개 기관, 2만 2천 가구에 나누어 주었다. 세계 3대 축제로 만들기 위해 한국관광공사와 함께 관광 상품을 개발하고 있다. 전통을 이은 김장문화의 진화이다.

2000년대는 핵가족화와 도시화로 예전처럼 마을공동체가 나서는 경우는 줄었지만 각각 흩어져 사는 가족들이 한 자리에 모이는 기회로 변모했다. 〈한겨레〉 2013. 12. 6.

농촌진흥청과 생활개선 중앙연합회는 김장 나누기 행사를 해서 성수기 김장채소 소비운동에 일조하고, 김치 한 포기 더 담그기로 김장 채소 재배 농가의 걱정을 덜어주고, 도시소비자에게는 김장김치 맛있게 담그는 법과 안심할 수 있는 우리농산물 접촉기회를 제공해 주었다. 담근 김치는 노인복지회관 및 주민센터를 통해 소외계층 150여 가구에 10kg씩 전달했다고 한다.

프랑스 파리의 '김장문화 체험' 행사 성황 세계김치연구소는 주불한국문화원과 공동으로 프랑스 한국문화원에서 'I Love Korea, I Love Kimchi'라는 제목으로 김치문화 체험 행사를 개최했다. 이 행사에는 프랑스 현지인 80여 명이 참가했으며, 김치의 건강 기능성 홍보영상 상영, 김치의 역사와 문화를 주제로 한 세미나, 김치 만들기 시연과 체험으로 구성되었다. 참가자들은 한국김치에 내재되어 있는 독특한 문화적 가치를 이해할 수 있는 기회가 되었다.

인류무형문화유산에 등재된 김장문화 2013년 12월에 아제르바이잔 바쿠에서 개최된 유네스코 제8차 무형유산보호정부간위원회에서 김장문화Kimjang;making and sharing Kimchi in the Republic of Korea가 유네스코 인류무형문화유산 목록에 등재되었다.

한국인의 일상에서 세대를 거쳐 내려온 김장은 이웃간 나눔의 정신을 실천하고 연대감과 정체성, 소속감을 증대시킨 매개체이며, 김장문화 등재는 자연재료를 창의적으로 이용하는 식습관을 가진 다양한 세계 공동체들의 대화를 촉진하는 계기가 될 것이라고 했다. 문화재청은 한국인의 생활유산인 김장문화가 등재되어 국제무대에서 한국문화의 위상을 다시 한 번 확인했다고 평가했다. 한국의 유네스코 무형문화유산 등재는 모두 16건으로 늘었다. 〈동아일보〉 2013. 12. 6.

김칫독 관리법

김치가 국물 속에 잠기지 않고, 노출되면 비타민의 손실이 많다. 김치는 보관이나 취급에 주의하여 맛의 변화를 막아야 한다. 그러기 위해서는 항아리에 일단 담은 김치는 다른 항아리에 옮기지 말아야 한다. 김치를 항아리에서 꺼내 먹을 때는 김치를 꺼낸 다음 꼭꼭 눌러서 김치가 국물에 잠기도록 하고 돌로 누르고, 뚜껑을 닫는다. 김치는 온도의 변화가 있으면 맛이 떨어진다. 일정한 온도를 유지함이 비결이다. 그러기 위해서는 땅에 묻는 것이 가장 이상적이다.

김치는 장기간 보관했다 먹는 저장음식이므로 보관방법도 다양했다. 여름철에는 흐르는 냉수에 항아리를 담가 저장성을 유도하거나 우물 속에 항아리를 매달아 온도관리를 꾀하는 방법이 보편화되었다. 또한 김장김치는 장기발효숙성을 꾀하기 위하여 땅속에 독을 묻고 저온에서 젖산발효를 유도했다.

집안의 김장독을 목표로 탄생된 것이 바로 김치냉장고다. 김치냉장고 온도는 11월 하순의 땅속 온도인 섭씨 5도와 한겨울 땅속 온도인 섭씨 1도 사이로 맞추라고 조언한다. 같은 김치라도 보관법에 따라 천차만별의 맛을 지닌다. 요즈음은 일부 지방에서는 김치를 담아서 잘 포장하여 호수 속에 깊이 보관하다가 겨울철 얼음이 언 호수를 톱으로 얼음을 베어내고 김치를 꺼내기도 하는 방법을 이용하기도 한다.

김치냉장고

1980년대부터 김치냉장고가 출현되어 김치의 저장문제가 해결되었다. 김치냉장고업계는 연간 판매량이 100만 대를 웃도는 수준이다. 배추가 풍년인 해에는 판매량이 늘어서 110~120만 대 판매예정이다. 각 가정의 김치염도는 2.7%였으나 저염김치가 표준화되면서 1.7%로 떨어졌다. 학계에서는 2% 이하를 저염김치로 분류한다. 저염김치는 쉽게 얼기 때문에 영하 1.3~1.5도이던 냉장고의 기본 온도를 영하 1도로 올렸다. 〈동아일보〉 2013. 11. 6.

지방마다 다른 김치의 지역성

김치 맛의 짜고, 싱겁고, 맵고의 차이는 지역성을 담고 있는 문화현상이다. 1월 평균기온이 영하 2도 이하인 지역에서는 저장음식을 저장하는 방법으로 소금 양을 많이 하여 짜게 할 수밖에 없다. 소금의 농도, 주재료의 종류, 젓갈의 선택이 기준으로 이용되었다. 소금의 농도는 김치의 지역성을 나누는 첫 번째 요소로 꼽힌다. 김치의 주재료로 쓰이는 채소류가 지역성을 두드러지게 나타낸다. 즉 제주도의 동지를 이용한 동지김치, 전남 해남의 고들빼기김치, 충남 홍성의 호박김치, 경기도 이천의 게걸무김치, 강화도의 순무김치, 조선배추로 담근 개성의 보쌈김치 같은 것이 한정된 산물로 인해 지역을 대표하는 김치로 알려진 것이다. 요즈음은 이러한 지역성은 사라지고 전국적이 되었다.

김치의 지역성을 나타내는 것 중의 하나가 젓갈의 사용이다. 남부 지역은 멸치젓, 중부 지역은 새우젓, 북부 지역은 젓갈을 사용하지 않고 날 생선을 넣는다. 이것은 기온이 낮아 김치가 변하지 않고 숙성될 수 있으며 겨울에도 생선을 잡을 수 있기 때문이다. 함경도 동해안 지방은 김치에 명태를 많이 쓰고 고추를 강하게 사용한다. 주재료는 무, 배추, 평안도에는 명태보다 쇠고기나 돼지고기가 많이 쓰인다. 그러나 지역에 따른 젓갈의 구별은 지역 간의 인구 이동, 조리기술, 정보의 일반화, 식품산업의 발달에 의해서 상실해 가고 있다.

서울 김치

서울은 자체에서 나는 산물보다 전국 각지에서 생산된 여러 가지 재료가 수도인 서울로 모이므로 다양하게 활용했다. 서울 김치 맛은 짜지도 않고, 싱겁지도 않은 적당한 맛을 지니고 있다. 젓갈은 새우젓, 조기젓, 황석어젓 등 담백한 젓국을 즐겨 쓰는데 멸치젓은 6·25전쟁 후에 갈치, 낙지, 생새우 등과 함께 많이 쓰기 시작했다.

경기도 김치

경기도는 새우젓을 많이 쓰고, 간이 짜지도 싱겁지도 않아 먹기 좋으며, 종류도 다양하다.

강원도 김치

강원도는 동해안의 오징어 등 생선이 싱싱한 고장의 김치 맛을 특색 있게 해준다. 생태, 오징어채, 꾸덕꾸덕 말려 잘게 썬 생태 살을 젓국으로 버무려 간을 맞추고, 국물은 멸치를 달여 밭쳐서 넣는다.

황해도 김치

황해도 김치에는 독특한 맛을 내는 고수와 분디라는 향신채소를 쓴다. 배추김치에는 고수가 좋고 호박김치에는 분디가 제일이다. 호박김치는 늙은 호박으로 담가 그대로 먹는 것이 아니라 끓여서 익혀 먹는다. 김치는 국물을 넉넉히 부어 맑고 시원하게 만들며 동치미를 즐겨 담아 국물에 국수나 찬밥을 말아 밤참으로 먹는다. 젓갈은 까나리젓, 새우젓, 조기젓 등을 쓰는데 중부지방과 공통점이다. 간이나 국물의 양이 중간이다.

평안도의 가지김치

평안도 김치

평안도는 동해안과는 달리 갈치, 새우, 토하 등이 많이 생산된다. 함경도보다는 조기젓과 새우젓을 많이 쓰는 편이지만 남도지방보다는 훨씬 적게 쓴다.

함경도 김치

함경도에서 가장 추운 지방은 영하 40도까지 내려가기도 하므로 김장은 11월 초순부터 한다. 젓갈은 새우젓이나 멸치젓을 약간 쓰고 소금간을 주로 한다. 그리고 동태나 가자미, 대구를 썰어 깍두기나 배추김치 포기 사이에 넣고 김칫국물을 넉넉히 붓는다. 동치미도 담가 땅에 묻어 놓고 살얼음이 생길 때쯤 혀가 시리도록 시원한 맛을 즐긴다. 이 동치미국물로는 냉면을 말기도 한다. 콩이 좋은 지방이라 콩나물을 데쳐서 물김치도 담근다.

충청도 김치

충청도는 서해에 접하고 있어 조기젓, 황석어젓, 새우젓 등을 많이 쓰는데 중부지방과 비슷하다. 간도 중간 정도이고 소박한 김치를 담근다. 갓, 미나리, 파, 삭힌 풋고추, 청각, 표고, 배, 밤 등을 사용하여 은근한 맛이 우러나도록 한다.

지방별 김치의 종류

지방	김치의 종류
서울	장김치, 숙깍두기, 동치미, 풋고추겉절이, 풋고추김치, 가을배추겉절이, 나박김치, 통배추김치, 통배추백김치, 총각무동치미, 오이소박이, 감동젓무김치, 섞박지, 보쌈김치, 총각김치, 깍두기
경기도	배추김치, 총각김치, 백김치, 미나리김치, 장김치, 파상치절이지, 용인외지, 순무짠지, 순무김치, 꿩김치, 고구마줄기김치, 숙김치, 개성보쌈김치, 수삼나박김치, 호박김치, 순무섞박지, 무비늘김치, 게걸무김치, 오이소박이, 오이물김치, 즉석김치, 석류김치, 씨도리김치
강원도	창란젓깍두기, 채김치, 동치미, 해물김치, 서거리김치, 새치김치, 꽁치김치, 북어배추김치, 북어무김치, 배추고갱이김치, 봄원추리김치, 돌나물김치, 오징어김치, 무청김치, 해초김치, 콩나물김치, 참나물김치, 산갓김치, 대구깍두기
황해도	동치미, 호박김치, 갓김치, 고수김치, 섞박지, 보쌈김치, 풋고추김치, 파김치, 배추김치, 나박김치, 풋김치
평안도	가지김치, 영변김장김치, 김치오가리, 분디물김치, 지름섞박지, 백김치, 콩나물국물김치, 호박김치, 빨간무소박이, 나박김치, 평양 진남포 통김치, 나복동치미
함경도	참나물김치, 쑥갓김치, 함경도대구깍두기, 채칼김치, 봄김치, 가자미식해, 콩나물김치, 무말랭이김치, 산갓김치, 배추김치, 쑥갓김치, 무청김치
충청도	오이지, 콩나물짠지, 열무물김치, 가지김치, 박김치, 시금치김치, 보쌈김치, 새우젓깍두기, 호박게국지, 깻잎김치, 쪽파젓김치, 총각김치, 순무밴댕이김치, 동치미, 신건지, 나박김치, 비늘김치, 굴깍두기, 고춧잎김치, 배추고갱이김치, 공주깍두기
전라도	갓쌈지, 고들빼기김치(구례), 홍갓김치(구례), 홍어김치(나주), 경종배추(결구배추)김치(나주), 생조기를 넣은 반동치미(나주), 배추포기김치, 검들김치, 굴깍두기, 반지(백지), 파김치, 돌산갓김치, 우엉김치, 양파김치, 동치미, 파래김치, 고구마김치, 고춧잎김치, 가지김치, 나주동치미, 해남감김치, 꼬막김치(보성), 꼬막오이소박이(보성), 전복김치(완도), 톳김치(완도), 돼지고기김치(보길도), 파래김치(보길도), 감태지(완도)
경상도	고추겉절이, 솎음배추겉절이, 전복김치, 속세김치, 콩잎김치, 우엉김치, 부추김치, 산갓김치, 골곰짠지, 돌나물김치, 더덕김치, 곤달비김치, 들깨잎김치, 깻잎김치, 고추잎김치, 부추김치, 도라지김치, 고구마줄기김치, 콩밭열무김치, 박김치, 멸치젓통김치, 가지김치, 통대구소박이, 알타리막동치미, 모젓깍두기, 백김치, 파김치, 고추김치, 비지미(깍두기), 멸치젓섞박지, 방울무김치, 배추김치, 나박김치, 곤지김치
제주도	갓김치, 동지김치, 무김치, 달래김치, 막김치, 방풍잎김치(갯기름나물김치), 배추김치, 퍼데기김치, 부추김치(세우리짐치).열무김치, 전복김치, 나박김치, 해물김치, 꿩마농김치(달래김치), 남삐짐치(무김치), 봄동김치, 꽃대김치, 갓물김치, 톳김치, 청각김치, 즉석김치, 물김치, 실파김치, 솎음배추김치

제주도의 전복김치

전라도 김치

전라도지방김치는 멸치국물을 많이 써 색깔은 탁하지만 깊은 맛이 있으며 채소를 다양하게 골고루 사용한다. 맵고 짭짤하고 진한 맛과 감칠 맛이 나고 경상도김치보다 사치스럽다. 고춧가루보다 마른고추를 물에 다시 불려서 갈아 걸쭉하게 만든 것을 쓴다. 젓국은 새우젓, 조기젓, 멸치젓을 쓰지만 특히 멸치젓을 많이 쓰고, 추자멸치젓이 유명하다. 찹쌀풀과 통깨도 많이 쓴다.

경상도 김치

경상도는 날씨가 따뜻해서 김치가 일찍 시므로 소금에 푹 절이고 멸치젓을 이용한다. 무를 쓰지 않고 생강은 적게, 소금, 고춧가루, 마늘을 많이 써서 자극적이다. 기온이 높아 12월에 김장을 하고 김칫국물은 홍건하게 붓는다. 밀가루풀, 국수 삶은 물, 보리쌀 삶은 물을 사용한다.

제주도 김치

제주도는 기후가 따뜻하여 배추가 밭에서 월동하고 다른 채소들이 많아서 김장의 필요성이 덜하여 종류가 단순하다.

김치의 건강기능적 가치

김치의 기호성

김치는 맛있게 익었을 때 가치가 있다. 김치의 관능적 특성의 주요 요소는 맛, 냄새, 조직감, 색깔, 향미가 어울린 음식의 걸작품이다. 김치의 맛은 깊고 오묘하다. 맛은 신맛, 감칠맛, 짠맛, 단맛, 매운 맛, 상쾌한 맛 등이 조화를 이루고 있으며 덜 익었을 때는 약간 짜며 지나치게 익은 것은 신맛과 군내가 난다.

김치의 맛은 배추의 싱싱한 질감과 소금에 의한 짠맛, 발효시 생성되는 유기산과 부수적으로 생산되는 이산화탄소가 김치맛에 주 영향을 미친다. 김치맛은 여러 종류의 아미노산, 핵산계 물질에 의한 것이고, 매운맛은 고추의 캡사이신capsaicin의 맛이다. 신맛은 각종 유기산에 의한 것, 짠맛은 소금에 의한 것, 단맛은 당성분에 의한 것, 상쾌한 맛은 발효과정에서 얻어진 유기산과 탄산가스의 역할이다.

이 밖에 김치에 첨가되는 파, 마늘, 생강, 고추 등의 양념, 생선, 젓갈에 따라서 다르며 김치의 염도, 숙성온도, 성장하는 미생물 저장기간 등의 조건으로 김치맛은 미묘하고 복잡하다. 김치의 조직감은 적당한 경도와 아삭아삭 씹히는 아삭함, 지나치게 익으면 질감이 물러지는 현상이 나타난다. 김치의 색은 종류에 따라 다르지만 붉은 고추색깔로 배추김치나 깍두기는 붉은색, 동치미와 백김치는 옅은 우유색으로 국물은 투명하다.

김치의 냄새는 새콤한 내, 풋내, 신내, 군내 등이다. 이 같은 관능적 특성은 김치의 종류, 담그는 방법, 저장방법에 따라 달라진다. 김치의 향미는 재료, 효소 미생물의 작용으로 형성되며, 향미물질은 유기산, 아미노산, 당, 소금, 휘발성 화합물 등이다.

우리 먹을거리 김치에서 발견한 유산균이 아토피피부염 완화에 효과가 있다고 알려졌다. 삼성서울병원 소아청소년과 교수팀과 중앙대학교병원 연구팀이 CJLP133이 아토피피부염 완화 효과가 있음을 증명했다.

농촌진흥청은 반찬으로만 먹던 김치를 다양하게 활용할 수 있도록 '김치소스'를 개발했다. 김치소스는 잘 익은 김치를 잘게 갈아서 올리고당, 물엿, 식초, 소금, 전분, 천연색소 등을 섞어 만든 것이다. 특히 김치소스는 배추김치, 백김치, 갓김치 등 김치재료에 따라 다양한 맛을 만들 수 있으며 백년초, 파프리카, 식용꽃 등 천연색소를 이용하여 붉은색, 주황색, 노란색 등 다양한 색을 연출할 수 있다.

김치의 오색과 오미의 우주론

김치는 맛의 통합적 우주를 지향하는 한국음식의 특성을 가장 잘 나타내는 것으로 오방색과 오미를 완벽하게 연출해 내고 있다. 김치맛은 오색五色과 오미五味를 갖추려는 맛의 우주론이라고 이어령 교수는 말한다.

배추를 백채白菜라고 부르며, 배추를 주재료로 하는 김치는 흰빛이 기조색이다. 무도 흰빛계통이다. 배추잎, 파잎은 푸른 색이다. 배추속잎과 생강, 마늘은 누른 빛이다. 고추가루는 붉은 빛이다. 젓갈이나 청각은 검은 색이다. 또 김치독은 검은 색이다. 그래서 김치는 푸른색, 붉은색, 누른색, 검은색, 흰색의 5가지 빛깔을 띄는 오방색五方色을 나타낸다. 김치는 또한 오미를 갖추고 있다.

김치는 소금의 짠맛, 고추의 매운맛, 젖산발효로 독특한 신맛, 단과일이나 설탕도 들어가고, 고추 자체에도 감미가 있어서 단맛, 그래서 김치는 신맛 말고도 시원한 김치맛 뒤에 남는 달콤한 미각을 함유하고 있다. 또 떫은 맛이 섞여야 진짜 김치 고유의 맛이 난다고 한다. 청각, 부추, 굵은 소금호렴에 절여 담근 막김치에는 쓴맛이 난다. 또 쓴맛만을 골라 담근 김치가 고들빼기김치, 갓김치이다. 김치가 한국음식을 대표한다는 것은 발효음식이 한국음식의 기저基底라는 말과 같다.

배추를 날것으로 먹으면 배추쌈, 배추채, 샐러드가 되고, 불에 익히면 배추볶음, 배추무침, 배추국이 된다. 삭혀 먹으면 김치가 되는 것이다. 날로 먹는 자연의 맛이나 익혀 먹는 문명의 맛에서 찾아볼 수 없는 제 3의 새로운 곰삭은 발효의 맛이 되는 것이다. 화식이 불의 맛이라면 발효식은 시간의 맛이다. 발효의 맛이 탄생되기 위해서는 삭힘의 절대시간, 어둠의 시간이 필요하다.

김치맛의 특징은 김칫국물이다. 국물과 건더기는 맛에서도 상호보완작용을 해 국물이 마르면 건더기의 맛도 죽어버린다. 건더기와 국물은 동양사상의 음과 양의 관계와 같다. 마시는 국물이 음陰이라면 먹는 건더기는 양陽이다. 숟가락이 음이고, 젓가락이 양이다.

'삭히다'라는 말은 시간 속에서 성숙해가면서 저절로 맛이 배어들게 하는 것이다. 김치를 숙성시킨다는 것은 '익힌다'고도 하기 때문이다. 김치는 '만든다'고 하지 않고 '담근다'라고 한다. 사람의 손으로 담그지만 완성시키는 것은 사람의 힘이 아니다. 김치를 발효시키는 효모와 그 효모의 활동을 돕는 하늘과 땅의 힘이다. 사람은 담그는 역할만 하고 나머지는 김칫독을 품은 땅의 지열과 바깥에서 부는 바람과 기후에게 맡겨진다. 겨우내 그 속에서 김치는 자연스러운 맛이 들어간다. 김치는 단순한 김치가 아니다. 한국음식의 특성은 한국인이 오랫동안 길러온 천지인天地人의 조화, 삼재사상이 낳은 조화의 맛이다. 김치를 먹는 것은 빨갛고, 파랗고, 노란 바람개비 모양의 삼태극三太極을 먹는 것이며, 삼태극을 먹는다는 것은 우주를 먹는다는 뜻이다. 그래서 나는 우주가 되고, 우주는 내가 된다고 이어령 교수는 말한다.

김치 중의 아스코브산ascorbic acid, 비타민 B_1, 비타민 B_2, 나이아신niacin은 담글 당시보다 맛있게 숙성했을 때 증가하고, 사용하는 젓갈이나 어패류중의 단백질은 발효과정 중 소화흡수되기 쉬운 상태로 분해되어 칼슘의 주요 공급원이다. 또한 Na, K과 같은 무기질의 급원이기도 하다.

2~7℃에서 김치를 익히면 비타민 C가 초기에는 20~30% 감소하다가 다시 증가해 초기와 양이 같아진다. 비타민 B_1, B_2, B_{12}, 나이아신 등은 20일 전후에 최고 2배까지 증가하다가 급격히 감소한다. 비타민 A 전구체인 카로틴은 계속 감소한다. 비타민 B, C가 변화하는 것은 김치 속 미생물의 작용으로 인한 것이지만 아직 정확하게 메커니즘이 밝혀지지는 않은 상태이다. 비타민 B는 젓갈과 미생물균체에서 비롯되고 비타민 C는 배추조직 중의 팩틴 성분으로부터 합성된다. 김치맛은 비타민이 최고조일 때 가장 좋다. 김치 속의 아미노산은 대부분 젓갈을 첨가해서 생긴 것으로 김치가 익는 과정에서 2배 정도로 증가했다가 점진적으로 감소한다.

김치의 기능성

김치는 당과 지방함량이 낮은 저열량 음식이며, 높은 식이섬유소는 소화기계 질병의 예방 및 변비를 예방하여 대장암 예방효과가 크고, 변비, 대장암의 장질환이나 비만, 당뇨병, 고혈압 등의 대사성 질환의 회복에 중요하다. 또한 섬유소는 변비, 혈당조절, 혈중 지질조절로 동맥경화증을 예방하고, 각종 효소와 비타민 무기질에 의한 체중조절, 빈혈예방, 항노화, 항암효과의 기능성이 있다. 양념 중에서 마늘은 생리활성기능이 입증되었다. 마늘의 효능은 이뇨, 소화질환, 눈병, 심장병, 류머티즘, 치질, 궤양, 결핵, 회충, 기생충, 사독, 양모, 치통에 유효하며, 혈액 내 콜레스테롤 수준을 저하시킨다. 고추의 매운맛 성분은 캡사이신capsaicin과 데하이드로캡사이신dehydrocapsaicin인데 캡사이신은 혈전 용해능력이 매우 크다고 알려져 있으며 체내에서 항산화제기능을 한다. 또 감기, 각기, 야맹증, 치질, 설사, 두통, 복통, 치통, 구토 등의 치료약으로 쓰였다. 고춧가루는 항체생성 세포수, 적혈구 응집반응, 혈청 중 항체농도를 높이며, 장기조직 중 아스코르브산 함량을 높여 체액성 면역기능의 활성화에 기여하며 아스코르브산 공급효과가 있다고 유리나 교수의 실험에서 확인되었다. 혐기성 균인 유산균과 유기산은 정장작용을 한다. 또한 당과 콜레스테롤 흡수를 저하시켜 당뇨 및 혈관질환에 관련된 성인병예방에도 중요한 역할을 한다.

김치는 각종 영양소뿐 아니라 생리활성물질과 발효되면서 생성되는 유기산, 젖산으로부터 생리활성이 뛰어난 기능적 가치가 크다. 항암 영양소인 비타민 C, 베타카로틴, 식이섬유소, 페놀성 화합물 함량이 높으며, 유산균 등 여러 항암물질을 가지고 있다.

김치는 젖산 발효음식이다. 김치 속의 젖산균은 채소류에 들어 있는 당을 젖산으로 바꾸어 김치맛을 산뜻하게 하고 또 해로운 균을 사멸시킨다. 김치가 익고 난 뒤 젖산균은 스스로 생산한 유기산에 견디지 못하고 사멸하기 시작한다. 이렇게 되면 김치 속의 효모나 곰팡이가 다시 자라기 시작해 김치맛이 변하여 군내가 나고 갈색이 된다.

젖산균은 5℃일 때 50일까지 계속 증가하다가 그 후 감소하고 미생물은 10일까지는 증가하다가 50일까지 감소한 뒤 급격히 증가한다. 익은 김치는 pH 4.5~4.0일 때 살모렐라 등 식중독균은 절반 이하로 줄어든다.

김치는 미국의 《헬스Health》지2006년 3월호에 세계적인 5대 건강식품으로 선택될 정도로 21세기의 중요한 건강기능성식품으로 대두되고 있다. 김치는 항산화 및 항노화효과, 항암효과, 동맥경화억제효과, 혈전억제효과, 항균작용, 에너지소비촉진및 비만예방, 변비예방 및 장내환경개선에 효과가 있다고 알려져 있다. 김치의 체내 정장작용은 풍부한 식이섬유와 유기산이 장의 내용물을 증가시키고 장의 운동을 촉진시켜 변비를 예방하고 대변에 포함된 유해물질이 장내에 머무르는 시간을 단축시켜 장염 및 대장암을 예방하는 효과가 있다. 김치의 유산균은 장내 유해균의 성장을 억제하여 인체에 유익한 장내 세균의 점유율을 높인다. 맛있게 익은 김치는 g당 10억 마리의 유산균이 함유되어 있으며 이는 발효유제품보다 많은 함유량으로서 섭취빈도를 고려하면 더욱 많은 유산균을 섭취하게 된다.

김치에 많은 유산균은 혈중콜레스테롤을 낮추어 동맥경화를 예방하고 비타민을 비롯한 항산화성분의 작용으로 피부세포의 노화를 억제하며 위액을 비롯한 소화물질의 분비를 촉진시켜 음식물의 소화를 돕고 면역을 담당하는 대식세포의 활성을 증가시켜 질병을 예방하는 등 여러 유익한 점이 알려졌다. 이와 같이 김치는 다양한 영양물질을 함유하고 있을 뿐 아니라 여러 가지 생리활성 기능을 지니는 우수한 건강기능성 식품이다.

참고문헌

권대영 외, 고추 이야기, 효일, 2011
김만조, 이규태, 이어령, 김치천년의 맛, 디자인하우스, 1996
김문애, 8도김치(강원도편), 여성중앙 12월호 별책부록, 1975
김병규, 사류박해, 영인본, 1885
김병설, 평안도 별미김치, 여성동아 12월호 별책부록, 1975
김부식, 이병도 역주, 삼국사기, 을유문화사, 1983
김유 원저, 윤숙경 편역, 수운잡방, 신광출판사, 1998
김지순, 제주도 별미김치, 여성동아 12월호 별책부록, 1979
김창업, 연행일기, 1712
김학주 역, 시경, 명문당, 1984
동아일보사 한식문화연구팀, 우리는 왜 비벼먹고 쌈싸먹고 말아먹는가, 동아일보사, 2012
문화공보부 문화재관리국 한국민속종합조사보고서(향토음식), 1984
박기완, 김세암, 8도김치, 여성중앙 12월호 별책부록, 1975
박무자, 경상도 별미김치, 여성동아 12월호 별책부록, 1977
박완수, 김치의 다양한 상품화를 위한 발전방향, 전통발효식품상품화, 세계화전략, 전통발효식품 상품화, 세계화전략 심포지움, 2010. 10. 8.
박채린, 통김치, 탄생의 역사, 민속원, 2013
박채린, 한국 김장문화의 역사, 의미, 전개양상, 민속원, 2013
방신영, 조선요리제법, 한성도서주식회사, 1942
빙허각 이씨 원저, 정양완 역, 규합총서, 보진재, 1975
빙허각 이씨 원저, 이효지 외 편저, 부인필지, 교문사, 2011
서긍원 저, 차주환 외 국역, 고려도경, 민족문화추진회, 1123
서유구 원저, 이효지 외 편저, 임원십육지, 교문사, 2007
설창수, 진주별미김치, 주부생활 12월호 별책부록, 1979
세종실록지리지, 한국민족문화대백과
손기상, 맛있는 김장 담그기, 여성중앙 12월호 별책부록, 1975
손정규, 조선요리, 일한서방, 1940
손정규, 우리음식, 삼중당, 1949
박세당 원저, 색경, 농촌진흥청 편역, 2001
안동 장씨 원저, 황혜성 감수, 음식디미방, 궁중음식연구원, 1999
안용근, 전통김치, 교문사, 2008
영목상점, 사계의 조선요리, 1935
유득공 원저, 김성원 역, 경도잡지, 명문당, 1987
유중임 원저, 이강자 외 역, 증보산림경제, 신광출판사, 2003

유희연, 8도김장(경상도편), 여성중앙 12월호 부록, 1975
윤덕인, 김치가공법에 있어서의 조선 초기와 후기의 비교고찰, 중앙대박사학위논문, 1979
윤서석, 정창원문서에서 유추한 한국고대의 장류와 채소절임, 가정문화논총 1권, 1987
윤서석, 한국김치의 역사적 고찰, 한국식문화학회지 6(4), 1991
윤서석, 한국식품사연구(증보), 신광출판사, 1986
이경임, 이숙희, 한지숙, 박건영, 부산 경남지역의 향토별미김치의 종류와 특징, 한국영양식량학회지24(5), 1995
이규보, 동국이상국집, 민족문화추진회, 1980
이석만, 간편조선요리제법, 삼문사서점, 1934
이수광 원저, 이가원 역주, 지봉유설, 탐구당, 1974
이용기, 조선무쌍신식요리제법, 대산치수, 1943
이용환, 우리나라 전통식품의 현황 및 발전방안, 식품산업과 영양 17(2), 2012
이익, 성호사설, 민족문화추진회, 경인문화사, 1976
이정연, 절약김장 228가지, 주부생활 12월호 별책부록, 1987
이종미, 우리나라 상용김치의 지역성고찰, 이화여자대학교 가정대학 100주년기념논총, 1990
이춘령, 조재선, 김치제조 및 연구사, 한국음식문화연구원논총, 1998
이춘자, 김귀영, 박혜원, 김치, 대원사, 1998
이효지, 이혜경, 김치문화의 변천에 관한 문헌적 고찰, 문화재 제23호, 문화재관리국, 1990
이효지, 한국의 김치문화, 신광출판사, 2000
이효지, 김치의 문헌적 연구, 한국식품개발원보고서, 1997
일연 스님 원저, 이재호 역, 삼국유사, 양현각, 1982
장정옥, 황해도 별미김치, 여성동아 12월호 별책부록, 1977
장지현, 김치의 역사(담금법을 중심으로), 김치의 과학, 한국식품과학회, 1994
장지현, 한국저채류제조사, 고대민족문화연구소, 1972
장지현, 한국전래발효식품사연구, 수학사, 1989
작자 미상, 사시찬요초, 영인본, 성종
작자 미상, 이효지 외 편역, 시의전서, 신광출판사, 2004
작자 미상, 김순몽, 유영정, 박세거 역, 간이벽온방, 1525, 보물 1249호, 가천박물관
정인지, 김종서 원저, 김종권 역, 고려사, 1451
정학유 원저, 박성의 주해, 농가월령가, 예그린출판사, 1978
제주인의 지혜와 맛, 전통향토음식, 제주특별자치도, 2012
조백현, 저채고, 조백현회갑논문집, 수원농학회보 3호, 1938
조자호, 조선요리법, 광한서림, 1939
조재선, 김치의 역사적 고찰, 동아시아식생활학회지 4(2), 1995

조재선, 김치의 연구, 유림문화사, 2000
주영하, 김치, 한국인의 먹거리, 도서출판 공간, 1994
진수(陳壽), 삼국지연의 위지동이전
진주 강씨, 반찬등속, 청주시, 2013
최세진, 훈몽자회, 영인본, 1527
최홍식, 한국의 김치문화와 식생활, 효일출판사, 2002
하숙정, 충청도 별미김치, 여성동아 12월호 별책부록, 1977
하월규, 김치의 건강기능성과 발효과학, 식품저널, 2010.11
한복려, 우리김치 백가지, 현암사, 1999
허균, 도문대작, 1611
현승희, 강원도별미김치, 여성동아 12월호 별책부록, 1977
홍만선, 산림경제, 민족문화추진위 민족문화문고 간행위, 1985
홍석모 원저, 김석원 역, 동국세시기, 명문당, 1987
홍선표, 조선요리학, 조광사, 1940
황혜성, 8도의 김장맛과 그 특징, 주부생활 12월호 별책부록, 1978
황혜성, 한국요리백과사전, 삼중당, 1976

생기 돋우는

채소음식

— 조후종 —

우리 선인들은 풀 한 포기, 나무순 하나에도 건강과 소망을 담아 음식으로 개발하는 창의성이 있었다. 산과 들에 나는 달래·쑥·냉이·두릅 등 여러 채소들이 가지고 있는 쓴맛, 매운맛, 떫은맛, 단맛, 신맛과 같은 특별한 맛과 향을 조화시켜 나물을 무치고, 국을 끓이며 부침개를 부치는 등 음식을 만들어 먹음으로써 기호도를 높이고 영양보전을 이루는 과학성을 개발하고, 제철식품과 향토식품을 활용해서 계절마다 새롭고 풍미 있는 밥상을 균형있게 차리는 지혜로움도 있었다. 그래서 우리 밥상은 한국음식 차림으로서 정체성이 뚜렷했다. 그런데 과학의 발달로 인하여 정보가 세계적으로 확대되어 안방에 앉아 세계의 다양한 문화를 체험할 수 있게 되면서 우리 음식문화도 변화하고, 발전하는 거센 물결 안에 놓이게 되었다. 다만, 전통음식의 우수성이 훼손되지 않으면서 현대인에게 맞는 변화를 기대한다.

수천 년을 이어오던 농업사회가 근대 산업사회로 전환되어 경제적으로 급성장을 이루었고 식품산업 또한 다양하게 발전한 데다가 다른 나라 식품의 수입량도 급격하게 증가되었다. 이런 환경에서 한국풍토에서 산출하는 청정한 식품으로 이상적인 식사균형을 이루었던 우리 식탁이 달라졌고 앞으로 더 변화될 것은 당연한 일이다. 경제성장과 함께 먼저 육식 성향이 현저하게 증가했고 가공음식 또한 식탁에 빠짐없이 올라왔으며, 외식문화 추세도 급성장했다. 이러한 음식환경에서 자칫 국적이 없고 질서도 잃어가는 식탁이 될까 염려스럽다. 1980년대 이후 동물성 식품과 가공 식품류의 증가 추세로 신선한 채소의 섭취 비율이 감소되고 있음은 크게 우려되는 일이 되었다. 1997년 권태완 교수의 발표에 의하면 지난 반세기 동안 우리 전통식품이 3분의 1 정도가 서구화 내지 국제화되었다고 했다.[1] 그 후 프랑스

해양개발연구소가 1961년부터 2009년까지 176개 나라의 음식재료 섭취량 변화를 조사했는데 그 중 한국인의 육식 증가세가 세계 평균의 3배였다고 발표했다.[2]

더하여 패스트푸드까지 일상 식생활에 깊이 들어와 있다. 우리나라 최초의 패스트푸드점은 롯데리아가 서울시 중구 소공동에 1979년 10월에 1호점을 연 것을 시작으로 맥도날드, 버거킹 등 수많은 육류 중심 패스트푸드점이 경쟁적으로 들어와서 현재는 외국 브랜드만도 20여 종이 넘는다.[3] 간편하고 별미로운 패스트푸드 맛이 청소년의 기호를 자극하고 더하여 가정 식탁에까지 들어오게 된 것이다. 이렇게 식생활이 육식과 가공음식에 편중되면서 건강상 여러 가지 심각한 문제가 제기되고 있다.

요즘은 우리나라에서 채식주의를 주장하는 추세가 늘어가고 있다. 채식운동은 원래 육식 위주인 서양에서 제칠일안식일재림교회의 뉴스타트 운동으로 시작하여 150여 년의 역사를 가지고 있다. 우리나라에서는 1988년 8월 16일부터 KBS에서 이상구 박사의 건강 강의를 시작으로 채식을 선호하는 인구가 크게 늘어났다고 한다. 그러나 채식만 고집할 경우 영양섭취의 불균형을 초래하여 또 다른 건강상 문제가 야기될 수 있어 전문가들 사이에서도 논란이 계속되고 있다. 따라서 안전한 식품을 골고루 필요량만큼 섭취하여 균형 잡힌 식사를 하는 것이 바람직하다.

건강을 먹는 채소

채소음식의 어제와 오늘

채소로 만든 음식을 채소음식이라 하는데 채소의 '채菜'는 최세진의 《훈몽자회》[4]에 이르기를 풀로써 먹을 수 있는 모든 것이라 했고, 황필수의 《명물기략》[5]에는 풀 중에 먹을 수 있는 것이라 했다. 이러한 채소에 대해 허균은 《한정록》의 치농편[6]에서 곡물이 여물지 않아 일어나는 굶주림을 '기飢'라 하고 채소가 자라지 않아 일어나는 굶주림을 '근饉'이라 하여 곡물과 함께 채소의 중요성을 강조하면서 집집마다 집 부근에 채소밭을 만들고 채소를 가꾸어 일상생활에 이용해야 한다고 했다. 채소음식의 종류는 수도 없이 많고 지금도 끊임없이 진화하고 있다.

채소를 언제부터 먹었는지에 대하여는 고고학 자료에 남아 있지 않아 확인할 수는 없으나, 다양한 야생채소들이 일상생활에서 곡물이나 동물보다 더 중요한 역할을 했을 가능성이 있다.[7] 우리나라 역사에 나타난 채소에 대한 기록은 《삼국유사》권1 고조선조에 '신이 신령스런 쑥 한 자루와 마늘 스무 개를 주고 이르기를 너희들이 이것을 먹고神遺靈艾一 蒜二十枚曰爾輩食之'라고 하여 쑥과 마늘이 고대인의 식용채소의 하나였음을 추정하게 한다. 마늘은 지금처럼 큰 마늘이 아니고 산마늘, 산부추, 달래 등의 야생마늘野蒜類일 것이다.

이처럼 우리나라는 건국신화와 함께 채소의 역사가 시작되었다.[8] 신라의 건국 이야기에 진한辰韓 사람들이 박을 생활화하고 있음이 나타나 있어 그 시대 식용채소류의 하나가 아닌가 추정되며, 고구려의 동명성왕BC 37이 비류沸流에서 채소잎이 떠내려 오는 것을 보고 그 상류에 사람이 살고 있음을 알았다고 한 것으로 보아 고구려에서 채소가 산출되었을 것으로 짐작된다. 이러한 《삼국유사》의 기록은 이 시대에 이미 채소류가 중요한 식량이었음을 시사한다. 그 예로 무는 재배 시기가 확실하지 않으나 중국에서 기원전 240년경에 재배되었고 중국의 농경기술과 함께 들어왔을 것으로 추정된다. 《본초연의》1116에 '신라의 가지는 은은한 광택이 있는 연한 자색이고 모양이 달걀 같다'라는 기록이 있다. 그리고 《삼국사기》에서 입추 후 산원蒜園에서 후농제後農祭를 지냈다는 기록으로 보아 통일신라시대에 이미 마늘이 보편화되었음을 말해준다.[8] 한편 중국의 《제민요술》530~550[9]에 수록된 채소의 종류로는 아욱, 배추, 상추, 미나리, 월과, 오이, 동아, 가지, 참마, 순채 등이 있다.

고려는 건국 초기부터 권농정책에 힘썼다. 쌀을 위시한 양곡이 증산되고 불교를 호국신앙으로 삼아 숭불사상이 민간생활에 깊이 뿌리내리면서 육식을 절제했으니, 청담한 채소류의 재배가 증가하고 채소음식이 사원을 중심으로 더욱 발달했으리라 생각된다. 고려시대에 이용된 채소류는 전 시대에 비해 다양해졌다. 전대의 문헌에서 확인된 것 외에 더덕, 연근, 오이, 파, 아욱, 큰 마늘, 죽순, 표고 등을 기록으로 확인할 수 있다. 고려인이 채소류를 일상생활에서 이용한 모습이 기록된 예는 다음과 같다.

더덕 : 평소에 채소로 쓰이는데 모양이 크고 연하다.《고려도경》 권23, 土産條.

생쌈 싸기 : 고려의 생채는 그 맛이 매우 좋고 버섯의 향은 뒷산을 타고 향기롭게 풍긴다. 고려 사람은 생채소잎에 밥을 싸서 먹는다.《성호사설》 권5

마늘 : 지금과 같은 큰 마늘이 고려시대에 재배되었다. 《본초강목》에 마늘은 한인漢人들이 서역으로부터 들여왔고, 이것을 재래종인 부추류와 구별하여 대산이라 했는데, 우리나라에 전래된 시기는 알 수 없다.[10]

이 밖에 이규보李奎報의 시문집 《동국이상국집》1241 가포육영에 오이, 가지, 무, 파, 아욱, 박을 집안에서 재배하던 모습이 기록되어 있는데, 가지는 날로도 먹고 익혀도 먹었으며, 박은 바가지를 만들고 속은 식용으로 쓰였다고 기록하고 있다. 고려 고종 때 간행된 《향약구급방》1236에는 약용과 아울러 식용된 야생초로 메미나리, 창포, 오이풀, 쑥, 쇠비름, 쇠귀나물, 자리공, 도꼬마리, 인삼, 국화, 쇠무릅, 동아, 파, 질경이, 족두리풀, 으름 등에 관한 설명이 나오는데, 이는 우리 민족의 약식동원의 식생활을 엿볼 수 있는 일면이다. 그 밖의 문헌들에서 수박, 연뿌리, 시금치, 양파 등의 기록도 볼 수 있다.[8]

조선시대에는 당시 간행된 농서들과 그 밖의 여러 문헌들을 통하여 채소의 재배, 이용 실상을 알 수 있는데, 이들은 오늘과 거의 비슷하다. 《산가요록》1450년경, 《증보산림경제》1766, 《고사십이집》1787, 《임원십육지》1835년경, 《농정회요》1830년경, 《군학회등》1800년대 중엽, 《시의전서》1800년대 말엽에는 구체적인 조리법에 앞서 오이, 가지, 아욱, 토란, 고구마잎, 상추, 두릅, 부추, 송이, 구기, 원추리, 죽순, 국화싹, 참버섯 등에 대한 효능과 식용법이 포괄적으로 설명되어 있다. 특히 《증보산림경제》[11] 제6권에 "여러 가지 나물은 독이 없으니 먹어도 좋다. 따라서 그 종류가 이루 다 적을 수가 없을 만큼 많다. 그 중에서 늘상 먹기에 좋은 것을 들어보면 다음과 같다. 냉이, 물망이, 다복

여러 가지 채소

쑥, 비름, 달래, 산갓, 고들빼기, 메꽃, 고비, 고사리, 돌나물, 물쑥 외 10여 종이다."라고 기록되어 있으니, 이들이 모두 인체에 해가 없는 생채소였음을 알 수 있다. 또한 허균의 《도문대작》1611에는 "동아는 충주 것이 좋다. 전라도 장성 이남에서 죽순이 나며 이것으로 해醢를 담그면 맛이 좋고, 황화채는 원추리 꽃채를 가리키는데 의주 사람이 중국 사람에게 배워서 잘 만든다. 맛이 매우 좋다. 지금도 원추리꽃 말린 것은 향기가 좋아 잡채의 좋은 재료가 된다. 순채는 전라도에서 생산된 것이 가장 좋고, 황해도의 것이 그 다음이며, 돌나물은 돌에서 돋는 채소로서 강원도 영동에서 많이 생산되고 가장 좋다. 그리고 무는 전라도 나주에서 나는 것이 지극히 좋고 맛이 배와 같고 물이 많다. 거여목은 원주에서 나는 것이 희기가 은줄거리 같고 맛이 달아서 지극히 좋다. 표고는 제주에서 생산된 것이 아름답고 오대산, 태백산에도 있다. 토란은 전라도, 경상도의 것이 좋아서 지극히 크고 서울 것은 맛은 좋으나 작다."라고 하여 당시의 명산 채소를 짐작케 한다.[12] 그런가 하면 《한정록》에는 채소의 재배법이 구체적으로 기록되어 있다.

19세기 중엽에는 서양 제국들이 아시아로 활발하게 진출한다. 우리나라도 이즈음 천주교와 실학정신의 발흥으로 근대의식이 발전하고 진전되어 식생활에도 적지 않은 변화가 오게 된다. 그 중 하나가 전국 시장망의 확대로 지방 간 식품의 교류가 활발해지게 된 것이다. 채소류도 예외가 아니어서 평북 개천의 읍내 장에는 안주, 영변, 가산, 박천, 은산, 순천, 덕천 지역의 상인들이 모여들어 산간지대의 농산물과 바닷가의 해산물을 교류했다. 또 하나는 개화기1876 이후 정부 차원에서 외래 채소 도입에 적극 관여한 사실이다. 그것은 규장각에 《농무목축시험장소존곡채종》1884이란 책이 있는데, 여기에 흰 터닙白綻人喉, 흰turnip, 양배추cabbage, 비트紅長, beet, 셀러리celery, 콜라비kohlrabi, 케일kale 등의 이름이 있는 것으로 보아 확실하다.[13] 한일합병이 체결된 1910년 이후에는 일본이 자국민의 식생활을 위하여 펼친 곡물장려정책으로 한때 채소 재배량이 줄어 서민들이 김치도 마음대로 담그기가 어려웠다는 기록이 있어 당시 채소 재배 면적이나 수확량이 줄었음을 알 수 있다. 그러나 일상으로 먹는 채소들이 크게 감소한 것은 아니어서 배추, 무, 갓, 미나리, 시금치, 근대, 쑥갓, 아욱, 부추, 토란, 감자, 고구마, 오이, 호박 등 대부분의 채소는 재배되고 있었다. 그러나 농사지은 곡물은 일본인에게 빼앗기고 채소작황마저 줄어든 상황이어서 당시 서민들은 어려운 삶을 극복하기 위해 한 궁여지책으로 산야초류를 채집하는데 눈을 돌리게 되었다. 이때 식용된 산야초류가 무려 300여 종에 달했다고 한다.[14] 채소의 종류가 이때에 이르러 정리되었다고 여겨진다.

일제강점기를 지나 현대로 오면서 전 시대의 다양한 채소류 외에 서양의 과채류가 대폭 증가하여 일반화되었다. 이 시대에 일반화된 서양 과채류의 종류를 보면 다음과 같다. 먼저 엽채류로 케일, 케비지, 주바브, 치커리, 셀러리, 래드케비지, 파슬리, 아스파라거스 등이 있었다. 또한 양파, 래디시, 비트 등의 근채류가 있었으며, 피망, 콜리플라워, 브로콜리 등의 과·화채류도 있었다. 국제화시대에 이른 오늘날에는 농산물의 수입 개방의 가속화에 의해 재래 채소의 재배 면적은 감소 추세이나 수입품종의 재배 면적은 늘고 있다. 특히 농가의 특수작물로 재배되는 외래 채소는 그 지역의 소득증대에 큰 영향을 줄 정도이다. 한 예로 전라남도 영광에 귀농한 젊은이들이 월동 브로콜리를 기획 재배하여 크게 수익을 올리고 있는데 '브로콜리 겉절이, 브로콜리 부침개, 브로콜리 굴 비빔밥' 등 새로운 조리법도 개발하고 있다.[15] 브로콜리의 우수성은 세계적으로 알려져 있는데, 최근 영국에서 연구된 신종 브로콜리인 베네포레는 재래종에 기능성이 더 추가되어 각광받고 있다. 한편, 재래 채소의 변신도 매우 다양하다. 고구마의 예를 보면 종류가 다양해져 호박고구마, 자색보라색고구마, 주황색고구마 등이 있고, 고구마를 빵과 케이크에 접목시켜 상품으로 개발하고 있다. 앞으로 자유무역협정FTA이 확대되면서 채소류에 대한 연구도 더 활발해져 큰 변화가 생길 것으로 기대된다.

이 밖에 주목할 만한 채소요리의 변신은 무엇보다 한국음식에 상용하는 전래 양념에 더하여 끊임없이 개발되고 있는 소스의 범람이다.[16] 처음에는 나물·생채 등에 서양풍의 소스를 곁들이더니 최근에는 전통양념과 서양소스를 섞어 만드는 퓨전 소스를 비롯하여 된장, 간장, 고추장, 청국장, 그리고 젓갈 등을 음식에 잘 어울리도록 하는 새로운 소스들이 다양하게 개발되고 있다. 이는 음식문화가 변화, 발전하는 모습의 한 단면이겠으나 전래 나물의 본맛이 사라지지 않을까 염려되어 함께 고민해야 할 문제이다.

늘고 있는 채소음식 전문점

식품을 전공한 학자 간에도 많은 논쟁이 계속되는 가운데 채식 전문점은

채소음식 전문점

전국적으로 계속 늘어나고 있는 추세다. 얼마 전까지만 해도 '마니아들의 유별난 식단' 정도로 취급받던 채소음식이 보통사람들의 일상에까지 왔다. 뷔페 식당에서부터 고급화된 사찰음식 체인점, 채식 전문 체인점, 채식 패스트푸드점까지 등장한지 오래다. 수년 전까지 극소수 고객을 상대로 하던 채식 전문식당이 이젠 서울에만 100여 곳을 넘긴 지 오래되었고, 전국적으로도 500여 곳을 넘었다. 이들 채식은 새롭게 조명받고 있으며, 그 저변에는 참살이웰빙에 대한 열망이 자리하고 있다. 이것이 최근 스마트폰 등 정보기술을 등에 업은 젊은이들의 관심사라는 점도 흥미 요소다. 늘어난 수요층을 기반으로 채식 전문식당이 대형화·체인화되면서 '채식의 산업화'가 이루어지고 있다.

우리나라에 본격적으로 순수채식이 소개된 1990년대 초의 풍경은 이러했다. 건강식에 대한 사람들의 관심은 높았지만 채식이 환경운동이나 동물보호 등 묵직한 이슈와 연결되다 보니 이에 부담을 느낀 일반인에게 넓게 퍼지는 데는 한계가 있었다. 하지만 수년 전부터 변화가 일어나기 시작했다. 채식을 다이어트식 또는 건강식으로 바라보는 일반인이 크게 늘어난 것이다. 인터넷 기업인 네이버NHN는 구내식당에 채식을 원하는 직원을 위한 '마크로비오틱macrobiotic' 식당을 운영 중이다. 일반식보다 비싸지만 늘 준비된 분량이 다 나간다고 한다. 일본에서 시작된 자연주의 요리법인 마크로비오틱은 주로 유기농 곡물과 채소를 뿌리와 껍질까지 모두 먹는 것을 기본으로 한다.[17] 육류는 전혀 쓰지 않지만 특별한 경우에는 달걀과 벌꿀 등을 쓰기 때문에 순수 채식과는 약간 다르다. 채식주의자는 원칙적으로 동물성 식품을 먹지 않는 사람을 말하는데, 고기·생선은 물론 우유·달걀·버터·벌꿀 등 동물에서 비롯되는 모든 음식도 제한하는 가장 높은 등급을 비건vegan이라고 한다. 우유·버터까지만 허용하는 채식주의자는 락토lacto, 여기에 달걀까지 허용하면 락토 오보lacto ovo, 또 해산물까지 허용하면 페스코pesco라고 한다.

우리나라에 채식 전문 식당이 상호를 내걸고 등장한 시기는 1981년 종로구 관훈동에 사찰음식점 '산촌'이 개점된 것으로 보고되고 있다. 그 후 1993년 뉴스타트 채식 식당이 강남구 대치동에서 문을 열었으며, 1996년에 '풀향기'와 '들풀' 등 몇 개의 식당이 개업했다. 2000년대에 이르면서 많은 식당이 전국적으로 개점되고 있다. 예를 들면 2001년 '채근담'이 강남구 대치동에, 2003년 '청미래'가 구로구 고척동에, 2009년에는 사찰음식 연구가인 대안스님이 '발우공양'으로 종로구 견지동에 사찰음식 전문점을, 같은 해 퓨전 사찰음식점 '감로당'이 종로구 통의동에, 또 '리빙헛'이 강남구 개포동에 문을 열었다. 그리고 여러 곳에 분점을 열어 가며 전국적으로 확산되어 가고 있는 추세이다.[18]

한편 캠퍼스 채식열풍 또한 특기할 사항이다. 서울대학교의 예를 들면 채식 전문 식당 개점 이후 2011년 여름에 2호점을 열 정도로 많은 학생들이 찾고 있다. 학생뿐만 아니라 식당을 찾는 일반인도 늘면서 채식에 대한 오해도 줄어 건강을 지키고 환경도 보호하는 채식이 현대인에게 반드시 필요한 식생활이라고 생각하는 사람이 늘고 있다. 그 밖에 여러 대학교에서 채식동아리가 생기는가 하면 직장 구내식당에도 채식 코너가 생겼다. NHN의 '마크로비오틱' 식당이 대표적이다. 채식을 실천하는 의사모임도 생겼다. 채식 실천에 대한 사회적 분위기가 조성되자 채식 회원 수도 늘어 1, 2년 사이에 5만 명을 넘어섰다고 한다2012년 2월 현재.

외식도 쉬워졌다. 서울에만 100여 곳이 넘게 성업 중이고, 종류도 한국음식에 국한되었던 것이 중국식, 이탈리아식, 미국식수제 햄버거 등 등 다양해졌다. 뿐만 아니라 많은 식당에서 채식이 가능한 식단을 개발하고 있어서 채식 전문점만을 찾아가지 않아도 된다. 그리고 근처 채식 식당을 찾아주는 애플리케이션도 생겼다. 가정에서도 채식요리를 쉽게 만들 수 있도록 고기 대신 버섯, 콩, 두부 등을 갈아 만든 햄버그스테이크나 돈가스, 밀 불고기, 콩고기, 탕수만두 등의 냉동식품도 상품화되어 있다.[17]

일상의 모든 음식을 채소에만 의존하고 고집할 경우 비타민 B_{12}나 필수아미노산이 적정 비율로 함유된 단백질을 섭취하기 어렵다. 그리고 각 영양소는 체내에서 서로 상호작용을 하므로 되도록 동물성 식품과 식물성 식품을 골고루 먹어서 영양 균형을 이루도록 하는 것이 바람직하다.

자연을 품고 있는 채소음식

채소음식은 우리 밥상에서 자연의 생기를 돋우는 음식이다. 제철의 청담한 채소들은 생채, 숙채, 쌈, 샐러드를 비롯하여 많은 음식에서 아름다운 색과 독특한 맛과 향, 그리고 각각 다른 질감으로 매 끼니를 즐겁게 해주며 입맛을 당기게 해준다. 채소음식은 종류를 헤아릴 수 없는데, 그 재료로는 산나물, 들나물, 재배채소, 해조류, 버섯류가 있고 요즈음은 새 품종을 연구해서 기획 재배되는 채소도 많다. 채소음식은 국과 함께 반찬의 대명사이면서 사계절의 맛과 자연의 향기, 그리고 여러 색깔로 식탁을 풍성하게 해주는 식탁의 꽃이다. 이러한 채소음식의 역사는 단군신화에서 시작되어 야생식물의 새순이나 먹을 만한 나물을 식용으로 이용한 구황식으로까지 맥을 같이 해 왔다.

고려시대에 이규보의 《동국이상국집》과 이색의 '대사구두부래향'이란 시에서는 아욱, 순채국을 즐겨 먹었다 하고, 또 나물국을 오래 먹어 맛을 잃을 정도라고 했다. 조선 선조 때의 학자 허균은 《도문대작》에서 귀양살이를 하면서 양식이 없어 썩은 물고기와 쇠비름, 돌미나리 등 구황식으로 겨우 배를 채웠다고 쓰여 있다. 그러나 같은 시대의 문인 정철이 남긴 단가에는 '쓴 나물 데운 물이 고기보다 맛있네.'라고 했으며, 다른 시조에서도 '쓴 나물 데워내 달도록 씹어 보세.'라고 하여 두 번이나 쓴 나물을 노래에 언급했다. 다음은 이이1536~1584의 〈전원사시가〉에 나오는 나물 노래 한 구절이다.

> 어젯밤 좋은 비로 산채가 살졌으니
> 광주리 옆에 끼고 산중에 들어가니
> 주먹 같은 고사리요 향기로운 곰취로다.
> 빛 좋은 고비나물 맛 좋은 어아리라
> 도라지 굵은 것과 삽주순 연한 것을
> 낱낱이 캐어내어 국 끓이고 나물 무쳐
> 취 한 쌈 입에 넣고 국 한번 마시나니
> 입안의 맑은 향기 아깝도다.[19]

특히 선비는 가난하고 소박한 음식을 부끄러워하지 않아서 '나물 먹고 물 마시니 대장부 살림살이 이만하면 족하도다.' 하는 기개로 나물을 사랑하고 노래했다. 뿐만 아니라 선비는 말하기를, 기름진 육식만 배부르게 먹는 사람은 이레 동안만 먹지 않아도 죽는데, 겨와 찌꺼기를 먹는 백성이나 가난한 선비는 나물만 먹어도 스무날 동안은 목숨을 부지할 수 있다고 하여 나물의 효용을 실증하기도 했다.[20]

우리 음식은 옛날부터 밥이 보약이라든지 약식동원이라는 믿음으로 발달해 왔는데, 나라에 흉년이 들어 가난을 구하기 위한 구황식물로 본초나 향약에 바탕을 두어 나물류를 주로 먹었다. 조선조 세종 이후에 나온 구황서들에는 우리 산야에서 자생하는 푸성귀 중 구황에 이용할 수 있는 것으로 851종을 들고 있고, 지금 식용하는 것은 300종이 넘는다고 보고되어 있는데,[10] 이것들이 대부분 나물로 먹을 수 있는 것들이다.

19세기 초에 쓰여진 빙허각 이씨의《규합총서》술과 음식편에 다음과 같은 기록이 있다. "무릇 봄에는 신 것이 많고, 여름에는 쓴 것이 많고, 가을에는 매운 것이 많고, 겨울에는 짠 것이 많으니, 맛을 고르게 하면 미끄럽고 달다. 이 네 가지 맛이 그때의 맛으로 기운을 기르는 것이며, 사계절을 다 고르게 하면 달고 미끄러움은 토土를 상象함이니 토는 비위 빛인고로 비위를 열게 한다."[21] 이는 새봄이 되면 사람의 몸은 원활한 활동을 위해서 비타민이 많이 들어 있는 봄나물을 원한다. 대표적인 나물이 냉이, 달래, 쑥갓, 미나리 등이며 특히 신맛은 피로를 덜어준다. 더위가 심한 여름에는 쓴맛이 나는 상추와 씀바귀, 가을에는 매운맛의 고추, 더덕과 마, 도라지 등의 채소들이 우리들의 건강을 지탱해 준다. 자연의 순리에 맞추어 살아가는 삶이 건강하게 사는 비결이며 우리의 몸도 자연의 일부임을 말해주고 있어 순리에 맞는 생활이 참 삶이라 여겨진다.

한편 나물은 세계인의 미각을 사로잡기도 했다. 구한말 우리나라를 다녀갔다는 어느 선교사가 남긴 글에 '한국 사람은 먹을 수 있는 온갖 풀 종류를 다 알고 있으며 그들 중 독이 있는 것들은 삶아 우려 독을 빼는 법까지 알고 먹는다.'라고 했다. 또 서양의 어느 노부부가 세계 각처를 여행하면서 그 나라 그 지역의 진미를 음미하며 다녔다는데, 우리나라에 들렀다가 떠나면서 한 산사에서 공양받았던 산채요리의 맛을 극구 칭찬했다는 글을 읽은 적이 있다.[1] 우리의 나물이 서양인의 입맛까지 감동시킬 수 있었던 요인은 사계절이 뚜렷하고 풍토가 산자수명하여 이곳에서 자란 수많은 채소들이 각기 독특한 맛과 향, 그리고 고운 색을 가지고 있다. 또한 이들 질 좋은 채소들은 우리 민족의 주요 먹을거리로서 앞서 말한 바 때로는 부식으로, 때로는 주식으로 우리 음식문화를 형성하는 근간을 이루어왔기 때문이다.

제철의 생채소뿐만 아니라 철 지난 나물거리들은 제철에 여러 가지 방법으로 잘 갈무리해 두었다가 겨울이나 새싹이 돋지 않는 이른 봄에 불려 이용했으므로 채소음식은 연중 어느 때나 밥상에 오를 수 있는 음식이기도 하다.[22] 요즈음은 그 맛이 제철의 것에는 미치지 못하지만 기후 변화와 농사법의 발달로 사계절 내내 신선한 채소가 공급되어 우리 식탁을 풍요롭게 해주고 있다.

나물 재료로 쓰이는 채소

자연계에는 35~40만 종의 식물이 서식하고 있다. 이들 중 잎, 줄기, 뿌리, 열매 등을 인간이 이용할 수 있는데, 야생 또는 재배되는 것들을 통틀어 자원식품의 범주에 포함시킨다. 채소는 식용으로 이용되는 부위를 기준으로 지상부의 줄기나 잎 또는 지하 줄기에서 나온 싹이나 잎을 먹는 배추, 시금치, 상추, 쑥갓, 미나리, 부추, 양배추, 파슬리, 셀러리, 양상추, 파, 부추, 죽순, 아스파라거스 등과 지하 양분을 저장한 뿌리나 비늘줄기를 이용하는 무, 당근, 연근, 우엉, 도라지, 생강, 마, 양파, 마늘, 감자, 토란, 비트 등과 식물의 열매 부분을 이용하는 호박, 가지, 오이, 고추, 참외, 피망, 토마토, 파프리카 등과 식물의 꽃봉오리, 꽃받침, 꽃잎 등을 이용하는 콜리플라워꽃양배추, 브로콜리, 아티초크 등으로 크게 구분한다.

채소는 일반적으로 열량이 적은 것이 특징이고 수분 함량은 약 70~90%이면서 알칼리성 식품으로 비타민과 무기질의 풍부한 공급원이다. 특히 채소에 많이 들어 있는 식이섬유소는 배변활동을 원활하게 하며 정장작용을 하고, 페놀 등 피토케미컬이 풍부하여 각종 생활습관병과 성인병 예방에 도

이용 부위에 따른 채소의 분류

분류		가식 부위	종류
잎줄기 채소	잎채소	지상부의 줄기나 잎	배추, 양배추, 상추, 시금치, 미나리, 쑥갓, 갓, 케일, 셀러리, 파슬리, 양상추
	줄기채소	지하 줄기에서 나온 싹 이나 잎	파, 부추, 죽순, 아스파라거스
뿌리채소		지하에 양분을 저장한 뿌리	무, 당근, 순무, 마늘, 양파, 생강, 도라지, 더덕, 우엉, 연근, 비트, 콜라비
열매채소		열매	고추, 오이, 가지, 호박, 토마토, 피망, 참외, 딸기, 수박
꽃채소		꽃봉오리, 꽃잎, 꽃받침	브로콜리, 콜리플라워, 아티초크

움을 주고 있다. 채소가 지닌 독특한 풍미와 다양한 색채는 시각적으로 식욕을 증진시킬 뿐만 아니라 색소가 가지고 있는 특수 성분의 역할에 대한 연구가 계속되면서 식품학적 가치가 매우 높이 평가되고 있다.[23]

채소가 가지고 있는 색의 '피토케미컬phytochemicals'이란 '피토phyto'와 '케미컬chemical'의 합성어로 최근 '제7영양소'로 불리며 주목받고 있다. 빨간색의 피토케미컬은 라이코펜lycopene과 캡산틴capsantine으로 체내에서 비타민 A로 바뀌지 않는데 항산화력은 암 예방에 효과가 있다. 담황색이나 노란색 색소는 플라보노이드flavonoid와 루테인rutein이다. 당근, 단호박, 브로콜리, 시금치 등의 주황색의 피토케미컬은 카로틴과 제아잔틴zeaxanthin으로 체내에서 비타민 A로 변하는 지용성 비타민이므로 생식하는 것보다 기름과 함께 조리하면 소화율이 높아진다.

채소의 보라색은 안토시아닌antocyanin이 함유되어 있기 때문이다. 가지, 자색고구마, 블루베리, 적양배추, 붉은 차조기의 보라, 파랑, 빨강 등으로 색깔의 폭이 넓다. 열에 약한 수용성이므로 주스 등의 조리법이나 생식이 좋고, 고열에 단시간 조리해야 하며, 식초를 넣으면 더 선명해진다. 우엉, 감자, 가지, 야콘 등에 들어 있는 갈색의 피토케미컬은 클로로젠산chlorogenic-acid과 카테킨catechin이다. 채소를 자르면 세포가 파괴되고 산소에 노출되면서 갈색으로 변한다. 열에 약하고 수용성이므로 조리시간이 짧을수록 좋다. 카테킨은 탄닌이라고도 불리는 떫은맛 성분으로, 강한 항산화작용과 충치균의 증식을 억제하는 살균작용, 콜레스테롤 조절작용, 항암효과가 있다.

클로로필chlorophyll은 엽록체에 존재하는 색소로 녹색 채소류에 많다. 채소의 클로로필은 산에 의해 갈변하므로 조리 시 먹기 직전에 식초를 넣어야 하며, 소금물에는 녹색이 안정되므로 채소를 데칠 때에 소금을 넣는다. 흰색 채소의 피토케미컬은 독특한 매운맛과 풍미를 가진 아이소싸이오사이안산염isothiocyanate과 황화아릴을 함유하고 있기 때문이다. 썰기, 갈기, 으깨기, 씹기 등 세포가 망가질 때 만들어진다. 열을 가하면 효소가 활성화되지

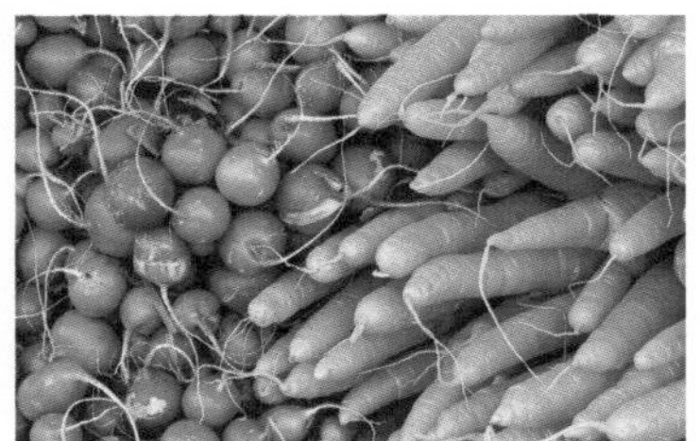

다양한 색깔의 채소

않아 매운맛이 없어진다. 황화아릴은 파, 양파, 부추, 마늘 등의 자극성 있는 매운맛 성분으로 양파를 썰 때에 눈물이 나는 원인이기도 하다. 황화아릴의 일종인 알리신은 비타민 B_1과 결합하여 흡수를 도와준다. 돼지고기나 장어 등 비타민 B_1을 함유한 음식과 함께 먹으면 피로회복 등의 효과를 기대할 수 있다.[24]

채소류는 수확 후에도 증산작용과 호흡작용이 왕성하게 일어나므로 쉽게 품질이 저하된다. 저장할 때에는 10도 내외의 온도로 저장하거나 대사작용 및 화학반응, 호흡작용 등을 억제하고 향기 성분의 손실을 적게 하는 방법을 사용한다. 채소는 각각의 생리작용에 따라 최적온도와 습도가 다르므로 습도를 인위적으로 조절하는 등 각별한 주의를 필요로 한다.

잎줄기채소

배추는 십자화과 채소로 야생종은 지중해 지역, 중앙아시아 등에 분포했으나 중국으로 유입되면서 채소의 형태로 발달했다. 고려 때 우리나라에 전래된 것으로 알려진 배추는 약용으로 이용했다. 《향약구급방》에 의하면 화상이나 옻독 같은 피부병에 데친 배추잎을 붙이거나 즙을 발랐다고 기록되어 있다. 배추는 김치의 주재료일 뿐 아니라 단맛과 아삭한 질감 때문에 나물, 쌈, 생채, 샐러드, 전, 국, 찌개, 전골 등 여러 음식에 이용된다. 이른 봄에 나는 봄동은 겉절이나 나물로 우리 밥상에 봄을 불러다 주기도 한다.

양배추는 서양에서 올리브, 요구르트와 함께 3대 장수 식품으로 알려져 있다. 원명은 캐비지cabbage이며, 겨자과에 속하는 두해살이풀로 결구형 배추의 변종이다. 야생종은 케일과 유사한 비결구형이었으나 유럽 전역으로 확산되면서 13세기경에 현재와 유사한 결구형으로 개량되었다.[25] 잎은 부정형이고 속은 황백색인데, 다른 채소에 비해 잎이 뻣뻣하고 두껍다. 우리나라에서 외식산업이 확대됨에 따라 수요가 급증하면서 재배 면적이 늘어가고 종류도 다양한데, 많이 식용되고 있는 것은 녹색과 자색이다. 깻잎과 섞어 담그는 양배추깻잎김치는 그 맛이 뛰어나 배추김치의 맛이 떨어지는 여름에 별미김치로 자리를 굳혀가고 있다.[26] 원래 우리의 전통요리에는 별로 이용되지 않았으나, 요즘에는 쌈, 나물, 절임, 즙, 샐러드, 전골, 찜 등 각종 요리에 많이 이용된다. 브루셀 스프라우트brussels sprouts라는 미니 양배추는 최근 강원도와 제주도에서 기획, 재배되고 있으며 샐러드나 찜 등에 이용된다.

시금치는 푸른색 나물의 대표로 꼽히며 사계절 생산되지만 12월에서 다음 해 2월에 나오는 것이 가장 맛있다. 나물뿐만 아니라 잡채, 김치, 샐러드, 국, 죽 등 많은 음식에 이용된다. 쌀뜨물에 된장, 고추장을 풀고 모시조개를 넣어 끓인 시금치 토장국은 봄에 입맛을 돋운다. 재래종은 잎사귀가 작고 뿌리 부분이 분홍색을 띤다. 시금치에 함유된 수산은 떫은맛을 내지만 데치는 과정에서 제거되어 단맛이 나며 향기가 있는 식품으로서 술독을 제거하는 효과가 있고 피부를 윤기 있고 건강하게 한다. 또한 섬유질이 풍부해 변비 치료효과가 크고, 시금치의 철분과 엽산은 빈혈을 예방하며 빨간 뿌리 부분에 함유된 망간은 피를 만드는 데 필요하다.

상추는 쌈의 대명사로 제철은 여름이지만 사철 생산된다. 쌈 외에 생채, 겉절이, 떡, 김치, 샐러드 등 일상음식 재료로 많이 이용된다. 서울에서 별식으로 해 먹던 상추떡은 와거병萵苣餠이라 했으며 멥쌀가루에 상추를 버무리고 팥고물을 얹어서 찌면 진정 맛있다. 상추는 국화과 한해살이풀로 지중해 연안 지방부터 서아시아에 널리 분포되어 있다. 그 후 고려시대에는 상추에 밥을 싸서 먹는 방식이 원나라에까지 전해졌다고 한다.[19] 주로 날것으로 먹기 때문에 조리에 따른 영양 손실이 적다. 사과산과 구연산 등을 함유하고 있어 상큼한 맛이 나며 특히 비타민 A가 많다. 상추를 먹으면 잠이 온다는 속설이 있는데, 이는 상추에 들어 있는 우윳빛 유액에 함유된 락투신lactucin 성분이 신경안정 작용을 하기 때문이다. 한방에서는 식욕을 촉진시키고 답답한 가슴이 편안해지며 머리가 맑아진다고 한다.

쑥갓은 국화와 비슷한 향을 가진 채소로 7월이 제철이다. 그 향을 내고자 하는 음식에 좋은 재료다. 대표적으로 전골이나 찌개를 들 수 있는데, 음식이 완성 될 즈음에 신선한 쑥갓을 넣으면 그 향과 맛이 좋다. 쑥갓은 데쳐도 영양 손실이 적으며 칼슘, 철분이 풍부하고 빈혈과 골다공증에 좋은 식품으로 알려져 있다. 국화과의 한해살이 또는 두해살이풀이나 지금은 1년 내내 재배가 가능하다. 잎은 녹색인데 다육질로 살이 많고 줄기가 연해서 식용하기에 좋다. 담황색인 꽃은 늦봄에 피며 향긋한 냄새가 난다. 잎과 줄기를 모두 식용할 수 있으며 한방에서는 몸속의 기운을 순환시켜 소화기관을 튼튼하게 하고 가래를 없애주며 변비에도 효과가 있는 것으로 알려져 있다. 음식에는 쌈, 튀김, 숙채, 생채, 국이나 찌개에 이용되며 쑥갓주스와 쑥갓페이스트를 만들어 비타민 C 섭취와 항산화 증진에도 이용된다.[24]

미나리는 3월을 대표하는 건강식품으로, 한약명으로 수근水芹이라 한다.

속담에 '처갓집 세배는 미나리강회 먹을 때나 간다.'는 말이 있다. 미나리강회는 미나리를 데쳐 감고 그 속에 실백을 박아 넣어 초고추장에 찍어 먹는 봄맛을 상징하는 음식이다. 미나리는 습지에서 잘 자라고 생명력이 강해 마을마다 미나리꽝이 있어 사철 푸른 미나리나물을 먹었던 시골 풍경이 떠오른다. 조선조 숙종 때 인현왕후와 장희빈을 빗대어 "미나리는 사철이고, 장다리는 한철이다."라고 했듯이 사계절 내내 식용이 가능한 식품이다. 그런데 〈농가월령가〉[27]에는 '움파와 미나리를 무순에 곁들이면 보기에 싱싱하여 오신채를 부러워하랴'고 했고, 또 중국의 《척유》에도 입춘에 무와 미나리로 채반을 만들어 손님을 대접했다는 기록이 있듯이 이른 봄에 맛이 더 좋은 식품이다. 특유의 향과 아삭하게 씹히는 맛으로 식욕을 돋운다. 논미나리와 밭미나리가 있는데, 밭미나리에 속하는 돌미나리의 약효가 크다. 한방에서는 몸의 열을 없애 주며 갈증을 해소하고 소변 배설을 도우며 간 기능이 좋아지게 하는 역할을 한다고 한다. 음식에는 회, 생채, 숙채, 김치, 전 또는 북어국, 전골, 찌개, 매운탕 등의 주재료와 부재료로 널리 이용된다.

죽순의 제철은 봄이다. 대나무의 땅속줄기에서 돋아나는 어리고 연한 싹으로, 비늘 모양의 껍질에 싸여 있고 땅속줄기에 달려 있는 마디순이다. 대나무는 우리나라 남쪽 지방에 자생하며, 담양산이 좋다. '우후죽순雨後竹筍'이라는 말이 있듯이 성장 속도가 매우 빠르다. 일단 땅 위로 올라오면 한 시간에 약 2~3cm가 자라 30~50일이면 성장이 끝난다. 죽순은 고급 음식 재료에 속하며, 채취할 때 바람이 들어가면 굳으므로 바람이 부는 날은 피하는 것이 좋다. 그리고 일단 채취한 죽순은 되도록 빨리 조리, 가공해야 한다. 생장 중인 식물이므로 아미노산과 당류의 소비가 진행되어 시간이 흐르면 맛과 영양이 떨어지기 때문이다. 삶을 때는 껍질째 쌀뜨물이나 쌀겨를 넣고 삶아야 좋지 않은 성분인 수산이 녹아 나오고, 죽순 성분의 산화를 억제하여 아린 맛을 없애줄 뿐만 아니라 쌀겨 속의 효소가 죽순을 부드럽게 해준다. 한방에서는 비만이나 고혈압에 권장해 왔고, 당뇨를 다스리거나 이뇨작용을 돕는 식품으로도 알려져 있다. 음식에는 밥, 잡채, 회, 냉채, 나물 등에 이용된다.

고사리는 참다래과의 양치류로, 이른 봄 줄기가 변화된 근경에서 싹이 돋아나 꼭대기가 꼬불꼬불하게 말리고 흰 솜 같은 털로 덮인다. 습기가 많은 땅이면 어디서나 잘 자라 온대와 열대에 걸쳐 그 종류도 매우 많다. 우리나라의 경우 강원도에서 제주도에 이르기까지 널리 자생하고 있는데, 그 특성이 지방에 따라 다소 차이가 있다. 강원도의 고사리는 '먹고사리'라 하여 줄기가 굵고 통통하며 색깔이 검은 반면, 제주도의 고사리는 줄기가 가늘고 약간 뻣뻣한 감이 있다. 고사리의 식용 부위는 어린잎과 부드러운 줄기인데, 예부터 각종 잔칫상은 물론 제사상에도 올리는 나물 가운데 하나다. 또한 땅속에 파묻힌 근경에는 전분이 많아 8, 9월이면 이 전분을 빼 내어 전이나 떡을 만드는 데 이용한다. 한방에서는 고사리를 약용으로 쓰는데, 주로 정신흥분제, 탈항脫肛과 설사 치료제로 이용하며, 이뇨·해열의 목적으로도 이용된다.

아스파라거스는 백합과 채소로 4, 5월이 제철이며 김해와 보령 등지에서 주로 재배하고 있다. 많이 먹는 녹색 아스파라거스는 줄기가 굵고 부드러우며 연해서 조리하기 쉽다. 흰색과 보라색이 있는데, 흰색은 감칠맛이 강하고 보라색은 단맛이 강하다. 생식하거나 수프, 샐러드, 무침에 이용된다. 수확 후 빨리 상하므로 젖은 종이로 말아 얼음을 채워 유통하고 되도록 빨리 소비해야 한다. 아스파라진aspragine 함량이 높아 신진대사를 원활하게 하고 피로회복을 도우며 숙취 회복에도 좋다. 엽산이 풍부하고 비타민 A, C와 셀레늄이 많아 암을 예방한다.

새싹채소는 최근에 건강채소로 인기가 높아 다양하게 활용되고 있다. 무순 타입과 숙주 타입이 있는데, 무순 타입에는 유채과인 무순, 브로콜리, 머스터드, 상추, 래디시, 물냉이와 마디풀과 메밀이 있고, 숙주 타입에는 콩과인 알파파, 팥, 클로버, 대두와 국화과의 해바라기 등이 있다. 날로 생채나 샐러드에 이용하면 맛과 영양에 좋고, 몇 가지 새싹채소를 데쳐 콩나물과 섞어 양념장에 무치면 나물이 된다. 새싹채소는 생으로 먹을 수 있어 비타민 C를 오롯이 섭취할 수 있다. 1997년 미국의 존스홉킨스대학교에서 항암물질인 설포라판sulforapane이 성숙한 브로콜리보다 새싹에 40배 이상 많다는 것을 발견한 후 새싹이 더 주목받기 시작했다.

뿌리채소

"무가 없었으면 무엇으로 반찬을 만들까?" 어느 가정주부가 했다는 말에 공감한다. 무국, 무생채, 무나물, 무전, 무시루떡, 각종 무김치, 무찜, 무조림, 무즙, 무말랭이 등 주재료로 또는 등푸른 생선조림을 할 때나 고음국을 끓일 때 등 부재료로 끼니마다 밥상에 무 음식이 빠지지 않는다. 무는 겨자과의 한해살이 또는 두해살이풀로, 비타민 C는 육질보다 껍질에 많이 있으며, 무청에는 비타미 C와 철분, 식이섬유소가 많이 함유되어 있다. 무 속의 함황성분은 항균, 항암, 기침, 감기에 효과가 있고 니코틴 독을 제거하고 담을 삭이는 효과가 있다.

당근은 뿌리를 먹는 채소로 드물게 녹황색 채소이며 가을 당근이 맛있다. 베타카로틴이 풍부하여 비타민 A의 주요 급원식품으로 시금치의 2배 이상이다. 소화흡수율이 낮아 생식보다는 익히거나 기름에 조리하면 흡수율이 높아진다. 산화효소인 아스코르브산 옥시데이스ascorbic acid oxidase가 있어 비타민 C가 많은 무나 오이 같은 채소와 함께 섞거나 즙을 낼 경우 비타민 C가 파괴될 수 있다. 이때 식초를 넣거나 열처리하면 효소를 불활성화시켜 비타민 C의 파괴를 억제할 수 있다. 당근은 시력 보호나 야맹증 개선에 효과가 있고 노화 방지나 암 예방에도 효과가 있다고 알려져 있다. 음식에는 생채, 샐러드, 주스, 스프, 생즙, 찜, 볶음, 조림 등에 이용된다.

연근은 수련과 채소로 12월에서 이듬해 2월이 제철이다. 아스파라진산,

아르지닌, 티로신 같은 아미노산과 인지질인 레시틴이 함유되어 있다. 당질 함량이 높고 비타민 B_{12}와 철분도 들어 있어 조혈작용을 하며 비타민 C도 비교적 많이 들어 있다. 조직 내의 폴리페놀이 산화되어 갈색화가 일어나므로 자른 후에는 물에 담가 두거나 연한 식초 물에 담그면 변색되지 않는다. 시중에 껍질을 벗기고 잘라서 파는 것은 표백 처리한 것이 많으므로 뿌리째 사서 이용하는 것이 바람직하다. 한방에서는 연근을 갈아 날로 먹으면 갈증이 해소되며, 자주 코피를 흘리는 성장기 어린이에게 도움이 된다고 한다. 익혀서 먹으면 위의 기능을 향상시키고 설사를 그치게 하며, 신장의 기능을 강화하여 소변 배설을 촉진하고 고혈압을 예방하는 효과가 있다고 한다. 음식에는 조림, 튀김, 전과정과, 초절임, 설탕절임 등에 이용된다.

도라지는 섬유질이 많고 칼슘과 철분이 풍부한 채소로 음식에는 생채, 숙채, 전, 적, 정과, 장아찌, 술 등 널리 이용된다. 도라지의 쓴맛은 알칼로이드 성분과 사포닌으로 알려져 있다. 사포닌은 가래를 삭이는 거담효과가 있어 호흡기 질환에 예부터 가정에서 약으로 많이 사용해 왔다. 약리작용 실험 결과 진통, 소염작용이 있는 것으로도 보고되어 있다. 장을 볼 때에 통도라지를 사야 맛과 향을 제대로 느낄 수 있다. 흙에서 자란 도라지를 약도라지라 하며 향도 강하고 약효도 뛰어나다.

양파의 매운맛 성분은 프로필알릴디설파이드 및 알릴설파이드이다. 이것은 열을 가하면 기화하지만 일부는 분해되어 단맛을 내는 프로필메르캅탄을 형성하여 조리 후에 단맛을 지니게 된다. 혈액순환을 촉진시키고 위장기능을 강화하며 체력을 보강하는 효과가 있다. 양파의 프라보노이드의 일종인 퀴세틴quercetin이 혈액 속의 콜레스테롤 농도를 저하시키며 심장혈관의 혈류량을 증가시킨다고 하여 성인병 예방식품으로 각광받고 있다. 또한 어류와 육류의 좋지 않은 냄새를 제거하는 데도 효과적이어서 조리 시 부재료로 많이 이용되고 있다.[28] 생즙, 생채, 김치, 장아찌, 찌개, 국, 볶음, 조림, 전, 튀김, 초절임, 샐러드, 스프, 스튜, 소스 및 양념 등 음식재료로 가장 많이 이용되는 채소 중 하나다.

더덕은 1월에서 4월까지가 제철이나 저장기간을 길게 연장할 수 있는 식품이다. 초롱꽃과에 속하는 여러해살이 덩굴성 식물로, 강원도와 경상북도의 특산물로 알려져 있고 우리나라, 중국, 일본에 분포되어 자란다.[29] 인삼과 비슷하여 한방에서 사삼이라 불리는 약용채소다. 폐의 기능을 강화시켜 주기 때문에 예부터 기관지염, 해소병의 약재로 이용되어 왔다. 구이, 찜, 튀김, 생채, 자반, 장아찌, 정과, 전, 차, 술 등 여러 음식에 이용된다. 찹쌀가루를 발라 튀겨 섭산삼을 만들거나 곱게 갈아서 꿀에 재워 차로도 즐긴다.

감자는 6월부터 10월까지 제철이지만 각 가정의 사계절 상비채소로 자리하고 있다. 주성분은 탄수화물이고 단백질도 많이 함유되어 있으며 무기질 중 칼륨, 칼슘이 많은 알칼리성 식품이다. 감자의 비타민 C는 열에 비교적 안정하므로 비타민 C의 공급원이 되기도 한다. 감자는 기를 좋게 하고, 비위를 튼튼히 해주며 위염, 위궤양, 십이지장궤양에도 효능이 있다. 국, 조림, 볶음, 튀김, 전 등의 주재료로, 오븐에 통째 구워 치즈나 마요네즈를 얹어 먹는 어린이 간식으로, 그리고 갈비찜, 닭찜, 사태찜 등을 요리할 때에 빠질 수 없는 부재료로 이용된다. 감자밥, 감자죽, 감자국수, 감자수제비 등 별미 주식용으로도 이용한다. 알감자 조림을 할 때 껍질째 이용하면 보관기간이 길어지고 쫄깃해진다.

열매채소

호박은 박과의 채소로 여름부터 가을까지 먹는다. 처음에는 절에서 많이 심어 승려들이 주로 먹어서 승소僧蔬라 부르기도 했다. 그러나 차츰 조선시대 서민의 부식으로 정착했으며 어려울 때에 구황식품으로 한몫을 했다. 애호박과 청둥호박늙은호박, 단호박 등이 있고, 건조시킨 호박오가리늙은 호박을 말린 것, 호박고지애호박을 말린 것가 있다. 호박 속의 카로티노이드는 체내에 흡수되면 비타민 A가 되어 항산화작용을 한다. 이뇨작용, 부종 완화, 야맹증 완화, 거칠어진 피부 개선, 점막의 저항력을 강화시키는데 효과가 있다. 잘 익은 늙은호박에는 당분이 많아 소화흡수가 잘 되므로 회복기 환자에게 호박죽을 먹인다. 호박씨에는 양질의 단백질과 불포화지방산이 풍부하여 혈중 콜레스테롤 수치를 낮추어 고혈압과 동맥경화증을 예방하고 노화를 방지한다. 음식에는 떡, 나물, 전, 국, 찌개, 찜, 선, 죽, 엿, 수프, 파이, 케이크 등 용도가 넓다.

오이는 5월부터 7월까지 제철인 박과에 속하는 한해살이 덩굴풀이나 요즈음은 사계절 산출된다. 백오이, 청오이취청오이, 가시오이, 피클오이, 노각이 있다. 오이에 함유된 칼륨은 과잉의 염분을 체외로 배출시키는 작용과 이뇨작용을 촉진해 신장병 환자나 고혈압 환자, 몸이 붓는 사람에게 좋다. 숙취해소, 목이 마르고 아플 때, 더위를 먹었을 때에 섭취하면 좋다. 음식에는 생채, 숙채, 찌개, 조림, 볶음, 김치, 오이소박이, 오이지, 장아찌, 샐러드, 절임 등에 사용된다.

가지는 가짓과의 열매 채소로 여름이 제철이다. 열을 내리며 혈액순환을 좋게 하는 효능이 있다. 또, 통증을 멈추게 하고 부기가 빠지게 하는 효과도 있으며, 핏속의 콜레스테롤 함량을 낮추고 이뇨작용도 돕는다. 음식에는 나물, 구이, 볶음, 찜, 선, 조림, 튀김, 김치 등에 이용된다.

고추의 매운맛 성분은 알칼로이드의 일종인 캡사이신의 함량에 따라 구분된다. 카로틴이나 비타민 B_1, B_2, C가 풍부하고 칼륨, 인, 칼슘 등 무기질도 함유하고 있다. 빨간색은 캡산틴과 카로틴에 의한 것이나 감칠맛은 베타인과 아데닌이다. 고추는 몸을 따뜻하게 하는 효과가 있어 몸이 차고 소화기관이 약한 사람에게 좋은 식품이다. 또한 거담제나 구충제로도 쓰이고, 만성 기관지염 예방이나 감염에 대한 저항력을 높이는데 좋으며, 피부를 자극해 혈액순환을 촉진시키는 효과가 좋은 식품으로 알려져 있다. 풋고추는 날것 또는 조림, 피클, 전, 잡채, 튀김, 김치 등에 널리 이용하고, 홍고추는 날것으로도 이용하지만 말려 고춧가루를 제조하는데 더 많이 쓰인다. 고춧잎은 나물이나 장아찌의 재료로 쓰인다. 그리고 요리의 색감이나 맛을 높이는 부재료로 사용되기도 한다. 고추씨에도 감칠맛을 내는 성분이 있어 육수, 된장, 막장에 고추씨를 첨가하여 맛을 높이기도 한다. 최근에는 연구, 개량된 고추가 많아 그 품종이 더 다양해져서 활용도도 더 넓어지고 있다. 풋고추를 개량한 아삭이고추, 오이 맛을 내는 오이고추 등 당도를 높이고 맛을 새롭게 하는 신품종이 많이 나오고 있다.

피망은 프랑스어로 고추를 의미하며 매운맛이 없어 단고추sweet papper라 하는데, 일본을 거쳐 우리나라에 수입되면서 피망으로 불리게 되었다. 파프리카는 피망을 개량한 것으로 네덜란드어이며, 12가지 색깔이 있는 서양고추다. 일반적으로 육질이 조금 두껍고 질긴 것을 피망이라 하고 단맛이 많고 아삭아삭한 질감이 있는 것을 파프리카라 한다. 유럽에서는 모든 고추를 파프리카라 부른다.[23] 당질과 단백질을 함유한 식품으로 비타민 A, B, C가 풍부하다. 피망은 신진대사를 촉진하고 정혈작용을 하며 저항력을 향상시키고 혈관 내 지방 침착을 예방해 피를 맑게 하므로 고혈압과 동맥경화에 도움을 준다. 소화기관을 강화시켜 줌으로 소화력이 떨어지고 밥맛이 없는 사람에게 좋다. 색이 선명한 것이 좋으며 표피가 두껍고 씨가 적은 것이 좋다. 샐러드, 볶음, 꼬치, 생채, 잡채 전, 조림, 튀김 등 이용되는 음식이 점점 늘고 있다.

토마토는 7월에서 9월까지가 제철인 가짓과 채소로 세계에서 널리 식용하지만, 특히 지중해 연안과 남미에서 많이 소비한다. 유럽에 '토마토가 있는 집에 위장병이 없다.', '토마토가 익어가면 의사가 필요 없다.'는 말이 있을 정도로 우수한 먹을거리다. 터키를 여행할 때 끼니마다 토마토 요리가 나왔던 기억이 있다. 강원 춘천, 충남 부여, 경기 퇴촌 등에서 시설재배로 많이 생산된다. 토마토에 들어 있는 피토케미컬 리코펜lycopene의 강한 항산화작용으로 암이나 고혈압 등을 예방한다. 또 단백질, 효소, 아미노산, 당류, 비타민 A, B_1, B_2, C 등이 들어 있어서 피를 맑게 해주고 소화를 돕는다.[24] 토마토는 날로 먹을 수 있고 가열해도 안전하므로 익혀 먹을 수도 있다. 최근 많이 재배되고 있는 방울토마토, 대추토마토는 카로틴 함량이 일반 토마토보다 훨씬 높다고 한다. 세계적으로 우수한 식품으로 알려져 있는 토마토는 요즈음에 일상음식으로 주스, 김치, 볶음, 샐러드, 튀김 등 활용도가 높아지고 있다.

기타

버섯은 엽록소를 가지지 않아 광합성을 이루지 않고 만들어진 기생생물, 곧 곰팡이의 한 종류이다. 버섯은 크게 원생목原生木의 껍질에 붙어서 나는 것과 축축하고 그늘진 땅에 자생하는 것으로 구별된다. 종류는 수천 종에 달하지만 식용하고 있는 것은 능이, 송이, 표고, 목이, 석이, 느타리, 싸리버섯, 팽이 등이다.[30] 요즘에는 식용버섯의 연구가 활발하고 인공 재배가 크게 발달하면서 새로운 종류가 많이 개발되고 있다. 종류에 따라 차이가 있으나 버섯의 공통 성분은 단백질, 당질, 지질, 무기질, 비타민 B_1, 에르고스테롤, 구아닐산 등이다. 이 중 에르고스테롤은 햇빛에 의해 비타민 D로 변하며, 구아닐산은 버섯 특유의 감칠맛을 내는 작용을 한다. 음식에 활용되는 범위는 매우 넓은데, 국, 찌개, 찜, 잡채, 구이, 적, 전, 조림, 튀김, 나물 등의 주재료나 부재료로 널리 쓰인다.

해조류는 바다의 채소라고 하며 우리나라와 일본, 대만에서 주로 식용한다. 서양에서는 바다의 잡초로 인식하고 먹지 않는다. 우리가 먹는 종류는 50여 종에 이르지만 주로 먹는 것은 김, 미역, 다시마, 파래, 톳, 청각, 매생이 등이다. 해조류에 들어 있는 요오드나 식이섬유, 아미노산, 불포화지방산은 변비, 빈혈, 각종 성인병 예방에 효과가 있다.[31] 《시의전서》1800년대 말에는 해채류海菜類라 하여 바다에서 나는 채소로 소개하며, 다시마곤포, 미역, 감태, 청각, 파래, 우뭇가사리 등 여러 가지를 들고 있다. 해조류 중 미역과 다시마는 매우 친숙한 식품이다. 미역은 산후와 생일에 반드시 미역국을 끓여 먹는 풍속이 오늘까지 전해져 내려오고 있다. 다시마 또한 흔한 식품으로 뼈 건강, 장 운동에 좋고, 장수식품으로 알려지면서 다시마청국장, 다시마과자, 다시마고추장 등이 새롭게 개발되고 있다. 음식에는 국, 생채, 숙채, 냉채, 회, 쌈, 튀각, 조림, 죽 등 다양하게 이용된다.

참살이 식품이 된 구황채소

구황救荒이란 흉년이 들어 기근이 심할 때에 굶주림에서 벗어나게 하는 것을 이른다. 구황과 관련한 기록 중 《고려사》에 충선왕이 흉년이 들자 백성을 생각하여 반찬의 수를 줄이고 도토리를 맛보았다는 것이 있어 도토리가 이때의 구황식이었음을 말해 준다. 또한 《동국이상국집》[32]에 "들집 솥에 봄나물은 주린 손을 위로 하네. …가을 배추와 나물로 겨우 뱃속 채우니…

솔잎을 따 먹으며 주린 배를 채우다가" 등의 구절로 보아 산야초가 구황식으로 이용되었음을 알 수 있다.

궁핍한 서민의 생활형편을 고려하여 조선시대에는 국가 차원에서 본격적인 구황정책을 펼치게 된다. 먼저 세종 때는 상설기관으로 구황청을 두고 본격적인 빈민구제에 나서는 한편, 《구황본초》를 인쇄 배포하여 야생초 중에서 대용식품으로 먹을 수 있는 것들을 이용할 수 있도록 적극 지도하기도 했다. 명종은 당시 영호남 지방에 큰 기근이 들자 이를 구제하기 위하여 《구황촬요》1554년경 간행을 명한 바 있다. 구황 대책에 관한 연구는 조선조 중·후기로 오면서 당대의 실학자인 홍만선의 《산림경제》나 정약용의 《목민심서》1818 등에 보다 구체적으로 전해지고 있다. 《산림경제》 '구황초'에는 솔잎, 느릅나무 껍질, 측백나무잎, 도토리, 도라지, 칡 뿌리, 백복령, 콩, 마, 메뿌리, 하수오 뿌리, 연 뿌리, 토란, 순무, 냉이, 느티잎, 팽나무잎, 쑥 등의 구황식물과 함께 먹는 법이 설명되어 있다. 이 책에는 어느 사찰에 몸담고 있는 스님이 해마다 토란을 심어 수확하여 절구로 찧어 벽돌처럼 만든 다음 담을 쌓아 두었다가 몇 해 뒤에 큰 흉년이 들자 이곳에 있는 40여 명의 스님이 이 토란 벽돌을 먹고 굶주림을 면했다는 이야기가 기록되어 있다.[25] 기근에 배고픔을 면한 지혜로움을 백성에게 알리기 위함으로 보인다. 한편 《목민심서》 '진황육조'에는 흉년에 굶주린 백성들이 나물을 양식으로 대신하므로 염정鹽丁에게 미리 값을 치러서 장을 넉넉하게 준비하게 하는 것이 좋겠다는 기록이 있다. 나물을 양식으로 할 경우 나물의 맛을 내기 위해 반드시 소금이 필요하고, 그렇게 되면 소금 값이 오를 것에 대비한 방책일 것이다. 이 책에는 황두黃豆, 대나무 열매, 바닷말, 도토리, 칡뿌리, 쑥 등을 구황식물로 소개하고 있다. 또한 조선조 말에는 연중행사처럼 반복되는 기근에 대처하기 위한 구황작물로 외래 식품인 고구마와 감자에 관심을 가지게 되었다. 1763년에 감저甘藷란 이름으로 이 땅에 들어 온 고구마는 강필리 저술 《감저보》, 김장순 저술 《감저신보》, 서유구 저술 《종저보》 등의 노력에 힘입어 그 재배에 성공하여 전국적으로 보급되기에 이르렀다. 고구마보다 몇십 년 늦게1824~1825 북저北藷란 이름으로 이 땅에 들어온 감자는 고구마와 달리 토양이나 비료에 크게 구애받지 않고 가뭄이나 장마에도 강하여 그 보급이 빠른 편이었다. 많은 사람들의 노력으로 넓은 지역에 보급된 고구마와 감자는 조선조 말에는 물론 일제강점기나 6·25전쟁 때에 이르기까지 구황식품으로 중요한 먹을거리 역할을 해왔다. 이렇듯 기근을 해결하기 위하여 개발된 많은 구황식물들은 현대로 오면서 일상식품이 되고 나아가 최근에는 참살이 먹을거리가 되어 채소음식의 다양화를 가져오는 데 기여했다.

채소음식

채소는 표에서와 같이 밥, 죽, 떡, 국, 찌개, 전, 조림, 장아찌, 찜, 김치, 나물, 생채, 쌈 등 많은 음식에 이용된다. 그러나 여기에서는 나물, 생채, 쌈을 중심으로 정리하였다.

일상 밥상 차림에서 채소음식은 밥과 국, 김치, 나물, 생채, 쌈, 샐러드, 그리고 여러 가지 음식으로 끼니마다 올라 한국인으로 하여금 영양상 균형을 이루고, 기호 면에서 맛의 복합성과 조화를 이루는 데 큰 몫을 하고 있다.

우리 전통 밥상 차림의 가장 기본인 3첩 반상에 밥, 국, 김치, 장 외에 삼색나물, 구이나 조림, 장아찌가 놓여 채소를 중심으로 균형을 이룬다. 이는

다양한 채소음식

구분	종류
밥	감자밥, 곤드레밥, 고구마밥, 김치밥, 무밥, 버섯밥, 산나물밥, 송이밥, 연근밥, 우엉밥, 죽순밥, 콩나물밥, 각종 나물밥 등
죽	감자죽, 고구마죽, 아욱죽, 김치죽, 박죽, 부추죽, 애호박죽, 연근죽, 자소죽, 죽순죽, 콩나물죽, 호박죽 등
국	감잣국, 고사릿국, 근댓국, 각종 나물국, 배춧국, 버섯국, 산나물국, 송잇국, 시금칫국, 시래깃국, 실파국, 싸리버섯국, 쑥국, 아욱국, 오이무름국, 움파장국, 원추리잎국, 죽순된장국, 콩나물국, 토란국, 호박국 등
찌개, 전골	각색전골, 김치찌개, 무새우젓찌개, 송이전골, 버섯전골, 오이감정, 무왁저지, 우거지찌개, 채소전골, 표고찌개, 풋고추찌개, 호박오가리찌개 등
구이, 조림, 지짐이	가지구이, 가지적, 더덕구이, 도라지산적, 동아적, 마늘종구이, 마늘종조림, 감자조림, 고구마조림, 무곰, 우거지지짐이, 풋고추조림, 표고조림, 호박지짐이 등
전, 누르미	가지전, 가지누르미, 감자전, 고사리전, 고추전, 고구마전, 김치전, 달래전, 더덕전, 도라지전, 두릅전, 들깻잎전, 미나리초대, 박누르미, 배추전, 버섯전, 부추전, 석이전, 섭산적, 송이누름적, 애호박전, 양파전, 양하전, 꽃전, 채소간납, 파전, 표고전, 풋고추전, 호박전 등
찜, 선	가지선, 개성무찜, 고사리찜, 날오이선, 동아선, 무선, 무찜, 미나리찜, 배추선, 배추속대찜, 배추찜, 송이찜, 애호박선, 애호박찜, 양배추찜, 양파찜, 오이찜, 죽순찜, 풋고추찜, 호박찜 등
마른반찬	가죽부각, 감자부각, 고구마부각, 김부각, 깻잎부각, 다시마부각, 더덕자반, 도라지자반, 두릅부각, 들깨송이부각, 미역자반, 산나물부각, 우엉잎자반, 참죽자반, 풋고추자반 등
장아찌	가지장아찌, 고춧잎장아찌, 깻잎장아찌, 노각장아찌, 달래장아찌, 더덕장아찌, 마늘장아찌, 무갑장과, 무장아찌, 미나리장아찌, 부추장아찌, 산초장아찌, 양애장아찌, 오이장아찌, 쪽파장아찌, 참외장아찌, 천초장아찌, 콩잎장아찌, 호박장아찌 등
떡	감단자, 감국잎화전, 진달래화전, 개떡, 느티떡, 쑥송편, 모시잎송편, 송기송편, 무시루떡, 상추떡, 석이병, 수리취절편, 쑥개피떡, 차륜병, 차조기떡, 토란병, 호박떡 등
생채	무생채, 도라지생채, 숙주채, 더덕생채, 미나리생채, 오이생채, 파래무침, 겨자채, 배추겉절이, 상추겉절이, 노각생채, 각종 샐러드 등
숙채(나물)	가지나물, 고사리나물, 고비나물, 고춧잎나물, 두릅나물, 도라지나물, 능이나물, 무나물, 미나리나물, 깻잎나물, 석이나물, 송이잡채, 시금치나물, 씀바귀나물, 숙주나물, 시래기나물, 싸리버섯나물, 쑥갓나물, 송이잡채, 잣즙냉채, 호두즙냉채, 물쑥나물, 톳나물, 탕평채, 잡채, 월과채, 호박오가리나물 등
쌈	상추쌈, 구절판, 밀쌈, 호박잎쌈, 깻잎쌈, 생미역쌈 등

현대의 영양학적 관점에서도 매우 합리적인 것이며, 찬 음식과 더운 음식의 조화, 색채의 조화에서도 높게 평가받고 있다.[33] 그러므로 우리 한국음식을 세계화할 때는 밥상을 통째로 수출해야 한다고 주장하는 영양학자도 있다.

한편, 통과의례 상차림에도 채소음식은 빠지지 않는다. 먼저 돌상에 생미나리 한 묶음을 여러 음식과 함께 올리는데, 이는 미나리가 지닌 끈질긴 생명력과 번식력이 장수와 자손 번창을 뜻하기 때문이다. 이 날 손님상에는 미나리나물, 오이나물, 호박나물, 콩나물, 숙주나물, 무나물 등이 계절에 따라 차려지며, 생일상에는 제철 삼색나물시금치, 도라지, 고비 또는 미나리, 버섯, 숙주이 오른다. 또한 수연례에는 각색나물고사리, 도라지, 콩나물, 숙주, 뚝배기나물, 무나물이 오르고, 상례에도 삼색나물도라지, 고사리, 숙주이 오르며, 제례에도 빠짐없이 백채도라지, 무, 숙주, 청채시금치, 배추, 호박, 갈채고사리, 고비, 버섯가 오른다.[34]

나물을 조리법에 따라 나누면 날것, 날것에 조미하여 만드는 생채, 삶거나 찌거나 볶아 만드는 숙채, 생채에 속하나 우리 고유의 풍습으로 정착한 채소 쌈 싸기, 숙채이지만 여러 가지 채소와 육류를 섞어 만든 잡채류 등으로 대별된다.[25]

생채

계절마다 새로 나오는 싱싱한 채소들을 날것 그대로 먹거나 초장, 초고추장, 잣즙, 겨자즙, 소스 등으로 무친 찬품으로 단맛과 신맛, 고소한 맛을 나게 한다. 무, 오이, 배추, 미나리, 더덕, 각종 산나물 등과 해파리, 미역, 파래, 톳 등의 해조류나 오징어, 조개류, 새우 등도 이용된다.[35] 각 재료가 가지고 있는 본래의 맛을 충분히 살리면서 영양소 손실을 최소화하는 조리법이다.

▌무생채

▌미나리생채

▌오색채소냉채

자연의 색과 맛, 향기를 그대로 느낄 수 있고 채소 특유의 아삭아삭한 질감과 신선한 맛을 즐길 수 있는 음식이다. 채소를 날것 그대로 먹는 방법, 절이지 않고 양념장에 무치는 방법, 소금에 절여 양념장에 무치는 방법, 초장, 초고추장에 무치는 방법, 겨자즙이나 호도즙, 잣즙에 무치는 방법 등이 있다.

무생채는 사계절 내내 즐겨 먹는 찬물이며 조리법도 간단하다. 무를 가늘게 채썰어 소금에 절였다가 고춧가루와 다진 파, 마늘, 생강즙, 설탕, 식초로 무친다. 고춧가루를 넣지 않고 하얗게 무쳐 환자나 아이에게도 먹인다.

노각생채는 노각의 껍질을 벗기고 길게 반으로 갈라 숟가락으로 씨를 긁어낸 다음 6cm 길이로 가늘게 채썰어 소금을 뿌려 살짝 절였다가 깨끗한 면보에 싸서 비틀어 물기를 최대한 꼭 짠다. 고춧가루, 고추장, 다진 파·마늘, 참기름, 설탕, 식초로 양념장을 만들어 넣고 고루 무친다.

더덕생채는 더덕 껍질을 벗겨 소금물에 담가 쓴맛을 뺀 다음, 살살 두들겨 편다. 고추장, 고춧가루, 간장, 다진 파·마늘, 참기름, 깨소금, 설탕, 청주로 양념장을 만들어 펴놓은 더덕에 발라 재웠다가 잘게 찢어 참기름, 깨소금으로 버무린다.

도라지 오이생채는 도라지는 손질해서 가늘게 채썰어 소금을 넣고 바락바락 주물러 찬물에 헹구어 물기를 짠다. 오이는 길이로 반 갈라 어슷썰어 소금에 절인 다음 꼭 짠다. 고추장, 고춧가루, 다진 파·마늘, 설탕, 통깨, 식초로 양념장을 만들어 도라지와 오이를 넣고 버무린다.

미나리생채는 미나리 손질해서 식초물에 씻어 4~5cm로 썰고 무도 같은 크기로 채썰어 소금과 설탕으로 밑간한다. 양념을 소금, 고춧가루, 설탕, 식초, 통깨, 참기름, 다진 마늘로 준비해서 미나리와 무를 버무린다.

오색채소냉채는 양상추, 치커리, 오이, 무, 그리고 자색양배추를 채썰어 찬물에 행궈 건져 놓고 간장에 배즙, 매실즙, 식초로 소스를 만들어서 상에 내기 바로 전에 무친다.

숙채

찬물 중에 가장 기본이고 대중적인 음식으로, 필수 찬물이며 많은 종류의 채소가 이용된다. 채소를 데치거나 삶거나 찌거나 볶는 등 익혀서 조리하기 때문에 쓴맛이나 떫은맛을 없앨 수 있고 부드러운 질감을 즐길 수 있는 특성이 있다.[36] 또, 양념에 따라 다양한 맛을 즐길 수도 있다. 데칠 때는 재료의 특성을 잘 살릴 수 있게 적당히 삶아야 하며 나물의 향과 맛이 잘 드러나도록 조미해야 한다. 자연에서 뜯은 후 바로 조리해야 제맛을 잃지 않는다. 채소들은 그 맛이 각각 달라 쓴맛, 텁텁한 맛, 떫은 맛을 가진 것 등이 있고 특히 산나물은 맛과 향이 강한 것이 많아 삶은 후에 물에 담가 우려서 양념하거나 볶아야 제맛이 나는 것도 있다. 유채나물을 겨자로 무치면 쓴맛이 살아나는데, 된장은 나물 특유의 강한 냄새를 없애므로 맛의 조화를 이루기도 한다. 일반적으로 참기름, 들기름을 많이 사용하며 조리방법은 살짝 데쳐 양념에 무치거나 기름에 볶으면서 양념하기도 하고, 육수를 조금 부어 깊은 맛을 내기도 한다. 각 나물의 특성을 살릴 수 있게 삶기를 잘 해야 하며 채소의 향과 맛이 잘 드러나게 조리해야 한다.

삼색나물

여러 가지 나물

고사리나물은 고사리를 손질해서 쌀뜨물에 담갔다가 뜨물째 삶는다. 알맞게 삶아졌으면 그대로 식혀 찬물에 여러 번 헹구어 물에 담가두었다가 건져서 뻣뻣한 줄기는 잘라내고 썰어 간장과 다진 파·마늘을 넣고 무쳐서 참기름에 볶다가 양지국물을 넣어 푹 무를 때까지 익힌 후 깨소금이나 들깨가루를 넣어 마무리한다.

시금치나물은 시금치 뿌리를 다듬어 씻어 끓는 소금물에 살짝 데친 다음, 찬물에 씻어 짠다. 소금이나 국간장, 다진 파·마늘, 참기름, 깨소금을 넣고 무친다.

도라지나물은 통도라지를 손질해서 반으로 잘라 껍질을 벗겨 소금물에 삶아 머리 윗부분은 잘라내고, 6cm 정도의 길이로 썰고 3~4쪽으로 썬 다음 찬물에 담가 쓴맛을 우려낸다. 기름을 넉넉히 두르고 도라지를 볶다가 소금, 다진 파·마늘을 넣고 볶는다. 여기에 양지머리국물을 붓고 국물이 도라지에 거의 스며들 때까지 중간 불에서 은근하게 끓인 후 참기름을 넣어 마무리한다.

무나물은 무를 가늘게 채로 썰어 냄비에 넣고 물을 붓고 무가 무를 때까지 끓이다가 잘 무르거든 간장을 치고 다진 파·마늘, 생강즙을 넣은 후 깨소금과 참기름을 넣고 잘 섞는다.

숙주나물은 뿌리를 따고 씻어 끓는 물에 살짝 데쳐 물기를 짜고 다진 파·마늘, 소금으로 간을 한다. 숙주에는 미나리를 데쳐 섞어도 좋고 무를 채 썰어 소금에 절였다가 꼭 짜서 넣어도 좋으며, 물쑥과 달래를 넣고 간장과 식초를 넣어 무쳐도 좋다.[36]

콩나물은 사철 먹는 서민음식으로 조리법도 조금씩 다르다. 뿌리를 따낸 콩나물을 잘 씻어서 냄비에 물을 조금 붓고 잘 무르도록 삶는다. 간장에 다진 파·마늘, 고추를 넣어 섞어서 삶은 콩나물을 건져 무친 다음 참기름과 깨소금을 넣어 다시 무쳐 접시에 담고 고춧가루를 뿌려낸다. 고춧가루는 양념에 섞어 무치기도 한다.

톳나물은 해조류인 톳을 부드럽게 삶은 다음 찬물에 헹구고, 줄기를 먹기 좋게 손으로 자른다. 깻잎, 양파는 곱게 채 썰고, 풋고추, 붉은 고추는 곱게 다진다. 된장, 고추장, 다진 파·마늘, 깨소금, 식초로 양념장을 만들어 버무린다.

잡채는 여러 가지 제철채소와 고기, 버섯 등을 고루 섞어서 색과 맛, 그리고 영양까지 높인 음식으로 요즈음의 당면 위주 잡채와는 아주 다르다. 당면의 양도 다른 재료들과 같은 양으로 조절해야 한다. 조리과정도 색이 변하지 않고 영양 손실을 최소화하는 지혜를 담고 있다. 쇠고기는 결대로 채 썰어 양념한다. 통도라지는 머리 부분을 잘라내고 쪼개어 소금물에 담가 쓴맛을 우려낸 뒤 채 썰어 소금, 다진 파·마늘을 넣어 볶다가 양지국물을 넣어 한 번 더 볶는다. 양파는 양쪽 끝을 잘라내고 채 썬 후 소금을 넣어 볶는다. 오이는 소금으로 문질러 씻어 껍질을 도톰하게 돌려 깎은 후 채 썰어 소금에 살짝 절여 물기를 짜서 파랗게 볶다가 다진 파·마늘을 넣고 볶아 넓은 그릇에 펴서 식힌다. 당근은 껍질을 벗기고 채 썰어 소금물에 살짝 데쳐 볶는다. 석이는 손질하여 채 썰어 소금을 약간 넣고 살짝 볶는다. 불린 표고는 기둥을 잘라내고 채 썰어 간장을 약간 넣어 볶다가 다진 파·마늘, 참기름으로 양념한다. 불린 목이는 뿌리 쪽의 지저분한 것은 없애고 잘 씻어 채 썬 다음 양념하여 볶는다. 느타리는 끓는 소금물에 데쳐 곱게 찢어 물기를 꼭 짜서 양념하여 볶는다. 당면은 삶아 찬물에 헹궈 물기를 빼고 양념하여 볶는다. 달걀은 황백 지단을 부쳐 채 썬다. 배는 얇게 썰어 채 썬다.

잡채

월과채

탕평채

양념한 고기를 살짝 볶아 국물이 조금 있을 때 잠시 식혀 모든 재료를 넣고 무친 다음 채 썬 배, 달걀지단, 잣가루로 마무리한다. 채소류는 제철식품으로 선별해 이용하면 좋다.

월과채는 애호박을 반달모양으로 준비하고 다진 쇠고기와 버섯들과 찹쌀 부꾸미를 함께 무치는 여름철 잡채로, 여름에 부족하기 쉬운 탄수화물을 보충하고 맛을 더하는 지혜로운 음식이다. 애호박은 반으로 갈라 쪼개어 속을 빼고 반달모양으로 곱게 채 썰어 소금에 살짝 절여 물기를 짠 후 다진 파·마늘을 약간 넣어 볶는다. 쇠고기는 곱게 다져 양념하여 볶은 다음 다시 곱게 다진다. 표고와 느타리는 손질하여 채 썰어 간장, 다진 파를 약간 넣고 볶은 다음 애호박과 쇠고기를 섞고, 찹쌀가루에 소금을 약간 넣고 말랑말랑하게 익반죽하여 부꾸미를 얇게 부쳐 식으면 채 썰어 섞어 소금으로 간을 맞춘다. 그릇에 담아 잣가루로 마무리한다.

탕평채는 채 썬 녹두묵과 채소들을 섞어 양념해 무치는 잡채로 역사적인 이야기가 담겨 있다. 조선조 영조 때의 문신 송인명1689~1784은 기지와 정략이 뛰어났는데, 어느 날 저자 앞을 지나다 청포에다 고기와 채소를 섞어 파는 것을 보고 깨달아 사색을 섞는 일로서 탕평 사업으로 삼고자 이 나물을 탕평채라 했다는 것이다. 그는 탕평론을 주장하고 노소양론을 조정하여 임금의 신임을 받았다고 한다. 그래서 녹두묵 무침을 탕평채라 한다. 《송남잡식》1800~1834에는 청포에다 우저육을 섞은 채를 탕평채라 하는데, 이른바 골동채이다.[19] 녹두묵은 껍질을 벗기고 가늘게 썬다. 쇠고기는 곱게 채 썰어 양념하고 볶는다. 숙주는 머리와 꼬리를 떼고 데쳐 물기를 뺀다. 미나리는 줄기만 썰어 소금을 넣고 살짝 볶는다. 김은 구워서 잘게 부순다. 달걀은 황백 지단을 부쳐 채 썬다. 상에 내기 직전에 재료들을 섞고 참기름과 간장, 식초, 실고추로 무친 다음 묵을 넣어 잘 섞는다. 김과 잣가루, 달걀지단으로 고명을 얹는다.

쌈

채소 쌈은 우리 겨레의 정겨운 서민음식을 상징하는 식단으로 환영받고 있다. 밥을 쌈 싸서 먹는 법은 들밥에서 유래된 독특한 식생활 풍습이다. 채소 재배가 위생적으로 이루어지면서 채소를 날로 먹는 일이 더 많아지고 1990년대 초기부터는 쌈밥 전문점도 등장한다.[35] 이규태 선생에 의하면, 우리 한국인의 의식주 생활에 일관된 특유한 구조적 공공인자共共因子로서 이 싼다는 쌈 인자를 가려볼 수 있다고 했다. 싼다는 것은 외부로부터 내부를 가리는 행위로서 곧 외향적인 외개문화外開文化에 대한 내향적인 내문화가 우리 생활 문화의 기조가 되어 있다는 것이다. 사립문이며 안방문까지 열어젖혀 놓고 논밭일을 나가는, 그런 훔쳐갈 것이라고는 하나도 없는 어려운 집까지도 울타리나 담을 쳐놓고 사는 이유는 외부로부터 내부를 가리기 위한 쌈문화의 소산이요, 옷깃을 여미고 감치게 된 것도 몸을 싸는 쌈문화의 소산이다. 그리하여 장옷이라 하여 온몸을 싸는 옷까지 생기게 되었다고 한다. 이렇듯 우리 쌈문화에는 깊은 의미가 담겨 있다.

농경시대부터 여름 밥상에서 상추 두세 닢에 쑥갓 놓고 보리밥 한 숟가락에 쌈장을 얹어 두 손으로 큰 쌈을 만들어 입을 딱 벌리면서 눈을 부릅뜨고 입에 억지로 넣는 광경을 흔히 볼 수 있었다. 이런 광경이 딱했던지 이덕무의 《사소절》1775[37]에는 상추쌈을 점잖게 먹는 방법을 설명하고 있다. "상추·취·김 따위로 쌈을 쌀 적에는 손바닥에 직접 놓고 싸지 말라. 점잖지 못한 행동은 좋지 않기 때문이다. 쌈을 싸는 순서는 먼저 숟가락으로 밥을 떠서 그릇 위에 가로놓고 젓가락으로 쌈 두세 닢을 집어다가 떠놓은 밥 위에 반듯이 덮은 다음 숟가락을 들어 입에 넣고 곧 장을 찍어 먹는다. 그리고 입에 넣을 수 없을 정도로 크게 싸서 볼이 불거져 보기 싫게 하지 말라." 고 했다. 또 부녀자에게는 "상추쌈을 입에 넣을 수 없을 정도로 크게 싸서 먹으면 부인의 태도가 몹시 아름답지 못하니 매우 경계해야 한다."고 했다. 《농가월령가》[27]에는 다음과 같은 구절이 있다.

아기어멈 방아 찧어　　들바가지 점심 하소.
보리밥 파찬국에　　고추장 상추쌈을
식구를 헤아리되　　넉넉히 능을 두소.

《동국세시기》1849에 "정월 대보름날 나물 잎에 밥을 싸서 먹으니 이것을 '복쌈'이라 한다."고 기록되어 있다. 복을 싸서 먹는다는 뜻으로 정초에 한 해의 복된 삶을 기원하는 의미다.

고려시대에 몽고군의 침입으로 그들의 속국이 되어 사위의 나라란 미명 아래 수많은 고려의 여인을 억지로 원나라에 보내게 되었다. 이들 여인 가운데는 기황후처럼 크게 성공한 사람도 있었으나, 대부분 궁녀나 시녀가 되어 이역만리에서 눈물로 세월을 보내야만 했다. 그들은 궁중의 뜰에 고려의 상추를 심어 밥을 싸먹으면서 망국의 한을 달랬다. 이를 눈여겨보다 우연히 먹어본 몽고사람들에게까지 상추쌈의 인기가 높아졌다. 이런 정경을 원나라의 시인 양윤부는 이렇게 읊었다 한다.

해당화는 꽃이 붉어 좋고 살구는 누래 보기 좋구나.
더 좋은 것은 고려의 상추로서 마고의 향기보다 그윽하구려.

이렇듯 상추쌈은 기구한 운명의 공녀들을 통하여 원나라 궁중에까지 널리 퍼졌던 것이다. 중국 고서인 《천록식여》에 의하면, 고려 사신이 가져온 상추 씨앗은 상추의 질이 매우 좋다고 기록되어 있다. 이렇게 많은 이야깃거리가 있는 쌈문화는 21세기 오늘에까지 이어지고 세계인들의 관심을 갖게 되었다. 오스트리아 수도 빈에서 한국 식당 김코흐트를 운영하고 있는 김소희 씨는 유럽 사람들을 우리의 쌈문화로 사로잡았다고 하며, 독일의 어느 지역방송 TV 프로그램에 출연해서 채소 쌈을 손으로 싸서 상대방의 입에 넣어 주는 쇼를 해 폭발적인 환영을 받았다고도 했다. 그는 한국음식문화의 정情까지 소개하고 싶었다고 피력했다.[38] 빈의 김코흐트는 3개월 전에 예약해야 하는 유명한 한국 식당이라고도 했다. 우리 음식문화가 이렇게 세계화되고 있다니 흐뭇하다. 그는 우리 음식은 건강식품이며 미래음식이라는 확고한 신념으로 우리 음식문화가 진화하고 있음을 보여주고 있다.

쌈에서 빼놓을 수 없는 맛은 쌈에 얹어 먹는 쌈장과 어우러져 나오는 맛이다.[39] 쌈장은 일반적으로 된장과 고추장, 간장이 많이 쓰인다. 고추장의 특이한 맛은 맵다기보다 칼칼하고 깊은 맛이다. 그밖에 강된장, 양념된장, 약고추장, 양념고추장, 막장양념쌈장, 명란젓쌈장, 두부쌈장, 멸치젓국, 고추장쌈장, 오징어젓쌈장, 조개젓쌈장 등 각종 젓갈이 쌈 재료에 어울리게 이용되며 이들 중 시판되는 것들도 있다.

채소쌈의 예로 상추, 쑥갓, 실파 등을 손질해 씻어 소쿠리에 담는다. 여

▮ 채소쌈

▮ 구절판(밀쌈)

기에 볶음고추장, 섭산적, 광어감정, 도미보푸라기를 곁들여 낸다. 고추장을 두꺼운 냄비에 넣고 약한 불로 은근히 볶다가 양념한 쇠고기를 넣고 다시 볶는다. 볶다가 참기름으로 마무리하여 쌈고추장을 만든다. 다진 쇠고기를 양념하고, 두부를 으깨어 꼭 짜서 소금, 후춧가루, 참기름으로 양념해 섞어 네모지게 만든다. 모가 나지 않게 둥글려 구워서 접시에 담아 비늘잣을 얹어 섭산적을 만든다. 광어살을 포를 떠서 소금, 후춧가루를 약간 뿌리고 녹말과 달걀을 입혀 지진 다음 고추장 양념을 넣고 감정을 만든다. 신선한 도미를 골라 깨끗이 손질해 껍질을 벗겨 찜통에 찐다. 조금 식은 후 살을 발라 기름을 두르지 않고 소금, 후춧가루, 생강즙을 넣어 타지 않게 볶아 보푸라기를 만든다. 준비한 모든 반찬을 각각 그릇에 담아 쌈과 함께 낸다.

호박잎쌈은 연하고 깨끗한 호박잎을 준비해 줄기와 껍질을 벗긴 다음 물에 깨끗이 씻어서 물기를 없애고 찜솥에 찐다. 뚝배기에 채 썰어 양념한 쇠고기, 참기름, 꿀, 고추장을 섞은 된장을 넣고 표고 채와 어슷 썰은 풋고추, 양지국물을 부어 중탕한 뒤 살짝 끓여 강된장을 만들어 호박잎과 곁들인다.

한국인의 쌈 중 아름다운 구절판이 있다. 팔각의 구절판 가운데에 얇게 부친 밀전병을 쌓고 여덟 가지 음식, 즉 여러 가지 버섯류와 오이, 당근, 전복, 해삼, 쇠고기 등을 계절에 맞춰 선별해 가늘게 채로 썰어 양념해 볶아 담는다. 밀전병에 싸서 초장을 찍어 먹으면 별미다.

세시의 제철채소

옛말에 '제철음식을 먹어야 사람도 철이 든다.'라는 말이 있다. 이는 자연의 순리를 따라 살아야 한다는 교훈이라 생각된다. 지금은 과학의 발달로 농사법이나 저장기술이 많이 발전하여 제철채소에 대한 개념이 많이 흐려졌다. 그러나 예부터 계절에 맞는 음식을 즐겨먹는 일은 자연의 일부인 인간에게 매우 자연스러운 일이었으며 맛도 좋고 영양도 우수하고 경제적으로도 유익했다. 농경사회에서는 계절의 변화를 알고 농사를 짓는 일이 매우 중요하기 때문에 24절기를 도입하여 농사일에 유용하게 이용해 왔다. 그래서 여러 가지 제철음식을 쓴 글이나 노래가 전해오고 있으며, 농가에서 해야 할 일을 월별로 노래한 〈농가월령가〉에도 우리 선인들의 세시풍속이 잘 녹아 있다. 인류가 제철채소를 먹는 것은 단순한 먹을거리로서의 중요성을 넘어 자연의 질서를 유지하고 자연 친화적 생활을 함으로써 생태적으로 지속가능한 사회가 유지된다고 믿는다. 인위적으로 행하는 속성재배나 유전자 변형 채소, 다수확을 위한 여러 가지 편법들이 모두 경제적 이익만을 얻기 위하여 발달하고 있다는 것이 우리가 살아가는데 과연 진정한 도움이 되는 것일까 하는 의문을 가질 수밖에 없다.[40] 사람은 자연의 일부이며 순리를 따라 살아가야 한다고 믿기 때문에 제철음식의 중요성을 아무리 강조해도 부족함이 없다는 것을 더 강조하고 싶다.

봄은 24절기의 첫째인 입춘으로 시작하지만 음력으로는 섣달 그믐이나 정월 초순경에 들어 추위는 아직 강하다. 그러나 만물이 소생하고 생명이 약동하는 봄이 되었음을 알리는 날이 입춘이다. 《동국세시기》[41] 춘편에 "경기도의 산골지방 육읍에서 총아움파, 산개멧갓, 승검초를 진상한다. 멧갓은 이른 봄 눈이 녹을 때 산속에서 자라는 개자다. 더운물에 데쳐 초장에 무쳐서 먹으면 맛이 매우 맵다. 그래서 고기를 먹은 뒷맛으로 좋다. 승검초는 움에서 기르는 당귀의 새싹이다. 깨끗하기가 은비녀 다리 같아 꿀을 그 다리에 끼워 먹으면 매우 좋다."라고 쓰여 있다. 입춘 절식에 움파와 산에서 자생하는 산갓, 움에서 기르는 당귀의 새싹 등 눈밭에서 갓 돋아나는 푸성귀로 오신반을 만들어 먹었다. 2월이 되어도 산나물은 이르다. 〈농가월령가〉 이월령에 "산채는 일렀으니 들나물 캐어 먹세. 고들빼기 씀바귀며 소루쟁이 물쑥이라 달래김치 냉이국은 비위를 깨치나니"라고 하여 이른 봄의 나물들을 읊고 있다. 3월이 되어 청명이 되어야 봄나물이 만발한다. 삽주, 두릅, 고사리, 고비, 도라지, 곰취 등 셀 수 없이 많은 나물들이 봄맛을 즐기게 해준다. 강원도의 개두릅도 이때가 제철이다. 음력 3월 3일을 삼짇날이다. 이때쯤이면 진달래꽃이 만발할 때이므로 산과 들로 나가 진달래화전을 부쳐 먹는다. 진달래화전은 찹쌀가루를 반죽하여 둥글게 빚어서 진달래꽃을 예쁘게 얹어 지진 음식이다. 삼짇날의 진달래화전은 우리의 대표적인 풍류음식으로, 많은 시인 묵객들이 이날의 화전놀이를 글로써 남기고 있다. 그중 김삿갓으로 불리는 김병연은 다음과 같이 삼짇날 화전놀이의 풍경을 전해주고 있다.

작은 시냇가에서 솥뚜껑을 돌에다 받혀
흰 가루와 푸른 기름으로 두견화를 지져
쌍젓가락으로 집어 먹으니 향기가 입에 가득하고
일년 봄빛을 뱃속에 전하누나.

또다른 풍류음식인 진달래화채는 오미자국에 진달래꽃을 띄운 음식이다. 국문학자 이훈종은 수필에서 "진달래 꽃잎에 녹말가루 씌워 끓는 물에 담방 담갔다가 꺼내면 가루가 익어서 말간 꺼풀을 쓰고 그대로 있다. 그것을 분홍빛 오미자 물에 띄우면 꽃빛이 비치어 그릇 안이 온통 발갛게 보인다. 호로록 마시면 녹말꺼풀은 혀끝에 매끄럽고 씹으면 쌉싸름한 게 본래의 진달래 맛을 낸다."라고 진달래화채의 풍미를 적었다.[42] 이렇게 봄내음이 가득한 시적인 음식이다. 그리고 삼짇날은 탕평채라 하여 청포묵에 숙주와 미나리를 섞어 갖은 양념장에 무쳐 먹기도 한다.

여름은 입하부터 시작되며 입하는 양력으로 5월 6, 7일에 든다. 음력 4월 초여드렛날은 석가모니의 탄생일로 불가에서 큰 명절이다. 이때쯤이면 느티나무의 새싹이 돋을 때이므로 이것을 따다가 느티잎나물을 무치고 느티떡을 만든다. 또 미나리나물을 즐겨 먹는다. 〈농가월령가〉 오월령에 "아이어멈 방아 찧어 들바라지 점심하소. 보리밥 파찬국에 고추장 상치쌈을 식구를 헤아리고 넉넉히 능을 두소."라고 읊어 농번기의 풍경과 상추쌈의 철임을 잘 표현하고 있다. 음력 5월 초닷새 날은 단오로 수릿날이라고도 한다. 여인들은 창포물에 머리를 감고, 단오장端午粧이라 하여 창포의 뿌리를 깎아 비녀를 만들어 연지를 발라 꽂는 풍속이 있다. 이날은 수리취떡이라 하여 쑥을 뜯어다가 수레바퀴모양의 떡을 만들어 먹는다. 또 뜯은 쑥을 말려 약용藥用으로 쓰기도 한다. 여름에는 가지, 고추, 오이, 호박, 상추, 쑥갓, 부추, 깻잎, 감자, 도라지, 더덕 등 나물거리가 풍족하다. 그래서 제철채소를 말려두는데 감자, 애호박, 도라지, 더덕, 그리고 깻잎부각, 풋고추부각, 감자부각도 마련한다.[42] 음력 6월에는 대서가 들어 한더위로 방석도 옮기지 말라 했다. 보름날을 유두라 하는데, 이날은 불길한 것을 씻어버린다는 의미에서 동쪽으로 흐르는 물에 머리를 감고 계곡물에 발을 담그며 하루를 청유淸遊하는 풍속이 있었다. 또한 찬 계곡물에 수박이나 참외를 채워 놓았다가 먹기도 했다. 〈농가월령가〉 유월령에 호박나물, 가지김치, 풋고추, 옥수수가 제철임을 읊고 있다.

가을은 양력 8월 8, 9일에 드는 입추부터인데 아직은 더운 여름이다. 음력 칠월 보름날 백중일에는 절에서 참외, 수박 등 여름 과일과 고비, 고사리, 더덕, 도라지, 삽주, 수리취, 순채, 씀바귀, 참나물, 참취 등 산채를 준비하여 재를 올린다. 음력 8월 보름은 오곡백과가 무르익는 때이므로 풍성한 마음으로 맞이하는 우리 민족의 2대 명절 중 하나이다. 이날은 오려 송편이라 하여 햅쌀가루에 모싯잎, 쑥, 송기를 섞어 모싯잎송편, 쑥송편, 송기송편을 만든다. 또한 여러 가지 나물과 잡채를 만들기도 한다. 아직 늙지 않은 어리고 단맛 나는 박의 속살에 참기름, 집간장, 다진 파·마늘, 깨소금을 넣어 박나물을 무친다.

가을이 깊어가고 밤낮의 길이가 같아진 추분이 되면 백곡이 풍성한 가을걷이하는 때다. 〈농가월령가〉 구월령에 "타작 점심 하오리라. 황계 백숙 부족할까 새우젓 계란찌개 상찬으로 차려 놓고 배추국 무나물에 고춧잎 장아찌라."라고 한 것으로 보아 배춧국과 무나물이 맛있는 계절임을 말한다. 이때 가을 채소 갈무리를 함께하는데 가지고지, 토란줄기, 고구마줄기, 애호박고지, 각종 버섯말림, 고춧잎말림, 그리고 깻잎부각, 들깨송이부각, 풋고추부각 등 각종 채소부각도 준비한다. 김장철인 시월령에는 "무 배추 캐어들여 김장을 하오리라. 앞내에 정히 씻어 염담을 맞게 하고 고추 마늘 생강 파에 젓국지 장아찌라. 독 곁에 중드리요 바탕이 항아리라 양지에 가가 짓고 짚에 싸 깊이 묻고 박이무 알암밤도 얼잖게 간수하소."라 하여 김장과 가을걷이 저장법을 읊고 있다.

겨울은 입동으로 시작하는데 입동은 양력 11월 7, 8일에 든다. 아직 겨울이라 하기에 이른데 예부터 입동이 지나면 김장을 시작한다. 그리고 가을걷이를 하면서 무청말림, 무말랭이, 호박고지 등 채소 갈무리를 많이 해 겨울 찬물거리를 준비한다. 동짓날은 아세亞歲라 하여 작은설이라고 한다. 이날에는 새알심을 넣은 붉은팥죽을 쑤어 사귀邪鬼를 쫓는 풍속이 있다. 또 메밀국수 냉면을 동치미 국물이나 시원한 배추김치 국물에 말아먹기도 한다.[42] 음력으로 선달 그믐날에는 한 해를 보내는 아쉬운 마음에 여러 가지 나물표고, 고비, 고사리, 도라지, 애호박고지, 박고지, 시금치, 당근 등과 남은 음식으로 비빔밥을 만들어 먹는다.

절음식

절음식이란 불교를 수행하는 스님들이 깨달음을 얻어 부처가 되기 위하여 그들이 모여 사는 곳에서 만들어 먹는 음식이다. 절에서는 수행정진하는 데 방해되는 모든 사항을 계율로 정하고 있는데, 음식물에 대한 계율도 있어 절에서 먹을 수 있는 음식과 먹어서는 안 되는 음식이 분명하다. 우유를 제외한 일체의 동물성 식품과 술과 오신채五辛菜라고 하는 다섯 가지 매운 맛을 내는 채소인 파, 마늘, 부추, 달래, 홍거興渠, 무릇는 먹지 않는다. 《입능가경》[43] 권8의 제16 차식육품遮食肉品은 수행자가 육식하는 잘못을 누누이 설하고 있는데, 그 중에 "술과 고기와 파, 마늘, 부추는 도를 닦는 성도분聖道分을 가로막는다."고 하여 '오신채와 술과 고기를 냄새나고 더럽고 부정한 것'으로 다루고 있다. 불교를 받아들인 나라에 따라 음식이 조금씩 다르다. 우리나라는 중국, 일본과 함께 북방 불교권에 속하여 소식素食문화가 자리 잡게 되었다. 삼국시대를 거쳐 고려시대에 이르러서는 식물성 음식이 주를 이루는 절음식이 정착되었으며, 그들 중 상추쌈, 약밥, 약과 등은 중국뿐 아니라 다른 나라에서 수입해 갈 정도로 명성을 누렸다. 원나라 시인 양윤부는 "고려의 맛 좋은 상추를 되읊거니와 산에 나는 새막나물이며 줄나물까지 사들여온다네."라는 시를 읊었다고 한다. 이렇게 깊이 뿌리내린 절음식은 조선조를 이어 계율을 지키면서 오늘에 이르렀다.

우리나라 각 지방의 절에서는 절기와 산물에 따라 음식이 다양하게 발달했는데, 그 예를 들어보면 다음과 같다. 경상도 양산 통도사의 두릅무침, 표고밥, 가죽김치, 가죽생채, 가죽전, 가죽부각, 녹두찰편, 합천 해인사의 상추불뚝김치, 가지지짐, 죽순장아찌, 해남 대흥사와 금강산 유점사의 동치미, 전북 금산사의 돌미나리김치, 생채, 돌미나리전, 전라도 여천 흥국사의 초피잎된장국, 초피잎장떡, 김부각, 민들레장아찌, 쑥밥, 원추리국, 강원도 설악산 신흥사의 참나물김치, 강원도 오대산 상원사의 참나물김치, 무침, 튀김, 쌈, 취나물김치, 진주 의곡사의 우엉김치, 구이, 충청도 개운사의 머위김치, 무침, 돌나물김치, 부산 범어사의 씀바귀김치, 배추익선, 수원 용주사의 국화전, 두부소박이, 여주 신륵사의 연꽃밥, 표고찰밥, 전병무침, 구례 화엄사의 상수리 쌈밥, 아카시아꽃부각, 참죽부각, 경기도 용문사의 은행전골 등 이름만 열거하기에도 지면이 부족하다고 적문 스님은 절음식을 자랑했다.[44]

그러나 오늘의 현실은 다르다. 계절 없이 전천후로 산출되는 채소, 전국이 일일권이 된 편리한 교통수단 등으로 제철식품과 향토음식의 벽이 무너지고, 제철식품도, 지방의 향토색도 흐려져 가고 있는 환경에서 절음식도 영향을 받고 있는 듯하여 아쉬움이 있다. 원하건대 제철의 식품과 그 지역의 특산물로 조출하게 차려지는 절음식이 지켜지기를 간절히 바란다. 우리나라에서 불교도가 받는 기본계인 오계 중의 가장 중요한 계율이 불살생계이다. 육식은 살생을 동반하는 것이므로 스님은 물론, 신도들도 육식을 안 한다. 그리고 절음식에서 특히 강조되는 것은 음식 만드는 사람의 마음가짐이며 음식을 만들 때에 조리하는 장소의 정결과 배수구와 환기 등 환경조건을 대단히 중시한다. 현대의 단체급식에서 중요시하고 있는 환경조건을 예

▌일상 밥상

▌특별 차림상

부터 절음식을 만들 때 지켜왔으니 절음식은 단체급식의 시작으로 볼 수도 있다. 조리하는 사람의 마음가짐을 도오겐 선사[45]는 전좌교훈典座敎訓에서 다음과 같이 말하고 있다. 첫째, 희심喜心, 즉 기쁜 마음이다. 부처님과 부처님의 가르침과 가르침을 수행하는 사람을 삼보라고 하는데, 삼보는 공양하는 음식을 손수 만들 수 있다는 사실에 기쁨을 느끼는 마음을 말한다. 둘째, 노심老心이다. 노심이란 부모의 마음이다. 자신의 빈부를 돌아보지 않고 오직 자식이 잘 자라기만을 바라는 자애로운 마음가짐이다. 셋째는 대심大心이다. 즉 큰마음을 가지는 것으로 큰 산과 바다 같은 마음가짐으로, 치우치지 말아야 한다는 이 세 가지 마음으로 음식을 만들어야 한다고 했다.[46]
절의 일상음식은 우리와 같이 주식과 부식으로 나뉜다. 주식으로는 밥, 죽, 국수, 떡국, 수제비 등을 먹고 부식으로는 국, 찌개, 나물과 생채, 쌈, 구이, 전, 회, 조림, 찜, 장아찌, 튀김, 김치 등으로 우리 일상 조리법과 같으나 음식 재료로 식물성 식품만 이용되고 있다. 조미료와 향신료는 짠맛을 내는 데는 간장, 된장, 고추장, 소금을, 단맛을 내는 데는 꿀, 설탕, 물엿, 조청을,

매운맛을 내는 데는 생강, 고추, 고춧가루, 초피잎, 초피가루를 쓰며, 드물게 후춧가루와 겨자를 이용한다. 신맛을 내는 데는 식초를, 고소한 맛은 참깨, 들깨, 참기름, 들기름, 콩기름 등을 사용하며, 그 외에 다시마, 표고, 참죽가지 말린 것, 무, 산초, 방아, 들깨즙, 늙은 호박 등으로 맛과 향을 돋우기도 한다. 절음식도 절이 속해 있는 지방의 기후, 산물, 환경에 따라 조리법이 다르다.

국과 찌개는 제철에 그 지역에서 나는 재료가 주로 사용되며 국은 서울에서는 간장으로 간을 하는 맑은 장국이 흔하고 된장과 고추장을 섞어 간을 하기도 한다. 호남이나 영남 지방에서는 된장으로 간을 하는 된장국을 자주 끓이며 드물게 맑은 국도 끓인다. 찌개의 경우 서울에서는 된장찌개와 고추장만으로 또는 고추장과 함께 간장이나 소금을 넣은 고추장찌개, 된장과 고추장을 섞어 간하는 토장찌개를 끓인다. 서울 이외의 지방에서도 비슷하지만 고추장찌개는 거의 끓이지 않는다.

사계절 내내 가장 많이 끓이는 국은 콩나물국, 미역국, 무국, 시래기국이고, 찌개는 된장찌개, 두부찌개, 김치찌개이다. 그밖에 근대, 배추, 호박잎, 아욱, 토란대, 시금치, 냉이, 감자, 토란, 늙은 호박, 양배추, 고사리, 표고, 머위 등 많은 채소류가 계절에 따라 이용된다.

나물과 생채는 절음식의 상징이고 대표되는 음식이다. 재료들은 텃밭에서 재배하는 것은 물론 산과 들에서 야생하는 채소, 해조류 등 매우 다양하다. 조리법은 데쳐서 무치는 것, 볶는 것, 말린 것을 불려서 볶으면서 무치는 것, 날로 무치는 생채 등이 있다. 양념은 주로 간장, 깨소금, 참기름, 들기름을 많이 쓴다. 산나물에는 된장, 고추장이 많이 쓰인다. 생채 양념에는 생강을 넣고 끓인 간장에 깨소금, 고춧가루, 참기름이 이용된다.

쌈은 절 밥상에서 매우 비중이 큰 음식이며, 재료는 상추, 쑥갓, 시금치,

갓잎, 호박잎, 양배추, 근대잎, 배추, 머윗잎, 토란잎, 우엉잎, 콩잎, 민들레잎, 곰취, 개두릅 등 그 종류가 매우 많다. 쌈장으로는 깨소금과 참기름을 넣은 간장이나 막장, 참기름과 깨소금을 넣은 된장이나 고추장, 된장과 고추장을 섞은 것에 참기름과 깨소금을 넣은 것, 익힌 쌈에는 강된장을 끓여 이용하기도 하고 묽게 끓인 된장에 날감자를 갈아 넣고 풋고추를 넉넉히 넣어 끓이다가 초피가루를 넣고 끓여서 쌈장을 만들어 먹기도 한다.

절에서 부치는 전은 달걀을 사용하지 않는다. 주재료에 밀가루를 묻힌 다음 밀가루 반죽이나 들깨가루 반죽, 녹두가루 반죽을 씌워서 지진다. 전감으로는 각종 채소류와 버섯류, 다시마가 이용된다.

구이에 많이 이용되는 재료는 더덕, 우엉, 양하, 가지, 송이, 표고, 느타리, 김 등이고 양념은 간장, 깨소금, 참기름, 고춧가루, 고추장이 주로 쓰인다.

조림은 주로 간장을 이용하는데 조청이나 엿을 넣는다. 조림 재료는 두부, 콩, 땅콩, 우엉, 연근, 무, 감자, 표고, 참죽나무순, 밤, 표고기둥 등이 많이 이용된다.

장아찌는 재료를 간장이나 된장, 고추장 등에 담가 맛이 들게 하는 음식으로 절에서 상비해 두고 먹는 중요한 저장음식이다. 많이 쓰이는 재료로는 참죽나무순, 더덕, 도라지, 깻잎, 오이, 무, 콩잎, 감, 초피잎, 산초열매, 풋고추, 죽순, 양하, 참외, 우무묵, 김, 두부 등이 있다.

여러 가지 부각

튀김은 절음식에서 큰 비중을 차지한다. 마른 재료를 그대로 튀기는 것과 튀김옷을 입혀서 튀기는 것이 있는데, 그대로 튀기는 마른 재료는 다시마, 미역, 감자, 고춧잎, 참죽 등이 있다. 튀김옷을 입히는 경우에는 밀가루 반죽을 씌워 즉석에서 튀기는 즉석 튀김과 찹쌀풀을 발라 말려 두었다가 튀기는 부각이 있다. 부각 재료로는 들깻잎, 들깨송이, 참죽나무순, 산동백잎, 감잎, 고춧잎, 국화잎, 김, 다시마 등 매우 다양한데, 절음식 중 명품이다.

절에서 먹는 회는 주로 식물성 재료를 살짝 데쳐 초고추장을 곁드리는 음식이 많다. 이용되는 재료는 미나리, 파, 두릅, 도라지, 표고, 팽이, 느타리, 능이, 생미역, 다시마 등이다.

절김치는 일반 가정에서 담그는 김치 종류는 거의 다 담그지만 양념에서 오신채에 속하는 파, 마늘, 부추를 넣지 않고 젓갈이나 생선류도 넣지 않아 맛이 담백하고 시원하다. 절에 따라서 늙은 호박즙을 넣는 곳도 있다.

참고문헌

1 조후종, 조후종의 우리음식 이야기, 한림출판사, 2001
2 조선일보, 한국인과 육식, 2013. 12. 12.
3 http://blog.naver.com/abraxasblog/
4 최세진, 훈몽자회(訓蒙字會), 한글로 음과 뜻을 해석한 책, 1527
5 황필수, 명물기략(名物記略), 생활 전반에 걸친 것을 기록해 놓은 책, 1870경
6 김영직 역, 허균, 한정록(閑情錄) 치농편 1610년경, 한국농촌경제연구원 1984
7 최몽룡, 이선복, 한국 선사시대의 식문화 고고학적 고찰, 한국음식문화연구원 총서, 제1편:1988
8 조후종, 채소의 전통조리법, 한국조리과학회지, 1998
9 가사협, 윤서석 외 옮김, 제민요술, 민음사, 1993
10 윤서석, 증보 한국식생활사 연구, 신광출판사, 1993
11 유중임, 이강자 외 옮김, 증보산림경제, 신광출판사, 2003
12 이성우 외, 한국원예식품사의 역사적 고찰, 한국식생활문화학회지, 1(2), 1986
13 이성우 외, 우리나라 채소의 역사적 고찰, 한국식생활학회지, 3(4), 1988
14 윤서석, 한국민속대관 의·식·주 2, 고려대학교 민족문화연구소, 1980
15 KBS, 6시 내고향, 2012. 3. 7.
16 다페이시가즈, 임종삼 옮김, 웰빙 채소스프 건강법, 으뜸사, 2008
17 중앙일보, 2012. 2. 27.
18 http://cafe.naver.com/ululul/
19 이성우, 한국요리문화사, 교문사, 1985
20 이익, 김철희 옮김, 성호사설(星湖僿說), 민족문화문고간행회, 1986
21 빙허각 이씨, 정양완 역주, 규합총서, 보진재, 1975
22 강인희, 한국의 맛, 대한교과서 주식회사, 1993
23 조경련 외, 식품과 음식재료, 파워북, 2013
24 나카무라 테이지, 우제열 옮김, 7색 채소건강법, 넥서스BOOKS, 2008
25 한국의맛연구회, 한국의 나물, 북폴리오, 2004
26 이춘자 외, 김치, 대원사, 1998
27 한국전통문화연구소(이상보 편집), 농가월령가 영인판, 명지대학교출판부, 1970
28 조후종, 한국음식 나물에 대한 고찰, 명지대 자연과학연구논총, 제8집, 1990
29 김철영, 증보 산나물 들나물, 전원문화사, 1998
30 김삼순 외, 한국산버섯, 유풍출판사, 1990
31 조재선, 식품재료학, 문운당, 1994
32 이규보, 김철희 역, 동국이상국집(東國李相國集), 민족문화문고간행회, 1985
33 조후종 외, 한국의 상차림, 효일문화사, 1999

34 조후종 외, 통과의례와 우리음식, 한림출판사, 2002
35 한복진, 우리 생활 100년(음식), 현암사, 2000
36 방신영, 조선요리제법, 한성도서주식회사, 1942
37 이덕무, 김동주역, 청장관전서(青莊館全書), 민족문화문고간행회, 1980
38 T채널, 김소희와 김코흐트, 2012. 10. 23.
39 이춘자 외, 장, 대원사, 2003
40 야스다 세츠코, 먹어서는 안 되는 유전자 조작식품, 교보문고, 1999
41 홍석모, 이석호 역, 동국세시기, 을유문화사, 1988
42 조후종, 세시풍속과 우리음식, 한림출판사, 2002
43 입능가경(入能伽經) 권8 제16의 차식육품(遮食肉品)
44 적문, 전통사찰음식, 우리출판사, 2012
45 도겐(道元) 선사, 전좌교훈(典座教訓), 左藤達全, 教育社, 1989
46 서혜경, 사찰의 식생활, 한국음식대관 제6권, 한국문화재보호재단, 1997

조리법이 다양한 고기음식

임희수

고기음식 이야기

한반도는 벼농사에 적합한 지역에 위치하고 있어 벼농사 위주의 농업국이지만, 고기음식도 고유한 맛으로 다양하게 발달했다. 한반도의 지리적 조건이 목축을 주산업으로 할 수 없는 자연환경이었으나 한반도 도처에 풍치 좋은 산세가 위치하여 수렵을 숭상하고 또 수렵에 능했으므로 이를 통하여 얻은 짐승이 주요한 고기 급원이었다. 중국 한나라 때에 잔칫상에 고구려의 '맥적貊炙'이 오르면 맥반貊盤이라 하여 최고의 상차림으로 칭송했듯이 한국의 고기음식 솜씨는 고래부터 출중했다. 예부터 농사의 한편으로 소, 돼지, 닭 등을 가축으로 양축했지만 작은 규모였고, 더욱이 소는 농사에 필요한 동력이었으므로 함부로 식용할 수 없었으며, 그 당시 수량이 적은 돼지는 새끼를 늘릴 수 있는 밑천이었으므로 도살해서 식용하는 일은 삼갔다. 이런 실정에서 한국인에게 고기음식이 목축 민족 생활인처럼 기본 식량 품목은 아니었지만 그래도 한국음식에는 고기가 맛을 내는 정미식품이다. 쇠고기 부위 중 양지머리와 사태를 푹 고아서 기름을 걷어낸 국물은 맑은 장국의 바탕이다. 우리말에 '꾸미'라는 단어가 있다. 이는 적은 양의 국이나 찌개를 끓일 때 맛을 내는 데 쓰이는 소량의 쇠고기를 이르는 말이다. 그뿐 아니라 선조의 제사, 마을 공동의 기풍제 등 의례에는 육포, 육적이 필수 품목이고 크고 작은 잔치에는 찜, 구이와 같은 고기음식이 반드시 따른다. 이러한 관행 아래에서 고기음식 조리법이 다양하게 발달했는데, 특히 오늘날까지 전래되고 있는 고기 양념은 다른 나라에 비할 수 없는 독특한 맛으로 이어져 온다. 한국인의 전통적인 상용 식사는 밥을 중심으로 하여 채소와 고기나 생선 음식을 고르게 배합하여 구성하는 상차림인데, 반찬 중에는 구이나 좌반과 같은 한두 가지의 고기 음식이 따른다. 이같이 고기음식은 한국인 식생활의 기본은 아니면서 상당히 상용성이 깊다.

한국의 고기음식은 쇠고기, 돼지고기, 닭고기, 거위고기, 오리고기, 개고기, 염소고기 등을 비롯하여 사냥하여 잡은 꿩고기, 토끼고기, 노루고기, 사슴고기, 메추라기고기, 참새고기 등 다양하게 쓰인다. 그 중 가장 많이 쓰인 것은 쇠고기와 돼지고기, 닭고기이지만 소는 농가의 소중한 동력원이었고 돼지와 닭도 지금과 같이 대량으로 사육하지는 못했으므로 전래 식생활은 현대처럼 고기 자원이 풍부할 수는 없었다. 그러나 고구려의 명물음식으로 칭송받던 '맥적'은 돼지고기구이인데 달래, 술, 장 등으로 양념하여 구운 것으로 오늘날 고기구이가 양념구이로 대표되는 그 원형이다.[1] 서양인의 스테이크가 살코기를 오븐 등에 구운 후 소스를 얹어 먹는 것에 비해, 우리의 고기구이는 간장, 설탕, 마늘, 파, 후춧가루, 참기름 등 갖은 양념으로 고기를 재워 간이 배고 부드럽게 한 후 구워 고기의 육즙과 양념 등이 서로 어우러져 독특한 맛과 풍미를 가진다. 또한 살코기뿐만 아니라 머리, 족, 꼬리, 내장류, 뼈, 선지 등 각 부위별로 적합한 조리법을 잘 선택하여 각각의 재료를 합리적으로 활용했다. 쇠머리, 양지머리, 사골, 내장 등을 넣고 하룻밤 동안 푹 고아 끓인 설렁탕은 영양이 많고 맛도 좋다. 각 부위별로 끓인 도가니탕, 갈비탕, 쇠머리탕 등은 보양식으로도 훌륭하다. 이러한 음식들은 다량으로 한꺼번에 많이 끓여야 제맛을 낼 수 있기 때문에 오늘날에 와서는 가정에서 직접 조리해 먹기보다는 음식점을 이용하게 되었다. 고기 중 질긴 부위인 양지머리, 사태 등은 푹 삶아 건져 편육으로 쓰고, 국물은 국이나 전골에 사용한다. 쇠머리나 족, 껍질에는 젤라틴이 풍부하여 이들을 푹 삶아 식히면 묵처럼 응고되는데, 굳히기 전에 달걀지단, 석이, 잣, 실고추 등 고명을 얹어 장식한 쇠머리편육, 족편 역시 모양이 아름답고 쫄깃한 질감이 색다르다. 내장인 간, 양, 염통, 천엽, 창자 등도 탕, 전, 볶음 등으로 다양하게 활용하며, 특히 돼지 창자에 고기, 찹쌀, 채소, 선지 등을 넣고 찐 순대 역시 한국인의 민속음식으로 명물이다. 고기를 얇게 저며 간장으로 양념하여 말린 육포, 소금으로 양념한 염포 등은 술안주나 밑반찬으로 적합하다. 이와 같이 고기를 건조시켜 만드는 포는 예로부터의 음식이며, 문헌에는 신라 신문왕이 왕비를 맞을 때의 폐백 품목 중 하나였다. 오늘날에도 혼례 절차에서 시부모님께 처음 드리는 폐백에는 대추와 함께 육포가 필수 품목이다.

우리의 주거가 아파트로 전환되기 이전에 마당이 있는 집에서 살던 시절에는 뜰 안에서 닭을 길러 알을 낳았고, 봄이면 병아리를 부화시켜 삼복이 되면 알맞게 자란 어린 닭으로 삼계탕을 끓였으며, 추석에는 연한 닭으로 닭찜을 만들어 시절음식으로 즐겼다. 예부터 사위가 처가에 오면 손쉽게 접할 수 있는 것이 닭이었으므로 장모가 씨암탉을 잡아 정성껏 대접했다. 지금도 닭고기 음식은 사위 사랑의 대명사이다.

오늘날은 소, 돼지, 닭을 비롯하여 여러 가지 가금류를 대량 사육하므로 고기 공급량이 많아졌고 소비량도 크게 증가했다. 통계에 의하면, 2012년 우리나라 국민 1인당 연간 육류쇠고기, 돼지고기, 닭고기 소비는 43.7kg으로 1970년의 육류 소비 약 5.2kg에 비하면 8배 이상 증가한 것으로 조사되었다. 2000년대에 들어서면 쇠고기를 비롯한 육류 소비량이 큰 폭으로 증가했는데, 식약청은 "가정에서 식탁에 오르는 고기의 양도 늘어났지만 최근 외식산업이 발달하면서 집 밖에서 사 먹는 육류 소비량이 급증했기 때문"이라고 분석했다.[2]

한편, 육류 소비의 급격한 증가는 양질의 단백질 섭취라는 긍정적인 측면이 있지만, 패스트푸드 등 다양한 인스턴트식품의 범람, 운동 부족 및 잘못된 식습관 등이 상호작용하여 현대인에게 비만과 성인병의 요인이 염려되는 등 부정적인 측면도 간과할 수 없다. 때문에 요즈음에는 오히려 고기 섭취를 제한할 것을 권하는 실정이므로 전래 밥상 차림의 원칙에 맞추어 밥과 채소음식, 고기음식 등 균형을 이룬 식생활을 하는 것이 바람직하다.

고기음식의 어제와 오늘

인류가 식량을 얻기 위해 처음에는 자연 채집과 어로, 수렵으로 시작하여 농경과 목축과 같은 계획 생산 수단으로 접어들었는데, 우리 조상도 다를 바 없다. 한반도의 원시생활 유적에서 발견된 연모에는 사냥과 관련된 것이 많은데, 시대가 지날수록 뼈로 만든 연모가 더욱 많아지고 사냥하여 잡은 동물을 손질하는데 쓰인 밀개, 뼈로 만든 긁개, 찌르개 등이 많이 출토되고 있다. 사냥법은 창을 던지거나 활을 쏘아 잡는 법, 몰이 사냥이었는데, 이렇게 잡은 동물의 고기는 주요한 식량이었으며 뼈는 연모를 만드는 재료였다.[1]

우리나라에서 가축을 기르기 시작한 시기는 정확하지 않지만, 원시 농경 시기의 유적 여러 곳에서 소, 돼지, 개 등의 뼈가 나온 것으로 미루어 일찍부터 가축을 길렀다고 볼 수 있다. 특히 《삼국지 위지동이전》에는 고대 부족국가의 하나인 부여의 관직 명칭이 마가馬加, 우가牛加, 저가猪加, 구가狗加 등이었던 것으로 보아 당시에 말, 소, 돼지, 개 등 양축을 중요시했음을 알 수 있다. [3]

특히 고구려 사람들은 사냥을 잘하고 숭상했는데 고구려 사람들이 만든 통고기구이가 고기구이로 명물이었으며 그 이름이 맥적으로 주변나라인 중국까지 알려졌다. '맥'은 고구려를 말하고, '적'은 구이를 이르는데 《석명》에 "맥적은 통구이다. 각자 칼을 들고 쪼개어 먹는다."고 했다. 후일 신라시대 안압지 유적에서 손잡이에 아름다운 조각 장식을 한 식탁용 칼이 발견되었는데, 맥적과 같이 큰 덩이째로 고기를 양념하여 구운 것을 이 식탁용 칼로 썰어 먹었을 것이다.[1]

삼국시대에는 벼농사가 주곡으로 정착했으며, 사냥 역시 식량 획득의 중요한 수단이었다. 농사와 더불어 말, 소, 개, 돼지 등의 가축을 길렀는데, 소는 농경에 필요했고 말은 운송 수단으로 쓰여 이들을 식육으로 하기는 어려웠다. 다만 나라에서 천제를 지낼 때 고구려는 돼지를, 신라는 소나 양을 희생으로 올렸으며, 일반의 식육은 야생인 꿩이 많이 쓰였다.

고려 초기에는 숭불사상으로 살생이 금지되고 고기 음식도 절제되었다. 송나라 사신 서긍이 고려를 다녀가서 쓴 《고려도경》 권23 '잡속, 도재'에 다음과 같은 구절이 있다.

> "고려는 인仁으로 정치를 행하고 불교를 숭상하여 도살을 삼간다. 국왕이나 재상이 아니면 양고기나 돼지고기를 먹지 않는다. 도살을 피하고, 다만 외국 사신이 왔을 때를 대비하여 미리 양과 돼지를 기른다."

고려 원종 2년에 왕이 각 지방의 안찰사에게 고기음식을 내오지 않도록 지시했으며, 이외 성종 7년, 문종 20년, 예종 2년, 충숙왕 2년에는 소의 도살 금지령을 내리기도 했다. 그러나 육식을 절대 금지했던 것은 아니다. 나라에서는 가축 사육을 담당하는 부서를 두고 필요한 고기를 공급받았고, 왕실의 승마용 말과 군사에 필요한 말의 사육을 담당하는 사복시司僕寺, 왕실의 축산식품 및 우유를 조달하는 예빈시禮賓寺, 왕실 제사에 쓸 가축 희생을 담당하는 장생서掌牲署 등 축산을 담당하는 부서가 있었다. 또한, 육식이 절제되었지만 영양상 고기음식이 필요했을 때는 적극 권하기도 했다. 《고려사》 열전 권5 '최의 조'에 고려 태조 때 충신이었던 최의가 병중임에도 고기를 삼가고 있었는데 왕은 빠른 회복을 위하여 고기를 권했다고 한다. 이와 같이 육식 절제 상황에서도 고기음식 섭취에는 융통성이 있었음을 알 수 있다.

고려 중기 이후에 불교가 쇠퇴되고 몽골족이 1271년에 건국한 원나라와의 접촉이 활발해지면서 그간 절제되었던 육식 선호 성향이 되살아나서 고기 소비가 늘어났다. 고려 초기에는 숭불사조로 도살법이 미숙했으나, 중기 이후 고기 다루기에 익숙한 글안 사람이나 여진 사람이 전란을 피하거나 항복하여 압록강을 건너와 이들이 도살업을 전담하면서 고기 맛이 한결 좋아졌다. 또한, 고려가 육식 민족인 원의 지배를 받으면서 정치, 경제 등 여러 면에서 많은 영향을 받게 되었는데, 1276년 원은 목장으로 적합한 제주도에서 직접 소의 사육을 관장하고, 해마다 원으로 고기 맛이 좋은 제주산 고기와 우리나라의 고기음식 전문인을 함께 보냈다. 이 시기에 몽골계의 끓이는 고기음식이 도입되고 한편 우리의 구이 솜씨가 그곳으로 전수되었다. 이같이 고려의 육식 성향이 확대되면서 종래의 고기구이가 복원되어 설야멱적, 갈비구이, 소의 내장인 양구이 등 전래 고기구이가 명물이 되어 오늘날까지 이어져 온다.[1]

조선시대는 숭유억불정책으로 불교 대신 유교가 숭상되었다. 가부장권 대가족 아래에서 통과의례행사를 중하게 시행했고 따라서 각종 의례에 올리는 육탕, 육적, 포육과 같은 고기음식 솜씨가 더욱 발달하게 된다.

조선시대에 식용으로 쓰인 수조육류는 소, 돼지, 멧돼지, 꿩, 토끼, 염소, 개, 거위, 오리, 매, 노루, 사슴, 표범 등이다. 이 중에서 소, 돼지, 닭, 염소,

개, 거위, 오리는 사육한 것이지만 그 외의 동물은 사냥으로 얻은 것이다. 소를 농사용 동력원으로 중요시하는 관행은 예부터 조선시대까지 지속되어 소의 도살은 물론 자연사한 쇠고기조차 먹으면 중벌에 처했다. 태조 5년1390에는 닭, 돼지를 길러 노인을 봉양하고 환자나 제사에 공급하라고 했으나, 소는 사용하지 않았다.

《증보산림경제》1766[4] 권5에는 삼국시대 원광 스님의 가르침으로 다음과 같이 훈계했다. "소는 밭갈이에, 말은 짐 싣기에, 닭은 새벽 알림을 맡고, 개는 도둑을 막는 것이므로 식용으로는 양, 돼지, 오리, 거위 등으로 충당하는 것이 목양을 하는 깊은 도리이다." 한편 19세기 저서인 《동국세시기》1849[5] 제석除夕에는 다음과 같이 쓰여 있다. "제석의 1~2일 전부터 도우屠牛 금지를 풀어 제법사에서는 도우 금지의 패를 회수하여 설이 되면 해제를 끝낸다." 이와 같은 금지령의 일시 해제는 조상 제례와 설날과 같은 명절에 쓰일 쇠고기 공급을 위한 것이었는데, 그것도 일부 특권층에 한한 것이었다. 그러나 소의 도축금지가 완화되면서 고기음식이 점차 발달하였다.

《증보산림경제》에는 쇠고기구이가 많고 설야멱, 잡산적, 장산법 등 조리법도 다양하다. 부위도 살코기, 갈비뿐만 아니라 간, 위, 천엽, 족, 꼬리 등 도 이용했다. 《규합총서》[6]에는 쇠고기, 돼지고기 외에 꿩고기, 메추라기, 개고기, 사슴고기, 노루고기, 양고기를 사용했으며, 특히 꿩은 구워서도 먹었지만 탕, 장조림, 김치, 짠지, 만두소 등 많은 음식에 쓰였다. 개고기도 다양하게 쓰였다. 《동국세시기》 6월 삼복조에는 복중 더위에 개고기를 보양음식으로 먹었으며, 《농가월령가》 팔월령에 "며느리 말미받아 본집에 근친 갈제 개 잡아 삶아 얹고 떡고리며 술병이라." 했다. 《음식디미방》[7]에도 개장, 개장국 느르미, 찜, 수육 만드는 법이 상세하게 기록되어 있고, 《원행을묘정리의궤》1795[8]에도 구증狗蒸이라 하여 개고기찜이 있다. 이와 같은 기록으로 보았을 때, 개고기는 왕부터 서민에 이르기까지 누구나 즐겨 먹었던 고기음식인 듯하다.

조선시대의 몰락과 더불어 개화기를 맞이하여 궁중의 숙수들이 궁중음식을 토대로 음식업을 시작했다. 궁내부 주임관奏任官 및 전선사장典膳司長으로 있으면서 궁중요리를 담당한 안순환이 1904년 종로구 세종로에 '명월관'을 개점했다. 그 후 인사동에 '태화관', 남대문로에 '식도원' 등 요정 형태의 요릿집을 창업하여 한국 고급음식으로 요리상을 차리고 더불어 기생들과 유흥을 즐길 수 있는 요릿집이 번창했다. 한편으로는 요정과 달리 설렁탕, 장국밥, 떡국, 냉면과 같은 한그릇 음식을 전문으로 하는 명물 음식점이 점차 늘어났다. 일제강점기에는 곡물이 일본에 유출되고 식량은 배급제였으며, 보릿고개인 춘궁기를 넘기기 위해 콩깨묵, 밀기울 등을 먹고 지냈다.[9]

이러한 환경에서 일반 국민이 접할 수 있는 육류 소비량은 매우 제한적이었다. 해방 후에도 식생활은 여전히 어려웠으며, 6·25전쟁으로 경작지가 초토화되고 농토가 황폐해져 극심한 식량 부족 상태였다. 1960년대 후반부터는 한국의 공업화로 경제가 발전하여 식생활도 점차 나아졌지만 여전히 식량 자급률은 떨어졌고 부족한 식량은 수입으로 보충하기도 했다. 1970년대에 이르러 경제개발이 본격화되면서 가공식품과 인스턴트식품이 대량 개발되어 곡류 섭취는 줄고 육류 소비는 조금씩 늘어나기 시작했다.

육류 소비의 증가는 외식문화에도 변화가 생겼다. 종래의 시판 음식에서 큰 비중을 차지했던 탕, 수육에서 구이로 관심이 많아졌다. 구이의 경우 석쇠에서 굽는 고기구이법과는 달리 '육수 불고기'라는 새로운 조리법이 등장했다. 이러한 육수 불고기는 불고기구이판의 개발과 육절기의 보급으로 더욱 확산되었다.

경제성장으로 인한 산업개발과 함께 육류의 유통구조에도 많은 변화가 생겼다. 1978년에는 쇠고기 포장육이 시판되기 시작했고, 1981년부터는 정육점에서만 사던 쇠고기를 슈퍼마켓, 축협, 일반 식품점에서도 구입할 수 있게 되었다. 1980년대 말에 수입쇠고기가 대량 들어오면서 수입쇠고기의 포장육이 인기를 얻고 정착하자 한우도 포장육이 확대되고 쇠고기의 부위별 등급제 판매가 실시되었으며, 1983년에는 돼지고기도 포장육으로 시판되기 시작했다.[10]

돼지고기는 주로 살코기 부위로 수육이나 구이를 즐겨 해먹었는데, 1970년 후반부터는 고기에 비계가 붙어 있는 삼겹살구이 전문집이 유행했다. 삼겹살은 무엇보다 쇠고기에 비해 값이 저렴할 뿐만 아니라 술안주 음식으로 먹기에도 좋아 많은 사람들의 외식문화로 정착되었다. 쇠고기는 IMF와 2003년 말 광우병 파동으로 인하여 소비량이 일시적으로 감소했지만 돼지고기의 소비는 꾸준히 증가하여 현재는 쇠고기의 소비량을 앞질렀다. 최근에는 건강에 대한 관심이 높아져 기름진 삼겹살보다는 지방 함량이 적은 안심이나 등심, 돼지 뒷다리 부위의 소비도 늘어나는 추세이다.

고기 소비의 현황

쇠고기, 돼지고기 등 동물성 식품은 대표적인 단백질 급원이다. 단백질은 인체를 구성하는 주요 성분으로, 생명 유지에 필수적인 물질이며 열량을 공급하는 영양소이다. 단백질은 양뿐만 아니라 구성 아미노산 조성도 매우 중요하다. 쇠고기, 돼지고기, 닭고기에는 단백질 함량이 약 18~20%로 풍부하게 들어 있을 뿐만 아니라, 체내에서 생성되지 않아 반드시 식품으로 섭취해야 하는 필수아미노산이 다량 함유되어 있는 양질의 단백질 급원이다. 고기 섭취는 청소년뿐만 아니라 노인이나 환자의 건강 회복을 위해서 매우 중요하다. 특히 40세부터는 650개가 넘는 우리 몸의 근육이 해마다 1%씩 줄어들므로 근육량을 늘려주는 단백질 식품인 고기류를 매끼 충분히 섭취하는 것이 중요하다. 우리나라는 고기가 귀해 고기 섭취량이 아주 적었다.

쇠고기, 돼지고기, 닭고기의 연간 소비 변화를 살펴보면 1965년 1인당 연간 쇠고기 소비량이 1kg, 1970년에도 1.2kg으로 섭취량은 매우 낮았다. 그러나 1990년에 들어서면서 4.1kg, 2000년에는 8.5kg으로 폭발적으로 증가했고, 최근 2011년 10.2kg, 2012년 9.7kg으로 1965년에 비하여 무려 약 10배가 증가했다.[11]

이처럼 고기 소비가 늘어난 것은 경제 성장으로 가구 소득이 대폭 늘어났고, 쇠고기의 수입 개방으로 인하여 쇠고기의 공급량이 증가하여 값싸게 수입쇠고기를 먹을 수 있었던 것이 요인이다. 그러나 광우병 파동과 IMF의 영향으로 1998년도의 쇠고기 수입은 1995년의 절반 수준으로 현저히 낮아

쇠고기, 돼지고기, 닭고기 수급 현황

연도	쇠고기			돼지고기			닭고기		
	생산 (1,000t)	수입 (1,000t)	1인당 소비량(kg)	생산 (1,000t)	수입 (1,000t)	1인당 소비량(kg)	생산 (1,000t)	수입 (1,000t)	1인당 소비량(kg)
1965	27	–	1	56	–	1.9		–	
1970	37	1.0	1.2	83	–	2.6	45	–	1.4
1975	70	–	2.0	99	–	2.8	56	–	1.6
1980	93	6.9	2.6	239	13	6.3	92	–	2.4
1985	118	4.7	2.9	346	9	8.4	126	–	3.1
1990	95	85.8	4.1	508	89	11.8	172	–	4.0
1995	155	146.5	6.7	639	199	14.8	264	–	5.9
1998	273	107.8	7.4	749	185	15.1	248	–	5.6
1999	240	192.0	8.4	700	380	16.1	236	–	6.0
2000	214	261.8	8.5	714	394	16.5	261	–	6.9
2001	163	310.2	8.1	733	368	16.9	267	–	7.3
2002	147	310.2	8.5	785	488	17.0	291	–	8.0
2003	142	348.6	8.1	783	499	17.3	287	–	7.9
2004	145	232.7	5.8	749	374	17.9	287	–	6.6
2005	152	192.4	6.6	701	433	17.8	301	–	7.5
2006	158	207.4	6.8	677	464	18.1	349	–	8.6
2007	171	237.8	7.6	706	499	19.2	380	–	8.6
2008	174	173.8	7.5	709	509	19.1	377	–	9.0
2009	198	197.7	8.1	722	479	19.1	409	–	9.6
2010	186	186.2	8.8	764	524	19.3	436	–	10.7
2011	216	216.4	10.2	574	370	18.8	456	131	11.4
2012	234	254	9.7	750	275	19.2	464	130	11.6

자료 : 축산정책관 축산경영과, 2013

지고 수입쇠고기 소비도 다소 주춤하기도 했지만, 전체 쇠고기 섭취는 오히려 조금 늘었다.

식품의약품안정청이 2009~2012년에 발표한 우리나라의 고기 소비 통계에 의하면, 한 사람이 먹는 육류쇠고기, 돼지고기, 닭고기는 43.7kg으로 4년 사이에 22.3%가 늘었으며, 그 중에서 돼지고기를 가장 많이 먹었고 다음으로 닭고기, 쇠고기 순이라고 한다. 미국인은 1980년까지 쇠고기를 가장 많이 먹었지만 지금은 닭, 소, 돼지고기 순으로 바뀌었다.[12]

우리나라도 비만과 성인병의 급증으로 쇠고기 섭취를 자제하는 분위기이며, 1인 소비량이 2011년 10.2kg에서 2012년에는 9.7kg으로 다소 줄어들었다. 그러나 돼지고기 소비는 쇠고기의 2배 이상이다. 돼지고기는 1965년 1인당 소비량이 1.9kg이었으나, 1980년에는 6.3kg, 1990년에는 11.8kg, 2000년에는 16.5kg으로 꾸준히 증가했다. 하지만 2007년부터 현재까지는 1인당 돼지고기 소비량이 약 19kg으로 큰 변화는 없다. 돼지고기는 쇠고기에 비해 국내 생산량이 월등히 높고 수입량은 쇠고기보다 적은 편이었다. 그러나 돼지고기의 소비량이 더욱 많아지면서 점차 수입량도 증가되어 2011년에는 국내 생산량의 절반 이상을 수입하게 되었고 그 양은 오히려 수입쇠고기의 양보다도 많아졌다.

든든한 고기음식

한국의 고기 조리법 역시 불을 쓰기 이전에는 고기를 날것으로 먹었을 것이다. 그러나 불을 사용하게 되면서 조리기구 없이도 가능한 구이를 가장 먼저 했을 것이고, 이후 고대 유적지의 시루 출토로 미루어 보아 시루를 사용하여 고기나 생선을 찌는 찜이 가능했을 것이다. 차츰 그릇의 재질이 끓이기에 적합한 그릇으로 발전하면서 탕 등의 국물음식과 다양한 조리법이 개발되었으리라 생각된다.

구이

고기구이는 가장 원초적인 조리법으로 그 역사는 인류가 불을 사용하게 되면서 시작한 조리법이다. 근래에 도처에서 손쉽게 혹은 별미로 만드는 고기 꼬치구이는 아마도 인류가 고기를 굽기 시작했을 때 고기를 긴 꼬치에 꽂아 불꽃에서 멀리 서서 구웠을 것이며, 그러한 모습은 지금도 모두가 쉽게 생각할 수 있다. 이같이 구이는 그릇과 같은 조리기구 없이도 사냥한 동물이나 물고기 등을 즉석에서 꼬치에 꿰어 굽거나 뜨겁게 달군 돌 위에 구워 먹을 수 있으므로 인류가 불을 사용한 이래 가장 먼저 사용한 조리법이다. 꼬치구이는 조리기구가 발달하면서 석쇠구이, 팬구이, 오븐구이 등으로 다양해졌고 근래에는 고기구이 용구가 더욱 발달하고 있다.

우리나라 고대 유적지의 잿더미에서 타다 남은 짐승의 뼈 등이 발견되는데, 모닥불을 피워 난방을 하여 몸을 녹이면서 수렵한 고기를 모닥불에 익혀 먹었을 것이며, 이는 오늘날 바비큐로 이어진다고 볼 수 있다.

별미인 양념구이

한국의 전통적인 고기구이는 고기에 간장, 파, 마늘, 기름 등 갖은 양념을 하여 구운 것이 특징이다. 맥적을 비롯하여 오늘날 전 세계적으로 널리 알려져 있는 불고기코리안 바비큐 등 우리나라 고기구이의 대부분은 양념구이다. 이와 같이 고기에 양념을 하여 맛있게 굽는 조리법은 어디에서도 찾아볼 수 없는 우리나라만의 독특한 조리법이며 양념법에 따라 여러 가지 맛의 고기구이가 된다.

간장양념구이 우리나라의 전통적인 고기구이의 원형이라 할 수 있다. 맥적은 돼지고기에 장, 술, 소산류달래, 기름 등으로 양념하여 구운 것이다. 고려 말의 설야멱적雪夜覓炙, 갈비구이, 조선시대의 너비아니, 육적 등과 같이 대부분 우리나라의 전통적인 고기구이의 기본 양념은 간장이다. 간장은 짠맛을 내는 양념이지만 소금의 단순한 짠맛과는 달리 특유의 오묘한 발효맛과 감칠맛이 있어 음식의 맛을 돋운다.

고추장양념구이 돼지고기구이에 많이 쓰인다. 《시의전서》의 돼지고기구이는 너비아니와 마찬가지로 간장, 파, 마늘, 후추 등으로 갖은 양념한다고 했다.[13] 그러나 조자호의 《조선요리법》은 돼지고기구이 양념에 간장과 함께 고추장을 사용했으며, 돼지고기에 고추장으로 조미하면 감칠맛이 커진다고 했다.[14] 대체로 1950년대 이전까지는 돼지고기에 간장 양념을 주로 했으나 지금은 간장보다는 고추장 양념이 일반적인 듯하다. 최근에는 매운맛을 즐기는 젊은 층이 늘어나 닭고기, 내장구이에도 고추장 양념이 많이 이용되고 있다.

소금구이 고기에 소금만으로 간을 하여 구워 먹는 것이다. 고기 생산량이 많아지고 고기의 질이 좋아지면서 고기 특유의 맛을 즐기려는 사람이 늘어나 근래 들어 소금구이를 많이 선호한다. 소금만으로 간을 하여 먹을 경우 고기 고유의 맛을 보다 깊게 느낄 수 있을 뿐만 아니라 조리하는 것이 간편하다는 이점도 있다.

고기에 소금으로만 간을 하여 구운 것으로 방자구이가 있다. 방자구이의 유래는 옛날에 양반의 심부름을 하는 남자 하인인 방자가 마당에서 상전을 기다리는 동안 고기에다 소금만 뿌려 구워 먹었다고 하여 붙여진 이름이다. 하인이 고기를 급히 구워 먹으려다 보니 양념할 여유도 없이 소금만 뿌려 얼른 구워 먹은 것이다. 실은 양념구이보다 소금구이는 많이 먹을 수 있다.

돼지고기 부위 중 가장 즐겨 먹는 삼겹살구이는 고추장 양념도 하지만 소금으로 간하여 구워 먹는 것이 더 보편적이다. 황사가 심한 날은 삼겹살을 먹어야 목구멍에 낀 먼지를 씻어낼 수 있다고 하는 등 삼겹살에 대한 사랑은 각별하다.

우리나라 사람들의 돼지고기 부위별 선호도를 조사한 결과 70% 이상이 삼겹살이다. 하지만 돼지고기 한 마리에서 얻을 수 있는 삼겹살의 양은 10kg 남짓이어서 당연히 가격도 다른 부위보다 비싸다. 외국에서 가장 많이 수입되는 부위도 삼겹살이다.[15]

삼겹살 전문점은 1970년 후반부터 생기기 시작했으며, 삼겹살구이가 술안주로 인기 있었다. 특히 IMF로 1997년 이후 불경기가 이어지고 광우병 파동으로 인하여 쇠고기 대신 값이 저렴한 돼지고기 소비가 더욱 늘어났다. 2000년 이후에는 삼겹살 소비가 더욱 많아져 와인에 재운 와인 삼겹살, 녹차가루를 뿌려 재운 녹차 삼겹살이 유행했다. 그러나 2005년에 들어서면서 경기 침체와 웰빙 등의 영향으로 삼겹살의 소비가 줄어들고, 상대적으로 가격이 싸고 지방이 적은 등심과 뒷다리 부위의 소비가 높아졌다.

고기 다루는 솜씨의 다양성

우리나라 고기구이가 좋은 양념 솜씨로 명물이 되었듯이 구이로 할 고기를 다루는 솜씨도 쓰임새에 따라 다양하다. 고구려의 명물 고기구이인 '맥적'이 '돼지 통구이'이고 신라시대의 연회장 안압지에서 자루에 아름다운 조각이 있는 칼이 여러 개 발견된 것으로 미루어 잔치에 큰 덩이로 요리한 고기를 이 칼로 저며 먹었을 것으로 추정된다. 이같이 고대의 고기구이는 큰 덩어리로 요리한 것이 많았지만, 후대로 내려오면서 구이용 고기를 만들 때 저미고 다져 반을 짓는 등 여러 가지로 솜씨 있게 했다. 대체로 제례, 폐백 등 의례용 고기구이는 육적, 산적과 같이 두툼하고 큼직하게 저미고, 잔칫상의 파산적, 잡산적 등은 꼬치에 꿰고, 밥상 차림에는 얇게 너비아니로 저며 굽는데, 근래에는 고기를 종잇장처럼 얇게 썰어 양념하여 구운 불고기가 많이 쓰인다. 또한 고기를 곱게 다져 반대기를 지어 구운 섭산적 등 고기를 다루는 솜씨가 다양하다.

육적 두툼하게 저며 구운 육적은 문헌상으로는 고려의 '설야멱적'이 처음 알려진 것이다. 육적은 고대에 이어서 제례용, 조선시대에는 폐백용으로 많이 쓰인다. 《해동죽지》의 설야멱적은 다음과 같다. "설야적은 개성부에 예

▌파산적

▌너비아니

▌섭산적

부터 내려오는 명물로서 만드는 법은 쇠갈비나 염통을 기름과 훈채葷菜로 조미하여 굽다가 반쯤 익으면 냉수에 잠깐 담갔다가 센 불에 다시 구워 익히면 눈 오는 겨울밤의 술안주에 좋고 연하게 속까지 잘 구워진다."

《해동죽지》의 설야멱은 갈비나 염통을 사용했으나, 조선시대 문헌인 《증보산림경제》[4], 《임원십육지》[16], 《규합총서》[6]에는 설야멱, 설야멱적, 설하멱으로 여러 이름이지만 모두 살코기만 사용했다. 만드는 법이 구체적으로 기록되어 있는데 다음과 같다. "고기를 두껍고 큼직하게 저며서두께 1.5cm, 길이 15cm, 너비 7~8cm 양념하여 꼬치에 꿰어 굽는데 반쯤 익었을 때 냉수에 넣었다가 다시 익히기를 3번 반복하여 구우면 겉이 타지 않고 속까지 부드럽게 익는다. 또는 표면을 밀가루 반죽으로 싸서 굽고 잘 익었을 때 밀가루 껍질을 제거한다. 고기를 구울 때 쓰는 목재로 뽕나무를 쓰지 말라고 했는데, 이는 뽕나무로 소, 양, 돼지를 삶거나 구워 먹으면 뱃속에 벌레가 생기기 때문이다."

산적 고기를 꼬치에 꿰어 구운 고기구이의 총칭이다. 살코기를 5~6cm 길이로 썰어 갖은 양념에 재웠다가 파와 함께 꼬치에 꿰어 구우면 파산적, 두릅과 함께 꿰어 구우면 두릅산적, 흰떡과 함께 꿰어 구우면 떡산적이다. 잡산적은 소의 내장, 양이나 천엽을 양념하여 함께 꿰어 구운 것이다. 제상에 올리는 육적은 산적으로 하는데 도톰하고 넓적하게 저며 갖은 양념에 재웠다가 꼬치에 꿰어 굽는다. 대체로 석 장을 세로로 놓이게 긴 꼬치에 꿰어 굽는다.

너비아니 고기를 얇게 저며 구운 것이다. 조선시대에 음식이 섬세해지고 석쇠가 일반화되면서 고기를 얇게 너붓너붓 썰었다 하여 부쳐진 이름이다. 쇠고기를 얇게 저며 간장 등 갖은 양념으로 재워두었다가 석쇠에 구운 것으로, 너비아니는 조선시대 문헌에 많이 등장한다. 1800년대 말 조리서인 《시의전서》를 비롯하여 1900년대 문헌에 빠짐없이 수록되어 있다. 이처럼 살코기를 양념하여 구운 너비아니는 현재 불고기라는 음식으로 더 많이 알려져 있다.

불고기 1950년 《큰사전》에 처음 등장한다. '숯불 옆에서 직접 구워가면서 먹는 짐승의 고기'로, 너비아니의 재료를 쇠고기로 국한하는 것에 비해 '짐승의 고기'로 좀 더 넓게 표현되어 있다. 1958년 이후에는 너비아니와 불고기가 공존하다가 불고기가 더 우세해져 1968년의 사전에는 너비아니라는 말이 사라지면서 불고기를 '쇠고기 따위 육류를 구운 음식'이라고 했다. 1977년에는 다시 너비아니라는 말이 수록되었으며, 현재까지 불고기와 함께 사용되고 있다.[17] 너비아니를 계승한 불고기는 숯불 위에서 석쇠를 사용하여 구워 '석쇠 불고기'라 했으나, 굽는 번거로움을 덜어주고 좀 더 간편하게 프라이팬이나 전기철판 등을 이용하여 굽기도 했다.

육수 불고기는 고기구이와 함께 육수를 먹는 것으로, 6·25전쟁이 끝난 후 많이 이용하게 되었다. 마치 벙거지를 엎어 놓은 것과 유사한 모양의 고기구이판 가운데는 구멍이 뚫어져 있고 가장자리에는 육수를 부어 먹을 수 있다. 육수 불고기는 가운데 볼록한 곳에 고기와 버섯 등의 채소를 얹어 굽고, 가장자리에는 육수를 부어 냉면이나 국수사리 등을 넣어서 먹기도 하고, 고기 국물에 밥을 비벼 먹는 등 지금도 인기가 있다.

1950년대 중후반부터 1960~70년대까지 불고기의 대중화에 기여한 곳은 대중음식점이다. 구이는 집에서 할 경우 연기가 많이 나므로 가정보다 외식 업체를 많이 이용한다.

'한일관'은 1939년 종로에서 문을 연 불고기 전문점이다. 처음에는 석쇠 불고기 위주였으나 6·25전쟁 이후 육수 불고기가 생기기 시작하여 1960년대에는 두 종류가 공존했다. 서울 사람의 입맛은 부드러운 고기를 좋아해서 예전에는 앞다리 쪽도 썼지만 지금은 부드럽고 맛있는 부위인 등심만 사용한다. 과거에 비해 불고기의 단맛도 훨씬 덜한 편이며, 설탕보다는 과일을 넣어 단맛을 낸다고 한다.[18] 불고기 전문점인 '진고개'1965년 창업는 전형적인 서울식 너비아니로, 숯불을 피워 황동 불판에 양념한 불고기를 국물 없이 구웠으나 70년대에는 주물로 만든 불판을 사용하고 육수 불고기 형태로 바꾸었다.

전라도 광양과 경상도 언양 역시 불고기로 유명한 지역이다. 광양 불고기의 조리법은 쇠고기 등심 부위를 손질한 후 간장, 설탕, 참기름, 깨소금, 파, 마늘 등으로 양념하는데, 미리 재워 두지 않고 바로 양념해서 즉석에서 굽는 것이 특징이다. 전남 광양시에서는 2011년 광양읍 서천변 일대 음식점이 많이 밀집된 곳에 '광양불고기 특화 거리'를 조성해 대대적으로 홍보하고 있다.

언양 불고기는 언양읍의 향토음식으로 이 지역 특산물인 쇠고기를 얇게 썰어 만든 불고기이다. 언양에는 일제강점기부터 도축장과 푸줏간이 있었는데, 1960년대 이후 고속도로 건설을 위해 모여들었던 근로자들이 고기 맛을 보고 입소문이 나기 시작하여 고속도로 개통과 함께 고깃집이 늘어나기 시작했다. 언양 불고기는 생고기에 왕소금으로 간을 하여 구운 것과 간장 양념을 한 불고기가 있다.

1988년 올림픽 이후 1990년대 초반부터는 양질의 고기가 대량으로 공급되기 시작하면서 고기 고유의 맛을 즐기려는 사람들이 생등심, 생갈비 등 양념하지 않은 고기를 더 선호하게 되면서 불고기의 인기가 차츰 떨어지기 시작했다.

그러나 다른 한편에서는 불고기를 응용한 다양한 음식이 시도되었다. 1992년 롯데리아에서 '불고기 버거'라는 햄버거를 개발하여 판매하면서 1998년까지 1억 5천만 개나 팔았다. 미국에서는 '고기 바비큐kogi BBQ' 트럭을 운영하는 로이 최라는 셰프가 불고기 타코 등을 뉴욕 시민에게 판매하여 2010년 〈푸드 앤 와인〉에서 선정한 '올해 최고의 새 요리사'로 뽑히기도 했다. 2008년부터는 미국 NASA에서 우주비행사가 사용하는 우주식품으로 불고기를 포함하여 비빔밥, 잡채, 김치 등 17종의 한국음식이 승인받았다.● 또한 불고기 전문 외식업체인 '불고기 브라더스'가 창업되어 활발하게 체인점을 늘리면서 국내는 물론 해외에까지 진출했다. 최근 불고기를 활용한 것으로 불고기 덮밥, 불고기 샐러드, 불고기 피자, 불고기 햄 등 다양하다.

섭산적 고기를 곱게 다져 양념하여 구운 것이다. 쇠고기를 다져 양념하여 반대기를 지어 물에 적신 한지에 고기를 싸서 구우면 고기의 육즙도 보유되고 타지 않게 잘 구워진다. 구운 섭산적을 약간 식힌 후 썰어 잣가루를 위에 뿌린다. 고기를 곱게 다져 구웠기 때문에 부드러워서 소화기능이 약한 노인이나 환자, 어린이에게도 먹기 좋은 음식이다. 섭산적을 간장에 조린 장

● 한국음식 중에서 2008년 국내 첫 우주인 이소연 씨가 국제우주정거장에서 먹은 김치와 라면, 수정과, 생식바 4종과 2010년 개발한 비빔밥과 불고기, 미역국, 오디 음료 4종, 그리고 2011년 12월 승인받은 바지락죽과 단호박죽, 카레밥, 닭죽, 닭갈비, 사골우거지국 등 모두 17가지 음식이 우주식품으로 인정받았다.

산적은 밑반찬으로도 좋다.

갈비구이 우리나라 사람들이 좋아하는 음식이다. 갈비는 갈빗살을 저며서 잔 칼질을 하고 갖은 양념을 하여 구운 것이다. 《증보산림경제》, 《옹희잡지》 등에서는 갈비구이의 명칭을 우협적이라 했는데, 18세기에 이르러 다산 정약용의 《아언각비》에는 우협牛脇을 갈비曷非라 하고, 고기를 떼서 국을 끓이면 맛이 좋다고 했다. 갈비구이는 《시의전서》, 《조선요리제법》[19], 《이조궁중요리통고》[20], 《한국의 맛》[21]에는 가리구이, 《조선무쌍신식요리제법》[22], 《한국음식》[23], 《한국음식대관》[24]에는 갈비구이라고 했다.

갈비구이 방법은 《증보산림경제》, 《옹희잡지》의 경우, 쇠갈비를 구우면서 냉수에 재빨리 담그고 굽기를 3~5번 반복하라고 했다. 《증보산림경제》에는 갈비 양념이 나와 있지 않으나, 《옹희잡지》에는 소금, 기름, 파, 마늘, 생강, 후추가 나와 있다. 《시의전서》의 갈비구이 양념은 새우젓으로 간을 한 것이 특이하다.

떡갈비는 모양이 떡과 같다고 하여 이름이 붙여졌는데, 곱게 다진 갈빗살에 간장 양념간장, 다진 파, 마늘, 참기름, 설탕, 소금, 후추하여 잘 치대어 둥글게 모양을 만들어 갈빗대에 붙인다. 하루 정도 재운 다음 뜨겁게 달군 석쇠에 얹어 노릇하게 구워지면 남은 양념장을 발라 다시 약한 불에서 구운 것이다.[25]

떡갈비는 경기도 광주와 양주, 전라도 담양과 화순의 향토음식이다. 경기도 떡갈비는 시루떡처럼 넓고 납작하다. 전라도 담양의 떡갈비는 유배 양반들에 의해 전해졌다고 하는데, 다른 고기는 섞지 않고 갈빗대에서 떼어낸 고기만 다져서 만들며 구운 떡갈비 맛은 참숯 향이 배어야 제 맛이라 한다.[25]

갈비구이 역시 가정에서 구울 때 연기가 많이 나는 등 번거롭기 때문에 요즈음은 주로 외식업체를 이용하는 경우가 많다. 초기에는 양념갈비가 대부분이었지만, 점차 고기의 맛을 그대로 느낄 수 있는 양념하지 않고 구운 갈비를 즐겨 먹는 등 입맛의 변화가 생겼다. 특히 쇠고기 생산이 급증한 1990년대 이후에는 양념하지 않은 갈비를 더욱 선호한다고 볼 수 있다.

갈비구이로 유명한 곳은 수원이다. 수원 갈비의 원조는 '화춘옥'으로 처음에는 해장국에 갈비를 넣어 주었는데, 인기를 끌게 되자 1956년에 갈비에 양념을 하여 팔기 시작했다고 한다. 화춘옥은 없어지고 이목리 노송지대와 동수원 쪽에 갈비집이 즐비하다. 수원 갈비의 특징은 갈비의 길이가 10~13cm로 다른 곳에 비하여 길고, 갈비 양념을 소금으로 하기 때문에 고기의 색깔을 그대로 유지하면서 맛이 담백하다.

이동 갈비는 1960년대에 포천군 이동면에 갈비집이 많이 생겨 갈비구이 촌락을 이루었다. 군부대가 많았던 포천 지역에 휴가 나온 아들에게 맛있는 갈비를 먹이기 위해 몰려든 사람들을 대상으로 양이 많고 값이 싼 이동 갈비집이 많이 생겼는데, 2~3cm 크기로 갈비를 짧게 토막을 내어 풍성하게 보이게 했고 간장 양념을 사용한다.

해운대 갈비는 1960년대 초부터 알려지기 시작했는데 둥그런 불고기판에 간장 양념에 재운 갈비를 굽고 고기 국물에 밥을 비벼 먹는 것이 특징이다.

LA갈비는 수입쇠고기가 급증하면서 크게 유행했다. LA갈비는 통째로 가로 방향Lateral Axis으로 뼈째 절단한 갈비라는 주장과 미국 라스베이거스Las Vegas에 모여 살던 한국 교포들이 즐겨 먹던 갈비가 역수입된 것이라는 주장이 있다. 한우 갈비보다 값이 저렴하며 두께가 얇아 가정에서도 손쉽게 구워 먹을 수 있다.

돼지갈비는 쇠갈비와 조리법이 비슷하지만 고기가 연하여 조리시간이 짧다. 가격도 쇠갈비에 비해 저렴하여 많은 사람들이 부담 없이 먹을 수 있다.

돼지갈비로 유명한 곳은 서울의 마포이다. 1950년 이전까지만 해도 마포

포구에는 배가 드나들었고 한강을 따라 실려 내려온 목재나 곡물 등은 마포를 통해 서울 도심으로 들어갔다. 이처럼 마포가 물류의 중심이 되면서 마포 주변에는 제재소와 곡물 창고 등이 많았는데, 특히 제재소의 탁한 톱밥 속에서 일하던 인부들은 저녁이 되면 컬컬해진 목을 씻어내기 위하여 막걸리에 기름진 돼지고기를 안주 삼아 먹었다. 마포나루를 통해 들어오는 새우젓은 돼지고기와 잘 어울렸다. 이 때문에 막걸리 안주로 새우젓을 곁들인 돼지고기를 파는 주막 형태의 대폿집들이 많이 생기게 되었고, 대폿집의 돼지고기는 돼지갈비로 이어졌다. 1960년대 철도가 생겨 포구가 막힌 이후부터는 주로 직장인들과 주변 상인들이 많이 이용했다고 한다.[26]

마포의 돼지갈비가 유명해지면서 '마포돼지갈비'라고 하는 외식업체가 많이 생겼다. 돼지갈비뿐만 아니라 돼지 목심도 두툼하게 저며 이들을 합하여 간장으로 양념하여 재워둔 다음 숯불에서 굽는다.

닭갈비는 근래에 개발된 음식으로 춘천이 유명하다. 1960년대 초에 춘천의 한 돼지고기 음식집을 운영하던 사람이 어느 날 돼지고기가 떨어지자 근처에서 급히 사온 닭으로 돼지갈비처럼 손질하여 요리를 만들었다고 한다. 닭고기를 넓게 펴 덩어리째 불에 구워 잘라 먹으니 색다른 맛이 있었다. 그 후 닭고기를 매콤한 양념으로 재운 다음 구워 팔았더니 술안주로 크게 인기를 끌었다고 한다.

내장구이 염통, 허파, 간, 양 등을 구운 것이다. 《원행을묘정리의궤》에는 갈비구이, 족구이, 설야구이 이외에 위구이, 신장구이, 심장구이, 직장구이 등이 수록되어 있다. 18세기 말 궁중에서는 쇠고기구이뿐만 아니라 내장을 포함한 각 부위도 많이 쓰였다.[27]

《증보산림경제》, 《시의전서》 등 조선시대 조리서와 2000년 이전의 조리서에 수록된 구이를 분석한 결과, 염통, 간, 양 등의 내장구이 중 염통구이가

가장 많았다.[28]

염통구이는 염통을 밀가루, 소금으로 잘 씻은 후 얇게 저며 간장, 참기름 등으로 재워 둔 다음 잠깐7부 정도 굽는다. 바싹 구우면 오히려 질기다. 조선 세종 때 직제학을 지낸 문신 김문金汶은 음식을 꽤 좋아했고 술과 고기를 즐겼는데, 서거정의《필원잡기》에는 김문이 염통구이인 우심적牛心炙을 천하 제일의 음식으로 꼽았다고 한다.[29] 소 염통인 우심은 조선시대 사대부가의 선물로 주고받을 만큼 귀했는데, 이는 중국의 왕휘지가 먹었던 음식으로 알려져 더욱 즐겨 먹었을 것이다.

이 밖에 간, 콩팥, 양, 곱창 등도 즐겨 구워 먹는데 간장을 비롯하여 참기름, 설탕, 파, 마늘 등으로 양념하여 굽는다. 양구이, 곱창구이는 고춧가루나 고추장을 가미하여 굽기도 하는데 별미이다.

일본에도 내장류를 구운 '호르몬 야키'라는 음식이 있다. 호르몬hormone의 뜻은 소, 돼지의 대장을 의미한다. 호르몬 요리라는 이름은 1920년 후반부터 사용되었는데 일, 중, 서양요리에서 자양 강장, 정력 증진에 효과가 있는 요리를 칭하기도 한다. 호르몬 구이가 유행한 이후에는 소, 돼지의 내장 요리가 호르몬 요리의 주역이 되고 근년에는 내장 중에서도 대장이나 소장을 나타내는 말이다. 이러한 호르몬 음식은 1945년 이후에는 재일 교포가 소, 돼지의 내장을 잘 이용하여 맛있는 음식을 만들게 되면서 더욱 인기를 끌었다. 1950년 말경부터는 정육부터 내장까지 고기구이를 취급하는 가게가 많이 생겼고, 1960년부터 70년대에는 호르몬 요리가 붐을 일으켰을 정도였다고 한다.[30, 31]

닭구이 쇠고기와 마찬가지로 구운 후 쌀뜨물에 담갔다 굽기를 3번 반복하여 고기를 부드럽게 한다.《증보산림경제》의 닭 굽는법炙鷄方은 살찐 닭을 기름과 소금에 절여 오랫동안 눌러 두었다 닦아서 숯불 위에 구운 다음 쌀뜨물에 담갔다 꺼내어 굽기를 3번 반복한 후 유장을 발라 다시 구운 후 참깨, 후추 등을 뿌려서 먹는다고 했다. 《시의전서》에는 제사에 쓰이는 닭적은 배를 갈라 통째로 쓴다고 했고, 《조선무쌍신식요리제법》에는 닭을 장, 기름 등의 양념을 발라가며 구워 제사나 큰 잔칫상에 올린다고 했다.

한편, 꿩적인 '전치수全雉首'는 1795년 정조 화성행차기록인 《원행을묘정리의궤》, 순조 27년1827 모후 김씨를 위한 《자경전진작정례의궤》의 대전 중전 진찬상進饌床, 대전 중전에 올린 진어소반과상進御小盤果床 등 궁중 연회상에 차려진 꿩구이 음식이다.[1]

전치수는 꿩의 배를 갈라서 내장을 꺼내고 넓적하게 편 후 물에 적신 한지에 싸서 반쯤 익으면 종이를 벗겨 내고 기름장을 발라 굽는다. 잔치나 제사상에는 통째로 하여 높이 고이고 위에 달걀지단을 고명으로 얹는다. 평상시에 먹는 꿩적은 다리와 가슴살을 발라서 넓적하게 펴서 두들겨 양념장을 발라서 굽는다.[32]

지금도 강릉 선교장의 잔칫상에는 전치수를 올리는데 꿩 대신 닭다리 살을 먹기 좋게 손질하여 간장 양념을 한 후 지져 익힌다고 한다.[33]

찜, 순대

찜

우리나라에 시루가 등장했던 시기부터 만들어졌을 것이다. 시루는 청동기시대의 유적인 나진 초도패총이나 황주 침촌유적 등에서 출토된 것으로 미루어 우리나라는 청동기시대부터 시루를 사용했고, 이러한 시루의 사용은 삼국시대까지 계승 발전된 것으로 생각된다. 특히 4세기 고구려 고분인 안악 3호분과 약수리 고분 벽화의 주방에 시루가 걸려 있는 것으로 보아 우리 조상들은 일찍부터 시루를 사용하여 곡물 조리뿐만 아니라 고기도 시루에 쪄서 익혔을 것이다. 그러면서 차츰 그릇에 물을 붓고 고기 등을 끓임으로써 재료를 무르게 익히는 각종 찜 음식이 다양해졌을 것으로 짐작된다.

《음식디미방》의 개장찜은 개의 허파와 간을 삶은 후 참깨, 진간장에 섞어 시루나 항아리에 넣고 천천히 찐 것이며, 견장犬腸은 개고기 창자 속에 삶은 개고기를 양념하여 찐 순대이다. 《증보산림경제》에는 쇠갈비찜牛脇蒸方, 쇠꼬리찜牛尾蒸方, 소곱창찜牛腸蒸方, 돼지새끼찜兒猪蒸方, 연계찜, 《규합총서》에는 쇠곱창찜, 쇠꼬리 곰, 개 찌는 법, 찐 돼지고기, 돼지새끼집 찜, 돼지새끼찜, 봉총찜, 메추라기찜 등 다양한 찜 음식이 수록되어 있다.

오늘날 각종 찜 중에 많은 사람들이 좋아하는 음식은 쇠갈비찜이다. 갈비가 귀하기 때문에 설이나 추석 등 온가족이 모이는 명절이나 생일날에 주로 먹는다. 쇠갈비찜의 갈비는 구이용보다는 짧게5cm 정도 자른 후 굵직하게 칼집을 넣고 무, 버섯 등의 채소와 간장, 설탕, 참기름, 파, 마늘 등의 양념장 일부와 물을 넣고 중간 불에서 무르게 익힌다. 고기가 부드럽게 익으면 나머지 양념장을 넣고 찜을 한 후 은행·달걀지단을 고명으로 얹는다.

쇠꼬리찜은 쇠꼬리를 손질하여 토막을 낸 후 무를 깔고 쇠꼬리를 얹은 다음 밤, 대추, 생강 등을 넣고 물을 붓고 끓인다. 《증보산림경제》의 쇠꼬리찜은 쇠꼬리와 쇠족을 넣고 삶아서 반숙이 되면 간장, 생강, 파, 후추 등을 넣고 살이 뼈에서 빠질 정도로 다시 삶는다. 쇠꼬리찜이지만 쇠족을 함께 넣은 것이 독특하다.

《음식법》의 제편은 돼지고기를 양념하여 찐 것으로 요즈음에는 보기 드문 음식이다. 돼지고기를 곱게 다져 다진 파, 마늘, 소금, 간장, 생강즙으로 양념한 후 잣가루를 많이 넣어 섞은 다음 소쿠리나 체에 담아 김을 올려

찐다. 부드럽고 고소한 맛이 있어 어린이, 노인 모두가 즐겨 먹을 수 있는 음식이다.[34]

▮ 제편

돼지새끼찜애저찜은 돼지의 뱃속에 들어 있는 새끼 또는 새끼집으로 찜을 한 것이다. 《규합총서》에는 돼지새끼집찜猪子㑺蒸과 돼지새끼집 속에 들어 있는 돼지새끼찜兒猪이 소개되어 있다. 돼지새끼집찜은 돼지새끼집을 무르게 삶아 한 마디씩 베어 돼지고기, 쇠고기를 곱게 다져 갖은 양념하여 메밀가루에 섞어 그 속에 소를 넣고 닭이나 꿩과 함께 전복, 해삼 등을 넣어 새끼집과 찜을 하면 좋다고 한다. 또한 돼지새끼찜은 새끼 가진 어미 돼지를 잡아서 새끼집 속에 든 작은 새끼를 꺼내어 깨끗이 씻어, 그 뱃속에 양념하여 찜을 하면 맛이 그지없이 좋으나 구하기가 쉽지 않으므로 어린 돼지로 대신하기도 한다.

애저찜으로 유명한 곳은 광주이다. 집필진이 1980년도 중반에 광주에 애저찜으로 유명한 집을 예약해서 간 적이 있다. 갓 낳은 지 얼마 안 된 돼지새끼를 통째로 압력솥에 넣고 찜을 했다. 큰 그릇에 통째로 담고 대추, 붉은 고추 등으로 약간의 장식을 했다.

▮ 애저찜

순대

돼지 창자 속에 선지, 찹쌀, 양파, 숙주, 미나리, 배추우거지 등을 섞어 갖은 양념을 한 것을 넣고 양쪽 끝을 실로 묶어서 찜통에 찐 것이다. 《음식디미방》의 견장犬腸은 개를 삶아 뼈를 발라내어 만두소를 이기듯이 하고 후추, 천초, 생강, 참기름, 간장으로 양념하여 개의 창자 속에 가득 넣어 시루에 담아 찌라고 했다.

《증보산림경제》, 《규합총서》의 우장증牛腸蒸은 쇠곱창찜으로 쇠고기, 닭고기, 꿩고기를 두드려 갖은 양념과 기름장으로 간을 맞추어 손질한 쇠고기 창자에 가득 넣고 실로 양끝을 매어 뭉근한 불로 찐 후 말굽 모양으로 저며 초장에 찍어 먹는다.

음식명에 처음으로 순대라는 이름이 나온 것은 《시의전서》의 어교순대이다. 어교순대는 민어 부레에 쇠고기, 두부 다진 것과 숙주, 미나리를 데쳐 다진 것을 합하여 소금 등으로 양념한 소를 넣고 찐 것이다. 창자 대신 민어 부레를 이용한 것이 독특하다.

순대는 각 지방마다 들어가는 재료나 순대 속을 채우는 방법이 조금씩 다른데, 평안도와 함경도 지방에서는 '아바이 순대'라고 하여 돼지 창자 속에 선지, 찹쌀밥, 숙주 등을 넣어 만들고, 강원도의 '오징어 순대'는 돼지 창자 대신 오징어를 사용하여 만든다.

고조리서에 수록된 찜 중에는 닭을 재료로 한 것이 많다. 연계찜, 칠향계七香鷄, 승기악탕勝妓樂湯 등이다. 《음식디미방》의 연계찜은 연한 닭을 손질하여 된장에 기름, 자소잎, 부추를 가늘게 썰어 생강, 후추, 산초가루로 양념하고 밀가루즙에 간장을 조금 넣고 개어 닭 속에 넣고 밥보자기로 싸서 사기그릇에 담아 솥에 물을 붓고 중탕하여 찐 것이다. 닭고기 음식 중 가장 좋다고 하는 것이 칠향계이다. 《임원십육지》, 《규합총서》에는 살찌고 묵은 닭의 뱃속에 7가지 향을 가진 도라지, 생강, 파, 천초, 장, 기름, 초를 넣고 중탕하여 익힌 찜이라 했다. 승기악탕은 닭찜의 맛이 좋아 기생이나 음악보다 좋다고 하여 붙여진 음식이다. 《규합총서》의 승기악탕은 살찐 묵은 닭의 두 발을 잘라 없애고 내장을 버린 뒤 그 속에 술, 기름, 초를 각각 한 잔씩 치고 대 꼬챙이에 꿰어 박 오가리, 표고, 파, 돼지고기 기름을 많이 썰어 넣고,

▌칠향계●

▌승기악탕●

수란도 넣어 국을 만든 것이다.

추석 무렵은 봄에 부화한 병아리가 살이 올라 맛있을 때이므로 닭찜을 하여 차례상에 올린다. 요즈음 많이 쓰이는 닭찜은 고조리서에 비하면 간단하게 조리하는 편이다. 닭찜은 닭을 통째로 양념하기도 하지만 보통 큼직하게 토막을 내어 당근, 표고와 함께 간장, 파, 마늘 등 양념과 물을 붓고 찜한 후 달걀지단 등을 고명으로 얹는다. 옛날에는 닭찜의 조리시간이 1시간 정도였으나 요즈음은 닭이 연하여 조리시간이 30~40분 정도로 짧다.

저자는 실습 중에 많은 학생이 닭찜을 '찜닭'이라고 부르는 것을 듣고 생소했다. 국어사전의 '닭찜'은 "닭을 잘게 토막 치고 갖은 양념을 하여 국물이 바특하게 흠씬 삶은 음식"이다.[35] 찜닭이라고 칭하는 데는 '안동 찜닭'이 널리 알려지면서 '찜닭'이라는 말이 익숙해진 탓이라 생각된다. 안동 찜닭 역시 안동의 전통향토음식은 아니라고 한다. 안동에서 1980년대에 닭에 채소와 당면을 넣고 간장, 매운 고추, 설탕 등으로 양념하여 맵고 달콤한 '닭

● 사진 출처 : 작자 미상, 이효지 외 9인 편저, 음식방문, 교문사, 2014

찜'을 만들어 먹기 시작했고, 1990년대 후반 안동에서 서울까지 알려졌다. 특히 2000년대 이후 각종 매스컴에 안동 찜닭이 소개되면서 더욱 인기가 높아져 많은 젊은이들이 닭찜을 '찜닭'으로 잘못 알고 있는 듯하다. 국어사전에도 '찜닭'은 나와 있지 않은 잘못된 표기이므로 음식명을 정확하고 바르게 알려주어야 한다.

국, 전골, 찌개

우리나라 음식 중 국, 찌개, 전골 등 국물 음식이 다양하다. 밥상 차림에서는 밥과 더불어 국, 찌개가 거의 매끼마다 차려진다.

《성호사설》 권25에 "조석으로 밥과 갱, 고기 하나, 채소 하나를 먹는다.凡朝夕供用飯羹之外一肉一菜." 했고, 《조선무쌍신식요리제법》에 "국은 밥 다음이요, 반찬에 으뜸이라 국이 없으면 얼굴에 눈이 없는 것 같은 고로 온갖 잔치에 국 없으면 못쓴다."고 했다. 이처럼 국은 아침, 저녁의 밥상 차림뿐만 아니라 잔칫상에도 기본이다. 또한 국은 제례 시에도 필수적인 음식이다. 제례상에 올리는 탕국은 국 국물과 탕 건더기를 따로 담는데, 고기를 조리할 때 국물을 많이 하지 않고 무르게 익혀 먹던 옛 풍습에서 비롯된 것이라 한다.[1] 《시의전서》 제물부祭物部의 '탕 담는 법'에는 육탕, 어탕, 소탕의 3종이 있는데, 그 중 육탕으로는 양탕, 가리탕, 족탕, 생치탕, 닭탕이 있다. 각각의 고기를 무르게 삶아 그 위에 무나 외, 가지, 박 등 채소 삶은 것을 담고 달걀을 부쳐 귀나게 썰어 얹는다고 한다.

우리나라 고기 음식 중 끓인 음식으로 최초의 조리법은 '고음膏飮'으로, 고기를 푹 고아 건더기를 먹고 즙을 먹었을 것이다. 그러다 차츰 물을 넉넉히 붓고 오랫동안 고아 건더기와 국물을 이용한 것이 곰국이며, 처음에는 소금으로 간했을 것이다. 이후 된장과 간장의 혼합 형태였던 고대의 장이 차츰 간장과 된장으로 분리되고 맑은 장을 뜨게 되면서 간장으로 간을 하여 끓인 맑은 장국이 가능해졌을 것이다.

곰국

쇠고기의 살코기, 내장, 뼈, 꼬리, 도가니, 족 등에 물을 붓고 푹 고아서 맛과 영양성분을 충분하게 우려낸 국이다. 곰국에는 설렁탕을 비롯하여 소의 각 부위별로 끓인 쇠머리탕, 도가니탕, 내장탕, 갈비탕 등과 닭고기로 끓인 삼계탕, 닭곰탕, 개고기로 끓인 보신탕이 있다. 곰국은 오늘날에 와서는 더욱 발달하여 보양식, 해장용 등 다양하게 쓰인다.

설렁탕은 곰국의 대표적인 음식으로, 쇠머리, 사골, 도가니, 양지머리, 내장류 등을 푹 고아서 맛과 영양성분이 충분히 우러나게 끓인 것이다. '설렁탕 조리법의 표준화를 위한 연구'[36]에 의하면, 설렁탕을 끓일 때에 사골, 쇠머리, 쇠족, 도가니, 양은 처음부터 넣고 12~18시간 동안 끓이며, 쇠머리는 끓기 시작하여 4시간이 되면 건져 편육으로 한다. 양지머리, 우설, 유통은 조리 완료 2시간 전쯤 넣고 끓여야 고기 맛과 질감이 좋다. 설렁탕 재료 중 국물의 단백질 용출에 영향을 크게 미치는 것은 쇠머리이고 다음은 양이며, 맛에 영향을 주는 것은 쇠머리와 양지머리이었다.

설렁탕을 비롯하여 대부분의 곰국은 재료를 다량으로 사용하여 오랫동안 끓여야 제맛이 난다. 소량으로 가정에서 만들기에는 번거로움이 많으므로 일찍부터 외식업용으로 발달된 음식이다. 1900년대 초반 곰국 전문점이 생기기 시작했는데 그중 '이문 설렁탕'은 1902년에 개업하여 100년 이상 오랜 전통을 이어오고 있다. 소 한 마리를 잡으면 쇠가죽과 오물을 뺀 모든 부위를 큰 가마솥에 넣고 새벽부터 다음날 새벽까지 끓였다고 한다. 푹 고아 뽀얗게 우러난 국물에 고기 편육을 얹고 소면과 밥을 함께 넣어 뜨겁게 토렴해서 뚝배기에 담아 나온다. 식탁 위에는 소금, 후추, 대파 얇게 썬 것이 있는데 식성에 맞춰 설렁탕에 넣고, 반찬으로는 깍두기와 김치를 곁들여 먹는다. 무엇보다도 설렁탕은 잘 익은 큼지막한 깍두기와 함께 먹을 때 더욱 맛있다.

쇠꼬리곰국은 《규합총서》에는 쇠꼬리찜牛尾蒸으로 기록되어 있다. 쇠꼬리를 무르게 삶아 잘게 찢어 쇠갈비와 허파 삶은 것을 썰어 기름장, 후추, 깨소금을 섞어 주물러 삶은 파를 많이 넣고 청장에 고추장을 약간 섞어 국을 끓이면 개장과 같되 맛이 특별하다고 한다.

오늘날 꼬리곰탕도 쇠꼬리에 내장을 함께 넣고 끓인다. 꼬리곰탕으로 유명한 곳은 남대문의 '은호식당'과 '진주집'이다. 은호식당은 1932년 문을 연 이후 3대째 내려오는 집으로 처음엔 해장국으로 시작했는데 조금 값비싼 꼬리곰탕을 내놓으면서 더욱 인기를 끌었다고 한다. 뚝배기에 꼬리 두 토막과 함께 국물이 담겨 나오는데 부드럽게 곤 꼬리살은 부추 양념장에 찍어 먹고 국물은 밥을 말아 간장으로 간을 맞춘다.

쇠갈비탕은 갈비를 오랫동안 고아서 끓인 것으로 간장으로 간을 한다. 요즈음은 갈비탕에 대추나 인삼을 넣어 끓이는데 영양 갈비탕이라 한다. 또한 우거지 갈비탕은 우거지와 된장을 넣고 끓인 것으로 맛이 부드러워 해장국으로도 즐겨 먹는다.

옛날 우리나라 장터나 주막에는 큰 가마솥을 걸어놓고 고기와 뼈, 내장 등을 넣고 푹 곤 뜨거운 국물에 밥을 말아 먹는 장국밥이 상인들의 든든한 한 끼 식사였다. 지금도 고기와 뼈, 내장, 선지 등을 넣고 끓인 장국밥 형태의 해장국은 바쁜 현대인들이 간편하게 먹을 수 있으며, 술 먹은 다음날에는 속을 편안하게 해주므로 즐겨 찾는다.

조선시대의 대갓집 양반들이 즐겨 먹었다는 해장국이 효종갱曉鐘羹이다. '새벽종이 울릴 때 먹는 국'이라는 뜻으로, 밤새 끓인 국을 새벽녘 통행금지 해제를 알리는 파루의 종이 울려 퍼지면 남한산성에서 사대문 안의 대갓집으로 배달되던 최초의 배달 해장국이다. 1925년 최영년의 《해동죽지》는 효종갱에 대해 "광주 성내 사람들이 잘 끓인다. 쇠갈비, 해삼, 전복, 배추속대, 콩나물, 송이, 표고에 토장을 풀어 온종일 푹 고는 국으로, 밤에 국 항아리를 솜에 싸서 서울로 보내면 새벽종이 울릴 무렵 재상의 집에 도착한다. 국 항아리가 그때까지 따뜻하고 해장에 더없이 좋다."고 기록했다. 남한산성 세계문화유산 등재 일환으로 추진한 전통음식 발굴 및 복원 사업으로 '남한산성 효종갱'은 2014년 상표 출원 등록이 결정되었다.

오늘날 해장국 집으로 오래된 곳은 '청진옥'이다. 1937년 피맛골에 문을 열어 3대째 이어진다고 하는데, 2008년에 종로 일대가 개발되어 지금은 장소를 옮겨서 영업을 계속하고 있다. 큼지막한 선지와 내장, 콩나물과 우거지가 잘 어울려져 담백한 맛을 내는 해장국과 밥, 그리고 반찬으로는 깍두기가 나온다.

《주식방문》[37]에는 간막이탕이라는 생소한 음식이 있다. 닭, 돼지고기, 표고, 석이를 넣고 무르게 끓인 후 돼지아기집 썬 것을 넣고 잠깐 끓여 익혀 깻국에 거르면 맛이 좋다. 돼지아기집을 닭과 함께 넣어 끓이면 너무 물러서 좋지 않으니 나중에 넣어 잠깐 끓이라고 한다.

여름철 무더운 날씨를 잘 이겨내고 건강하게 지내기 위해서 단백질이 농후한 음식을 먹었는데, 대표적인 음식이 개장국, 육개장, 삼계탕이다. 《증보산림경제》의 자견육방煮犬肉方은 개고기를 간장, 참기름, 고춧가루 등의 양념장에 재운 후 데친 미나리, 대파를 함께 넣고 푹 삶는다. 탕으로 할 때는 개고기, 내장, 파, 미나리를 칼로 자르지 말고 반드시 손으로 찢어 쓴다고 한다. 복날을 뜻하는 '복伏'이라는 글자가 사람 '인亻'과 개를 의미하는 '견犬'으로 되어 있듯이, 개장국은 한여름 더위를 이기는 보신음식으로 복날에 많이 먹는다. 개고기를 끓인 개장狗醬이 식성에 맞지 않을 경우 개고기 대신에 쇠고기를 썼는데, 이것을 육개장이라 했다.[3] 육개장은 한 여름에 맵고 뜨거운 음식을 먹음으로서 오히려 더위를 잊게 하는 여름철 대표적인 음식이다. 평상시에도 육개장의 맵고 자극적인 맛은 입맛을 돌게 하므로 단체급식소나 각종 행사가 있을 때 많이 애용한다. 육개장의 일반적인 조리법은 쇠고기의 양지머리 또는 사태를 큼직하게 썰어서 물을 넣고 푹 삶는다. 고기 건더기는 건져서 잘게 찢어 고춧가루, 간장, 마늘 등으로 양념을 한다. 대파, 삶은 고사리, 토란대 등과 고기 건더기 양념한 것을 함께 넣고 국을 끓인 후 달걀 푼 것을 넣는다. 육개장은 서울을 중심으로 한 음식으로, 1930년대 초 서울 공평동의 '대연관'이라는 식당에서 지금의 육개장과 비슷한 음식을 처음으로 팔았는데 파를 많이 넣었다고 한다. 한편, 대구의 육개장은 일명 '대구탕大邱湯'이라 하는데 조리법이 조금 다르다. 위에서 설명한 육개장과는 달리 처음부터 고기를 큼직하게 썰어서 간장, 고춧가루 등을 넣고 물을 부어 무르게 익히고 파와 부추를 듬뿍 넣어 끓인다.

닭국은 《음식디미방》의 "국에 타는 것"이라 하여 큰 잔치를 치를 때 암탉 서너 마리를 가마에 물을 붓고 고아서 닭고기가 풀어지면 체에 밭쳐 두고, 온갖 음식에 양념으로 쓰면 좋다고 했다.

연계軟鷄를 물에 넣고 푹 곤 것이 백숙인데, 조선시대 조리서에는 보이지 않으나 방신영의 《조선요리제법》에는 닭국, 백숙이 소개되어 있다. 닭국은 닭을 푹 고아 굵게 손으로 찢어서 무를 넣고 간장으로 간을 맞춰 끓인 국이다. 백숙은 손질한 닭의 뱃속에 찹쌀과 인삼가루를 넣어 물을 열 보시기쯤 넣고 끓여 한 보시기쯤 되면 짜서 보양식으로 먹는다. 연계에 인삼을 넣고 끓인 계삼탕은 후에 삼계탕이라는 음식명으로 바뀌었다. 연계에 인삼가루를 넣고 끓인 삼계탕이 본격적으로 음식점 메뉴로 나온 것은 1950년대 후반이다. 1965년에는 인삼 재배가 자율화되어 인삼 생산이 많아지고 수삼 보급률도 높아졌다. 수삼의 유통 확산과 닭고기 수급이 원활해지면서 1960년대 후반부터 서울을 중심으로 '영계백숙'을 판매하던 식당들이 인삼을 강조하기 위하여 삼계탕이라는 이름으로 영업하기 시작했다. 양계업의 활성화와 인삼 재배의 증가로 인해 1970년대 이후에는 삼계탕이 전문 음식점의 메뉴가 되었다.[38]

1960년에 창업한 '고려삼계탕'에는 요즈음도 봄, 가을 여행 성수기에는 하루에 1,000~1,500명의 외국인들이 삼계탕을 먹으러 온다고 하니 놀라운 일이다. 우리나라 인삼의 효능이 알려지면서 삼계탕이 보양식으로 인기가 있어 일본, 중국뿐만 아니라 최근에는 한류 열풍으로 태국, 말레이시아 등의 동남아시아 관광객도 많다.

한편, 농림축산식품부는 2014년에 7월에 삼계탕을 국제식품규격CODEX으로 지정하는 작업을 추진하였다. 삼계탕의 국제 규격화는 닭, 찹쌀, 인삼이 반드시 포함되어 있어야 한다. 삼계탕은 일본, 대만에 이어 8월부터는 미국에 수출할 예정으로 이는 2009년도 수출한 이래 15년만에 재개되는 것이다. 2016년에는 중국시장에도 수출되고 있다.

지금은 병아리를 양계장에서 대규모로 인공 부화하여 키우므로 언제든지 쉽게 구입하여 연계 백숙을 만들어 먹을 수 있지만, 옛날에는 3월경에 부화한 병아리가 삼복더위쯤이 되어야 백숙을 하기에 알맞은 크기로 자라기 때문에 이 무렵에 연계 백숙으로 만들어 여름 보양식으로 먹었다. 지금도 각 가정에서는 초복, 중복, 말복의 삼복더위에는 삼계탕을 많이 먹는다. 복날즈음에는 시장, 슈퍼마켓 등에서 삼계탕 재료인 영계, 인삼, 대추, 찹쌀 등을 함께 포장하여 파는데, 많은 사람들이 사가기 때문에 조금 늦게 가면 살 수 없을 정도이다. 역시 삼복에는 삼계탕을 먹어야 여름을 나는 듯하다. 한편, 삼계탕에 수삼 대신 홍삼을 넣어 끓이기도 하고 오골계를 사용하는 등 삼계탕의 고급화를 시도하는 새로운 메뉴 개발도 끊임없이 이루어지고 있다.

순댓국은 돼지고기 삶은 국물, 내장, 우거지 삶은 것 등에 순대를 넣고 끓인 것이다. 1970년대 양돈 산업이 제법 규모를 갖추면서 돼지를 많이 키우기 시작했지만 살코기 부위인 안심과 등심은 일본으로 수출하고, 한국인은 지방이 많은 삼겹살과 돼지갈비를 구워 먹고, 다리 살은 돼지 불고기, 발은 족발로 만들어 먹었다. 이들 부위조차 먹기 어려운 서민들은 내장으로 순대를 만들어 시골 오일장 등에서 팔았다. 순댓국으로 유명한 곳은 천안 병천의 아우네 장터이다. 병천 순대는 돼지의 창자 중에 가장 가늘고 부드러운 소창을 사용하여 돼지 특유의 누린내가 적고 담백하다. 특히 병천 순댓국은 진하게 우려낸 돼지 뼈 국물에 순대를 넣어 끓인 것으로 병천 순대 특유의 담백하고 깊은 맛과 조화를 이룬다.

맑은 장국

간장 또는 소금으로 간을 하여 맑게 끓인 국이다. 맑은 장국을 끓일 때 쇠고기는 덩어리째로 크게 썰어 충분하게 끓여서 그 국물을 맑게 밭친 후 국이나 전골 국물 등에 이용하고, 고기는 국의 건더기로 하거나 눌러서 편육으로 쓰기도 한다. 맑은 장국은 쇠고기를 가늘게 채썰어 끓이기도 한다. 《산가요록》[39]의 맑은 장국은 꿩고기나 노루고기, 날짐승 등 사냥한 고기로 국을 끓이는데, 흑탕黑湯, 진주탕珍珠湯, 장사탕長沙湯이 있다. 흑탕의 육수로는 꿩 삶은 물이 상급이지만, 닭 삶은 물이나 모든 날짐승 삶은 물로 해도 된다고 한다. 진주탕은 날꿩고기를 콩만 하게 썰어 밀가루를 씌워 도라지, 노루고기, 생선, 달걀, 오이지瓜菹, 간장을 넣고 국을 끓이며, 장사탕은 냉이, 석이, 꿩고기, 노루고기, 달걀을 장 국물에 넣어 끓인 것이다.

《증보산림경제》의 연포국造軟泡羹은 겨울철에 먹어야 좋다고 한다. 쇠고기는 돼지고기만 못하고, 돼지고기는 꿩고기만 못하며 살찐 암탉이 가장 좋다. 닭고기와 쇠고기 한 덩어리를 함께 넣고 끓이다가 두부와 달걀을 푼다고 했는데, 만드는 법은 서너 가지이다. 《시의전서》[13]의 연포국은 닭고기를 삶아 육수 내고 살코기는 잘게 찢고, 두부에 달걀을 섞어 반대기를 지어 골패쪽으로 썰어 기름에 지진다. 국물이 끓으면 찢은 닭고기와 두부를 넣고 끓인 다음 달걀로 줄알을 치고 밀가루 물을 풀어 끓인다. 오늘날 낙지를 넣고 맑게 끓인 국을 '연포탕'이라 하는데, 이는 잘못된 것으로 원래 음식과는 판이하다.

맑은 장국의 육수를 낼 때 쇠고기가 많이 쓰이는데, 적합한 고기 부위는 양지머리나 사태이다. 양지머리 중에서도 치맛살 양지가 가장 맛있는데, 고기 모양이 마치 여인의 치마와 같다고 하여 이름이 붙여졌다.

맑은 장국은 봄철에는 쑥을 넣고 향긋하게 애탕쑥국을, 추석 무렵에는 토란탕을 비롯하여 무국, 실파 맑은 장국 등 다양하게 끓인다. 또한 산모나 생일날에는 반드시 미역국을 끓여 먹는데, 고기 육수를 내어 맑게 끓이거나 손질한 미역과 채썬 쇠고기에 물을 조금 넣고 간장, 참기름으로 볶아서 국물이 뽀얗게 우러나면 나머지 분량의 물을 넣고 끓인다.

토장국

된장을 넣고 끓인 국으로 된장국이라고도 하며, 중부 지역에서는 된장에

▌깻국으로 만든 잡탕

고추장을 조금 넣고 끓인 것을 토장국이라 한다. 쌀뜨물에 된장을 풀어 끓이며, 겨울철에는 사골 등 쇠뼈 곤 국물을 넣어 끓이면 더욱 맛있다. 토장국을 끓일 때 콩가루를 넣어 끓이기도 하는데 맛뿐만 아니라 영양도 좋다. 토장국은 계절별 채소를 이용하여 끓이는데 봄에는 냉이, 여름에는 열무, 가을에는 아욱, 근대, 시금치, 겨울에는 무, 배추, 무청 말린 시래기 등 다양하다.

냉국

여름철에 차게 해서 먹는 국으로 간장이나 소금으로 간을 맞추고 식초를 조금 넣으면 입맛이 돈다. 냉국으로는 오이냉국, 가지냉국, 미역냉국, 임자수탕, 잡탕 등이 있다. 닭을 곤 국물에 깨를 갈아 넣은 깻국인 임자수탕, 잡탕은 맛이 좋을 뿐만 아니라 영양도 매우 좋아 더위에 지친 여름철 건강을 위한 음식이다.

임자수탕은 영계를 푹 고아 살코기는 가늘게 짼다. 거피한 깨를 볶아 곱게 빻은 후 닭 국물을 넣고 체에 걸러 깻국을 만든다. 닭을 곤 국물과 깻국을 합하여 차게 한 후 소금, 후춧가루로 간을 맞추고, 닭고기, 녹말가루를 묻혀서 데친 오이, 미나리 초대 등을 넣고 달걀지단을 얹는다.

《음식법》의 깻국으로 만든 잡탕은 여름철에 담백하게 즐길 수 있는 음식이다. 소의 양, 닭, 돼지고기, 도라지, 생선살, 오이, 미나리, 파, 대하, 해삼, 전복, 표고, 송이 등 여러 가지 재료가 쓰인다. 3월부터 7월까지는 깻국으로 하고, 9월 초순에서 2월까지는 고기 국물을 쓰라고 한다.

한편, 국을 끓이는 번거로움 대신 간편하게 먹을 수 있는 시판 인스턴트 국이 있는데, 미역국, 북엇국, 육개장, 우거지국 등 종류가 매우 많다. 끓인

▌시판 레토르트 제품

물에 건더기와 스프를 넣어서 사용하므로 가정이나 여행지에서 간편하게 이용할 수 있다. 또한 설렁탕, 갈비탕, 육개장, 삼계탕 등 건더기와 국물을 함께 넣어 진공 포장한 레토르트 제품도 다양하며 국내뿐만 아니라 해외에도 수출한다.

전골

한 그릇에 여러 가지 재료를 다양하게 넣고 즉석에서 끓여 먹는 것을 의미하며, 밥상이나 주안상에 곁상으로 나가는 중요한 음식이다.

윤서석 교수는 《임원십육지》에 전철적煎鐵炙이란 음식이 있는데, 그 전철적을 요리하는 그릇이 둘레가 넓고 중심부 위에서 국물이 끓게 되어 있다. 이렇게 만든 그릇의 가장자리에서는 고기를 지지고 가운데 패인 부분에서는 채소와 국물을 끓이며 둘러앉아 먹었는데, 이렇게 시작한 음식이 전골이 되었다고 한다.

예전에 먹던 겨울철 시식 중 하나로 납평전골이 있는데, 납일에 꿩이나 노루 등 사냥한 고기로 만든 전골이다. 근래에는 큰 전골냄비에 여러 가지 재료를 담고 국물을 부어 즉석에서 끓이면서 먹는다. 주재료에 따라 쇠고기 전골, 곱창전골, 생굴전골, 두부전골 등 종류가 다양하다.

전골 중 여러 가지 산해진미를 모두 담아 만든 것이 열구자탕悅口子湯 또는 구자, 신선로이다. 열구자탕은 입을 즐겁게 해주는 탕이라는 의미를 갖고 있다. 신선로는 16세기 초기 갑자사화, 중종반정, 을묘사화, 을사사화 등 혼란이 많던 때에 선비들이 벽지로 피해 신선같이 살면서 만들어 먹었던 음식이라 하여 이 이름이 붙었다고 한다. 신선로의 재료와 조리법은 시대에 따라 조금씩 변화되었다.[27] 1809년 《규합총서》부터 1915년 《부인필지》까지는 재료들을 전으로 부치지 않고 기름에 지져 사용했다. 재료로는 꿩, 닭, 돼지고기, 양, 천엽, 곤자소니, 골 등과 여러 가지 나물, 왕새우, 해삼, 전복, 표고, 달걀지단 등을 신선로에 담고 돼지고기 삶은 국물에 쇠고기를 많이 넣고 끓이다가 흰떡, 국수, 조악을 넣어 함께 먹었다. 1917년 《조선요리제법》부터 1950년 《조선요리제법》에는 재료를 전으로 부쳐 신선로에 넣기 시작했으며, 천엽, 곤자소니, 꿩, 닭, 새우 등은 쓰지 않았으며 신선로에 넣어 함께 먹었던 국수, 밥 등은 기호에 따라서 사용되었다. 1957년 《이조궁중요리통고》부터 현재까지는 《조선요리제법》의 조리법과 비슷하나 쇠고기 육회를 쓰고 고명도 다양해졌다. 조선 후기1854년경 어느 반가의 혼례를 맞이한 손녀를 둔 할머니가 쓴 《음식법》에 있는 열구자탕은 다른 고조리서와 조금 다르다. 열구자탕의 재료는 쇠고기, 곤자소니, 양, 간, 골, 돼지고기, 닭, 꿩 등 모두 25가지가 쓰이며, 재료를 모두 담은 열구자탕 그릇 위에 얇고 넓적하게 저며 양념한 쇠고기를 덮어 끓이고, 알맞게 끓었을 때 고기를 집어낸다. 건더기를 먹고 나면 국물을 다시 부어 넣고 끓을 때 국수를 말아 먹는다. 열구자탕으로 손님을 대접할 때는 음식을 3번에 나누어 내라고 했다. 먼저 마른안주, 김치, 전, 편육 등 가벼운 음식을 내고, 두 번째로 열구자탕, 찜,

느르미와 같은 중심 음식을 내고, 끝으로 한과, 생실과, 화채를 낸다.

대부분의 많은 사람들은 서양음식이나 중국음식은 코스로 나오지만 우리의 음식은 한꺼번에 차려서 먹는다고 생각한다. 《음식법》의 상차림에서 알 수 있듯이 우리의 상차림도 처음에는 가벼운 음식으로 입맛을 돋우고, 다음은 주요리, 그리고 마지막에 후식을 내는 등 맛의 조화를 이룰 수 있도록 서너 번으로 나누어 음식을 차려냈음을 알 수 있다.

찌개

국에 비하여 건더기의 양이 많고 국물의 간이 국보다 짠 편이며, 조치라고도 한다. 《시의전서》에는 천엽조치, 양조치, 골조치가 있는데 소금 또는 간장으로 간을 했다. 천엽조치는 천엽, 간, 콩팥, 쇠고기를 넣고 간장, 다진 파·마늘 등으로 끓이며, 양조치는 양을 손질하여 깻국 국물을 넣고 끓여 소금으로 간하며, 골조치는 쇠골, 쇠고기, 실파에 육수를 붓고 끓인 후 간장으로 간을 맞춘다.

전골이 즉석에서 끓여 먹는 데 비해, 찌개는 일반적으로 끓여 나온다. 김치찌개는 잘 익은 김치만 있으면 누구나 손쉽게 끓일 수 있는데, 돼지고기나 참치, 고등어 등을 넣고 끓이면 별다른 반찬 없이도 맛있게 먹을 수 있다. 콩비지찌개는 겨울철에 즐겨 먹는 찌개로 콩을 불려 갈은 콩비지와 돼지고기를 넣고 끓인다.

숙육, 편육, 족편

숙육, 편육, 족편은 고기를 끓여 익힐 수 있는 조리용구가 쓰이게 되면서 시작한 조리법으로 처음에는 고기를 끓여서 국물을 내기보다는 익히기 위함이었다. 고기를 익힌 숙육은 조리법이 발달되면서 뜨거울 때 눌러서 얇게 저민 것이 편육이고, 쇠족과 같이 질긴 부위는 푹 무르도록 고아 뼈를 발라내고 걸러서 고명을 얹어 응고시킨 것이 족편이다.

숙육

익힌 '숙熟', 고기 '육肉'이다. 즉, 고기를 익힌 것으로 이 때 고기에서 나온 진한 국물은 영양가가 높으므로 노루와 같은 특별한 고기로 만든 고음은 보양음식으로 숭상했다. 또한 소의 양, 닭 등을 푹 곤 고음도 건더기와 함께 국물을 먹었다.

편육

고기를 삶아 썬 것으로, 쇠고기 부위로는 양지머리, 사태, 업진 등 주로 질긴 부위가 쓰인다. 고기를 푹 삶아 건져서 베보자기에 싼 후 무거운 것으로 눌러서 수분과 기름기가 빠지게 한 다음 고기를 얇게 썬다.

쇠머리편육은 쇠머리를 푹 곤 다음 뼈를 골라내고 고기만 보에 싸서 눌러 얇게 저민다. 요즈음 즐겨 먹는 떡 중에 쇠머리떡이 있는데 찹쌀가루에 밤, 대추, 콩 등을 넣고 찐 떡으로, 썰어 놓은 단면이 마치 쇠머리편육과 같다고 하여 붙여진 이름이다. 우설편육은 소 혀를 끓여 익힌 후 건져 식혔다가 껍질을 벗기고 얇게 저민다. 돼지머리편육은 돼지머리를 삶아 쇠머리편육과 같은 방법으로 만든다. 돼지고기편육은 삼겹살이나 목심 부위를 주로 이용한다. 고기를 삶을 때에 된장, 파, 마늘, 생강, 통후추를 넣는데 커피를 조금 넣고 삶으면 누린 냄새가 나지 않는다. 삶은 후 식혀서 응고시킨 다음 얇게 썰어 새우젓국을 곁들인다.

요즈음에는 돼지고기 삶은 편육에 절인 배추쌈과 무생채, 마늘 저민 것을 함께 싸서 먹는 돼지고기보쌈을 즐겨 먹는다. 보쌈 요리는 해방 직후부터 점차 보급되기 시작했다고 한다. 제주도 일대에서는 '돔베고기'라는 이름으로 널리 알려졌으며, 남부 지방에서는 동네 잔치가 있을 때 돼지고기를 삶아서 대접했다. 보쌈이 전문점으로 상업화되기 시작한 것은 서울의 '원할머니보쌈'과 '놀부보쌈'을 들 수 있다. 이후 '장충동 할매보쌈', '개성할머니보쌈', '장원보쌈' 등 중소형 외식업체가 속속 생겼다. 돼지고기보쌈은 전형적인 웰빙음식이라는 인식이 강하다. 보쌈이 삶는 조리법이므로 고기에 들어 있는 지방이 국물로 빠져 나와 고기 자체의 지방분이 적고, 고기를 구울 때 발생되는 발암물질에서 벗어날 수 있기 때문에 건강음식으로 생각한다.[40]

족편

주로 쇠족으로 만든다. 족이나 껍질 등을 푹 삶으면 그 속에 많이 들어 있는 콜라겐이 젤라틴으로 변하여 묵처럼 응고된다. 족편을 굳히기 전에 달걀지단, 석이, 잣 등 여러 가지 고명을 얹어 장식하면 모양도 아름답고 맛 또한 부드럽다. 족편은 겨울철 음식으로 설날 무렵에 즐겨 먹는다. 지금처럼 냉장시설이 없었으므로 겨울철에 족을 삶아 굳혀 먹었음은 당연한 일이다.

《규합총서》의 족편은 쇠족을 고는데 기름을 걷으면 빛이 묽고 곱지 못하니 하나도 걷어내지 않도록 하고 곤 것을 그릇에 얇고 고르게 붓고 양념한 꿩고기 다진 것을 얹고 그 위에 족을 곤 국물을 두께를 알맞게 하여 붓고 황백 지단채, 잣가루, 후추를 뿌린다고 했다. 《시의전서》의 족편은 우족을 골 때 꿩 또는 쇠고기를 함께 과서 쇠족에 붙어 있는 홀떼기는 곱게 다져 소금, 다진 파·마늘 등으로 양념하여 그릇에 펴 담고 황백 지단, 석이채, 실

족편

족발

고추를 뿌려 굳힌다.

오늘날 족편은 쇠족보다는 돼지족이 많이 쓰인다. 돼지족은 편육으로 만들고 삶은 국물까지 먹는다. 예부터 돼지족 삶은 국물을 산모가 먹으면 모유의 양이 많아진다고 하여 지금도 모유를 먹이는 산모들이 수유 촉진을 위해 돼지족을 푹 곤 국물을 마신다.

지금은 족편보다는 족발이라는 말에 더 익숙하다. 족발은 '족足'이라는 한자와 '발'이라는 한글이 결합된 합성어로, 같은 의미가 중복된 용어이지만 오랫동안 친숙하게 쓰여져 이제는 족발이라는 음식명으로 굳어져 버렸다. 족발로 유명한 곳은 서울 장충동으로 1960년에 장충동에서 조그만 선술집을 운영하던 전숙렬 할머니가 원래 안주로 빈대떡과 만두 등을 팔았다. 하지만 손님이 다른 안주를 요구하면서 평안북도가 고향인 할머니는 예전 집에서 먹던 방식대로 생강, 양파를 넣고 끓인 간장 양념에 돼지족을 삶아 내놓았는데 반응이 상당히 좋아서 유명해졌다. 지금은 장충동뿐만 아니라 전국의 많은 시장에 소문난 족발 파는 집이 많아졌을 뿐만 아니라 족발 배달 전문점도 어디서나 쉽게 찾아볼 수 있다. 부산에는 남포동과 붙어 있는 부평동에 족발 골목이 있는데, 커다란 건물 전체가 족발집이다. 이곳에서 유명한 것은 냉채 족발인데, 족발을 싫어하는 사람들을 위해 오이와 갖은 채소를 썰어 넣고 냉채처럼 새콤달콤한 겨자 소스에 버무려 내놓았는데 아주 인기가 있다. 이뿐만 아니라 매콤한 양념의 양념족발, 채소를 곁들인 채소족발, 해산물을 곁들인 해물족발, 불에 구운 불족발 등 다양하다.[41]

우리나라뿐만 아니라 다른 나라에서도 족 요리를 다양하게 즐기고 있다.

중국에서는 생일상에 오향계피, 산초, 회양, 정향, 진피을 넣고 장에 조린 오향장 족을 국수와 함께 먹는다. 그 밖에 독일의 '슈바인스학세'라 불리는 훈제 족, 이탈리아의 발톱까지 고스란히 보이는 '잠포네', 체코의 돼지 다리를 꼬치에 끼워 통째로 구워내는 '페체테 클로에' 등이 있다.

현재는 생소한 음식으로 소 껍질로 만든 '전약'과 돼지 껍질로 만든 '저피수정'이 있다. '전약'은 겨울철 시식으로 약재를 넣은 족편의 일종이다. 《조선요리제법》에 의하면, 소가죽을 잘게 썰어 푹 삶은 후 체에 밭친 것, 말린 생강가루, 꿀, 계핏가루, 후춧가루, 정향가루, 대추 이긴 것을 넣고 그릇에 담아 굳힌 후 썰어 초장을 찍어 먹으라고 했다. 고기의 껍질을 오래 끓여서 묵처럼 응고시킨 '전약'은 겨울철 몸을 보하는 음식으로, 궁중에서는 동짓날 내의원에서 만들어 임금에게 진상하면 이를 다시 신하들에게 하사했다고 한다. '저피수정'은 돼지 껍질을 고아서 묵처럼 굳힌 것으로 마치 맑은 수정 같다 하여 붙여진 이름이다. 《증보산림경제》의 저피수정은 돼지 껍질만을 벗겨 기름을 떼낸 다음 파, 후추, 천초를 넣고 익혀 연해지면 채 썰어서 원즙에 밭친 것에 다시 넣고 잠깐 끓여 식혀서 응고시킨 다음 이것을 썰어 초장을 곁들인다. 《규합총서》에는 저피수정회법, 《부인필지》[42]에는 제피수정으로 기록되어 있다.

회

인류가 불을 사용하기 전에는 사냥을 하여 잡은 짐승의 배를 갈라 먼저 내장과 피를 먹고 고기도 날로 먹었을 것이다. 제물로 쓰는 고기나 불천위제례• 등 큰 제사를 모실 경우에는 아직도 날고기를 쓰고 있는데, 이는 화식을 하기 이전에 모셨을 때를 상고하는 의미라고 볼 수 있다. 즉, 종묘제례의 제물로 쓰이는 고기는 소, 돼지, 양을 쓰는데 날것으로 쓴다. 《예기》 교특생郊特牲에 종묘의 큰 제사인 대향大饗에는 날고기를 쓰며, 사직의 제사인 삼헌三獻에는 반숙의 고기를, 소제小祭와 소례의 일헌一獻에는 완전히 익은 고기를 쓴다. 불천위제례의 '적'은 오늘날에도 날고기를 쓰는데, 이는 문중의 큰 제사로 봉제하고 있기 때문인 것으로 본다.[43]

회膾는 싱싱한 살코기나 간, 천엽 등을 날것으로 먹는 것이며, 숙회熟膾는 고기를 익힌 회이다. 《증보산림경제》에는 연한 사슴고기를 썰어 갖은 양념에 무친 녹육회, 꿩의 내장을 빼고 낮은 온도에서 바싹 얼렸다가 칼로 살을 얇게 저며 생강, 파를 넣어 초간장에 찍어 먹는 동치법冬雉法 등이 있다. 《임원십육지》의 취팔선방은 8가지 재료, 즉 닭, 양 내장, 양 혀, 새우, 상추, 죽순, 연근, 미나리를 섞어 담고 그 위에 생강즙, 참기름, 식초를 뿌린 것이다.

고기회 중 가장 많이 먹는 것은 쇠고기로 만든 육회이다. 적합한 고기 부위는 기름기가 적고 부드러운 우둔살이나 대접살이다. 《조선요리제법》에도 육회는 우둔살이 제일이요, 그다음은 대접살이고, 그 외 홍두깨살은 결이 굵고 흰 색깔이 나서 못 쓰고, 안심은 연하기는 하나 시큼하며, 설깃살은 더욱 좋지 않다고 했다. 육회는 고기를 가늘게 채 썰어 간장, 설탕, 다진 파·마늘, 참기름으로 양념하여 채 썬 배, 저민 마늘과 함께 먹는다. 배에는 단백질 연화효소가 있어 고기를 부드럽게 할 뿐만 아니라 단맛도 있어 육회와 잘 어울린다. 육회는 단독으로 먹기도 하지만 비빔밥의 재료로도 쓰이는데,

- 불천위(不遷位)는 국가에 공로가 있어 봉사하는 대가 다 되어도 신위를 묘 곁에 매안(埋安)하지 않고 가묘에 감실(龕室)을 하나 더 만들어 맨 위에 모시거나 별묘를 세워 안치하고 제향을 끊이지 않고 영구히 모시는 조상을 일컫으며 부조위(不祧位)라고도 한다.

전주비빔밥은 육회를 곁들여 내는 것이 특징이다. 간, 천엽, 양, 염통, 콩팥도 회로 많이 쓰인다. 잡회는 콩팥, 간, 쇠고기는 채 썰고, 천엽은 가로 3cm, 세로 5cm로 썰어 참기름 등으로 무친 후 잣을 1개씩 끼워 돌돌 말아 그릇에 옆옆이 담은 것이다.

고기 숙회로는 《규합총서》의 어채, 《부인필지》의 숙회화채가 있는데 음식명만 다를 뿐 조리법은 같다. 숭어, 쇠고기 내장천엽, 양, 허파, 꿩고기, 돼지고기, 미나리, 파, 표고, 석이, 국화잎 등에 각각 녹말을 입혀 데쳐 건진 후 그릇에 담고 생강, 달걀지단을 고명으로 얹는다. 한편, 닭고기 숙회는 좀처럼 보기 드문 음식이다. 《주식방문》[37]의 닭회는 닭을 저며 녹말에 묻혀 지져 초간장에 먹는다고 한다.

포

짐승을 잡아 나뭇가지 등에 걸쳐 두고 말려서 먹거나 고기를 양념하여 건조시켜 먹는 것은 자연스러운 현상이다. 포는 생선, 조개, 고기 등을 말린 것으로, 농업 이전 시기에는 그대로 볕에 말렸을 것이고, 술을 빚어 마시면서 술에 절였다가 말렸을 것이다. 소금을 사용하면서부터는 소금 간 또는 소금과 술을 섞은 것에 절여 말렸을 것으로 본다.[1]

우리나라의 포는 《삼국사기》 신라 신문왕 3년683에 왕비를 맞이할 때의 폐백 품목이었던 것으로 미루어 보아 오래 전부터 쓰인 상용 기본식품이었음을 알 수 있다. 포는 우리나라뿐만 아니라 특히 고기를 주로 먹는 유목민에게는 중요한 식품건조품이다. 서양인들이 즐겨 먹는 '비프저키beef jerkey'는 아메리카 인디언들이 들소고기를 얇게 잘라 말린 것으로 겨울나기용 저장식품으로 이용했다. 지금은 미국의 휴게소에서 흔하게 접할 수 있는 쇠고기 육포이다.

《산가요록》의 '여름철 고기 말리는 법夏日乾肉法'과 '여름철 고기 저장법夏日臟肉法'은 여름철에 생고기를 아주 얇게 포를 떠서 뜨겁게 달군 기와 위에 펴 놓고 자주 눌러 주면 하루 안에 다 마르며, 섣달에 담근 술지게미를 말려 여름에 삶은 고기를 묻어 두면 시간이 지나도 변하지 않으며, 물을 살짝 뿌려 마르지도 습하지도 않게 하여 묻어 둔다. '고기 포 말리는 법乾脯肉法'은 포를 뜬 고기를 길게 늘여서 소금을 묻혀 저장해 두고 10일 뒤 자리 위에 펼쳐 놓고 자리로 덮어 짚신을 신고 말려지도록 밟는다고 한다. 《임원십육지》의 우육포방은 오늘날 육포 만드는 법과 같다. 쇠고기를 손바닥 크기로 얇게 편으로 떠서 간장, 참기름, 깨소금, 생강가루, 후춧가루 등 양념장을 발라 채반에 펴서 꾸덕꾸덕할 정도로 햇볕에 말린 후 다시 양념장을 바르고 햇볕에 말리기를 3~5차례 반복한다. 잘 말린 육포는 항아리에 저장해 두고 먹는다.

육포는 지방이 적은 우둔, 대접살, 홍두깨살 등을 길게 포 떠서 간장, 꿀, 후춧가루 등의 양념을 하여 잘 말려 두었다가 먹을 때에 참기름을 발라서 윤기 있게 구워 낸다. 육포의 양념을 간장으로 하여 말린 것을 장포, 소금으로 간하여 말린 것은 염포라고도 한다. 육포는 혼례나 환갑 등 잔칫상뿐만 아니라 폐백이나 이바지음식에도 많이 쓰인다. 폐백상에는 육포를 고여 청·홍실과 근봉謹封 띠를 두르고, 대추고임과 함께 낸다. 요즈음 시판하는 훈제 육포는 대부분 호주산 등 수입쇠고기를 사용하고 보존성과 발색을 위해 아질산염을 첨가하여 훈연시킨다. 육포를 만들 때에 잣, 치즈를 넣어 만들기도 하고, 양념에 칠리소스를 넣어 매운맛을 내기도 한다. 쇠고기 이외에 돼지고기, 닭고기로 만드는 등 육포의 종류도 다양하다.

편포는 곱게 다진 소 살코기에 소금, 참기름, 깨소금, 후춧가루 등으로 양념하여 네모로 반을 지어 햇볕에 말린 것이다. 다진 고기를 큰 덩어리로 만들면 상하기 쉬우므로 작게 빚은 것이 대추포와 칠보편포이다. 대추포는 쇠고기를 다져 양념하여 대추 모양으로 빚어 끝에 잣을 한 알씩 박고 참기름을 발라 말린 것이며, 칠보편포는 고기를 다져 양념하여 둥글납작하게 빚은 다음 위에 잣 일곱 알을 박아 참기름을 발라 말린 것이다.

포육다식은 육포를 찧어 기름, 후춧가루, 잣가루를 넣고 물에 반죽한 후 다식판에 박아 만든 것이며, 제육만두는 돼지고기를 얇게 썰어 간장, 참기름, 생강즙, 술 등을 넣고 양념하여 반건조한 후 잣을 소로 넣어 만두 모양으로 작게 빚은 것이다.

좌반

좌반佐飯은 밥에 곁들이는 음식이란 의미로, 저장성이 있도록 간을 세게 하여 만든 밥 반찬류인데 술안주 음식으로도 쓰인다. 옛날에는 냉장시설이 없었으므로 고기음식을 오래 두고 먹기 위해 간장에 조린 장조림, 진주자반, 똑똑이자반, 장산적, 천리찬을 만들어 밑반찬으로 했다.

장조림은 쇠고기의 홍두깨살이나 사태 등 기름기가 적은 부위를 간장으로 조린 것이다. 《임원십육지》에는 쇠고기로 만든 장조림을 동국육장법東國肉醬法이라 했다. 쇠고기를 손바닥 크기로 썰어 물을 붓고 끓인 후 천초와 생강을 넣고 조린 것이다. 《시의전서》에는 장조림을 비롯하여 약산적조림, 생치장조림, 제육조림, 닭조림 등 여러 가지 조림법이 있다. 장조림은 쇠고기를 크게 덩이지어 진장陳醬에 바짝 조리면 오래 두어도 맛이 변하지 않는다

▌진주좌반●

고 했으며, 약산적조림은 약산적을 구워 네모반듯하게 썰어 장조림 만드는 법과 같이 조린다. 생치장조림은 꿩고기를 토막 내어 진장에 조리되 쇠고기와 달걀 삶은 것을 함께 조려도 좋다고 했다. 이 밖에 제육조림과 닭조림도 생치장조림과 같은 방법으로 조린다.

진주좌반은 쇠고기를 가늘게 썬 다음 다시 잘게 진주처럼 썰어 볶아 반쯤 익으면 간장, 기름, 꿀 등을 넣고 볶은 후 후춧가루를 넣는다. 고기를 똑똑 썰어 간장으로 조린 것을 똑똑이자반 또는 장똑똑이라고 한다. 가늘게 채 썬 쇠고기를 양념하여 조린 것으로, 똑똑이자반은 상추쌈을 먹을 때 곁들여 먹어도 좋다. 천리찬은 다진 쇠고기에 간장, 꿀, 다진 파·마늘, 참기름, 후춧가루로 양념하여 물기 없이 볶아 낸 것으로 천리를 가도 변치 않는다 했다. 만나지법은 쇠고기를 손가락 한 마디 정도로 잘게 썰어 냄비에 물이 끓으면 고기를 넣고 익힌 후 도마 위에서 망치로 두드려 연하게 한다. 양념은 천리찬과 같다.

앞에서 살펴본 바와 같이 한국은 벼농사를 중심으로 하는 농업국으로서, 고기 음식은 한국인 식생활의 기본은 아니었지만 예부터 고기음식이 다양하게 발달되었음을 알 수 있다. 고기를 부위별로 구분하고 각 부위에 알맞은 적절한 조리법을 선택하여 합리적으로 활용한 우리의 고기 조리법은 매우 실용적이면서 과학적이다. 여러 고기음식 중에서 특히 불고기는 전 세계인이 즐기는 한국을 대표하는 음식으로 자리매김하고 있다. 양념하여 맛있

● 사진 출처 : 작자 미상, 이효지 외 9인 편저, 음식방문, 교문사, 2014

게 구운 고기의 맛에 매료되어 누구나 즐겨 먹는 음식이 되었다. 해외의 한국식당에서도 우리의 고기구이를 즐겨 먹는 외국인을 흔히 볼 수 있다. 무더운 여름에는 단백질이 농후한 삼계탕이나 육개장과 같이 고기를 푹 곤 음식을 먹어 더위에 지친 몸을 보했다. 닭에 인삼, 대추를 넣고 곤 삼계탕은 인삼의 효능이 알려지면서 외국 여행객들이 한국에 와서 많이 먹는 음식 중 하나가 되었고, 이제는 미국 등에 수출하고 있다. 요즈음에 개발된 '매콤한 양념 닭구이'와 '보쌈'도 인기가 있어 중국을 비롯하여 동남아시아에까지 프랜차이즈점을 개설하는 등 활발하게 해외로 진출하고 있다.

앞으로 족편, 전약과 같은 우리 고유의 음식을 적극적으로 해외에 홍보하고 각 지역에 맞는 조리법을 개발하는 등 우리 음식의 국제화를 위해 끊임없이 노력해야 된다고 생각한다.

참고문헌

1 윤서석, 한국식생활문화, 신광출판사, 2008
2 조선일보, 2013. 6. 24.
3 이성우, 한국요리문화사, 교문사, 1985
4 유중임 저, 이강자 외 역, 증보산림경제, 신광출판사, 2003
5 홍석모, 이석호 역, 동국세시기, 을유문화사, 1988
6 빙허각 이씨, 정양완 역, 규합총서, 보진재, 2006
7 백두현, 음식디미방 주해, 글누림, 2006
8 김상보, 조선시대의 음식문화, 가람기획, 2008
9 이효지, 한국의 음식문화, 신광출판사, 2004
10 이규진, 근대 이후 100년간 한국 육류구이 문화의 변화, 이화여자대학교 대학원 박사학위논문, 2010
11 축산정책관 축산경영과 자료, 2012
12 조선일보, 2013. 6. 27.
13 작자 미상, 이효지 외 역, 시의전서(1800년대), 신광출판사, 2004
14 조자호, 조선요리법, 광한서림, 1938
15 박태균, 우리 고기 좀 먹어 볼까?, 디자인하우스, 2013
16 서유구 저, 이효지 외 3인 편저, 임원십육지, 교문사, 2007
17 이규진 외 1인, 문헌에 나타난 불고기의 개념과 의미 변화, 한국식생활문화학회지, 권 28호, 5호, 2010
18 조선일보, 73년 전통 한일관, 2012. 7. 14.
19 방신영, 조선요리제법, 한성도서주식회사, 1942
20 한희순 외 2인, 궁중음식통고, 학총사, 1957
21 강인희, 한국의 맛, 대한교과서 주식회사, 1987
22 이용기, 조선무쌍신식요리제법, 대산치수, 1942
23 윤서석, 한국음식 역사와 조리, 수학사, 1988
24 최영진 외 1인, 구이, 한국음식문화대관 2권, 한국문화재보호재단, 1999
25 전통향토음식용어사전, 농촌진흥청, 국립농업과학원, 2010
26 맛있고 재미있는 한식이야기, 농수산물유통공사, 2010
27 이효지, 한국음식의 맛과 멋, 신광출판사, 2005
28 임희수, 쇠고기구이 조리법의 문헌고찰, 장안논총, 2012
29 김정호, 조선의 탐식가, 따비, 2011
30 佐々木道, 燒肉の文化史, 明石書店, 2004
31 정대성, 우리음식문화의 지혜, 역사비평사, 2001
32 한복진 외 2인, 우리가 정말 알아야 할 음식 백가지 2, 현암사, 2006

33 윤덕인, 상차림과 메뉴구성개발, 도서출판 평화, 2008
34 작자 미상, 윤서석 외 3인 편저, 할머니가 출가하는 손녀를 위해서 쓴 책 음식법, 아쉐뜨 아인스 미디어, 2008
35 국어대사전, 민중서관, 2007
36 임희수, 설렁탕조리법의 표준화를 위한 연구, 중앙대학교대학원박사논문, 1987
37 안동 김씨 노가재공댁 유와공 종가유품, 주식방문 영인본
38 주영하, 식탁 위의 한국사, 휴머니스트, 2013
39 전순의, 한복려 편저, 다시 보고 배우는 산가요록, 궁중음식연구원, 2007
40 김상훈, 창업업종분석–웰빙 아이템 '보쌈' 스타트비지니스, 2008. 8.
41 EBS, 요리비전, 족발, 장충동 세월을 걷다, 2006. 6. 8.
42 빙허각 이씨, 이효지 편저, 부인필지, 교문사, 2011
43 윤숙경, 경상도의 식생활문화, 신광출판사, 1999

담백한 맛의 생선음식

윤덕인

바다와 강은 인류에게 내려진 천혜의 식량 보고이다. 인류의 생활사에서 바다와 강가에서 채집할 수 있는 조개가 가장 손쉬운 식량이었고, 그물추, 작살, 낚시, 찌르개와 같은 어구를 만들었을 때에는 강가에서 잡은 물고기를 식량으로 삼았으며, 배를 만들어 바다에 나갈 수 있게 되면서 근해를 회유하는 여러 어종이 주요한 식량의 대상이 되었다. 최첨단 과학문명 환경에 살고 있는 오늘날에는 먼 해양의 이름도 낯선 심해어가 우리의 식탁에 오르고 있다.

한반도는 동해, 서해, 남해의 삼면이 바다에 둘러싸여 있어 연해에 회유하는 200여 어종이 옛날부터 오늘날까지 한국인의 주요 식량이었다. 조석으로 상용하는 밥상에는 반찬으로, 잔칫상에는 잔치음식으로, 제사에는 제물로, 보양식으로, 그리고 명절에는 절기를 따라 특정 지역을 회유하는 어물이 향토의 명물로 칭송받았다. 늦은 봄철부터 서해안에 풍어를 이루는 참조기는 서해의 명물인 굴비로 말리고, 엄동에 동해안의 풍어를 이루는 명태는 동건하여 북어로 말리며, 알은 소금에 절여 명란젓으로 했다. 초여름에 남해에서 많이 잡히는 멸치는 큰 무리로 떼 지어 회유하므로 행어行魚라 했는데, 소금에 절여 한국의 명물인 멸치젓을 만들었다. 이처럼 일일이 열거할 수 없을 만큼 명물 어물이 많다. 흔히 알고 있는 '자린고비' 설화는 생선에 얽힌 이야기 중 하나인데, 이런 옛이야기들은 어물이 우리 생활과 얼마나 밀접하게 자리하고 있는지를 잘 보여준다. 곡물로 지은 밥을 상용 주식으로 하는 한국인에게 다양하고 풍부한 연해의 어물은 손쉬운 단백질 급원이었다.

오늘날에는 근해에서 잡히는 수산물 중에 고등어, 조기, 동태, 대구, 숭어, 민어, 병어, 도미, 밴댕이, 준치, 갈치, 넙치, 가자미, 전갱이, 정어리, 청어, 홍어, 연어, 뱅어, 멸치 등과 오징어, 낙지, 문어, 꼴뚜기, 주꾸미, 새우, 게 등 30여 종이 주로 식용으로 식탁에 오른다. 여기에 내수면의 민물고기인 붕어, 잉어, 가물치, 쏘가리, 메기, 미꾸라지 등도 식용으로 많이 이용하는 편이다. 그러나 지구온난화로 인한 바닷물 온도의 상승과 쌍끌이 어선 등 고기 잡는 방법의 발달은 결과적으로 작은 생선까지 잡게 되어 어종 고갈의 원인이 되었다. 그래서 러시아산 명태와 칠레산 연어, 중국산 게, 조기 등 수입 수산물과 냉동 수산물, 그리고 양식 수산물을 주로 먹고 있다.

2014년 어패류의 국내 생산량은 2,207.6천 톤, 국내 소비량은 3,642.8천 톤으로, 자급률은 60.6%이다. 1인 1일당 식품 공급량은 2011년 159g으로, 1992~94년의 224g에 비하여 1995~97년에 139g으로 하락했지만 점차 2001~03년 154g, 2007~09년 155g, 2010년 160g 수준을 보이고 있다. 반면, 같은 단백질 공급원인 전체 육류의 2014년 자급률은 76%(쇠고기 48.1%, 돼지고기 74.1%, 닭고기 81.6%)이나, 쇠고기는 자급률이 가장 낮아 주로 수입에 의존하고 있는 실정이다. 2009년 광우병 파동과 웰빙 트렌드로 수산물의 수요는 증가하고 있다. 이와 같이 수산물 소비가 증가한 이유는 소화가 잘 되고 영양이 풍부한 수산물을 다양한 방법으로 소비해 온 전통적인 식품 소비 기반 위에 국민 소득의 향상과 건강에 대한 사회 전반의 관심이 높아져 웰빙 소재인 수산물에 대한 소비자의 선호도가 높아졌기 때문이라고 본다.

특히 우리나라는 동물성 단백질 공급원으로서 수산물의 비중이 높다. 수산물은 DHA, EPA 등 오메가-3 지방산을 비롯하여 타우린, 각종 무기질과 비타민이 풍부할 뿐 아니라, 육류에 비해 지방 함량과 칼로리가 낮아 우수한 건강 장수 다이어트 식품이다. 불포화지방산은 동맥경화, 뇌졸중 같은

▌동해안 일반 가정의 제사 음식, 생선찜과 어물

혈관계 계통의 성인병을 예방하고, 암 발생을 억제하며, 치매 및 당뇨병 예방, 머리를 좋게 하는 효과 등이 있다. 함황아미노산의 일종인 타우린은 간 기능 향상, 당뇨병 예방, 혈중 콜레스테롤 및 중성지질을 감소시키며 시력 회복 등에도 효과가 있다. 풍부하게 들어 있는 각종 무기질 및 비타민류는 골다공증 예방, 노화 억제, 피부 활성화, 면역기능 향상 등의 다양한 생리기능이 있다. 따라서 하루 한 끼는 생선 한 토막 정도를 먹는 것이 영양 균형상 좋다.

2012년 한국영양학회에서 발표한 식사구성안을 위한 식품군별 대표식품의 1인 1회 분량 중 80kcal을 공급하는 경우, 1회에 생선 한 토막$_{50g}$, 조개류$_{80g}$, 잔멸치·건어물$_{15g}$을 먹도록 권장하고 있다. 그러나 2011년 일본 후쿠시마 원전 사고 이후부터 2014년 현재까지 수산물 소비는 정체되고 있는데, 특히 영향을 받는 생선은 동태, 대구, 꽁치 등 동해안과 일본 연안에서 잡히는 것들이다. 국립수산과학원은 최근 우리나라 연근해에서 잡히는 주요 제수용 수산물–조기, 가자미, 병어, 대구, 문어, 오징어, 굴, 담치 등–에서 방사성 물질인 세슘$_{134+137Cs}$, 요오드$_{131I}$가 전혀 검출되지 않았다고 밝힌 바 있다. 수산물을 안전하게 먹을 수 있도록 하는 제도적 장치로는 수산물 이

력제Seafood Traceability System가 있다. 이 제도는 어장에서 식탁에 이르기까지 수산물의 이력정보를 기록하고 관리하여 소비자에게 공개함으로써 수산물을 안심하고 선택할 수 있도록 도와주는 것으로, 훈제 송어, 넙치, 참조기, 조피볼락, 멸치, 뱀장어, 굴, 바지락, 김, 미역, 건오징어, 다시마 등에 적용한다.

2003년 12월 미국 워싱턴 주에서 광우병 소의 발견으로 쇠고기 등 육류에 관한 안전성 문제가 대두되고, 육류 가격의 상승 등으로 인해 그동안 육류 중심이었던 외식 트렌드가 수산물을 주된 메뉴로 하는 씨푸드 레스토랑으로 바뀌었다. 씨푸드 뷔페 시장은 2006년 3월 스시와 씨푸드 뷔페 '토다

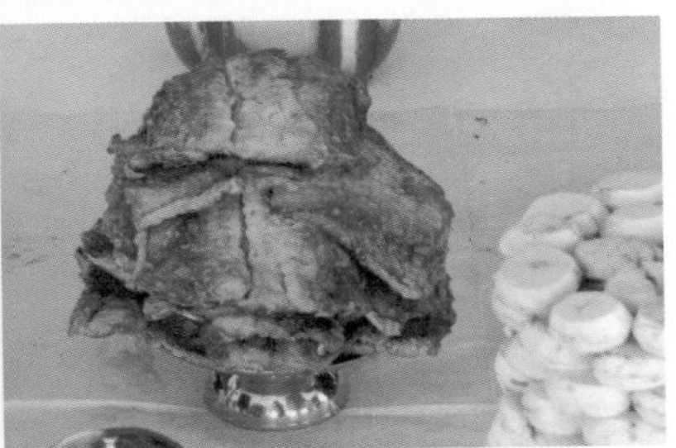

강릉 단오제 중 조전제 상차림의 어물과 제사 후 음복을 준비하는 모습

이'의 국내 진출과 (주)CJ푸드빌의 '씨푸드오션' 및 '피셔스마켓', ㈜신세계푸드의 '보노보노', (주)제너시스 BBQ의 '오션스타', 2007년 '미나토Minato', '마키노차야' 등의 오픈으로 급속히 성장하고 있다. 이러한 해산물 뷔페나 레스토랑에서는 초밥, 롤 초밥, 활어회, 철판요리 등 다양한 해산물 요리를 맛볼 수 있다.

생선음식의 어제와 오늘

삼면이 바다인 우리나라의 연해는 한류와 난류가 교차하고 동해와 서해, 남해의 수심, 수온, 염도 등이 계절마다 달라 그에 따라 한류성 어족과 난류성 어족이 풍부하다. 또한 낭림산맥과 태백산맥을 척량산맥으로 서쪽으로 완만하게 뻗은 여러 산맥을 따라 크고 작은 하천이 많아 민물고기도 많은 편이다.

《삼국지 위지동이전》에 고구려는 멀리서 미량어염米糧魚鹽을 날라다 공급했다고 하여 그 위치상 해면어업이 발달하지는 않았다고 보는 반면, 내수면이 풍부하여 민물고기와 그 양어가 일찍부터 발달했다. 동옥저조에는 그들이 물고기와 바다 속의 식물해초로 추측을 천 리 길을 메고 고구려에 가져다 바쳤다고 했으며, 고기잡이를 하는 가운데 바람을 만나 수십 일을 표류했다는 것으로 보아 제법 큰 배가 있었던 것 같다. 또한 《삼국사기》 고구려본기에 태조왕 7년59 "왕이 붉은 날개가 달린 흰 고기를 낚았다."고 하는 것으로 보아 낚시로 물고기를 낚고 있었음도 알 수 있다. 서기 1~2세기경으로 추정되는 경남 김해 패총에는 수많은 조개껍질이 묻혀 있었고, 길이가 30cm나 되는 큰 굴껍질과 지름이 12cm나 되는 백합껍질이 있었으며, 부산

동삼동 패총에서는 도미와 삼치, 상어, 돌고래 뼈가 발견되었다. 이러한 물고기들을 날로 먹거나 구워 먹었을 것이다. 물고기가 남으면 그대로 햇볕에 말려 건어로 만들었고, 소금을 만든 이후에는 소금에 절이거나 소금과 술을 섞은 것에 절였다가 말려 맛이 좋은 건어로 만들기도 했다.

백제는 서남 해안에 좋은 어장을 가지고 있어 어류 자원이 풍부했으며, 기록을 보면 서해를 거쳐 위나라까지 왕래했다. 신라도 조선 기술이 우수하여 《일본서기》에 응신천황 31년300 신라에서 조선 기술자를 일본에 보내어 선박을 건조하게 했다는 기록이 있다. 그리고 경주 안압지에서 가물치加火魚, 전복生鮑 등이 기록된 목간木簡이 출토되어 신라 왕궁의 먹을거리를 짐작하게 한다. 다만, 목간이 글자가 희미하여 논란의 여지는 있다.

고려시대 서민들은 주로 수산물에서 단백질을 공급받았음을 알 수 있는데, 《고려도경》1123 어업에 "고려에 양과 돼지가 있지만 왕공이나 귀인이 아니면 먹지 못하며, 가난한 백성은 해산물을 많이 먹는다. 미꾸라지, 전복, 조개, 진주조개, 왕새우, 백합, 붉은 게, 굴, 거북이 다리, 해조, 다시마는 귀천 없이 누구나 잘 먹는데, 입맛은 돋우어주나 냄새가 나며 비리고 짜 오래 먹으면 질린다."라고 한 것으로 보아 주로 젓갈을 먹은 듯하다. 《고려사절요》에는 절약과 검소를 위해 잔치 때 '포'와 '해'를 번갈아 사용할 것을 영으로 내린 것을 보면 당시 젓갈은 쓰였지만, 흔한 음식은 아니었음을 알 수 있다.

서해 태안 앞바다에서 건져 올린 고려시대 침몰선 마도 1호선의 유물에서는 벼稻, 콩豆, 조粟, 보리麥와 더불어 젓갈 뼈의 실물이 발견되었다. 출토된 어골을 보면 밴댕이 93%, 숭어 1%, 농어 1%, 갈치 1%, 가오리 1%로 밴댕이가 90% 이상을 점하고 있다. 밴댕이는 지금도 서해안에서 젓갈로 많이 이용되고 있는 생선으로 고려시대에도 젓갈로 사용되었을 가능성이 있다. 마도 1호선의 목간 물목에는 생선젓魚醢, 고등어젓古道醢, 게젓蟹醢 등이, 마도 2

호선에서는 알젓卵醢이 발견되었다. 고려 말기에는 왜구의 침입으로 연해의 어민은 많은 피해를 보았을 것이며, 어민에 대한 어획물의 공납, 어량세와 선세 등이 혹독하여 어업 발전이 저해되기도 했다. 이와 같은 환경에 있었지만 우리나라는 본래 삼면이 바다인 관계로 수산물은 민간에게 보편적인 상용식품이었다.

조선시대에는 숭불사조로 인한 어획 기피도 없어지고 인구의 증가로 수산식품의 수요가 늘었는데, 농촌에 광작농廣作農[•]이 대두되어 영세한 자작농이 농촌을 이탈하여 인근의 연해 어업장으로 옮겨 수산업으로 전업하는 일도 많았다. 또한 면업이 발달하여 망의 구멍이 작은 면망綿網을 도입할 수 있게 되면서 어획량도 많아졌다. 《고려도경》에 고려시대에는 어망이 결망 아닌 소포疎布[••]로 새우잡이 등을 했다고 전한다.

조선 초기에는 강물과 바닷물에 발을 친 뒤 어류를 거둬들이는 어량魚梁을 설치하도록 했다. 그 결과 수산업이 활발해졌고, 어량은 해안 지방에 사는 사람들이 이윤을 추구하는 중요한 수단이 되었다. 《신증동국여지승람》1530에 어량이 충청도 136, 황해도 127, 전라도 50, 경기도 34, 경상도 7, 함경도에 2개소가 설치되었다고 했다. 《임원십육지》1827 전어지에도 서해안에서 청어와 조기를 어획하는 어량이 큰 것은 750~900m이고 작은 것도 450m에 이른다고 했다. 특히 조선 후기에는 교환경제가 확대되어 수산식품이나 그 가공품의 판매망이 전국으로 확대되었는데, 수산업이 대형으로 발전하여 경영체제를 형성하게 되었다. 어획량이 증가함에 따라 건어물, 젓갈과 같

• 조선 후기 이앙법(移秧法)의 보급에 따라 농민들의 경작 능력이 향상되면서 많은 토지를 직접 경영하던 영농 방법

•• 성기게 짠 베

은 가공식품이 증가하여 식생활의 내용이 더욱 풍부해졌으며, 결과적으로 제철식품의 한계를 극복하고 1년 내내 단백질을 섭취하는 일이 가능해졌다. 조선시대 후기 수산식품의 품목은 전기와 큰 차이는 없었으나, 조선 초기보다 명태와 멸치가 많아지고 어획량에 기복이 컸으며 가공품이 발달했다.

조선시대에는 관료의 급여가 쌀이나 콩 등으로 지급되었고 왕실의 식재료가 사대부 집안으로 유통되었다. 그 구체적인 기록은 〈어부사시사〉로 유명한 윤선도1587~1671의 집안에 총 94점이 전해 내려오고 있다. 윤선도가 살았던 17세기 왕실 은사품 중 어류는 생물과 건어물로 구분되는데, 생물로는 대하, 문어, 세어, 소설어, 송어, 위어, 중설어, 중수어, 홍어, 석수어, 세린석수어, 은구어, 청어 등이다. 생선은 1, 8, 11, 12월을 제외한 달에 보내왔는데 한 번에 거의 두 마리씩 보내는 것이 상례이나 양적으로 가장 많은 것은 총 40두름에 이르는 위어멸칫과의 은백색 물고기, 웅어다. 인조는 1629년부터 1633년까지 매년 4월에 위어를 4두름 또는 7두름씩 보냈다. 인열왕후도 1629년에 7두름을 보냈다. 위어는 한강 하류 일대에서 많이 잡히는 어종으로 양력 4~5월이 산란기다. 그 다음으로 많이 받은 것은 여름이 제철인 석수어이다. 3, 4월에는 생석수어를 사용하고, 여름철에 잡은 석수어는 소금에 절여 말려서 굴비로 가공한다. 겨울이 제철인 청어는 자원 변동이 심해 가격 등락이 심한 어종이라고 한다. 1629년 인열왕후로부터 3두름, 대군방에서 1두름을 받았다. 건어물로 하사받은 것은 광어, 대구어, 문어, 부어, 수어, 연어가 있다. 윤선도가 받은 생선 중 건어물은 대구어와 건수어가 20마리로 가장 많았다. 다음이 건광어이다. 어란은 대구어란, 연어란을 받았다. 알을 발효한 젓갈류로 연어란혜가 있는데, 1631년 11월에 대군방에게 받았다.

20세기 주요 수산물의 어획고는 고등어, 정어리, 조기, 청어, 대구, 도미,

갈치, 삼치, 가자미, 민어, 전갱이, 새우, 미역, 방어, 불가사리, 붕장어, 숭어, 전복, 상어, 굴의 순이었다. 일본이 우리나라에서 바지락, 굴, 피조개, 대합 등의 양식업과 양어장을 설치하여 민물고기를 키우고, 김을 양식하여 건조 가공법을 연구함으로써 더욱 다양한 어패류와 해조류가 생산되었다. 그러나 이러한 활발한 양식사업이 여러 면에서 우월한 개량종이 토종을 몰아내는 결과를 초래했다. 특히 유용한 기능성 성분을 더 많이 함유한 것으로 알려진 토종 다시마 등이 사라지면서 우려의 목소리가 높아져 다시 복원작업을 하고 있다.

21세기 정보산업시대가 도래하면서 지구촌이 하나가 되고, 식문화는 국가적 경계가 모호해지고 융합되었다. 풍요로운 생활과 수명 연장으로 건강 웰빙이 식생활의 주체로서 확고히 자리매김을 하게 되었다. 로하스, 힐링 등이 외식산업의 트렌드를 형성하는 키워드로 자리 잡았다. 생명공학과 산업 발달로 인해 개인 맞춤형 식생활도 추구하게 되었다. 반면 우리의 것을 찾는 경향으로 '우리 것이 세계 경쟁력이 있다'라든지 고도의 감성적인 식생활도 증가하여 디자인 개념의 음식과 상차림이 관심을 끈다. 2008년 한미 쇠고기 협상 이후 2009년까지 광우병 파동으로 외국산 소비가 줄었지만, 저가 공세로 2010년부터 외국산 소비가 많아졌다. 그러나 2011년 일본 후쿠시마 원전 사고로 수산물의 인기가 떨어지면서 국내 쇠고기 소비량은 23만 5,700톤으로 수입 쇠고기 소비량인 23만 2,000톤보다 3,700톤이 많았다. 앞에서 쇠고기보다 수산물의 소비가 늘어난 이유 중에는 광우병 파동이 크게 영향을 미쳤던 것과는 반대 결과이다.

수산물 가공업과 수산 식품회사의 출현

우리나라 수산물 가공업건어물류, 자반생선, 젓갈, 통조림 중 가장 기본적인 가공품은 건어물류이다. 북어, 암치, 새우, 게, 해삼, 말린 조개들이 주로 가공되었다. 굴비는 경기 연평도, 건대구는 경남 거제도와 함북 청진, 말린 도미는 경남 사천과 마산, 말린 해삼은 원산, 말린 은어는 충남 보령, 멸치는 경남 통영, 울산, 남해에서 많이 났다. 소금에 절인 염장 수산물인 자반고등어는 함북 경흥, 자반 청어는 함북 웅기와 청진, 자반갈치는 강원 양양군, 명란젓과 창란젓은 함북 북청에서 가공되었다. 어묵가마보코은 통영에서 만들기 시작했고, 일본인들의 기호품인 장어나 은어 조림은 밀양에서 만들어졌다.

1872년 전남 완도에서 게, 고등어, 소라, 전복 등을 통조림으로 만들어 일본으로 수출했다. 1910년경 인천 제빙공장에서 인공 얼음이 처음 만들어졌다. 1950년 6·25전쟁의 여파로 군대가 급격하게 확대 증가하면서 군대 급식 충당의 필요성이 가공식품 생산을 촉진했다. 가공식품 중 가장 두드러진 것은 대량생산이 가능하고 오래 저장할 수 있는 통조림산업이라 할 수 있다. 군대의 부식 조달을 위해 개발된 통조림산업은 수산물 가공을 위주로 하는 생산이었으나, 미국에서 들여온 통조림 제조기를 통하여 그 생산량이 급격히 증가하게 되어 군대뿐만 아니라 민간에도 공급이 가능하게 되었다.

1962년 제염업이 전매청에서 완전 민영화되었다. 국내법에는 제염업을 하고자 하는 사람은 일정 기준 이상의 생산시설을 갖춘 후 정부의 허가를 받아야 했고, 생산염은 검사기관의 품질검사를 마친 후 판매할 수 있었다. 소규모의 식품가공업체에 이어 한성기업, 동원산업, 사조산업, 천일냉동, 하선정종합식품 등 전문적인 식품회사들이 설립되었다. 한성기업은 1963년에 수산물 제조, 유통을 전문으로 하는 식품회사로 설립되었고, 게맛살, 냉동식품, 참치, 단무지, 김, 반찬류 등을 제조하고 판매했다. 1972년 울산에 냉동식품 공장을 준공하면서 국내 최초로 명태 필렛을 생산했고, 이후 게맛살, 젓갈, 참치 캔 등의 수산가공품을 생산했다. 1990년 수산제품업계 최초로 KS마크를 받았고, 1993년 식품연구소를 설립했다. 1997년 햄 관련 제품을 생산했고, 2001년 게맛살 '크래미', 냉동식품 '해물경단' 등을 판매하기 시작했다. 동원산업은 1969년에 수산 전문 기업으로 창립되었다. 1979년 국내 최초로 참치 선망선을 도입했고, 1982년 국내 최초로 참치 통조림을 출시했다. 1983년 동아제분과 해태가 후발주자로 참치 통조림 시장에 진입하면서 동원 살코기캔, 동아씨 치킨, 해태 남태평양 참치 등 3사 제품이 경쟁하는 '참치 전쟁'이 시작되었다. 동원산업은 1985년 시장점유율 85%로 경쟁에서 앞서나가면서 참치 캔 시장을 주도했다. 사조산업은 1971년에 창업되었으며, 국내 최초로 원터치 방식의 로하이 참치 캔을 도입하여 오랜 사랑을 받아왔으며, 이후에도 다양한 수산물 제품을 내놓고 있다. 1984년에는 천일냉동의 게맛살 어묵이 생산되었다. 하선정종합식품은 1970년대 말 액젓을 대량생산하기 시작했다. 이전에는 가정에서 소량으로 제조하여 자급했다. 현재 액젓을 생산하는 업체는 50여 개가 넘는 것으로 추정된다.

한국의 냉동업은 수산물 위주로 시작되었는데, 암모니아 냉동기를 이용한 국내 최초의 공장은 부산의 대한수산이었다. 1976년 이후 쇠고기 수입량이 증가하자 육류 저장용 냉장고를 건설하게 되었고, 정부의 농산물 유통구조 개선 정착에 따라 70년대 후반기부터 농산물 저온 창고의 건립이 활발해졌다. 1980년대에 들어오면 냉동식품의 개념이 소재 냉동식품에서 조리 냉동식품으로 변화된다. 1980년에는 천일식품이 일본에서 냉동 교자만두를 들여와 생산했고, 1981년에는 삼포, 도투락, 홍홍 등의 업체가 대량생산 체제를 구축하여 시장규모가 커지기 시작했다. 이후 86 아시안 게임, 88 서울 올림픽을 기점으로 활성화되기 시작하여 매년 평균 30% 이상의 성장을 해오다가 1994년 이후 성장률이 저하되었다.

근대 외식업소의 생선 음식

일제강점기 요릿집에서는 한 상에 4인분을 한꺼번에 차리고 일정한 값을 정했다. 손님 수로 돈을 내지 않았다. 상에는 흰 무명 상보를 깔고 손님들에게 무명 식건을 사용하도록 했다. 음식은 대부분 제기처럼 생긴 굽이 있는 접시에 나지막하게 고이고, 과일은 통째로 유리 과기에 담아내면 기생들이 깎아서 대접했다. 상에는 음식마다 지정된 위치가 있었고, 마른안주는 한 상에 몇 가지씩 올렸다. 국물 있는 더운 음식으로는 봄에 도미전골, 여름에 닭백숙, 가을에 버섯전골, 겨울에는 신선로가 주로 나왔다. 도미전골, 도미국수는 냄비 아래에 무, 쇠고기, 양파 등을 나박나박 썰어 양념하여 볶아 담고 위에 구운 도미를 얹은 후 그 위에 미나리초대, 황백 달걀지단, 간, 천엽전 등을 네모진 골패형으로 썰고 고기완자, 밤, 은행, 대추를 담는다. 육수는 양지머리, 더 잘하려면 사태로 하고 삶은 당면을 조금 넣는다. 육회, 갈비구이, 닭고기 구이, 산적, 편육, 송순松荀채, 버섯채, 묵무침, 묵사발 등도 상에 올랐다. 생선음식으로는 가장 잘 차리는 큰 상에 숭어찜을 올렸고, 갖은 고명을 얹은 도미찜도 올렸다. 숙회는 홍어만 했고, 어만두, 어채 등도 제철에 나오는 싱싱한 생선으로 만들었다. 어리굴젓은 광천산 작은 굴로 담근 것이었다.

인류 식량 천혜의 보고, 바다와 강

우리나라 물고기의 종류와 가공법을 구체적으로 알 수 있는 기록은 조선 중기 《신증동국여지승람》1530과 《세종실록지리지》1454다. 수록된 빈도가 높은 물고기는 은어, 숭어, 조기, 홍어, 청어, 대구, 농어, 광어, 상어, 방어, 연어, 웅어, 고등어, 준치, 뱅어, 전어, 민어, 밴댕이, 갈치, 빙어, 잉어 등으로, 오늘날 우리가 즐겨 먹는 생선들이다. 수산가공품으로는 숭어, 잉어, 백합, 전복, 홍합 등을 말려서 건어물로 가공한 것과 새우젓, 기타 젓갈이 수록되어 있다. 그중 전복을 통으로 말린 것, 가늘게 썰어서 말린 것, 늘려서 말린 것, 망치로 두들겨서 말린 것 등 여러 가지가 있다. 젓갈은 황어젓, 생합젓, 잉어젓, 토하젓, 석화젓, 소어젓, 백하젓, 자하젓, 참조기젓, 홍합젓, 어하젓생선과 새우로 담근 젓, 해미海味젓 등이 명물이어서 명나라로 보냈다고 세종 10년 5월, 11년 7월에 기록되어 있다. 지금보다 냉장·냉동 등 저장기술과 유통산업이 발달되지 않았음에도 불구하고 다양한 종류의 수산물과 수산가공품을 이용하고 있었음을 알 수 있다.

조선시대 궁중에 올린 식품은 그 시대의 명물이었으며, 계절별로 새로 나온 식품은 천신薦新식품으로서 계절상을 알 수 있다. 진상 품목에 오른 식

《자산어보》에 수록된 물고기의 종류

구분	물고기의 종류
인류(鱗類) (비늘 있는)	조기(石首魚, 석수어), 민어(鮸魚), 숭어(鯔魚, 치어), 농어(鱸魚, 노어), 도미(强項魚, 강항어), 준치(鰣魚, 시어), 고등어(碧紋魚, 벽문어), 청어(靑魚), 상어(鯊魚, 사어, 문절망둥어), 금처귀(黔魚, 검어), 넙치가자미(鰈魚, 접어), 망치어(小口魚, 소구어), 웅어(魛魚,도어), 망어, 숭대어(청익어), 날치(비어), 노래미(이어), 전어(箭魚), 병어(편어), 멸치(추어), 대두어(大頭魚)
무인류 (無鱗類)	가오리(鱝魚, 분어), 해만려, 해점어, 돈어, 오적어, 장어, 해돈어, 인어, 사방어, 우어, 회잔어, 침어, 천족섬, 해타, 경어, 해하, 해삼, 굴명충, 음충
개류	해구, 해, 복(전복), 합, 감, 정, 담채, 호, 나, 율구합, 구배충, 풍엽어
잡류	해충(海蟲), 해금(海禽), 해수(海獸), 해초(海草)

품류 중 어패류와 해조류는 은어, 홍합, 생문어, 북어, 생복, 동해, 연어알, 건복, 굴, 인복늘려서 말린 전복, 추복망치로 두들겨서 말린 전복, 대구어, 조기, 생대합, 맛살, 생오징어, 굴비, 석수어石首魚, 생금어生錦魚, 분곽, 조곽, 다시마, 황각, 김, 우뭇가사리, 세모, 파래, 다시마 등이다.

《음식디미방》1670의 어육류魚肉類 중 어류는 숭어, 붕어, 생선, 생복, 건대구껍질, 건해삼, 대합, 모시조개, 가막조개, 게, 약게, 자라 등이 이용되었다. 총 3권으로 구성된 《자산어보》1814, 순조 14는 흑산도에 귀양 가 있던 정약전이 쓴 것으로, 수록된 물고기의 종류는 위의 표와 같다.

오늘날 물고기의 분류는 물의 성질에 따라 담수어와 해수어로 구분되며, 우리나라에서 상용하는 생선은 아래 표와 같다.

우리나라에서 상용하는 생선의 종류

물의 성질에 따른 분류	생선 이름
해수어(海水魚)	대구, 명태 또는 동태, 조기(참조기), 민어, 공어, 가자미, 도미, 복어, 농어, 방어, 전갱이, 꽁치, 정어리, 청어, 송어, 연어, 숭어, 고등어, 다랑어, 갈치, 삼치, 멸치, 홍어, 가다랭이, 날치, 망둥이, 뱀장어, 박대기, 뱅어
담수어(淡水魚)	잉어, 붕어, 뱀장어, 미꾸라지, 메기, 은어

도미는 돔이라고도 하는데, 우리나라 연해에서 잡히는 도미의 종류로는 참돔, 감성돔, 청돔, 새눈치, 황돔, 붉돔, 녹줄돔, 실붉돔 등이 있다. 도미류를 대표하는 참돔은 아름다운 분홍색이고, 녹색의 광택을 띠고 있으며, 청록색의 반점이 흩어져 있다. 몸길이는 50cm 내외인데 1m에 달하는 종류도 있다. 감성돔은 몸이 타원형이며 등쪽 외곽이 융기되어 있다. 몸빛은 회흑색인데 배 쪽은 조금 연하다. 몸길이는 40cm 정도이다. 내만성 어류로서 보통은 40~50m의 얕은 바다에 산다. 우리나라의 동·남·서부중부 이남 연해에 분포하며, 동해에서의 산란기는 4~6월경이다.

앞에서도 언급한 1930년대에 발굴된 부산 동삼동 패총에서는 참돔의 뼈가 출토되었는데, 그 턱뼈의 길이로 보아 몸길이가 45~58cm로 추정되었다. 도미가 식품으로 이용된 역사는 선사시대부터였다. 조선시대의 《경상도지리지》1425, 세종 7에 의하면 고성현固城縣의 토산 공물 가운데 도음어都音魚가 들어 있었으며, 읍지들에도 도미어道味魚, 到美魚라는 이름이 많이 실려 있는데, 이는 주로 참돔을 가리키는 것이다. 《증보산림경제》1766, 영조 42에서는 "그 맛이 머리에 있는데, 가을의 맛이 봄, 여름보다 나으며 순채를 넣어 국으로 끓이면 좋다."라고 했다. 《자산어보》에서는 도미를 몇 가지로 분류하여 비교적 상세하게 설명하고 있다. 그 가운데 지금의 참돔을 강항어强項魚라 하고, "머리뼈가 단단하여 부딪치는 물체는 모두 깨어지고, 이빨도 강하여 조개껍질을 부술 수 있으며, 낚시를 물어도 곧잘 이를 부러뜨린다. 살코기는 탄력이 있고 맛이 좋다. 4, 5월에 그물로 잡는데, 흑산도에서는 4, 5월에 처음으로 잡히며 겨울에는 자취를 감춘다."라고 했다. 서유구의 《난호어목지》1829년경에서도 독미어禿尾魚라고 했다.

도미는 살색이 희고 육질이 연하여 뛰어난 횟감의 하나일 뿐만 아니라, 그 맛이 좋기 때문에 옛날부터 '도미면' 등 각종 음식으로 만들어 먹었다.

특히, 일본의 《요리물어》1647에 기록된 도미를 이용한 맑은 장국인 고려자高麗煮라는 음식은 그 명칭으로 미루어 우리나라에서 전파된 음식으로 추측된다. 이와 같이 우리 조상들은 도미의 맑고 산뜻한 맛을 즐겼으며, 일본에까지 전하여 대표적인 일본음식으로까지 발전되었다.

조기는 지역에 따라 조구 또는 조긔는, 석수어石首魚라고 한다. 조기라고 하면 참조기를 뜻하며, 보굴치, 부서, 백조기 같은 근연종이 상당히 많다. 조기는 동중국해 쪽에서 서해로 올라오는 회유 어종으로 흑산도부터 신의주 앞바다와 중국 대련에 이르기까지 광범한 어장이 형성되어 있으며, 어부들은 조기를 따라서 북상하면서 잡아나간다. 첫 어장이 흑산도 일대에서 형성된 후 전라도 영광과 부안 앞바다인 칠산 어장, 충남 태안 앞바다인 방우리 어장, 연평도 어장, 평북 철산 앞바다인 대화도 어장이 중요하다. 밑에서 올라온 조기는 알을 실어 통통하게 살쪄서 필산에서 곡우사리를 형성하는데, 이때의 조기가 굴비를 만드는 데 적격이다. 위도의 왕등이섬을 빠져나가 방우리 어장에서 잠시 어장이 형성되며, 곧바로 연평도에서 입하사리가 이루어진다. 입하에는 알이 매우 굵어지고 살이 빠지게 되는데 이때쯤이면 기온이 높아 굴비를 만들 수 없게 된다. 따라서 곡우와 입하 때의 조기를 최상품으로 친다.

1960년대 이래 남획으로 조기잡이가 쇠퇴했다. 그러나 지금도 조기는 제사상에 빠지지 않고 올라야 하는 생선으로 비싼 값에 팔리고 있어 조기의 문화적 장기 지속성을 보여주고 있다. 수산학적 통계에 의하면 조기는 한국인이 가장 선호하는 생선의 하나로 인정된다.

준치는 '진어眞魚'라고 불리는데, '썩어도 준치'라는 말이 있듯이 맛있기로는 준치보다 나은 생선이 드물다고 한다. 흰살 생선 중에 오월 단오 때 잠시 나왔다 들어가는 준치는 비늘이 유난히 크고 가시가 매우 많으나 생선 중에서 가장 맛이 좋다고 하여 이름도 진짜 생선이라는 뜻이다. 시어鰣魚, 준치어俊致魚, 준어俊魚 등으로 불린다. 준치가 가시가 많아진 데에는 재미있는 전설이 있다. 옛날 사람들이 맛있는 준치를 즐겨 먹어 멸종의 위기에 놓였다고 한다. 그러자 용궁에서는 묘책으로 물고기들에게 자기의 가시 한 개씩을 빼서 준치에게 박아 주면 사람들이 쉽게 잡지 않으리라고 의논이 모아져 모든 물고기가 가시를 하나씩 빼서 준치의 몸에 꽂으니 결국 가시가 많은 생선이 되었다고 한다. 특히 물고기들이 준치 몸에 가시를 꽂을 때 준치가 그 아픔을 견디다 못해 달아났는데 물고기들이 뒤쫓아 가면서 꽂아 주어 꽁지 부분에도 가시가 유난히 많다고 한다.

《규합총서》1815나 《증보산림경제》에 '토막 낸 준치를 도마 위에 세우고 허리를 꺾어서 베나 모시 수건으로 두 끝을 누르면 가는 뼈가 수건 밖으로 내밀 것이니 낱낱이 뽑으면 가시가 적어진다.'고 준치의 가시 없애는 법을 상세히 적고 있다. 민어, 복어, 준치 모두 진미를 자랑하는 고급 생선이다.

민어는 민어과에 속하는 바닷물고기로 민어鰵魚, 면어鮸魚라고도 했다. 몸은 납작하고 아래턱은 위턱보다 짧으며, 턱에 2쌍의 구멍이 있다. 꼬리지느러미는 길고 참빗 모양을 하고 있다. 몸빛은 등 쪽이 회청색이고, 배 쪽은 연한 흰빛이다. 몸길이는 90cm에 달한다. 우리나라 서·남해에 분포하며 동해안에는 없다. 경기도의 덕적도 연해와 전라도의 신도 연해에서 많이 잡힌다.

민어는 옛날부터 우리 민족이 좋아하는 물고기로 《세종실록지리지》와 《신증동국여지승람》의 토산조에 '민어民魚'라고 기록되어 있는데, 경기도와 충청도의 여러 곳과 전라도, 황해도 및 평안도에서도 잡혔다고 한다. 영조 때 편찬된 여러 읍지邑誌에도 전라도, 충청도, 황해도 및 평안도에서 산출되었다고 했다. 《자산어보》에는 민어를 면어鮸魚라고 하고 그 속명을 민어民魚라고 했으며, 큰 것은 길이가 4, 5자이다. 몸은 약간 둥글며 빛깔은 황백색이고 등은 청흑색이다. 비늘이 크고 입이 크다. 맛은 담담하고 좋다. 날것이나 익힌 것이나 모두 좋고 말린 것은 더욱 몸에 좋다. 나주羅州의 여러 섬 이북에서는 5, 6월에 그물로 잡고 6, 7월에는 낚시로 잡는다. 그 알주머니는 길이가 길다. 젓갈이나 어포가 모두 맛이 있다. 어린 새끼를 속칭 암치어巖峙魚라고 한다. 또 다른 한 가지가 있는데 속칭 부세富世라 하며 길이가 2자 남짓하다고 했다. 참고로 부세는 50cm 가량인 민어과의 바닷물고기로 참조기와 거의 유사하지만 머리 모양이나 제1등지느러미 높이가 더 낮다. 굴비처럼 말려서 이용하지만 맛은 참조기에 비해 떨어진다. 서유구의 《난호어목지》에는 민어鰵魚라고 쓰고, 서·남해에서 나며 동해에는 없고 모양이 조기石首魚와 유사하나 그 크기가 4, 5배에 달한다고 했다. 또 민어의 알젓은 진귀하여 손님 접대용이나 제수용으로 쓰인다고 했다. 관서지방 사람은 민어 알을 소건품으로 만든 것을 담상淡鯗이라 했는데, 이것이 어란이다. 오늘날에도 명물로 평가한다. 《한국수산지》 제1집1908에는 조선 말기의 민어 어업의 실태가 잘 소개되어 있다. 민어의 산지에 대하여 "민어는 서남해에 많고 동해에서는 점차 감소하여 강원도·함경도 연해에 이르러서는 거의 볼 수 없다."고 했다.

민어 염건품은 암치라 하는데 조기 다음으로 좋아하는 식품으로서, 음력 7월의 관월제觀月祭 때는 조기와 함께 민어를 사용하는 풍습이 있어 그 판로가 매우 넓으나 값이 싸지 않다고 했다. 광복 이후 약 20년 동안 연평균 2,000~3,000M/T 정도의 어획 수준을 유지하여 왔고, 가장 많이 잡힌 1964년 4,174M/T이 어획되었으나 그 뒤에는 감소 경향을 보였고, 1992년에 2,272M/T, 1997년에 1,177M/T이 어획되었다. 이는 대형 기선저인망이 동원되어 어획하는 등 어획 노력이 증투增投된 결과이며, 민어의 자원은 옛날에 비하여 크게 줄었다.

민어는 삼복더위의 보양식 가운데 하나로 꼽힌다. 2014년 인천종합어시장의 한 상인은 민어의 kg당 경매가는 4~6만 원, 판매가는 5~7만 원이라고 하며, 서울 가락시장의 소매상에서도 자연산 민어 활어가 kg당 7~9만 원에 거래되고 있는 비싼 생선이다. 특히 민어는 크기가 클수록 맛이 좋아 크기에 따라 가격 차이가 크다고 한다. 민어는 6~8kg은 되어야 품질이 좋다고 하며, 고급 횟집에서는 10kg 내외의 민어를 취급한다.

숭어는 《자산어보》에 치어라 하고 "몸은 둥글고 검으며 눈이 작고 노란빛을 띤다. 성질이 의심이 많아 화를 피할 때 민첩하다. 작은 것을 속칭 등기리登其里라 하고 어린 것을 모치毛峙라고 한다. 맛이 좋아 물고기 중에서 제일이다."라고 했다. 숭어는 예로부터 음식으로서만 아니라 약재로도 귀하게 여겼다. 또 고급 술안주로도 이용했는데 난소를 염장하여 말린 것을 치자子라 하여 귀한 손님이 왔을 때만 대접했다고 한다. 《난호어목지》에 "숭어를 먹으면 비장脾臟에 좋고, 알을 말린 것을 건란乾卵이라 하여 진미로 삼는다."고 했다. 《향약집성방》1433, 세종 15, 《동의보감》1613에는 수어水魚라 했고, "숭어를 먹으면 위를 편하게 하고 오장을 다스리며, 오래 먹으면 몸에 살이 붙고 튼튼해진다. 이 물고기는 진흙을 먹으므로 백약百藥에 어울린다."고 했다. 《세종실록 지리지》에는 건제품乾製品을 건수어乾水魚라 하며 자주 보이는 것으로 보아 소비가 많았던 것으로 추정된다. 한국산 숭어 중에는 영산강 하류 수역에서 잡히는 것이 숭어회로서 일품이다.

대구는 입이 커서 대구大口라고 하는데, 1950년대까지는 진해만 일원과 남해에서 많이 잡혔다. 우리나라 근해에서는 한겨울에 주로 잡히는 전형적인 한류성 어종이다. 육질이 기름기가 적어 본래 담백한 음식을 좋아하는 우리나라 사람들의 식성에 딱 들어맞아 가장 즐겨 먹던 어종 중 하나이다.

명태도 한류성 어종으로 오랜 세월 사랑을 받아온 생선이다. 국이나 찌개는 물론, 전, 찜, 구이로 즐겼다. 북어는 술국 거리로 최고이고, 제사와 굿, 고사를 지낼 때도 빠지지 않는다. 함경도에서는 입을 통해 내장을 빼내고 두부, 고기, 채소 소를 채워 추운 데에 널어 꽁꽁 얼린 동태순대를 만들어 겨우내 쪄 먹었다.

명태라는 이름은 영조 17년 《비변사록》1741에 처음 등장했다. 《신증동국여지승람》, 《북관지》1693, 숙종 19 등에 '무태어'라는 이름의 어류가 명태라고 발표된 바가 있으나 확실하지 않다. 《송남잡식》연대 미상에 "함경도 명천 사람 태太아무개가 북해에서 낚시로 잡았다. 크고 살찌고 맛이 좋아 명태라 이름 지었다."고 전한다. 명천의 '명明'과 태씨의 '태太'를 따 명태로 이름을 붙였다는 것이다. 명태의 동건품인 북어에 대해 《난호어목지》에 "매번 납월12월에 시작한다. 어망을 설치하여 잡아서 배를 가르고 아가미, 뼈를 빼서 소금에 절이면 붉은색이 된다. 정월에 잡은 것이 살이 부드러워서 가장 좋고 2~3월의 것이 다음이며, 4월 이후의 것은 살이 질겨 하품下品이다. 즉, 겨울에 잡은 명태는 엄동 중에 동건을 하여야 보슬보슬한 황태로 만들 수 있다."고 한다. 18세기가 되어 명태잡이가 본격화되면서 북어의 가공이 시작되었음을 알 수 있으며, 이 북어는 조선시대 말기부터 오늘날까지 찬물로 널리 보급되었다. 북어는 여러 지방으로 연중 수송, 판매되고 있었으므로 가정에서 제사를 지낼 때 북어포가 어포로서 흔히 쓰였다.

조선시대 봉제사의 제물로 쓰였던 북어포와 대구포, 그리고 오징어포는 바람이 차는 곳에 두었다가 찬물 '포식해'를 만들었다. 강릉 김씨 종가 댁의 경우, 소금기를 뺀 대구포를 찢고, 오징어포는 돌돌 말아 채 썰어 조청, 엿기름가루에 재어 놓았다가 무채, 다진 파·마늘, 고춧가루, 멥쌀밥을 넣고 잘 버무려 항아리에 담는다. 여름에는 3~4일, 겨울에는 10일 정도 지나면 먹을 수 있다. "제사는 많고 포를 저장할 수는 없고…… 식해를 만들어서 먹

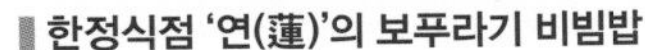

한정식점 '연(蓮)'의 보푸라기 비빔밥

서거리깍두기

었다."고 하며, 생선 구하기가 쉽지 않을 때는 마른 생선으로 포식해를 만든다고 한다. 강릉 선교장에서도 현 이관장의 할아버지께서 즐겨 드셨던 북어 보푸라기를 넣은 '북어보푸라기 비빔밥'을 가승 한정식점 '연'에서 메뉴로 개발하여 판매했는데 고객들이 보푸라기의 담백한 맛 때문에 즐겼다고 한다.

명태의 어획량이 많아지면서 명태의 알을 모아 명란젓, 창자를 모아 창란젓, 아가미 밑의 귀세미를 모아 귀세미젓을 가공했다. 명태 아가미는 서거리라고도 하며 서거리깍두기를 담그는데 시원한 맛이 일품이다. 《난호어목지》에 "알젓을 명란이라고 한다. 날것은 맛이 거칠고 담담하다."라고 했다.

고등어는 값싸고 영양이 풍부한 등 푸른 생선으로, 고등어라는 이름은 등이 둥글다는 데서 나왔다. 매년 10월부터 남쪽으로 이동해 수심 200~350m의 깊은 바다에서 월동한 후 봄에 북상한다. 서식 수온은 10~22℃로 난류와 한류가 만나는 조경수역에 떼지어 산다. 《동국여지승람》1481, 중종 25에는 450년 전부터 우리 민족은 고등어를 영양식품으로 상식하면서 어업도 경영해 왔다고 했으며, 고등어의 모습이 칼을 닮았다고 하여 고도어古刀魚, 《재물보》에는 고도어古道魚라고 소개했다. 《자산어보》에는 복부에 반점이 없는 종은 벽문어碧紋魚, 작은 반점이 총총히 있는 종은 배학어

拜學魚라고 했다.

고등어, 정어리, 꽁치, 청어 등은 계절적으로 해류海流를 따라 이동하는 물고기로 회유어라고 한다. 여름철에 산란을 마친 고등어는 탐식성이 강해져서 겨울철에 월동에 들어가기 전까지 먹이를 많이 먹는데, 가을 고등어는 지방질 함량이 20%가 넘어 감칠맛이 일품이다. '가을 고등어와 가을 배는 며느리에게 주지 않는다.'고 할 만큼 가을 고등어를 제일로 쳤다.

고등어는 비린내가 심해서 싫어하는 사람도 많지만 고등어의 지방은 동맥경화나 뇌졸중 예방에 좋은 EPA100g당 1,210mg와 DHA100g당 1,780mg라 불리는 불포화지방산이어서 몸에 좋다. 그러나 불포화지방산이 산화하면 과산화지방으로 변해 암의 원인이 되므로 산화를 방지해주는 비타민 E와 함께 섭취해야 하는데, 고등어에는 비타민 $E_{1.8mg}$ 함유도 다량 함유되어 있으므로 안심하고 먹어도 좋다.

고등어는 '손'이라는 단위로 세는데 '한 손'은 두 마리를 뜻한다. 큰 것 하나와 작은 것 하나를 손에 겹쳐 쥐고 세는 데서 비롯한 말이다. 즉 한손에 움켜 쥘 수 있는 분량이라는 의미가 들어 있다. 고등어는 낚아 올리는 즉시 죽고, 죽자마자 다른 어류보다 풍부한 붉은 살血合肉 부분의 부패가 빠르게 일어난다. 살아 있을 때는 높은 에너지를 발생시키며 영양의 보고인 붉은 살에 함유되어 있는 히스티딘histidine이 히스타민histamine으로 변환되고, 이 물질이 인체에 들어가면 알레르기 증상을 일으켜 두드러기, 복통, 구토 등을 일으킨다.

고등어가 많이 잡힐 때는 염장품이나 통조림, 간유를 만들어 농촌에 보냈다. 간고등어는 배에서 바로 소금에 절인 '뱃자반'을 제일로 알아줬다. 내륙지방인 안동의 경우 구한말부터 간고등어가 특산품으로 유행했으며, 한때 30여 곳의 도가가 있을 정도로 염장업이 성했다.

고등어, 정어리, 전갱이, 꽁치 등은 난류를 타고 여름철이 되면 알을 낳기 위해 연안으로 떼지어 몰려든다. 이런 고등어를 어부들은 비교적 손쉽게 잡는 편이지만 교통과 냉장시설이 발달하지 못했던 시절에는 한꺼번에 많이 잡히고 쉽게 상하는 고등어를 신선하게 옮기는 것이 큰 문제였다. 산간 오지까지 싱싱한 생선을 팔기 위해 고등어를 소금에 절여 팔게 되었고, 이것이 오늘날의 '자반고등어'가 되었다.

교통이 여의치 않던 시절 영해, 영덕에서 잡은 고등어를 내륙지방인 안동으로 들여와 판매하려면 영덕에서는 육로로 황장재를, 영해에서는 창수재로, 울진 쪽에서는 백암을 거쳐 구주령을 넘어 진보를 지나 꼬박 하루가 걸려야 임동면 채거리 장터에서 물건을 넘길 수 있었다. 이때 고등어는 뜨거운 날씨 때문에 뱃속의 창자가 상할 우려가 있어 이곳에서 창자를 제거하고 뱃속에 소금을 한 줌 넣어 팔았는데, 이것이 얼간재비 간고등어이다. 임동면에서 다시 걸어서 안동장에 이르러 팔기 전에 한 번 더 소금을 넣은 것이 안동 간고등어이다. 생선은 상하기 직전에 나오는 효소가 맛을 좋게 하기 때문인데, 영덕에서 임동면 채거리까지 하루가 넘게 걸려서 오다 보면 얼추 상하기 직전이 되며, 이때 소금간을 하게 되면 가장 맛있는 간고등어가 되었다고 한다. 기능보유자는 이동삼이다.

유홍준은 《나의 문화유산답사기》에서 "어려서부터 간고등어에 입맛이 길들여진 안동 사람들은 간고등어가 없으면 서운해 하고, 안동에만 틀어박혀 산 아이들은 생선은 간고등어밖에 없는 줄 알고 자란다."고 묘사했다.

청어는 지금은 많이 잡히지 않아 귀해진 생선이나, 예전에 많이 잡힐 때는 값이 쌌지만 영양 많은 생선이었다. 청어 말린 것이 '과메기'인데, 지금은 청어가 귀해져 과메기도 주로 꽁치로 만들고 있다. 청어와 관련된 기록은 《도문대작》1611에 "서해 청어 가운데서도 2월에 황해도 해주 근해에서 잡힌 청어가 제일 맛이 좋다."고 했다. 이 서해 청어를 서울 지방에서는 청어라 부르지 않고 '비웃'이라 불렀다. 《명물기략》1870년경에 비유어肥儒魚라고 기록되어 있는데, 이는 선비를 살찌게 하는 고기란 뜻이다. 원래 청어는 많이 잡히는 생선이기에 값이 쌌다. 고려 말 이색의 《목은집》에 "쌀 한 되에 청어 마흔 마리만 주니 세상이 어지럽고 흉년이 들어 백물百物이 귀해져 청어마저 드물구나."라고 기록되어 있다. 쌀 한 되에 청어 40마리면 굉장히 헐값인데도 그것을 비싸다고 여긴 것을 보면 청어는 무척 값싼 생선이었음을 알 수 있다. 이렇게 값이 싼 것 치고는 맛이 좋기에 가난한 서울의 남산골 양반이나 선비들이 무척 잘 먹었던 것 같다. 그래서 가난한 선비들을 살찌게 한 고기라 해서 비유어라 하다가 비웃이 되었다고 한다.

오늘날 시장에 나오는 청어는 대부분이 북태평양에서 원양어선으로 잡아오는 것으로 맛이 훨씬 떨어진다. 옛 서울의 비웃 맛에는 도저히 따를 수가 없다. 이 같은 청어의 생산량이 때와 곳에 따라 변천하는 것도 난류의 북상인 해류의 변동 때문이다. 앞에서 말한 것처럼 청어비웃 말린 것을 관메기貫木라 한다. 《규합총서》에는 "비웃 말린 것을 세상에서는 흔히들 관목貫目이라 하니 잘못 부름이오, 정작 관목은 비웃을 들어 비추어보아 두 눈이 서로 통하여 말갛게 마주 비치는 것으로 말려 쓰면 그 맛이 기이하다."고 했다. 아마 청어 가운데는 두 눈이 관통된 특수한 어종이 있으며 이 눈이 뚫린 관목의 청어 말린 것을 관메기라 불렀던 것 같다. 과메기는 경상도 동남지역의 특산물로 짚불에서 서서히 구워 껍질을 벗기면 빨간 속살이 나오는데, 아주 별미라 한다. 빨간 속살을 찢어 술안주를 하기도 하고, 칼로 토막내어 쑥국을 끓여도 별미요, 냉이와 쑥, 콩나물 따위를 섞어 죽을 쑤어 먹기도 한다. 관메기 중 부엌 통기구멍에다 매달아 놓고 연기를 쏘여가며 말린 관메기는 '연관목'이라 하여 더욱 귀하게 여겼다. 이것이 곧 훈제 청어다.

전라도에서는 큰 가마솥에 물을 붓고 그 위에 대발을 지르거나 채반을 얹어 청어를 많이 놓고서 물을 끓여 찐다. 그러면 그 김에 청어의 기름이 아래로 빠져 담백한 청어찜이 만들어진다. 이 찜을 초고추장에 찍어 먹으면 많이 먹을 수 있어 해안지방에서는 이를 점심이나 요기로 대용하기도 했다. 청어구이나 청어조림은 알려진 요리법이며, 청어알구이나 청어알탕, 청어알 건포는 씹히는 소리나 맛에 있어 다른 생선의 알과 비교가 되질 않는다. 영남 해안지방에서는 부녀자들이 날을 받아놓고 청어알 먹는 습속이 있는데, 이는 청어알처럼 다산하는 주술의 힘을 얻고자 함이다. 한편, 《음식디미방》에는 "말린 고기를 오래 두려면 연기를 쐬어 말리면 고기에 벌레가 안 난다."고 했다.

멸치는 주로 대륙붕 해역에서 생활하는 청어목 멸칫과에 속하는 물고기로, 우리나라 전 연안에 분포한다. 봄에 연안에 들어왔다가 가을에 남쪽 바다로 이동하여 겨울을 보낸다. 《세종실록》 토산물조에는 멸치가 전혀 보이지 않았는데, 《신증동국여지승람》에 제주 산물로 행어行魚라고 수록되었다. 《자산어보》에는 멸어蔑魚, 《임원경제지》 전어지에는 멧鮧鰍, 이추이라 했다. 멸치는 19세기 초에 와서 동서남해 연안에서 대량 어획되어 건어물로 만들어지고 젓갈을 담갔다.

아구는 원래 어부들이 잡으면 재수없다고 버렸던, 거름에나 쓰던 인기 없는 물고기였다. 1950년까지 아구를 먹는 사람은 어부를 포함해 아무도 없었고, 고작해야 기름을 짜서 공업용으로 썼다고 한다. 1950년 6·25전쟁 발발과 함께 마산에 피난민이 모여 살면서 먹을 것이 없던 시절에 탕이나 찜으로 조리해 먹기 시작하다가 '마산 아귀찜'처럼 인기 있는 외식 메뉴의 하나가 되었다.

도루묵은 지금은 동해안에서 많이 잡혀 값이 싸지만, 한때 일본에 수출하는 귀한 생선이었다. 도루묵도 재미있는 유래가 있다. 조선 정조正祖, 1752~1800 때 이의봉이 편찬한 《고금석림》과 조선 말기 조재삼의 《송남잡식》에 유래가 전한다. 《고금석림》에 의하면 "고려의 왕이 동천東遷했을 때 목어를 드신 뒤 맛이 있다 하여 은어로 고쳐 부르라고 했다. 환도 후 그 맛이 그리워 다시 먹었을 때는 맛이 없어 다시 목어로 바꾸라 하여 도루묵還木이 되었다."고 한다. 조선조의 인조仁祖, 1592~1649가 이괄의 난으로 공주에 피신하는 과정에 있었던 일이라고 하는 전설도 있다. 또 다른 유래담으로는, 원래 맥어麥魚였는데 은어로 개명되었다가 다시 환맥어로 되었다는 내용도 있다. 오늘날의 은어는 과거에는 은구어銀口魚라고 하여 도루묵과 구별했다.

조선시대에는 사옹원이 천신과 물선을 위하여 직접 강에 고기잡이 도구인 어살을 설치했다. 고기 잡는 어부와 전복 잡는 포작간鮑作干 등의 노비가 소속되어 고기잡이를 담당했다. 생물인 어류를 운반하기 위하여 얼음을 사용한 기록이 있고, 상한 것을 올려서 처벌한 기록들이 나온다.

천신과 물선을 위한 민물고기로는 연어, 은구어지금의 은어, 빙어, 붕어, 누치, 송어, 웅어 등을 사용했고, 해수어로는 은어도루묵, 뱅어, 청어, 대구어, 준치, 조기, 숭어 등을 올렸으며, 그 외 해물로 게, 낙지, 문어, 전복 등도 사용했다. 이시필의 《수문사설》에 붕어구이, 붕어찜 《규합총서》1815에 잉어, 붕어, 쏘가리, 메기, 가물치, 웅어 등이 기록되었다.

잉어는 담수어류의 대표종으로 인류가 양식한 어류 중 가장 오래된 물고기이다. 자양식품, 준약용으로 귀하게 여기며, 아미노산 균형이 잘 잡힌 단백질과 불포화지방산을 함유하고 있어 성인병 유발요인이 없다. 겨울에 얼음 언 후에 먹으면 좋고, 봄에 먹으면 풍병風病, 動風을 일으킨다. 산 잉어는 매달고 꼬리를 떼어 피가 떨어지게 하면 비린 맛이 없다고 하며, 토막을 크게 내고 솥에 넣고 물을 부어 끓여 물이 3분의 2가 되거든 고추장을 물에 타 밭쳐 솥에 붓고 막걸리 한 보시기를 넣고 끓이면 국이 진하고 맛이 아름다우며 죽 같다고 했다. 또 다른 방법으로는 솥에 물을 많이 붓고 술 한 보시기만 부어 물이 닳도록 고아 내고 차거든 초장에 먹으라고 했다. 두 방법 모두 생선이 반만 익었을 때 생강, 파를 넣고 고으라고 했다. 잉어뼈를 무르게 하는 법도 나와 있다.

붕어는 잉어목 잉어과의 민물고기로 《수문사설》에 붕어구이, 붕어찜, 《규합총서》에 붕어 굽는 법과 붕어찜이 기록되어 있다. 《수문사설》의 붕어구이는 붕어를 손질하여 황토를 개어 붕어에 고루 바른 후 종이로 싸고 새끼줄로 동여맨다. 숯불을 피워 재 속에 묻어서 굽고, 진흙을 벗기면 비늘이 저절로 떨어지고 소금을 뿌려 먹는다. 《규합총서》의 붕어를 구울 때는 숯불 위에 얹고 냉수를 발라가면서 붕어를 굽다가 기름장을 바르고 굽는다. 마늘, 겨자, 돼지 간, 꿩, 닭고기, 사탕, 맥문동과는 같이 먹지 말라고 했다. 《수문사설》의 붕어찜은 《원행을묘정리의궤》의 부어증, 《규합총서》의 붕어찜, 《부인필지》1915의 붕어찜으로 이어지지만, 《수문사설》보다 약 100년 앞서 나온 《음식디미방》의 붕어찜과 《주방문》1600년대 말엽의 붕어찜과는 다르다. 《음식디미방》에서는 '붕어의 등을 따고 된장에 천초, 생강, 파, 참기름 합한 것을 넣어서 밀가루즙을 넣어 중탕한다.'고 했고, 《주방문》에서도 역시 '밀가루와 양념을 넣고 온갖 나물을 같이 담아 중탕하여 찜하면 맛나다.' 했다. 요즈음의 붕어찜에는 무청시래기를 많이 넣고 고춧가루를 풀어 맵게 조리한다. 《규합총서》의 붕어찜은 붕어 속을 손질하고 속을 넣고 녹말로 붙이고, 초 두 숟가락을 붓는다. 기름장에 뭉근한 불로 끓인다.

쏘가리는 농어목 꺽지과의 민물고기로 일명 금린어錦鱗魚로 천증어라고도 하며, 천자가 먹으므로 천자어라고도 한다. 양생기에 허약함을 보하고 위에 유익하나, 등마루뼈에 독이 있으니 모조리 제거하고 먹으라 했다.

메기는 메기목 메깃과에 속하는 민물고기로 물을 끓여 튀하면 검고 미끄러운 것이 없어지고, 좋은 고추장에 꿀을 좀 섞어 끓인다. 가물치는 농어목 가물치과의 토종 민물고기로, 본초에 온갖 짐승과 고기 쓸개가 다 쓰되 여자의 보혈에 신기한 약이라고 했다.

웅어는 위어葦魚라고도 불리며 임금님이 드시던 귀한 물고기로 조선 말기에는 행주에 사옹원司饔院 소속의 위어소葦漁所를 두어 이것을 잡아 왕가에 진상하던 것이 상례였다. 웅어는 낮은 물에 잘 자라는 갈대 속에서 많이 자라서 갈대 '위葦' 자를 써서 위어葦魚, 갈대고기라고도 한다. 회유성 어류로 4~5월에 바다에서 강의 하류로 거슬러 올라와 갈대가 있는 곳에서 6~7월에 산란한다. 부화한 어린 물고기는 여름부터 가을까지 바다에 내려가서 겨울을 지내고 다음 해에 성어가 되어 다시 산란 장소에 나타난다. 회로 먹으면 살이 연하면서도 씹는 맛이 독특하고 지방질이 풍부하여 고소하나, 익혀 먹으면 아무런 맛이 나지 않는다. 회로 저밀 때는 풀잎 같이 저며 종이 위에 놓아 물과 기름을 뺀 후 회를 쳐야 좋다고 했다.

여러 가지 생선음식

국물

우리 음식의 국물은 주로 양지머리 육수를 이용하거나 국물용 멸치인 대멸과 디포리 등을 이용하여 우린다. 멸치가 우리 식탁에 등장한 것은 대량 어획된 19세기 초 이후이다. 원래 멸치는 '변어'라고 해서 꺼리는 생선이었다. 그러나 일제강점기에 멸치를 잡기 시작하면서 멸치에 대한 시각이 바뀌기 시작했다. 물론 처음에는 멸치를 꺼렸지만 멸치가 국물의 맛을 내는데 좋다고 판단되자 수요가 증가했다.

소매점에서 파는 멸치에 지리, 가이리, 고주바, 주바 등 크기에 따라 붙여진 일본어 분류 표식이 일제강점기부터 이어져 왔다. 우리말로 멸치를 분류하면 2cm 이하는 자멸, 2~5cm는 소멸, 5~7cm는 중멸, 7cm 이상은 대멸이다. 대멸이 국물용 멸치이다. 디포리는 2000년대 들어 마른 멸치 대용으로 인기를 끈 생선이다. 멸치는 오래 끓이면 쓴맛이 나는데, 디포리는 오래 끓여도 맛이 담백하다. 멸치보다 비린내가 나는데 끓일 때 다시마를 넣으면 비린내를 없앨 수 있다. 표준말은 밴댕이다. 혹은 정어리 새끼, 조금 큰 멸치

▌멸치와 디포리, 청어 새끼를 말린 솔치

를 디포리라고 하나 밴댕이 말린 것이다. 등이 푸른색인데 이걸 보고 뒤가 퍼렇다고 하여 부른 것이 디포리의 어원이다. 청어 새끼 말린 솔치도 국물을 내는 데 사용한다.

죽, 생선국수, 어만두

죽은 주로 보양으로 이용되는 음식이다. 어패류로 만든 죽으로는 전복죽, 담채죽, 섭죽, 붕어죽, 생굴죽이 문헌에 기록되어 있다. 전복죽은 요즈음의 방법과 달리 처음에 재료들을 볶지 않고, 전복을 푹 고아서 국물을 밭친 후 그 국물에 얇게 저민 전복과 쌀을 넣고 간장이나 소금으로 약간 간을 하여 죽을 쑨다. 담채죽은 쇠고기를 기름기가 없는 부위로 푹 고아 국물을 밭치고, 마른 홍합을 불려 잘게 다져 넣어 맑은 장국을 끓이다가 쌀을 넣고 죽을 쑨다. 고기를 가늘게 썰어 홍합과 맑은 장국을 끓이다가 쌀을 넣고 죽을 쑤어도 좋다. 섭죽은 자연산 홍합과 부추를 넣고 끓인 죽으로, 동해안에서는 자연산 홍합을 '섭'이라고 부른다. 크기도 일반 홍합보다 크다. 붕어죽은 붕어와 멥쌀로 끓인다. 붕어는 비린내가 많이 나므로 특히 후추, 고추, 천초, 생강류와 같은 향신료를 많이 넣는다. 오늘날에는 비린내를 잡기 위하여 향신료보다 고춧가루를 많이 넣고 있다.

생선국수는 천렵 때 주로 먹는다. 충청도에서는 생선국수, 경남에서는 어탕국수, 경기도에서는 털레기라고도 부른다. 어탕국수는 농촌에서 해먹던 천렵국에 국수를 넣고 끓인 음식이다. 동네 개울에 그물을 치고 피라미, 모래무지, 붕어, 미꾸라지, 꺽지 등을 잡아서 푹 곤 뒤 뼈를 추려내고 호박, 풋고추, 미나리 등 각종 채소를 넣어 먹던 것이다. 천렵국으로 죽을 만들면 어죽이 되고, 밥을 말면 어탕국밥, 수제비를 넣으면 어탕수제비가 된다. 미꾸라지만 넣고 끓이면 추어탕이다. 먹을 것이 귀하던 시절에 서민들의 동물성 단백질 섭취를 가능하게 했던 보양음식이다. 옛날에는 가을걷이를 끝낸 뒤 논이나 도랑에서 미꾸라지를 잡아 탕을 끓여 노인들을 대접하는 '상치尙齒마당'의 전통이 있었다. 천렵국을 경기도 북부 사람들은 털레기라 불렀다. 있는 것은 다 털어 넣는다고 해서 이런 이름이 붙었다고 한다.

경상도식 어탕국수는 방아잎과 제피가루를 넣어 먹는다. 천렵국의 맛은 《농가월령가》1816 사월령에 "촉고를 둘러치고 은린옥척 후려내어, 반석에 노구걸고 솟구쳐 끓여내니, 팔진미 오후청을 이 맛과 바꿀소냐."라고 했을 정도이다. 《태종실록》에는 임금이 완산부윤에게 지시하여 자신의 형 회안대군이 유배지에서 천렵하는 것을 허락한 기록이 나온다. 《연산군일기》에는 선릉수릉관 박안성이 제실에 냄새를 풍기니 제관은 천렵을 못하게 하자고 건의한 대목도 보인다.

어만두는 다진 쇠고기, 채 썬 목이, 표고, 숙주, 오이채를 볶아 소로 하고 민어, 숭어, 도미, 광어 등의 흰살 생선을 넓고 얇게 포를 뜬 것에 싸서 만두 모양을 만들어 찐 것으로 담백한 맛이 있다. 《음식디미방》의 어만도어만두는 생선 저민 것에 석이, 표고, 송이, 꿩고기, 잣을 소로 넣고 녹말을 묻혀 삶아 만든다. 준치만두는 준치살과 쇠고기를 섞어 만든 만두이다. 준치를 쪄서 가시를 전부 발라내고 소금과 녹말가루를 섞은 후 다진 쇠고기, 생강즙을 넣어 완자 모양으로 빚어 녹말가루를 묻혀서 찐다. 또는 장국에 넣어 굴림만두로도 한다. 썩어도 준치라는 말이 있듯이 준치는 생선 중 단백질 함량이 풍부해 맛이 있으나 잔가시가 많아 먹기에 불편하므로 만두로 빚으면 먹기가 좋다.

국과 찌개, 그리고 매운탕

국은 탕湯이라고도 한다. 찌개는 건더기를 많이 넣고 끓인 국물요리의 하나이며, 고기, 생선, 조개, 채소, 버섯, 해조류 등의 식품을 재료로 사용한다.

민어맑은국의 주재료인 민어는 담백하면서도 감칠맛이 있는 흰살 생선이어서 맑은 장국을 끓이기에 적당하다. 민어는 비늘을 긁고 뼈를 한쪽으로 붙여 두 장으로 크게 뜬 다음 6~7cm 길이로 자른다. 쇠고기 장국이 팔팔 끓을 때 민어 토막을 넣고 끓인 후 5cm 길이로 썬 미나리, 파, 마른 고추를 넣고 잠시 더 끓인다. 민어찌개는 살을 발라내고 남은 뼈와 살까지 합쳐 큰 솥에 넣은 후 애호박을 넣고 보리고추장을 풀어 끓인다.

서울 원서동 유씨가 꼽은 서울음식은 민어, 어회였다. 민어는 회를 뜬 후 녹두녹말을 살짝 뿌려 끓는 물에 잠깐 넣었다 꺼낸 뒤 먹었다. 고추장찌개나 지짐이의 형태로 다양한 종류의 생선이 자주 상에 올랐다고 한다. 어린 시절 가장 많이 먹던 음식도 민어와 청어였다고 한다. 청어는 겨울철에 칼집을 넣고 마늘, 파, 생강과 실고추를 곱게 다져서 만든 양념장을 발라가면서 석쇠에 구워 먹었다. 복날에는 맑은 민어탕을 먹었는데, 민어를 말려서 디딤돌로 누르고 고기가 꾸덕꾸덕하게 되면 암치 껍질로 국을 끓였다. 민어

국은 주로 며느리들이 먹었고 시어른들께는 쇠고깃국을 올렸는데, 여름에는 소의 영양상태가 좋지 않아 올리지 않았다고 회상했다.

준칫국은 준치로 끓인 맑은 국으로 5, 6월에 맛이 나는 국이다. 준치 비늘을 긁어 손질하고 토막을 낸다. 쇠고기를 얇게 썰어 양념하여 볶은 다음 물을 붓고 국물을 만든다. 국물이 끓을 때 준치 토막과 생강즙을 넣고 소금 간을 한다. 쑥갓과 파는 마지막에 넣는다.

조기국은 간장으로 간을 해서 끓여도 좋고 고추장을 조금 섞어서 매콤하게 끓여도 좋다. 조기를 손질하여 토막 내고, 쇠고기로 맑은장국을 끓여 맛이 우러나면 조기를 넣고 끓인 다음 실파와 쑥갓을 넣는다. 동태국도 국물이 끓을 때 손질하여 토막 낸 동태, 얇게 썬 무, 굵게 채 썬 파, 다진 마늘, 실고추를 넣고 끓인다.

북엇국은 쇠고기를 납작하게 썰어 양념하여 맑은장국을 끓이고, 북어는 물에 잠시 불렸다가 뼈를 바르고 토막을 내어 기름장에 무친 후 북어에 밀가루를 먼저 묻혀 달걀 푼 것에 넣었다가 끓는 장국에 떠 넣는다. 달걀을 넣지 않고 그대로 끓이기도 한다. 명태를 말릴 때 얼리면서 말려 더덕처럼 잘 보풀어지는 것이 좋은 북어이며, 이를 더덕북어라고 한다. 어글탕은 북어 껍질을 물에 불려 밀가루를 바르고 쇠고기, 두부, 숙주를 다져 양념소를 붙여 전을 지져 국 건더기로 쓴다. 《산가요록》에서는 대구어피탕이라고 했다.

대구국탕은 대구를 손질하여 4~5토막을 내고, 무 같은 것을 썰어 넣어서 끓인다. 대구의 성어기는 동지 전후의 한겨울이므로 겨울을 나는 식품으로서 이 이상의 것이 없었다. 대구는 몸체나 내장을 여러 방법으로 처리하여 장기 보존할 수 있어 정말 버릴 것이 없는 고기였다. 이 대구가 광복 이후 극도로 남획되어 멸종되다시피 하여 1990년대에 들어 정부가 인공부화 방류에 힘쓰고 있으나 자원의 회복은 쉽지 않은 실정이다.

복어국은 《경도잡지》1700년대 말에 처음 기록되며, 허균은 《도문대작》에서 "하돈河豚은 한강 일대의 것이 가장 좋으나, 독이 있어 사람이 먹으면 죽는 일이 많다. 영동지방의 것은 그 맛이 이를 따르지 못하나 독이 없다."고 했다. 홍만선은 《산림경제》1715년경에서 "하돈은 피와 알에 많은 독이 있다. 사람이 잘못 먹으면 죽기도 한다. … 그런데 곤쟁이젓이 복어독을 잘 풀어준다."고 했다. 《임원십육지》에 복어의 독은 심장, 간장, 알, 머리에 있으며, 이 독이 입에 들어가면 입안이 헐고 뱃속에 들어가면 창자가 썩는다고 했다. 반어斑魚는 등에 색이 옅은 흑색 점이 찍혀 있는 것으로 가장 독이 많다. 3월 이후의 반어는 먹어서는 안 되며, 복어는 동짓달부터 이듬해 한식 후 복사꽃 필 무렵까지 먹으라 했다. 곧 겨울철 식품이다. 《규합총서》에서 복요리에 대하여 대체로 독 있는 생선은 비늘이 없거나 배가 땡땡하거나, 이를 갈고 눈을 감거나, 소리 내는 것일수록 그 독이 지독하다. 복어가 이 다섯 가지 조건을 갖추었으니 그 독함은 묻지 않아도 알 만하나, 맛 좋기로 이름이 났으니 아니 먹을 수가 없다. 요리법은 국, 찜, 회, 백탕, 매운탕, 수육 등 다양하며, 시원한 것이 특색이다. 바닷가에서는 처마 밑에 말려두었다가 된장국에 넣어 끓여 먹는 것이 상식이었다.

용봉탕은 잉어와 닭을 함께 넣어 끓인 것으로 일미일 뿐 아니라 몸을 보호하는 데도 좋다. 잉어는 산 것을 골라 입을 매달아 놓고 꼬리에서 5cm 정도 올라간 곳의 양쪽에 칼집을 깊게 넣어 피를 뺀다. 비늘을 긁고, 내장을 꺼내어 씻고 토막을 낸다. 닭은 손질하여 물을 붓고 삶는다. 닭이 거의 물렀을 때 잉어 토막을 넣고 푹 끓인 후 소금 간을 한다. 대접에 잉어를 담고 찢어 양념한 닭고기, 표고 볶은 것, 황백 달걀지단을 얹고 국물을 붓는다.

생선고추장찌개는 생선을 넣고 보리고추장으로 간을 하여 끓인 찌개로, 숭어, 조기, 민어, 넙치, 농어, 대구, 동태와 같은 담백하고 살이 흰 것이 적합하다. 조기찌개는 쇠고기를 가늘게 썰어 다진 마늘, 고추장, 채 썬 표고와 같이 잘 버무려 찌개 그릇에 담고 잠길 만큼 물을 붓고 잠시 끓이다가 손질한 생선 토막을 넣고, 굵게 채 썬 파와 5cm 길이로 자른 미나리를 넣고 잠깐 더 끓인다. 대구고추장찌개는 쇠고기를 잘게 썰어 양념하여 볶아 물을 붓고, 고추장과 된장을 2대 1의 비율로 풀어 끓으면 무, 콩나물, 채 썬 생강과 마늘, 손질한 대구 토막, 채 썬 파를 넣고 끓인 찌개이다. 간장으로 간을 맞춘다. 암치젓국찌개는 암치와 무 등을 주재료로 하여 젓국을 넣고 끓인 찌개로 암치는 뼈째 사용해야 국물 맛이 더욱 좋다. 준치젓국찌개는 자반 준치와 무를 주재료로 하여 새우젓국으로 간을 맞춰 끓인 찌개이다. 자반 준치는 속뜨물에 담가 염분을 뺀 다음에 토막을 치고, 무는 납작하게 썬다. 냄비에 무를 깔고 준치를 담은 후 채 썬 파, 다진 마늘, 생강즙을 얹고 새우젓국과 물을 자작하게 붓고 끓인다. 명란젓찌개는 속뜨물에 납작하게 썬 무, 명란을 넣은 뒤 참기름과 젓국으로 만든다. 두부를 썰어 넣고 명란, 참기름, 풋고추, 붉은 통고추를 넣어 젓국찌개로 한다.

매운탕은 국물이 찌개보다 묽고 고추장, 고춧가루, 간장을 섞어 간을 맞춰 시원한 맛이 나게 끓인 것이다. 대구고니와 조개매운탕을 끓이는 법은 대구고니의 엷은 막을 떼어내고 씻어 물기를 빼고, 조개도 손질한다. 쇠고기는 잘게 썰어 다진 마늘, 간장, 고추장에 무쳐 냄비에 담고 국물을 붓고 끓을 때 조개를 넣고 중간불에서 끓인다. 대구고니를 큼직하게 썰어 넣고 두부, 파, 미나리, 고춧가루를 넣고 잠시 더 끓인다. 민어매운탕은 쇠고기를 잘게 썰어 양념하여 볶다가 뜨물에 된장과 고추장을 잘 풀어 걸러 넣고, 토막 낸 민어, 호박, 파, 마늘, 생강 등을 썰어 넣고 끓인 것이다. 민어는 산란기인 여름철에 가장 맛있으며 회감, 전감의 제일로 친다. 숭어, 조기도 같은 방법으로 끓인다. 광어뼈매운탕은 광어회를 뜨고 남은 뼈를 이용한 매운탕이다. 냄비에 납작하게 썬 무, 다시마, 물을 넣어 끓으면 다시마를 건져내고 광어 뼈와 양념장고춧가루, 다진 마늘, 다진 생강, 청주을 넣고 끓인다. 무와 같은 크기로 썬 양파를 넣고 소금, 후춧가루로 간을 한 후 풋고추, 붉은 고추, 미나리를 넣는데, 얼큰하면서도 시원하다.

지지미지짐는 찌개와 같으나 국물을 찌개보다 조금 적게 잡는다. 지지미에는 오이, 무, 암치, 호박, 우거지, 생선, 김치 지지미가 있는데, 간은 고추장, 된장으로 하나 암치나 무처럼 젓국으로 간을 하기도 한다. 동태지지미는 냄비에 물을 붓고 된장, 고추장을 풀어 잘게 썬 쇠고기를 넣고 끓이다가 납작하게 썬 무, 토막 낸 동태, 채 썬 파, 다진 마늘, 두부를 넣고 끓인다. 암치지짐의 암치는 초여름에 민어를 넓게 갈라 펴서 소금에 절였다 말린 건어류로, 여름철의 좋은 찬물이다. 색이 희고 깨끗하며 살이 두꺼운 것이 좋은 것이다. 두꺼운 살 부위는 마른반찬 또는 구이로 쓰고 얇은 살, 뼈, 껍질 등은 풋고추를 섞어서 지짐으로 하면 좋은 반찬이 된다. 냄비에 암치 뼈를 밑으로, 살을 위로 담고 파, 마늘, 참기름, 실고추를 얹은 다음 물을 잠길 만큼 붓고 찐 다음에 잠시 끓인다. 찌지 않고 끓여도 무방하지만 쪘다가 끓인 것처럼 연하지 못하다. 굴비, 건대구포도 같은 방법으로 한다. 굴비의 뼈, 머리 등이 많이 모였을 때에 고비, 도라지 등을 밑에 깔고 함께 지져도 좋다. 방어고추장지짐의 재료인 방어는 가을부터 겨울까지가 제철이며 살이 두껍고 기름기가 비교적 많은 생선이다. 시래기와 무, 두부 등을 섞어 고추장으로 간을 하여 지진다.

감정은 고추장찌개를 궁중에서 부르던 말로 게감정, 병어, 민어, 조기, 광어로 만든 생선감정, 웅어감정, 그리고 오이감정 등이 있다. 병어감정은 찌개보다 되직하게 끓여 낸 것으로 상추쌈을 먹을 때 같이 먹기도 한다. 지느러미와 내장을 손질한 병어 살에 칼집을 넣는다. 대파, 마늘, 생강을 곱게 채 썰고 양념을 섞는다. 멸치국물에 고추장, 된장, 액젓, 국간장을 넣어 끓이다가 병어를 넣고 조린다. 국물을 끼얹어 가면서 조리다가 준비한 양념을 얹고 국물이 자작해질 때까지 조린다. 민어감정은 민어로 끓인 고추장찌개로 감칠맛이 있다. 조기감정도 조기에 고추장을 넣고 끓인 찌개이다. 광어감정은 광어 살을 떠서 녹말에 묻혀 달걀을 입혀 지진 다음, 고추장을 넣고 만든 것이다.

동해안에서는 꽁치옹심이, 물곰해장국곰치국, 도치심퉁이, 삼세기삼숙이 등의 국과 매운탕을 잘 끓인다. 꽁치옹심이국는 꽁치를 뼈째 잘게 다져 동그랗게 옹심이를 만들어 끓는 국물 속에 넣어 익힌 것이다. 물곰곰치국은 흐물흐물한 질감의 곰치와 신김치를 잘게 썰어 넣고 끓인 것으로 시원한 맛이 일품인 해장국이다. 곰치는 물메기라고도 하는 쏨뱅이목 꼼치과의 바닷물고기이다. 피부와 살이 연하여 끓으면 일정한 모양을 갖추기가 어렵다. 옛날에는 생선으로 취급하지 않았으나, 지금은 물메기탕, 곰치국 등이 유명하다. 도치는 심퉁이라고도 불린다. 경골어강 횟대목 도치과에 속하는 바닷물고기로, 많은 양의 알을 가지고 있어서 알탕을 끓여 먹거나 쪄 먹고 살코기는 주로 데쳐 회로 먹는다. 강원도에서는 심퉁이를 데쳐서 꾸덕꾸덕하게 말렸다가 두루치기를 하여 먹었다. 심퉁이는 배를 가른 뒤 내장과 알을 꺼내어 손질하여 놓고 팔팔 끓는 물에 살짝 데치거나 찐다. 심퉁이를 찬물에 잘 헹구어 먹기 좋은 크기로 썰어 놓는다. 미역은 물기를 빼고 알맞은 크기로 썬다. 심퉁이 알은 소금으로 씻은 후 소금 간을 해 두었다가 굳으면 찜통에 살짝 찐다. 심퉁이와 미역, 심퉁이 알을 접시에 담고 초고추장을 곁들여 낸다.

삼세기매운탕의 주재료인 못생긴 삼세기는 쏨뱅이목 삼세기과의 바닷물고기로 삼숙이, 삼식이라고도 한다. 겨울이 제철로 살이 연하여 주로 매운탕이나 속풀이국으로 많이 해 먹는다. 다시마장국다시마, 무, 대파, 양파, 마늘, 생강을 넣어 끓여 거른 국물에 무를 넣고 끓이다가 삼세기와 대파, 양파, 호박, 풋고추, 양념장을 넣고 끓여 두부와 쑥갓을 올리고 소금 간을 한다. 국물에 된장을 풀어 끓이기도 하며 삼숙이탕이라고도 한다.

찜

찜은 구이와 함께 우리나라 전통적인 조리법인데, 조선 중기에는 구이나 찜에서 더 발전하여 '느르미'라는 음식이 등장한다. 느르미는 준치찜처럼 구이나 찜 위에 밀가루나 전분으로 만든 즙을 끼얹는 것이다. 이후 느르미는 느름적으로 변모한다. 느름적은 꼬치에 꿴 고기에 밀가루를 입혀 구운 음식이다. 이 시대에는 누름적을 새롭게 등장한 번철에 구웠다. 번철에 구울 때는 타지 않도록 먼저 기름을 두르고 구웠는데, 이것이 일종의 전으로 현재 우리가 알고 있는 기름에 지지듯이 구운 음식이다.

건대구로 만든 족편은 조선시대 별미음식으로 《임원십육지》 정조지에 수록되어 있다. 암탉 2마리에 건대구 3마리를 함께 섞어서 뼈가 녹도록 고아 식혀 묵처럼 어리게 한 다음 썰어서 초간장에 찍어 먹는다. 닭이나 건대구의 힘줄, 껍질의 젤라틴의 특성을 이용한 것이다. 《음식디미방》의 대구껍질느르미는 마른 대구 껍질을 물에 담가 썰고 석이, 표고, 진이참버섯, 송이, 생치를 잘게 다지고, 호초, 천초가루로 양념하여 대구 껍질에 싸서 삶고 생치즙에 밀가루를 풀고 골파를 넣어 즙을 만들어 끼얹는다. 동서同書의 대구껍질채는 마른 대구 껍질을 비늘이 없게 손질하여 물에 삶아 가늘게 썰고, 석이채, 진간장, 골파, 초를 넣어 무치거나 또는 손질한 대구 껍질에 파를 넣고 말아서 밀가루즙을 끓여 사용한다.

준치찜은 《증보산림경제》1766에 "고기와 버섯 등을 다져 양념하여 소를 만들고, 준치 살을 저며 준비한 속을 싼다. 물과 술을 반반씩 섞고 기름, 장으로 간을 한 것에 넣어 찐다. 다 익으면 그 국물에 밀가루를 풀어 잠깐 끓여 즙을 만들고 생선 위에 얹어 담는다."고 했다. 이름은 준치찜이라고 하나 요즈음은 사라진 조리법인 즙을 끼얹는 방법을 사용하고 있다. 또 다른 준치찜은 준치를 쪄서 살만 발라내어 양념하여 동그랗게 빚어 녹말가루를 입혀 데친다. 냄비에 죽순, 당근, 양파, 표고, 미나리 등을 색스럽게 담고, 그 위에 준치 삶아 건진 것을 중앙으로 가지런히 얹은 후 그 위를 국화잎으로 장식한다. 양지머리 국물 또는 준치 뼈 삶은 국물에 간을 해서 붓고 한소끔 끓인다.

붕어찜은 《증보산림경제》에 붕어의 등을 갈라 고기, 버섯을 소로 채우고 쪄 준치찜과 같이 즙을 만들어 끼얹는다고 했으며, 《음식디미방》의 붕어찜은 붕어 등을 따고 천초, 생강, 파, 참기름, 된장을 걸러 넣고 가루즙을 가득 넣어 중탕하여 찐다고 했다.

해삼찜은 해삼의 배 안에 고기, 버섯을 채워 간장물에 끓이다가 국물에 밀가루를 푼 즙을 얹고 채 썬 달걀지단과 실백을 얹는다. 준치찜, 붕어찜, 해삼찜은 즙을 끼얹는다. 누르미이다.

복어찜은 복어에 백반을 넣고 볶다가 미나리, 소리쟁이를 섞어 간장에 익힌 다음 다시 새우젓국으로 간을 한다. 게찜은 게의 노란 장에 게살과 달걀을 섞어 조미하여 중탕으로 반숙한 위에 검은 장에 기름을 쳐서 발라 다시 익히고 고명을 얹는다. 숭어찜은 숭어를 포를 떠 전을 지진 뒤에 채 썰어 양념한 쇠고기, 표고, 홍고추, 미나리초대, 황백 지단 등을 골패 모양으로 썰어 넣고 함께 끓인 것이다.

북어찜은 통북어를 두드리고 물에 불린 후 토막을 낸다. 간장, 설탕, 파,

다진 마늘, 깨소금, 참기름으로 양념장을 만들어 북어에 끼얹어 재웠다가 중간 불에서 천천히 조린다. 북어는 황태가 좋다.

도미찜은 도미를 통으로 손질하여 소금을 뿌려 놓고, 밀가루를 씌우고 달걀물을 입혀서 속이 익도록 참기름에 부친다. 전골냄비에 국물고기, 힘줄을 끓인 국물을 붓고 한 번 끓으면 부친 생선을 담고 그 위에 당근, 표고를 넣고 15분 정도 끓인다. 미나리초대, 석이채, 실백, 은행, 실고추, 황백 지단을 조화롭게 얹고 끓인다. 또 다른 방법은 도미 한 마리를 비늘을 긁고 내장을 빼고 손질하여 어슷하게 칼집을 넣고 그 사이에 다진 고기를 양념하여 넣는다. 냄비 밑에 육회를 깔고 곰탕거리를 놓고 그 위에 도미를 담아서 지단과 홍고추, 미나리초대, 황백 지단, 표고, 목이 등을 골패형으로 돌려 담고 호두, 은행, 잣을 얹고 장국을 붓고 끓인다. 쑥갓은 마지막에 넣는다. 도미면은 당면을 삶아 기름장에 무쳐 끓이면서 넣어 먹는다. 이때는 도미전을 지져 다시 맞추어 담는다. 봄철의 영양식이다.

명태찜은 꾸덕꾸덕하게 말린 명태를 잘 씻어 물기를 빼고 찜솥에 찐다. 간장, 고춧가루, 다진 마늘, 참기름, 붉은 고추, 깨소금으로 양념장을 만들어 곁들인다.

도루묵감자찜은 도루묵을 손질하고 감자와 무는 납작하게 썬다. 풋고추와 대파는 어슷하게 썬다. 냄비 바닥에 감자와 무를 깔고 도루묵을 얹고 물을 조금 넣는다. 국간장, 다진 마늘, 고춧가루, 고추장으로 만든 양념장을 얹어 끓인다. 마지막에 대파, 풋고추를 넣고 끓인다. 황기향어찜은 황기, 오가피에 물을 넣고 끓이고, 술, 간장, 설탕으로 양념장을 만든다. 향어는 칼집을 내고 소금에 살짝 절인다. 냄비에 향어와 황기를 넣고 양념장을 부어 국물이 졸아들 때까지 끓인다. 생강, 깻잎을 곁들인다.

어선은 민어, 대구, 조기 등 담백한 흰살 생선을 얇게 포를 떠서 녹말가루를 붙이고 쇠고기, 버섯, 달걀지단 등을 채 썰어 양념하여 익혀 소로 넣고 말아 찐 술안주다.

조기자반찜은 조기를 절였다 말린 굴비를 찐 것이다. 자반은 기름을 발라 굽거나 마늘, 고춧가루, 기름으로 양념해서 밥솥에 넣어 찌는 등 여러 가지 방법으로 조리한다.

홍어어시육은 홍어찜으로 홍어 껍질을 벗겨 건조시킨 다음 양념을 발라 짚 사이에 넣고 찌는 음식인데, 비린내가 안 나고 담백하다. 홍어를 반으로 갈라 창자, 꼬리를 제거하고 5cm 정도로 잘라 소금을 살짝 뿌려 2~3일간 건조시킨다. 찜통에 짚을 깔고 홍어를 놓고 그 위에 대파, 마늘, 생강채, 실고추를 얹고 센 불에서 10분간 찐다. 양념장을 끼얹고 찌기도 한다. 홍어의 톡 쏘는 자극적인 매운맛은 질소화합물로 요소, 암모니아, 트릴메틸아민에 의한 것이다.

오징어순대는 오징어 몸통을 소금으로 간한 후 씻어 물기를 뺀다. 오징어 다리, 황백 지단, 오이, 당근, 우엉은 굵은 채로 썰어 볶거나 데친다. 오징어 안쪽에 전분을 바르고 준비된 찹쌀, 다리 다진 것, 달걀지단, 오이, 당근, 우엉을 넣고 꼬치를 꽂고 찜통에서 센 불로 15분 정도 찐다. 식으면 먹기 좋은 크기로 썬다.

명태순대는 명태를 하룻밤 정도 소금에 절이고 아가미로 내장을 꺼내 씻어 물기를 뺀다. 배추와 숙주는 데쳐서 다지고, 다진 돼지고기, 된장, 두부, 명란, 소금, 후춧가루, 다진 파, 다진 마늘, 찹쌀가루를 넣어 잘 섞어 소를 만들어 명태 뱃속에 넣고 입을 꿰맨다. 찜솥에서 찐 다음 식으면 적당한 크기로 자른다.

구이와 적

생선구이법에는 생선에 소금을 뿌려 굽는 법도미, 민어, 방어, 가자미, 정어리, 고등어, 다진 파, 다진 마늘, 간장, 참기름, 설탕, 실고추나 고춧가루 또는 고추장으로 양념장을 만들어 재웠다가 굽는 법도미, 준치, 민어, 대구, 조기, 넙치, 숭어, 전어, 청어, 가자미 등 흰살 생선, 간장, 후추, 설탕만으로 간을 하여 재워두었다가 양념 간장을 발라가며 굽는 법방어, 삼치, 그리고 재료를 살짝 찐 다음 양념장을 바르거나 양념 간장을 발라 굽는 법뱀장어, 조개류 등이 있다.

《증보산림경제》1766의 생선구이는 긴 꼬챙이에 생선을 입에서부터 비스듬히 길이로 꽂아서 화롯불 멀리서 굽는다. 소금, 간장, 기름, 술로 조미하고 비린내가 많이 나는 생선은 생강을 가미한다고 했으며, 붕어는 비늘째 구워야 맛이 있으므로 비늘이 떨어지지 않도록 냉수를 바르면서 굽다가 기름, 장을 바른다. 전복구이는 전복을 저며 그 껍질에 다시 담아 기름, 장을 바르면서 굽는다. 《규합총서》에는 큰 생선이라도 꼬챙이에 꽂아서 굽다가 즙액이 흐른 다음에 토막을 쳐서 다시 굽는 것이 좋다고 했으며, 붕어구이, 게장구이는 대나무통에서 익힌다. 요즈음의 구이법은 예전처럼 꼬치를 써서 숯불에 굽지 않고, 프라이팬에 기름을 두르고 굽거나 그릴을 이용한다. 생선구이집에서는 숯을 사용하기도 하지만 연탄불을 이용해 은근하게 굽는다.

조선 순조의 둘째 따님 복온공주의 부마 묘막墓幕이기도 한 오현梧峴• 집에서 성장한 요리연구가 김숙년은 피맛골 골목을 추억하며 "예전에는 여기에 청어 냄새가 가득했거든. 우리네는 '비웃'이라고 하지. 비웃이며 얼간이

• 오현(梧峴)은 지금의 강북구 번동에서 미아삼거리로 넘어가는 고개이다. 이 고개에 머귀나무가 무성했기 때문에 머귀고개라 했고, 한자로 오현이라고 한다.

굽는 냄새가 진동을 했어. 그 때 서울에서 먹을 수 있는 생선은 다 자반이었거든. 구워 먹어야지. 끓이면 온 그릇에 비린내가 다 나니까. 한번 집에서 생선을 구우면 장롱이고 어디고 냄새가 가득 배니까 집집마다 골목에 풍로를 꺼내 놓고 생선을 구워. 그러면 생선 굽는 냄새며 청국장 지지는 냄새가 골목에 진동하지. 청국장도 원래 동짓날 먹는 음식이야. 김장이 맛있게 익었을 때 넣어서 지글지글 끓여 먹는 겨울 음식이라고. 추운 날이면 냄새가 더 진하게 나지. 그 냄새가 좋아서 일부러 이 골목길로 걸어다녔지."라고 했다.

병어구이는 병어를 통째로 굽는데, 지느러미와 머리는 그대로 두고 배를 따서 내장을 뺀다. 양면에 칼집을 어슷하게 넣고 참기름과 간장을 탄 장물에 절인다. 고추장에 파, 마늘, 생강 다진 것, 참기름과 깨소금으로 양념장을 만든다. 석쇠를 달구어 유장에 잰 생선을 접시에 내 놓을 면부터 굽는다. 반쯤 익으면 고추장 양념을 바르면서 속까지 익도록 굽는다.

도미구이는 도미에 약 2%의 소금을 뿌려서 20분 내외로 절였다가 굽기 시작하고 굽는 도중에 참기름을 발라가면서 굽는다. 방어, 조기 등에도 적합하다. 또는 간장 양념장을 만들어 도미살을 재웠다가 굽기도 한다. 민어구이의 민어는 중심 뼈를 빼고 양쪽 살을 따로 떼어 약 10cm로 큼직하게 토막을 쳐서 약 3%의 소금을 뿌렸다가 꾸덕꾸덕하게 말려 구우면 살이 단단하고 매끄러워 맛이 좋다. 간장 양념장에 재웠다가 굽기도 한다.

암치구이는 암치의 두꺼운 살 부위의 껍질을 벗기고 더운 물에 잠깐 담갔다가 건져서 물기를 닦은 다음 참기름을 바르면서 중간 불에 노릇노릇하게 굽는다. 삼치구이는 삼치를 두툼하게 포를 떠서 간장, 다진 파, 다진 마늘, 설탕, 후춧가루, 참기름, 깨소금, 생강즙으로 양념장을 만들어 재웠다가 석쇠나 프라이팬에 구운 것이다. 적으로 구울 수도 있다. 잉어구이는 잉어를 포를 떠서 양념장에 재웠다가 구운 것으로, 칠석이나 삼복에 먹는다. 방어구이의 방어는 살이 두껍고 기름기가 많아 기름장을 달게 만들거나 고추장을 섞어 바르면서 굽는다.

사슬적은 민어, 광어, 동태 등 흰살 생선을 길이 6cm 정도로 잘라 연필 굵기로 썰어 양념하여 꼬치를 꿴 생선에 밀가루를 바르고 사이사이에 다진 쇠고기와 으깬 두부를 섞어 양념하여 박아 넣고 굽는다. 초장을 곁들인다. 또는 생선토막을 꼬치에 꿰어 밀가루를 바르고 뒷면에 고기 양념한 것을 붙여서 지져내기도 한다. 사슬같이 번갈아 꿰었다고 사슬적이라고 한다. 어산적은 도미, 민어, 넙치, 광어를 6cm 길이로 굵게 자르고 쇠고기를 같은 크기로 썰어 각각 양념하여 꼬치에 번갈아 꿰어 굽는다. 쇠고기 대신 파를 꿰기도 한다. 특히 민어적은 담백하고 감칠맛이 있다.

조림

생선조림은 흰살 생선과 비린내가 많이 나는 붉은살 생선의 조림방법이 다르다. 민어, 조기, 도미 등은 손질하여 토막을 내어 냄비에 깔고 실고추를 얹고 간장 양념장간장, 파, 생강, 마늘, 설탕, 물을 끼얹어 가면서 조린다. 조림은 서서히 조리면서 간장물이 재료에 배도록 조려야 한다. 잔 생선을 조릴 때는 머리가 붙은 채 조리게 되는데 뼈까지 무르게 조리려면 냄비 바닥에 무를 깔고 간장물을 충분히 넣는다. 반면에 고등어, 꽁치 등은 고추장을 넣어 비린내를 줄이는 조림법을 이용한다. '돔장'처럼 고춧가루를 듬뿍 넣고 조리는 것도 있다.

초계 정씨 문간공 정온 종가의 최희 종부는 종가의 손님맞이 상차림에 돔장을 올린다. 돔장은 도미조림으로 만드는 법을 보면 나박하게 썰어 놓은 무 위에 손질한 돔도미을 얹고 간장, 고춧가루, 설탕, 다진 마늘 등으로 양념장을 만들어 끼얹는다. 물을 반쯤 잠기게 부어서 자박하게 조린다. 돔장을 끓일 때 메주콩을 한 줌 정도 바닥에 넣고 끓여야 달라붙지 않고 돔뼈가 잘 무른다.

조기조림은 조기의 지느러미를 떼고 어슷하게 3토막을 낸다. 실파는 4cm로 자르고, 마늘은 채치고, 생강은 얇게 저민다. 쑥갓은 7cm 길이로 자른다. 간장과 설탕을 섞고 파, 마늘, 생강으로 양념장을 만든다. 냄비에 조기를 담고 양념장을 붓고 15~20분 정도 졸인다. 마지막에 쑥갓을 넣고 한 번 더 끓인다.

민어, 준치, 숭어, 동태, 대구, 청어 등의 생선도 적당한 토막으로 해서 같은 요령과 같은 방법으로 조리되, 시간은 분량과 토막의 크기에 따라 다르나 끓기 시작한 후 15분 내외가 적당하다.

생선고추장조림은 고등어, 방어 등 기름이 많은 붉은색의 생선을 고추장에 섞어 조리면 좋다. 고등어는 손질하여 토막 내고, 고추장, 간장, 파, 마늘, 생강과 물을 조금 넣고 양념장을 만든다. 냄비에 생선을 담고 양념장을 넣고 조린다. 거의 조려지면 설탕을 넣고 조금 더 조린다. 도미조림은 모양이 작은 생선도미 또는 병어을 통으로 준비하여 생강, 마늘, 간장, 설탕으로 양념장을 만들어 조린다.

생선의 냉제조림은 도미나 민어, 넙치, 준치 등을 토막 내어 뼈에 얹어 놓고 조려서 녹말을 섞은 국물을 얹어 차게 식힌 연회용 생선음식이다. 도미는 손질하여 토막 내고, 냄비에 양파, 감자 등 채소를 한 켜 깔고 그 위에 생선을 얹은 후 간장과 물을 섞어 붓고 큼직하게 저민 생강, 마늘, 파를 얹어 조린다. 도중에 국물을 끼얹고, 마지막에 설탕을 넣어서 윤기가 흐르게 다시 조린다. 다 조린 후 국물을 받쳐 물을 보태고 잠시 끓이다가 녹말을 물에 개어 부어 투명하게 익으면 생선 위에 끼얹고 차게 식힌다.

곤달비꽁치조림은 냄비에 삶은 곤달비•를 깔고 물을 부은 뒤 고추장을 넣고 꽁치, 양파채, 생강, 풋고추를 얹고 간장, 다진 마늘, 다진 파, 청주, 고춧가루를 넣고 조린다.

볶음

도치두루치기볶음은 도치심퉁이를 끓는 물에 살짝 데쳐서 내장을 빼고 씻는다. 냄비에 식용유를 두르고 적당한 크기로 잘라 데친 도치를 넣고 볶다가 잘게 썬 배추김치, 물, 다진 마늘, 고춧가루를 넣고 푹 익힌다.

연어채소볶음은 연어를 적당한 크기로 썰어 팬에 식용유를 두르고 볶다가 양파, 당근, 고추, 표고를 적당한 크기로 잘라 같이 넣어 볶고, 소금과 간장으로 간을 한다. 황백 지단과 목이는 채 썰어 고명으로 올린다.

오징어볶음과 낚지볶음은 채소와 오징어나 낙지를 고추장 양념에 재웠다가 볶은 것이다.

전과 튀김

생선전은 흰살 생선으로 비린내가 없고 살이 단단한 것이 적당하다. 반상

• 곤달비는 곰취와 비슷하게 생겼다. 곤달비는 잎 모양이 길쭉하고 줄기 부분이 V자 형태로 홈이 파져 있으며 줄기에 세로로 보라색 띠가 없다. 곤달비는 쓴맛이 없다.

용은 작게, 연회상용은 좀 크게 하는 것이 좋다. 얇게 포를 뜬 생선을 도마에 놓고 살짝 두들겨서 두께를 고르게 한 다음 소금, 후춧가루를 뿌린다. 밀가루를 얄팍하게 묻히고 달걀옷을 입혀 전을 부친다.

고물전유어는 생선 부스러기가 많이 났을 때 이것을 함께 모아 동글납작하게 반을 만들어 부친 것이다. 민어저냐전는 민어 살에 밀가루와 달걀을 씌워 부친 전이다. 손질한 민어를 얇게 포를 떠서 소금물에 잠깐 담갔다가 꺼내어 채반에 놓는다. 물기를 걷은 다음 후춧가루를 뿌리고 밀가루를 살짝 묻히고 달걀을 입혀 부친다.

제주 향토음식명인 제1호 김지순 명인은 혼례날 새각시상과 상객상에 생선튀김을 올리는데, 우럭이나 도미를 쓴다. 입을 통해 내장을 빼내어 손질한 생선에 소금 간한 밀가루 반죽으로 눈코가 안 보일 만큼 두텁게 튀김옷을 입힌다. 튀기고 바로 꼬리를 살짝 들어주어 상에 내었을 때 화려하게 보이도록 한다.

❙ 마른반찬인 어포, 어란, 자반

《산가요록》의 건소어법乾小魚法은 잔 생선의 등을 칼로 갈라서 소금을 뿌리고 다시 참기름에 버무린다. 양념한 생선을 마른 상수리나무 잎으로 서로 사이를 띄워서 펴 놓고 그늘에 말렸다가 구워 먹으면 매우 맛있다고 했다.

어포로 말리는 생선은 민어, 숭어 등이 적당하다. 생선을 크기대로 되도록 얇게 저며서 칼자루로 자근자근 두들겨 살을 고루 편편히 한 후 파, 마늘은 아주 곱게 다지고 참기름, 간장 등 양념을 잘 무쳐 채반에 널어 말리다가 뒤집어서 말린다. 바싹 말랐으면 거둬서 깨끗이 싸 둔다. 상에 놓을 때는 참기름, 설탕을 섞어 얇게 바르고 적당히 썰어 담는다.

의정부 반남 박씨 박세당 가문의 불천위 제사상에는 염건품으로 염장한 대구포가 쇠고기 육포, 북어포와 함께 삼포를 차례로 한 제기에 올린다. 암치포는 민어 말린 것을 닦아 물행주에 잠시 싸 두었다가 껍질을 벗기고, 칼로 얇게 저며 참기름에 찍어 먹는다. 대구포도 말린 대구를 곱게 뜯어서 고운 고춧가루를 넣고 잘 주물러 고춧물을 들이고 참기름을 넣어 무친다. 또는 참기름만으로 무치기도 한다.

과메기는 겨울철 청어나 꽁치를 바닷바람에 얼리고 녹이기를 반복하며 건조시킨 것이다. 신선한 청어나 꽁치를 영하 10도 정도에 냉동 보관해 두었다가 11월 말부터 12월 초경에 덕장으로 옮겨서 바닷물에 깨끗이 씻고 10마리씩 짚으로 묶어 덕장의 건조대에서 보름 정도 건조시킨다. 수분 함유량이 40% 정도가 되도록 말리는데, 포항시 구룡포의 특산물이다. 처음 청어의 눈을 꿰어 말렸다는 관목어라는 말에서 유래되었으나 구룡포 지방 방언으로 목을 메기라고 불러 처음 관메기에서 과메기로 변했다. 지금은 청어보다 꽁치를 많이 쓰고 있는데, 청어는 어획량이 적고 가격이 비싸며 잔뼈가 많아 건조기간이 꽁치보다 긴 단점이 있다.

어란은 민어, 숭어, 청어의 알을 소금물에 절이고 말린 것인데, 알집을 통째로 빼내어 소금과 간장에 절이고 그늘에 말려 누르는 과정을 반복해서 만든다. 식품명인1999년 해양수산부 지정 김광자가 숭어알로 만든 영암어란이 유명하다. 영암 앞바다에서 잡히는 '몽탄 숭어'로 만든다고 한다. 어란을 먹을 때는 참기름을 바른 행주로 겉을 닦고 얇게 저민다.

준치자반은 준치를 머리와 꼬리를 자르고, 비늘을 긁고 내장을 꺼낸 다음 씻어 배를 반으로 갈라 편평하게 한 후 소금을 골고루 뿌려 하룻밤 시원한 곳에 두었다가 햇볕에서 말린다. 준치 5마리에 굵은 소금 2와 1/2컵 분량이 쓰인다. 준치자반을 많이 했을 때는 항아리에 담아 솔잎을 켜켜로 놓고 한지로 봉한 뒤 서늘한 곳에 두고 먹는다. 준치자반 외에도 자반갈치, 자반고등어, 자반민어, 자반방어, 자반밴댕이, 자반병어, 자반삼치, 자반연어, 자반전어, 자반비웃청어 등이 있다.

자반고등어의 자반의 뜻은 《조선무쌍신식요리제법》1943에 "더위가 심할 때 생선은 쉽게 상하기 때문에 짜게 절인 생선을 찌거나 구워 먹는데 이런 반찬을 자반이라 한다. 자반은 원래 좌반佐飯으로 밥 먹는 것을 도와준다는 뜻이다. 그래서 어느 집이나 젓갈 또는 마른 찬처럼 자반을 늘 준비해 놓고 있어 필요할 때면 언제라도 찬으로 내놓는다."고 했다.

암치보푸라기의 암치는 민어를 소금으로 간해서 말린 것이다. 살은 마른 반찬으로, 뼈, 껍질은 새우젓으로 간을 하면 담백하고도 특미있는 반찬이 된다. 암치의 살을 뜯어서 잘게 펴서 보자기에 싸서 손바닥에 비비면 솜털 같이 퍼지므로 이것을 육포, 홍합초, 좌반미역 등 다른 마른반찬과 함께 담으면 색과 모양이 조화롭다. 참기름을 발라서 굽기도 한다. 암치 살을 잠시 물에 담갔다가 건져서 물기를 빼고 위에 참기름을 발라 굽는다.

북어무침은 황태를 곱게 펴서 무친 것인데 소금으로 간을 한 것과 간장으로 간을 한 것의 2가지 방법으로 하여 함께 담으면 색이 좋다. 은진 송씨 문정공 송준길 종가에서는 북어보푸라기, 김가루무침, 고추장을 한 그릇에 담아 섞어 먹는다. 안동 의성김씨 지촌 김방걸 가문의 이순희 종부는 건진국수 상차림에 명태보푸름과 육말을 올린다. 명태보푸름은 명태포와 대구포 무침이다. 밀양 손씨 인묵재 손성증 가문에서는 황태보푸리라고 한다. 건대구보푸라기는 대구포를 물에 담가 짠맛을 빼고 쪄서 잘게 찢고 두드린다. 체에 내리고 두드리는 것을 반복하여 곱게 만든다.

회

생선회는 민어 등 신선한 생선을 비늘을 긁고 지느러미, 뼈를 모두 떼어내고 잘 드는 칼로 살만 도독하게 저며 무채 등을 깔고 그 위에 담아 고추장이나 겨자즙과 같이 낸다. 또는 생선회를 썰어 참기름과 후춧가루에 무쳐 초고추장이나 겨자즙과 함께 낸다.

생선회로 가장 많이 이용되는 광어는 넙치류의 일종이며, 도다리는 가자미류의 일종이다. 《자산어보》에는 가자미류를 통틀어 접어라고 했다. 가자미류의 머리를 마주 봤을 때 눈이 둘 다 오른쪽에 몰려 있으면 가자미류, 왼쪽에 몰려 있는 어류들은 넙치류라고 한다.

홍어洪魚회의 홍어는 가오리과에 속하는 바닷물고기로 현존하는 지리지 중에서 가장 오래된 《경상도지리지》에는 울산군의 토산공물로 실려 있고, 《세종실록 지리지》 토산조에는 '洪魚' 또는 '紅魚'로 기재되어 있다. 홍어회는 그 맛이 일품인데, 특히 전라도 지방에서 잘 만든다.

명태회무침은 명태를 얇게 포를 떠서 채 썬다. 무, 배도 같은 크기로 채 썰고, 미나리는 5cm 길이로 썬다. 명태 썬 것과 무를 촛물소금 2큰술, 설탕 5큰술, 식초 5큰술에 꼬들꼬들해질 때까지 절인다. 절인 명태 살, 무채, 배채, 미나리를 양념장다진 파, 다진 마늘, 참기름, 깨소금, 고춧가루, 후춧가루에 무친다.

자리강회의 강회는 초고추장에 찍어 먹는 마른 회다. 강회에는 미나리강회, 파강회 등도 있다. 자리회는 자리돔의 비늘을 긁고 머리, 지느러미, 내장을 제거하고 어슷어슷하게 썰어 초고추장에 찍어 먹는 마른 회, 즉 강회다. 물회는 각각 채 썬 배, 당근, 오이, 양파 위에 채썬 흰살 생선, 실파, 김을 얹고 양념고추장, 다진 마늘, 참기름, 깨소금, 설탕으로 버무려 찬물을 부은 것인데, 포항 물회가 유명하다. 자리물회는 잘게 난도질하여 식초에 버무려 뼈가 말랑

말랑해지면 된장이나 고추장을 풀어 넣어 갖은 양념을 다해 냉수를 붓고 얼음을 띄워 먹는다. 제주에서는 제피섶산초나무잎을 물회에 넣어 여름에 냉국 대신 먹는다.

어채는 생선숙회로 민어 또는 광어 등을 가늘게 썰고, 표고, 석이, 오이 등을 같은 크기로 썰어 녹말가루를 묻혀서 데친 후 찬물에 식혀서 곁들여 담은 것으로, 여름철 회 요리다.

❙ 장아찌

순천 안동 권씨 추밀공 가문의 이기남 할머니의 장아찌 주안상에는 굴비장아찌가 올라간다. 굴비의 내장과 비늘, 지느러미를 제거한 후 소금 간해서 바람이 잘 통하는 그늘에 말린다. 방망이로 두들겨 고추장에 박아둔다. 3~4개월이 지나면 새로운 고추장으로 갈아준다. 이 과정을 2회 정도 반복한다. 굴비의 껍질과 뼈를 골라내고 먹기 좋은 크기로 찢어서 고추장에 박아놓기도 한다. 전라도 지방에서 주로 먹는 굴비장아찌는 임금님께 진상되었던 음식이다. 전복장아찌는 전복을 살짝 쪄서 삶은 다음 고추장에 박는다.

❙ 해물김치

강원도의 해산물을 넣은 김치에는 해물김치, 창란채김치, 창란젓깍두기, 채김치 등이 있다.

해물김치는 무를 나박썰기한 후 고춧가루를 넣어 물을 들이고, 도루묵과 생태는 비늘을 긁고 아가미, 내장을 뺀 후 씻어 2~3cm 크기로 썰고, 오징어도 손질하여 같은 크기로 썬다. 미나리, 갓, 실파는 4cm 길이로 썰고 대파는 어슷 썬다. 다진 마늘, 다진 생강 등을 넣고 재료들을 섞은 후 멸치젓국과 소금으로 간을 맞춘다.

창란채김치는 창란은 소금물에 살짝 씻고 적당한 길이로 썰어 소금으로 밑간하고, 무채와 함께 고춧가루로 물을 들인다. 찹쌀풀에 갈은 붉은 고추, 다진 마늘, 생강, 채 썬 양파와 대파, 쪽파, 부추, 멸치액젓을 넣어 버무린 후, 창란, 무채와 혼합하고 항아리에 담는다. 창란젓깍두기는 무, 대파, 미나리, 창란젓, 고춧가루, 다진 마늘, 다진 생강을 재료로 담는다.

채김치는 포 뜬 생태를 굵게 채 썰고, 무와 배추도 채 썰어 미나리, 갓, 고춧가루, 파, 다진 마늘, 다진 생강, 새우젓으로 담근다.

젓갈

민어는 젓갈이나 어포가 모두 맛이 있다. 어린 새끼를 속칭 암치어巖峙魚라고 한다. 서유구의 《난호어목지》에는 민어鰵魚라고 쓰고, 서·남해에서 나며 동해에는 없고 모양이 조기石首魚와 유사하나 그 크기가 4, 5배에 달한다고 했다. 또, 민어의 알젓은 진귀한 식품이고 민어의 염건품鹽乾品은 손님 접대용이나 제수용으로 쓰였다고 했으며, 관서지방 사람은 담상淡鯗, 즉 소건품素乾品을 만드는 데 더욱 좋다고도 했다.

조기젓은 보통 5~6월에 담는다. 조기는 비늘을 긁지 말고 소금에 재워 항아리에 넣은 다음 끓인 소금물을 식혀 부은 젓갈이다. 소금물은 물과 소금의 비율이 2 대 1이 되게 만든다. 조기젓편은 조기젓의 살과 쇠고기를 함께 고아서 그릇에 얇게 펴 담고, 석이, 달걀지단, 실고추를 뿌려 굳힌 것이다.

해양심층수 명란젓

멸치젓은 멸치를 20~30% 농도가 되도록 소금에 절여 상온에서 일정기간 보관하여 자가소화분해효소와 미생물의 발효로 생긴 유리아미노산과 핵산분해물의 상승작용으로 특유의 감칠맛이 나는 가공식품이다. 멸치젓은 생산량으로 보아 새우젓과 더불어 우리나라 2대 젓갈의 하나이다. 특히 남해안 지방에서 담그며 맛도 좋다. 멸치 1짝에 소금 40컵 비율이다.

명란젓은 명란을 소금물에 담갔다가 물을 뺀 후, 고춧가루, 마늘, 소금 등 양념을 발라 항아리에 담은 다음 소금을 뿌려 두는 것이다. 창란젓은 명태의 창난을 소금물에 씻어 훑어 깨끗이 하고, 소금에 버무려 두었다가 소금물에 씻어 5~6cm로 자른 뒤 고춧가루, 다진 다홍고추, 마늘채, 파채, 생강즙을 양념에 버무린 것이다. 먹을 때 참기름과 식초를 넣고 무친다. 동해안에서는 해양심층수를 이용해 '해양심층수 명란젓'도 담근다.

어리굴젓은 생굴에 소금을 뿌린 뒤 찰밥 간 것, 고춧가루, 생강채, 마늘채, 파채 양념에 버무린 것으로 간이 세지 않다. 무채, 배채를 썰어 넣기도 한다. 오래 두고 먹을 수 없다. 조개젓은 잔 조갯살을 소금에 절여 삭힌 젓갈이다. 조갯살 3컵에 소금 1컵의 비율이다. 먹을 때는 홍고추 다진 것, 풋고추 다진 것, 식초, 깨소금, 파, 마늘, 고춧가루 등을 넣어 양념한다. 멍게젓은 멍게를 내장을 제거하고 썰어 물엿과 소금으로 절인다. 물기를 제거하고 다진 마늘, 다진 생강, 멸치액젓으로 버무려 항아리에 꼭꼭 눌러 담는다. 먹을 때는 갖은 양념으로 무친다. 서거리젓은 명태 아가미를 연한 소금물에 씻어 물기를 빼고, 잘게 썰어 소금을 넣고 버무린다. 항아리 맨 밑에 소금을 한

켜 깔고 소금에 버무린 명태 아가미를 켜켜로 넣는다. 위에 소금을 듬뿍 넣고 2~3개월 삭힌다. 잘 삭힌 명태 아가미를 꺼내 다진 파, 다진 마늘, 고춧가루, 깨소금, 참기름으로 무친다. 이밖에 오징어를 소금에 절인 오징어젓도 있다.

식해

식해는 젓갈과는 다르게 작은 생선이나 꾸덕꾸덕하게 말린 생선에 조밥이나 밥을 넣고 고춧가루, 파, 마늘 양념을 하여 유산발효를 일으키게 한 것이다. 식해에 관한 기록으로는 중국 진晉나라 때 장화張華가 쓴 《박물지》에 도미로 식해 만드는 법이 나온다. 그리고 6세기 말에 북위의 가사협이 저술한 《제민요술》에 '자鮓'가 나오는데 이것이 식해이다. 일본의 유명한 음식인 스시鮨의 원형이 식해와 아주 비슷한 나레스시다. 또, 《산가요록》1449에는 생선식해, 양식해, 돼지껍질식해, 도라지식해, 꿩고기식해, 원미식해가 기록되어 있다. 그 중 어해생선식해 만드는 법을 보면 다음과 같다. 생선이 크면 조각을 내고 소금을 많이 뿌려 더울 때는 하룻밤 정도 두었다가 소금을 씻어낸다. 판자 위에 풀을 펼쳐 놓아 생선을 놓고 다시 판자를 덮어 큰 돌로 눌러 물기를 뺀다. 멥쌀로 밥을 부드럽게 지어 차게 식혀 간이 맞도록 소금을 섞는다. 항아리에 먼저 밥을 한 켜 깔고 그 위에 생선을 한 켜 깔아 차곡차곡 놓은 다음 손으로 꼭꼭 눌러 놓는데, 항아리 안이 가득 차지 않게 한 말 정도 들어갈 만큼 한다. 마른 상수리나무 잎이나 대 껍질을 10여 벌 위에 펴고 그 위에 두꺼운 기름종이를 덮어 돌로 눌러 놓는다. 소금물을 끓여 식혀서 항아리에 가득 붓고 그늘에 놓아둔다. 쓸 때는 절대로 날물이 들어가지 않게 하고, 식해는 먼저 물기를 다 뺀 후에 사용한다. 빨리 먹으려면 쌀밥 두 되와 밀가루 한 홉을 섞어 버무리면 된다. 특정 생선의 이름은 없으나 생선과 멥쌀과 소금으로 만든 식해이다.

원미식해元米食醢는 생선이나 고기를 잘라 소금에 오랫동안 절였다가 찬물에 깨끗이 씻어 자루에 담아 물기를 빼서 말리고, 말린 생선 한 사발에 원미 석 되로 묽지도 되지도 않게 죽을 쑤어 짜지도 싱겁지도 않게 소금을 넣어 항아리에 담는다. 여름에는 3~4일, 겨울에는 10여 일만에 먹는다고 했다.

가자미는 육질이 단단하고 담백하며 지방질 함량이 적으며, 봄에 가장 맛이 좋다. 일부 종을 제외하고는 양식이 되지 않아서 자연산 생선회로 인기가 높다. 가자미를 이용한 우리 민족의 독특한 음식 중 하나가 가자미식해다. 가자미식해는 중간 크기의 가자미나 새끼 가자미를 준비하고 메조, 무, 마늘, 생강, 고춧가루, 소금 등을 적절하게 배합한다. 적당한 온도에서 얼마나 잘 삭히는가가 음식의 맛을 결정한다. 잘된 가자미식해는 뼈가 녹아 있어야 하고 고기가 무르지 않아야 한다. 북쪽에서는 가자미식해 외에 도루묵, 명태 등으로도 식해를 만든다. 가자미식해북한 《조선말사전》에는 '식혜'는 함경도 특산물이지만 북한 전역에서 널리 즐기는 음식이다.

강릉 창녕 조씨 명숙공 가문에서는 사위의 첫 생일상에 포식해를 올린다. 포식해는 명태포식해로 예전에는 소식해라고 했다. 종가에서는 이어지는 제사에 여러 가지 포들이 쌓인다. 제사 뒤 남은 포에 무를 아주 잘게 썰고 고춧가루, 엿기름을 넣어 식해를 담근다. 어른들의 진짓상에 올리는 엿기름으로 삭힌 음식이다.

명태식해는 명태밥식해라고도 한다. 차조밥은 식히고, 명태는 반쯤 건조시킨 것을 적당한 크기로 토막을 내어 뼈를 발라낸 후 소금으로 절인다. 무는 채 썰어 소금에 절였다가 물기를 짠다. 절인 명태에서 물기를 따라내고

밥식해

엿기름에 버무려 2~5시간 삭힌다. 배는 즙을 내고, 양파는 채 썬다. 모든 재료와 고춧가루, 다진 파, 다진 마늘, 다진 생강, 설탕을 넣은 다음 버무려 소금으로 간을 맞춘다. 항아리에 담고 2~3일간 삭힌다. 명태를 꾸덕꾸덕하게 말린 코다리를 이용하기도 한다.

도루묵식해는 도루묵을 잠깐 말리고, 쌀로 밥을 지어 식힌다. 도루묵, 밥, 다진 마늘, 다진 생강, 고춧가루, 소금을 넣어 버무린다. 도루묵은 뼈째 먹을 수 있다. 또는 조밥, 무채, 엿기름가루를 넣고 담기도 한다.

이밖에 멸치식해, 명란식해, 북어포식해, 서거리식해, 전갱이식해맹이식해, 청어식해, 햇떼기식해 등이 있다.

풍어제

우리나라는 삼면이 바다로 둘러싸여 있다. 바다를 끼고 바다와 더불어 살아온 어민들은 바다에서의 무사고와 풍어가 가장 큰 소망이다. 풍어제豊漁祭는 각 해안, 도서지방의 어촌에서 주민들이 이러한 의지를 다지고자 신에게 기원을 드리는 제사이다. 풍어뿐만 아니라 마을의 평안과 운수 등 모든 것을 다 함께 기원한다. 뱃고사는 배를 가진 선주가 설날, 보름, 추석 등의 명절과 출어出漁 전, 그리고 흉어가 계속될 때에 배를 관장하고 있는 뱃신에게 고사를 지내는 것이다.

동해안의 풍어제로는 고성에서 동래에 이르는 동해안을 따라 3년 또는 10년 간격으로 지내는 마을의 공동제의인 동해안 별신굿이 있다. 이 별신굿의 사제무司祭巫는 부부를 중심으로 자녀와 며느리, 사위, 조카 등 친족집단으로 구성된다는 점이 특징이다. 경북 구룡포읍 강사리 별신굿의 당제사 제물은 메, 흰떡, 쇠고기 산적, 생선 산적, 나물, 과일, 탕, 생선구이 등을 고루 갖춘다.

동해안 지역의 마을공동체를 위한 굿인 동해안 별신굿은 어민들이 마을 사람의 안녕과 풍어를 기원하는 마을축제로, 1985년 2월 1일 중요무형문화

동해안 별신굿, 부산 기장군 일광면 학리항
자료 : 기장신문, 2014. 2. 16.

재로 지정되었다. 기장군에서는 매년 6개 마을 어촌계가 번갈아가면서 동해안 별신굿을 열고 있다. 2014년에는 기장군 학리마을에서 별신굿이 펼쳐졌다. 김영희 보존회장은 "동해안 별신굿은 보존회원들에 의해 공연되지만 우리만의 굿이 아니다. 굿을 요구하고 기원하는 마을사람들과 어민들의 도움이 없이는 불가능하다."고 강조하면서 "보존회에서는 마을사람들과 어민들의 피와 땀을 소중히 여기고 있다."고 밝혔다. 마을 또는 어촌계에서는 부정이 없는 사람을 가려 제주 또는 제관을 선출한다. 굿을 행하는 시기는 마을마다 차이가 있으나 동해안 큰무당이 주재하여 며칠에 걸쳐 연행한다. 비록 규모, 경비, 주관 단체 등에서 차이가 있을지라도 신심만은 변함이 없다. 동해안 사람들은 굿을 통해 신앙적, 종교적 욕구를 충족하는 한편, 예술적, 놀이적 욕구를 회구하고 있다. 현재에도 동해안 별신굿은 지역사람들의 삶과 유리되지 않은 채 전승되고 있다. 동해안 별신굿에는 사람들의 삶의 모습이 굿 속에 그대로 투영되어 있다.

제물의 종류는 마을에 따라 조금씩 다르지만 떡, 술, 메, 삼색실과 포 정도가 가장 보편적이고 필수적이다. 여기에 희생동물로서 소, 돼지 등을 통째로 올리거나 머리나 족발 등을 올린다. 포는 통북어를 쓰는데, 반드시 눈알이 있는 것으로 고른다. 귀신이 지고 가는 찬거리 중 하나이다. 적이나 생牲이 상위의 신에게 바치는 제물이라면, 북어는 하위의 신에게 바치는 제물이다.

옹진 지역에서는 2월을 바람달이고 뱃놈의 액달이라고 한다. 《동국여지승람》에도 2월은 바람이 많아 승선을 금한다고 했다. 바람이 많으니 고기잡이가 쉽지 않고, 뱃사람에게는 액厄달이 될 수밖에 없다. 음력 이월 초하룻날 영등날에 영등신인 영등할머니를 대상으로 하는 제사가 있다. 영등신은 비바람을 일으키는 신이므로 영등제를 풍신제風神祭라고도 하며, 영등할머니를 맞아들이는 의례를 영등맞이라고도 한다. 영등제의 유래는 《동국세시기》1819 이월조에 "영남 지방에서는 집집마다 신에게 제사지내는 풍속이 있는데, 이를 영등이라고 한다. 신이 무당에게 내려서 동네로 돌아다니면 사람들은 다투어 이를 맞아다가 즐긴다. 이달 1일부터 사람을 꺼려 만나지 않는데, 이렇게 하기를 15일에서 또는 20일까지 간다."라고 했다. 이 날은 한 해 농사가 시작되는 날로 농사밥을 해 먹고, 거름을 논밭에 냄으로써 농사가 잘 되기를 빈다. 영등날 바람이 불면 바람영등, 햇빛이 쬐면 불영등, 구름이 끼거나 비가 오면 물영등이 내린다고 한다. 영등신앙이 분포하는 중부이남의 육지에서는 영등할머니를 농사의 신으로 여기는 경향이 있다. 그러나 영등할머니는 바람을 관장하는 풍신風神이기 때문에 바람이 생업에 밀접한 영향을 미치는 어촌에서 더 크게 모신다.

진도 영등제는 매년 5월 중에 전남 진도군 고군면 회동마을과 의신면 모도마을 사이에 바닷물이 갈라지는 현상을 중심으로 벌어지는 향토축제이다. 뽕할머니에 대한 제사를 비롯해 강강술래, 남도 들노래, 진도 씻김굿, 다시래기 같은 무형문화재를 시연하고 각종 민속행사가 펼쳐진다. 1976년 영등살놀이로 시작되어 영등제, 1991년에는 영등축제로 이름을 바꾸었다.

참고문헌

황윤재, 허성윤, 2014년도 식품수급표, 국가과학기술정보센터(NDSL) 제공, 한국농촌경제연구원, 2015.
윤서석, 식생활문화의 역사, 신광출판사, 1999
한복진, 우리생활 100년 음식, 현암사, 2001
최혜미 외 2인, 제4판 21세기 식생활관리, 교문사, 2012
문화일보, 2014. 1. 13.
중앙경제, 2007. 5. 25.
이성우, 고려 이전 식생활사연구, 향문사, 1978
이성우, 한국식경대전, 향문사, 1981
김부식, 이병도 역주, 삼국사기, 을유문화사, 1983
연합뉴스, 2006. 12. 1.
서긍, 민족문화추진회 옮김, 고려도경, 서해문집, 2005
최덕경, 동아시아 젓갈의 출현과 베트남의 느억맘, 비교민속학 제48집, 2012
윤서석, 한국음식-역사와 조리법, 수학사, 2002
한국고문서학회, 의식주 살아있는 조선의 풍경, 역사비평사, 2006
한식재단, 조선백성의 밥상, 한림출판사, 2014
서울신문, 2013. 12. 18.
경향신문, 2013. 9. 6.
안동 장씨, 황혜성 편, 음식디미방, 인서출판사, 1980
정약전, 정문기 옮김(2012), 자산어보, 지식산업사, 2012
문수재, 손경희, 식품학 및 조리원리, 수학사, 1988
주강현, 조기잡이, 한국세시풍속사전, 봄편, 국립민속박물관, 2005
이규태, 우리의 음식이야기, 기린원, 1990
조선일보, 2014. 7. 5.
권삼문, 대구잡이, 한국세시풍속사전, 봄편, 국립민속박물관, 2005
KBS, 한국인의 밥상, 강릉 김씨 종가댁(김윤기 가옥, 77칸)
권삼문, 고등어잡이, 세시풍속사전, 여름편, 국립민속박물관, 2005
윤대녕, 맛 산문집 어머니의 수저, 웅진 지식하우스, 2006
농촌진흥청, 수문사설, 국립농업과학원 농식품자원부 전통한식과, 2010
빙허각 이씨, 정양원 역, 규합총서, 보진재, 1986
작자 미상, 이효지 외 편저, 주방문, 교문사, 2013
황교익, 한국음식문화박물지, 따비
예종석의 오늘 점심- 어탕국수·생선국수·털레기, 2011. 5. 10
황혜성, 한국음식, 민서출판사, 1980

강인희, 한국의 맛, 대한교과서, 1987
정혜경, 한국음식 오딧세이, 생각의 나무, 2007
한창훈, 인생이 허기질 때 바다로 가라(내 밥상 위의 자산어보), 문학동네, 2010
김숙년, 서울별곡-서울냄새 맡으러 가자, 기억의 뇌관을 터뜨리는 비웃냄새, Cookand 12, 2007
농촌진흥청, 2010 종가명가음식전시회-내림에서 나눔으로 종가와 종가음식
농촌진흥청, 2011 종가음식전시회
박종국 외 1인, 과학이 숨쉬는 어식(魚食)문화, 국립수산과학원, 2008
윤덕인, 한국의 전통향토음식 3-강원도, 농촌자원개발연구소, 교문사, 2008
전순의, 한복려 엮음, 산가요록, 궁중음식연구원, 2007
서혜경, 가자미식해, 한국세시풍속사전, 겨울편, 국립민속박물관, 2005
조선일보, 2001. 2. 19.
하효길, 한국의 풍어제, 대원사, 2002
기장신문, 2014. 2. 16.
이필영, 마을신앙으로 보는 우리 문화 이야기, 웅진닷컴, 2000

부록

1. 각 시도무형문화재 내역(2013년 12월말 현재)

번호	종목 지정번호	문화재명	소재지 및 보관장소	지정일
1	시도무형문화재 제1호	계명주(엿탁주)	경기 남양주시 수동면	87-02-12
2	시도무형문화재 제2호※	부의주(동동주)	경기 화성시 향남읍	87-05-14
3	시도무형문화재 제2호	서울송절주	서울 강남구 대치1동	89-08-16
4	시도무형문화재 제2호	충주 청명주	충북 충주시 가금면	93-06-04
5	시도무형문화재 제3호	보은송로주	충북 보은군 속리산면	94-01-07
6	시도무형문화재 제3호	한산소곡주	충남 서천군 한산면	79-07-03
7	시도무형문화재 제4호	청주신선주	충북 청원군 미원면	94-01-07
8	시도무형문화재 제6-1호	향토술담그기(송순주)	전북 김제시 요촌동	87-04-28
9	시도무형문화재 제6-2호	향토술담그기(이강주)	전북 전주시 덕진구 원동	87-04-28
10	시도무형문화재 제6-3호	향토술담그기(죽력고)	전북 정읍시 태안면 태흥리	03-12-19
11	시도무형문화재 제6-4호	향토술담그기(송화백일주)	전북 완주군 수왕사	13-05-24
12	시도무형문화재 제7호	계룡백일주	충남 공주시 봉정동	89-12-29
13	시도무형문화재 제8호	삼해주	서울 서초구 방배3동	93-02-13
14	시도무형문화재 제9호	송순주	대전 대덕구 송촌동	00-02-18
15	시도무형문화재 제9호	향온주	서울 관악구	93-02-13
16	시도무형문화재 제11호	김천과하주	경북 김천시 성내동	87-05-13
17	시도무형문화재 제11호	아산연엽주	충남 아산시 송악면	78-3-31
18	시도무형문화재 제11호	하향주	대구 달성군 유가면	96-05-27
19	시도무형문화재 제12호	군포당정옥로주	경기 용인시 처인구 백암면	93-10-30
20	시도무형문화재 제12호	안동소주	경북 안동시 신안동	87-05-13
21	시도무형문화재 제13호	남한산성소주	경기 광주시 곤지암읍	94-12-24
22	시도무형문화재 제18호	문경호산춘	경북 문경 산북면	91-11-23
23	시도무형문화재 제19호	금산인삼백주	충남 금산군 금성면	96-02-27
24	시도무형문화재 제20호	안동송화주	경북 안동시 태화동	93-02-25
25	시도무형문화재 제25호	해남진양주	전남 해남군 계곡면	94-01-31
26	시도무형문화재 제26호	진도전통홍주	전남 진도군 진도읍	94-12-05
27	시도무형문화재 제30호	청양구기자주	충남 청양군 운곡면	00-09-20
28	시도무형문화재 제35호	함양송순주	경남 함양군 지곡면	12-03-08
29	시도무형문화재 제3호	성읍민속마을오메기술	제주 함양면	90-05-30
30	시도무형문화재 제11호	성읍민속마을고소리술	제주 지곡면	95-04-20

※제2호 부의주; 2011.3.15. 지정해제(해당자 사망)

자료 : 문화재청 무형문화재과

2. 식품명인 지정 현황(2013년 12월 현재)

지정번호	성 명	보유기능	지정일	소재지
제1호	조영귀	주류(송화백일주)	94-08-06	전북 전주
제2호	김창수	주류(금산 인삼주)	94-08-06	충남 금산
제6호	박재서	주류(안동 소주)	95-07-15	경북 안동
제7호	이기춘	주류(문배주)	95-07-15	경기 김포
제9호	조정형	주류(전주 이강주)	96-04-04	전북 전주
제10호	유민자	주류(옥로주)	96-04-04	경기 용인
제11호	임영순	주류(구기자주)	96-04-04	충남 청양
제12호	최옥근	주류(계명주)	96-04-04	경기 남양주
제13호	남상란	주류(가야곡왕주)	97-12-15	충남 논산
제17호	송강호	주류(김천 과하주)	99-09-20	경북 김천
제19호	우희열	주류(한산 소곡주)	99-12-08	충남 서천
제20호	조옥화	주류(안동소주)	00-09-18	경북 안동
제22호	양대수	주류(추성주)	00-12-17	강원 강릉
제24호	임용순	주류(옥선주)	01-05-07	강원 홍천
제27호	박흥선	주류(송순주)	05-08-04	경남 함양
제4-가호	이성우	주류(계룡백일주)	10-01-04	충남 공주
제43호	김기수	주류(감홍로주)	12-10-09	경기 파주
제48호	송명섭	주류(죽력고)	12-10-09	전북 정읍
제49호	유청길	주류(산성막걸리)	13-12-03	부산 금정

* 지정해제(사망); 제3호(이한영), 제4호(지복남), 제5호(이기양), 제8호(송재성), 제15호(박승규) 제31호(김병룡), 제34호(서양원)
  - 국가무형문화재 : 제7호
  - 지방무형문화재 : 제2호, 제9호, 제10호, 제11호, 제12호, 제17호 , 제19호, 제20호

자료 : 농림축산식품부 보도자료(2013. 12. 10.)

맺는말

'들어가는 말'에서 한국음식은 우리나라의 위치와 기후, 토양 등 자연환경과 조화를 이루어 한국인들이 키워 온 고유한 문화임을 강조했는데, 실은 모든 나라의 전래 음식에 함축되어 있는 섭리다. 세계 어디서나 그 나라 그 지역의 자연은 그들만이 만들어 낼 수 있는 음식을 고안하게 했고, 역대 사회·문화적 조건 또한 음식문화의 고유성을 형성하는 데에 미치는 요인이었다. 음식문화는 단순히 자연이 준 선물이 아니라 그 자연에 맞춘 생활인의 선별과 여과, 변용을 거듭한 지혜의 결집이므로 결코 소실할 수 없는 소중한 인류의 유산이다.

한국음식은 청명한 산수 환경에서 청담한 맛이 형성되었는데, 콩으로만 가공한 장류의 발효미에는 형언하기 어려운 감칠맛이 녹아 있다. 이러한 고유성은 목축업이 없는 환경에 슬기롭게 대처한 한국인의 발효음식 가공 솜씨에서 나올 수 있었다. 부여, 고구려 일대 고대국가 시대의 우리 영토는 콩의 원산지였다. 한국의 장은 《삼국지 위지동이전》에 기술되어 있듯이 일찍이 고구려에서 콩만으로 만드는 장(간장, 된장 분리 이전의 것)을 가공한 것이 시발점이 되었다. 우리나라가 잡곡만 재배하던 먼 옛날 한때는 잡곡으로 술을 빚고 떡을 만들었지만 2천여 년 전부터 쌀이 주식용 곡물로 정착하자 쌀로 술을 빚고 떡을 만들었으며 밥을 지어 한국 곡물 음식의 전통을 세웠다. 여기에 가정에서 콩 간장, 콩 된장의 기술을 개발하여 결핍되기 쉬운 영양소를 보충했다. 장류의 감칠맛은 간이 없는 담담한 밥맛에 뗄 수 없는 반려가 되어 한국음식 문화의 저면을 흐르는 맛의 근본을 이어왔다.

맛있게 잘 끓인 따끈한 된장국을 한 술 떴을 때의 따뜻하면서도 시원한 맛, 이것이 우리 된장국 본래의 맛이다. 된장을 풀어 넣고 끓인 된장국을 일명 토장국이라 하듯이 흙과 살아온 이 땅의 모든 사람을 이끌어온 음식이고, 그 맛은 동서남북 지역에 따라 차이가 있으면서도 어느 지역이든 통하여 민족을 아우른다. 이러한 장 만들기 솜씨는 가족과 지역 공동체의 삶에 기울이는 정성의 표상이다. 입동에 콩으로 메주를 쑤어 적온에서 띄우고 이른 초봄에 적기를 놓칠 새라 장을 담갔다. 장을 이른 봄에 담가야 메주에서 좋은 맛이 우러나는 숙성 기간을 충분히 줄 수 있다. 중부 지방은 숙성 기간이 최소 60일 이상이었다. 해 묵은 장독에 소금물을 넣고 메주를 담가 뚜껑을 덮었다가 3일 후에 열고 그 후에는 새벽 맑은 공기를 주입하고 햇볕을 적절하게 쪼이면서 지혜와 정성을 모은 것이 한국의 간장과 된장이다. 한 집안의 장맛을 지키려고 장독은 대를 이었다. 조선시대의 대가족 살림에서 한 가정의 장독은 보통 200리터들이 큰 독이었으니 각 가정이 음식 아틀리에를 차린 셈이다. 장독과 장독대를 항상 반들반들하게 닦는 것은 가족의 위생을 지키고 살림살이를 돌보는 긴장감에서 나왔다. 그런데 같은 용량이면서도 햇빛이 강한 남쪽지방의 장독은 배가 부르고 주둥이가 좁은 반면, 중부나 이북의 것은 그보다 주둥이가 넓고 전체적으로 밋밋한 모양이다. 향토성을 감안한 과학이 반영된 것이다.

18세기 중엽 유중림의 《증보산림경제》에는 장의 의미를 다음과 같이 기술했다. “장은 모든 맛의 으뜸이 된다. 집안의 장맛이 좋지 아니하면 좋은 채소와 맛있는 고기가 있은들 좋은 음식으로 할 수 없다. 설혹 촌야의 사람이 쉽게 고기를 얻을 수 없어도 여러 가지 좋은 맛의 장이 있을 때에는 반찬에 아무 걱정이 없다. 가장은 우선 장 담그기에 유의하고 오래 묵혀 좋은 장을 얻게 함이 좋은 도리이다.” 조선시대는 남성이 주방 가까이 얼씬거리지 못하던 때인데 장 담그는 날만은 외출을 삼가고 사랑방에 정좌하여 부인이 장 담그기를 무사히 끝내도록 마음일지언정 돕고 있었다. 한 집안의 장맛은 가족의 건강을 지키는 으뜸이었으며 가장이 이를 엄중히 여겼음을 알 수 있다. 입맛은 심신을 다스렸다. 봄철에 가늘고 새파란 실파로 끓이는 실파국은 간장으로 간을 하는 맑은장국이다. 하얀 쌀밥에 간장이 비쳐 아련하게 색이 감도는 데 새파란 실파가 서리어 있는 맑은장국은 마치 한 폭의 그림과도 같아 저절로 마음을 가다듬게 했다.

한국음식 조리법에서 흔히 쓰는 말이 '갖은 양념'이다. 여러 가지 양념으로 조미한다는 뜻인데 파·마늘 다진 것, 간장, 기름이 기본이다. 옛날의 고기는 현재 사육법과 달라 육질이 연하지 않았으므로 고기를 얇게 저며 잔 칼집을 넣고 갖은 양념으로 조미하여 잠시 재워 간이 배일 때쯤을 주의 깊게 가늠해서 화롯불에 구워 따끈할 때에 대접했다. 우리 고기구이는 갖은 양념을 하고, 그것도 먹는 이의 기호를 알아차려 간을 가감하며 알맞게 익혀 대접했으니 그 세심함과 노고와 정성이 대단했다. 현재의 고기는 연육이어서 양념을 해서 오래 두면 양념 맛이 고기 맛을 삼켜 버린다. 우리의 갖은 양념법이 음식에 감칠맛을 내는 진수였지만 이제는 가감하는 지혜를 새롭게 동원해야겠다.

우리는 한 집안의 맛 좋은 음식을 대하면 손맛이 참 좋구나 하고 칭찬을 했는데 살림하는 이가 바로 장인이고 기술자임을 인식하고 있었다. 요처에 산재했던 당시의 주막 제도도 음식의 전수와 확대에 요긴한 길목이었다. 곡절이 많은 역사를 지나면서도 허물어지지 않은 우리 음식 전래에는 기록에 남겨지지 않은 이들에게 공적을 돌려야 할 것이다. 특히나 한국음식의 나물은 공정이 단순해도 섬세하게 솜씨를 부릴 영역이다. 나물은 극히 보편적인 음식이지만 반드시 기름 양념을 하므로 한국인이 기름을 섭취할 수 있는 유일한 음식이었기에 사철 언제나 상에 올랐다. 나물의 재료인 산나물 들나물은 신선하고 연하며 향미가 가득한데, 이러한 나물거리에 맑은 맛의 재래 간장으로 간을 하면 그 깨끗한 맛이 마치 가을 하늘과 같고 그 하늘을 반영하는 사람들의 마음과도 같다. 나물무침은 데친 채소에 양념을 조합하여 넣고 손으로 무치는데 나물을 제대로 다루는 이들은 채소의 조직이 약간 풀려서 양념이 알맞게 배어드는 그 순간을 놓치지 않는 것이다. 무침 조작이 부족하면 맛이 겉돌고, 지나치면 조직이 허물어져 나물에 생기가 없어진다. 이렇게 양념을 원재료와 배합해내는 솜씨는 숙련이 필요했다.

시절이 달라져도 맛은 지키는 것이 중요하다. 현재의 시판 간장은 종류도 많고 품질도 크게 상승했지만 한국음식 본체의 맛을 복원하려면 콩만으로 가공한 간장이 시판되어야 한다. 우리 입맛은 여러 가지 요인이 있지만, 어찌되었든 밀 간장 맛에 길들어 콩 간장 맛을 잊어버렸다. 물론 한국음식도 음식에 따라, 기호에 따라 임의로 고를 수 있는 여러 가지 간장이 필요하다. 다만 그 여러 가지 중에 콩만으로 가공한 간장이 반드시 있어야 한국음식 본체를 보존할 수 있다. 간장 가공업체는 간장 본연의 맛의 필요성을 인식하고, 세계 식품점의 진열장에 남달리 고유하고 맑은 한국 간장이 놓여 세계인이 선호하여 찾을 수 있게 했으면 한다. 실은 생산자에 앞서서 소비자가 찾아야 생산이 촉진된다. 특히 젊은 세대가 그간 입에 익은 달고 짙은 색의 간장 맛뿐만 아니라 음식에 따라서는 맑고 그윽한 맛의 간장이 필요함을 알아주면 좋겠다.

음식은 한 나라 문화의 어제와 오늘을 상징한다. 아마 그 나라의 내일까지도 음식으로 자존의 맥이 흐르게 할 수 있을 것이다.

윤서석 씀

| 저자소개 |

윤서석 1923년생

일본 동경여자고등사범학교(お茶の水女子大學) 졸업

중앙대학교 이학박사 학위취득

중앙대학교 사범대학, 가정대학 교수·학장 역임, 현재 명예교수

대한가정학회, 한국조리과학회, 한국식생활문화학회 회장 역임

저서 한국식품사연구, 우리나라 식생활문화의 역사, 역사와 함께한 한국 식생활문화, 잔치, 한국의 음식용어 등 다수

윤숙경 1935년생

경북대학교 사범대학 학사, 중앙대학교 이학박사 학위취득

안동대학교 자연과학대학 학장, 생활과학대학 학장, 대학원 원장 역임, 현재 명예교수

한국식생활문화학회 이사, 경상북도 문화재위원 역임

저서 우리말조리어사전, 수운잡방(需雲雜方), 주찬(酒饌) 역편, 경상도의 식생활문화 등 다수

조후종 1935년생

명지대학교 이학박사 학위취득

명지대학교 이과대학 식품영양학과 교수 역임

한국식문화학회, 한국유화학회, 한국조리과학회 상임이사 역임

저서 조후종의 우리 음식이야기, 세시 풍속과 우리 음식, 대한민국 자녀 요리책 등 다수

이효지 1940년생

숙명여자대학교 졸업, 이학석사, 중앙대학교 이학박사 학위취득

한양대학교 생활과학대학 식품영양학과 교수, 생활과학대학학 학장 역임, 현재 명예교수

한국식품조리과학회 회장, 문화재청 문화재 전문위원, 경기도 문화재위원장 역임

저서 조선왕조궁중연회음식의 분석적 연구, 한국의 전통주, 한국의 음식문화, 한국전통음식, 한국의 김치문화, 한국음식의 맛과 멋 등 다수

안명수 1943년생

중앙대학교 학사, 석사

고려대학교 농학박사

성신여자대학교 식품영양학과 교수 역임, 현재 명예교수

성신여자대학교 생활과학대 학장, 교무처장, 기획처장 역임

한국식생활문화학회 회장, 한국조리과학회 회장 역임

저서 새로운 식품화학, 식품과 조리원리, 식품과학기술 대사전, 한국음식의 조리과학성, 식탁의 문명론(번역서) 등 다수

윤덕인 1953년생

중앙대학교 학사, 석사, 이학박사 학위취득

현재 가톨릭관동대학교 호텔조리외식경영학과 교수

공저 조리과학용어사전, 음식법, 한국조리, 식품학, 한국인의 의례 사전 등

저서 호텔외식조리문화개론, 외식창업과 메뉴개발론, 녹색건강음식개발론-약선음식문화 연구, 최신 식품조리과학, 최신 상차림과 메뉴구성개발 등 다수

임희수 1956년생

중앙대학교 학사, 석사, 이학박사 학위취득

현재 장안대학교 호텔조리과 교수

저서 제민요술(공역), 21세기 식품학, 한국음식, 고급한국음식, 음식법, 조리·영양학 전공자를 위한 실험조리 등 다수

맛·격·과학이 아우러진

한국음식문화

2015년 1월 22일 초판 발행 | 2016년 9월 12일 초판 2쇄 발행

지은이 윤서석 외 | **펴낸이** 류제동 | **펴낸곳** **교문사**

편집부장 모은영 | **책임진행** 모은영 | **디자인** 김재은 | **본문편집** 우은영

제작 김선형 | **홍보** 김미선 | **영업** 이진석·정용섭·진경민 | **출력·인쇄** 동화인쇄 | **제본** 과성제책

주소 (10881)경기도 파주시 문발로 116 | **전화** 031-955-6111 | **팩스** 031-955-0955

홈페이지 www.gyomoon.com | **E-mail** genie@gyomoon.com

등록 1960. 10. 28. 제406-2006-000035호

ISBN 978-89-363-1453-8(03590) | 값 30,000원